新工科·普通高等教育电气工程、自动化系列教材

非线性系统控制理论

诸　兵（北京航空航天大学）
左宗玉（北京航空航天大学）　编著
丁正桃（曼彻斯特大学）

机械工业出版社

非线性系统控制理论在控制类专业课程中占有重要学科地位，是自动化类专业本科生和研究生知识体系结构中的必要组成部分。本书旨在介绍非线性控制系统的基本知识、基础理论、分析和设计方法，培养读者具备分析和解决非线性控制问题的能力。本书分为11章：第1章为非线性系统简介，简单介绍非线性系统的定义和典型的非线性现象；第2章为状态空间模型，介绍非线性系统状态空间描述和二阶非线性系统的基本分析方法；第3章为描述函数法，介绍二阶非线性系统的描述函数分析和设计方法；第4章为稳定性，介绍非线性系统稳定性的基本概念和判定方法；第5章为现代稳定性理论，介绍严格正实系统的稳定性分析与设计方法；第6章为反馈线性化，介绍反馈线性化方法的基本原理和设计步骤；第7章为线性系统自适应控制，介绍线性系统模型参考自适应控制方法的基本原理和设计步骤；第8章为非线性观测器，介绍非线性系统的几类典型观测器设计方法；第9章为反步设计，介绍反步法的基本原理和设计方法；第10章为扰动抑制与输出调节，介绍基于输出反馈的非线性系统干扰抑制方法；第11章为非线性控制应用案例，介绍两类典型的非线性控制系统设计方法。

本书可以作为普通高等院校自动化专业及其他相关专业研究生和高年级本科生的教材，也可以作为从事自动控制的工程技术人员的参考书。

（责任编辑邮箱：jinacmp@163.com）

图书在版编目（CIP）数据

非线性系统控制理论 / 诸兵，左宗玉，丁正桃编著. 北京 ：机械工业出版社，2024. 9. --（新工科・普通高等教育电气工程、自动化系列教材）. -- ISBN 978-7-111-76537-0

Ⅰ. TP273

中国国家版本馆 CIP 数据核字第 2024B92X92 号

机械工业出版社（北京市百万庄大街 22 号　邮政编码 100037）

策划编辑：吉　玲　　　　责任编辑：吉　玲

责任校对：龚思文　陈　越　　封面设计：张　静

责任印制：张　博

北京雁林吉兆印刷有限公司印刷

2024 年 11 月第 1 版第 1 次印刷

184mm×260mm・14.25 印张・351 千字

标准书号：ISBN 978-7-111-76537-0

定价：55.00 元

电话服务　　　　　　　　　　网络服务

客服电话：010-88361066　　机　工　官　网：www.cmpbook.com

　　　　　010-88379833　　机　工　官　博：weibo.com/cmp1952

　　　　　010-68326294　　金　　书　　网：www.golden-book.com

　机工教育服务网：www.cmpedu.com

序

随着科学技术的飞速发展，自动化技术推动社会进步和产业升级的过程中起到了至关重要的作用。特别是在航空航天、机器人、智能制造等领域，非线性控制理论作为自动控制系统的核心内容，展现了其无可替代的价值。面对复杂动态系统的挑战，非线性控制理论成为现代控制理论中一项至关重要的分支学科。

在北京航空航天大学读研究生期间，我曾选修了自动化科学与电气工程学院开设的课程"非线性控制理论"，当时使用的两本主要参考教材分别是密歇根州立大学 Hassan K. Khalil 教授编写的 *Nonlinear Systems*（Prentice-Hall 出版，2002 年第 3 版）、麻省理工学院 Jean-Jacques Slotine 教授与 Li Weiping 教授合作编写并由中国科学院数学与系统科学研究院程代展研究员翻译的《应用非线性控制》（2004 年由机械工业出版社出版）。后来在从事科研的过程中，我又接触了罗马大学 Alberto Isidori 教授编写的 *Nonlinear Control Systems*。这些教材撰写风格各异，内容组织各有千秋，是国际上诸多大学在控制相关专业中的经典参考教材。回到北京航空航天大学任教后，我从 2018 年开始为宇航学院的研究生讲授《非线性控制理论》课程，参与了北京航空航天大学自动化科学与电气工程学院、宇航学院、可靠性学院的"非线性控制理论"课程的共建工作，以上三本教材又成了我授课的主要参考教材。多年阅读使用这些经典教材让我体会到，国内也应该有一本语言通俗易懂、内容系统全面，与实际应用案例衔接紧密的讲述非线性控制理论的教材，方便相关专业研究生、学者和工程科技人员学习参考。

本书正是基于以上的背景而编写的，以尽可能简洁的语言和篇幅系统地介绍了非线性控制理论的基本概念、理论基础以及典型方法，覆盖了李亚普诺夫稳定性理论、输入-输出稳定性、反馈线性化、滑模控制以及自适应控制等内容。通过理论推导与部分应用实例的结合，本书展示了非线性控制理论在解决复杂控制问题中的理论深度和应用潜力，同时注重培养学生的逻辑推理和理论分析能力。

本书编者为控制领域内具有深厚学术积累和丰富教学经验的教授与青年学者。他们在非线性控制理论的基础研究、工程应用以及教学实践中具有丰富的成果和宝贵的经验。在本书编写过程中，编者充分吸收了近年来国内外非线性控制领域的最新研究进展，结合多年的教学经验和科研成果，使得本书内容兼具科学性、前沿性和实用性。本书内容理论严谨全面，并结合了典型的应用实例，如齿轮传动伺服系统控制、直升机自适应控制等，为读者提供了从理论到实践的桥梁。

在国家全面推动"十四五"国家科技创新规划战略背景下，控制理论与人工智能等学科深度交叉，自动化学科正迎来新的发展机遇和挑战。非线性控制理论作为自动化控制技术中的关键领域，已成为现代自动控制理论研究的热点和前沿方向之一。特别是在航空航天领域，非线性控制理论有着丰富、重要的应用场景。本书的出版，无疑为中国控制学科的知识传承增添了一块有力的基石。

我相信本书的出版，不仅能为我国控制学科及其相关领域的教学与科研提供高质量的教材与参考资料，也有益于自动化及航空航天领域的发展与创新。希望这本书能为广大读者在非线性控制理论的学习与研究上带来启发和帮助，为我国自动化领域的蓬勃发展做出贡献。

桂海潮 教授
北京航空航天大学宇航学院

前　　言

非线性系统控制理论在控制类专业课程中占有重要学科地位，是自动化类专业本科生和研究生知识体系结构中的必要组成部分。本书旨在介绍非线性控制系统的基本知识、基础理论、分析和设计方法，培养读者具备分析和解决非线性控制问题的能力。本书可以作为普通高等院校自动化专业及其他相关专业研究生和高年级本科生的教材，也可以作为从事自动控制的工程技术人员的参考书。本书中的大部分内容是编著者近年来在北京航空航天大学和曼彻斯特大学讲授相关课程的授课内容。除此之外，部分内容是编著者在非线性系统控制理论和应用领域的研究成果。本书提供的习题是编著者在相关课程中使用过的考试题目。

本书分为 11 章：第 1 章为非线性系统简介，简单介绍非线性系统的定义和典型的非线性现象；第 2 章为状态空间模型，介绍非线性系统状态空间描述和二阶非线性系统的基本分析方法，主要介绍相轨迹分析方法；第 3 章为描述函数法，介绍二阶非线性系统的描述函数分析和设计方法，用于系统稳定性分析以及极限环的存在性判定；第 4 章为稳定性，介绍非线性系统稳定性的基本概念和判定方法；第 5 章为现代稳定性理论，介绍严格正实系统的稳定性分析与设计方法，包括绝对稳定性和输入状态稳定性等概念，以及圆判据、小增益定理等方法；第 6 章为反馈线性化，介绍反馈线性化方法的基本原理和设计步骤；第 7 章为线性系统自适应控制，介绍线性系统模型参考自适应控制方法的基本原理和设计步骤；第 8 章为非线性观测器，介绍非线性系统的几类典型观测器设计方法，包括几种类型的全维观测器、降维观测器，以及自适应观测器；第 9 章为反步设计，介绍反步法的基本原理和设计方法，以及观测器反步法、滤波变换反步法和自适应反步法；第 10 章为扰动抑制与输出调节，介绍基于输出反馈的非线性系统干扰抑制方法；第 11 章为非线性控制应用案例，介绍两类典型的非线性控制系统设计方法。

本书旨在使用最小的篇幅尽可能高效地介绍非线性系统控制理论的基本概念、基本分析与设计方法，在做到严谨的同时兼顾可读性和工程性，而并不是一本百科全书或者数学类教材。本书避免对于基本概念和基础知识过分的引申和补充，也尽可能地减少过于烦琐的证明。本书考虑了读者可能具有不同专业背景，在内容选择和章节安排上可供不同专业或不同层次的教学使用。对于 48 学时的研究生非线性系统控制理论课程，可以全面讲授第 1 ～ 9 章的内容，以及第 10 章的部分内容，如 10.1 节、10.2 节和 10.3 节，第 10 章的其他内容和第 11 章可以作为本书主要理论内容的延展和应用案例。对于 32 学时的研究生课程，建议讲授第 1 ～ 4 章，第 6 、7 、9 章，第 5、8 章的内容可以作为选学内容，第 10、11 章的内容可以作为进一步研究的参考和案例。对于高年级本科生的非线性系统课程，建议讲授第 1 ～ 4 章，第 6、9 章的部分内容，其余内容可以作为进一步阅读和研究的参考。

编著者要感谢所在的教学科研团队成员对本书的贡献，尤其是博士生郑苇江深度参与了本书大部分图片的制作以及部分章节的排版工作，硕士生汪菊南参与了习题的录入工作，硕士生胡琦帮助整理了 11.1 节的内容。感谢机械工业出版社编辑吉玲女士参与多轮次的讨论与给予的指导。本书编写过程中还参考了其他专家学者编写的相关教材和习题集，在此表示感谢。本书的编写工作受到北京航空航天大学校级教材立项（编号 42020368）资助。

由于编著者水平有限，加之时间仓促，书中可能存在缺点和错误之处，衷心希望和欢迎读者批评指正。

编著者

目　　录

第 1 章　非线性系统简介

严格来讲，自然界中几乎所有的真实系统都是非线性系统。这些系统中，有一部分可以近似为线性系统。针对线性系统，有一系列成熟的分析与设计工具可以应用。然而，更多的非线性系统或者非线性现象无法用线性系统近似，针对这些系统的分析与设计只能基于非线性系统本身进行。即便本身是线性系统，一旦考虑到不确定性，那么仍然需要使用如自适应控制等非线性方法。在过去的几十年已经能够看到一些非线性系统领域的重要发展，其中一部分会在本书中讲述。本章讨论一些典型的非线性现象，并且引入一些基本的非线性系统分析与设计的概念。

1.1　非线性函数

动态系统通常可以用微分方程描述。微分方程中的变量通常定义为系统的状态，可以用来描述系统的状况。如果没有外界干扰，则系统未来的状态可以由描述系统的微分方程和任一时刻的状态计算。一个由连续微分方程描述的动态系统的状态不会产生突变，其状态连续变化正好符合物理直观。使用微分方程能够将很多物理系统或者工程系统建模为动态系统。动态系统的应用范围很广，包括生物系统、金融系统等。动态系统行为的分析对于理解其在科学技术领域的应用具有十分重要的意义。如果施加外部影响，则可以影响动态系统的行为，这种外界影响通常是基于系统当前的状态，因此可以控制动态系统来实现某种性能。

状态变量可以由一定维度的向量表示，这样动态系统则能够由关于该状态向量的一阶微分方程描述。比如，一个线性动态系统可以表示为

$$\begin{cases}\dot{\boldsymbol{x}} = \boldsymbol{A}\boldsymbol{x} + \boldsymbol{B}\boldsymbol{u} \\ \boldsymbol{y} = \boldsymbol{C}\boldsymbol{x} + \boldsymbol{D}\boldsymbol{u}\end{cases} \tag{1-1}$$

式中，$\boldsymbol{x} \in \mathbb{R}^n$ 是系统状态；$\boldsymbol{u} \in \mathbb{R}^m$ 是外界影响，或者称为系统输入；$\boldsymbol{y} \in \mathbb{R}^s$ 是由可以测量的变量组成的向量，也称为系统输出；$\boldsymbol{A} \in \mathbb{R}^{n\times n}$、$\boldsymbol{B} \in \mathbb{R}^{n\times m}$、$\boldsymbol{C} \in \mathbb{R}^{s\times n}$ 和 $\boldsymbol{D} \in \mathbb{R}^{s\times m}$ 可能是关于时间的函数矩阵。如果 $\boldsymbol{A}$、$\boldsymbol{B}$、$\boldsymbol{C}$ 和 $\boldsymbol{D}$ 是常值矩阵，则式(1-1)称为线性时不变系统。对于给定输入，系统的状态和输出能够通过式(1-1)计算。需要强调的是，叠加原理仅适用于线性动态系统。

如果动态系统中含有非线性部分，或者描述系统的微分方程中含有非线性函数，则该系统为非线性系统。例如，可以考虑一个带有饱和环节的单输入单输出（Single-Input-Single-Output, SISO）系统：

$$\begin{cases}\dot{\boldsymbol{x}} = \boldsymbol{A}\boldsymbol{x} + \boldsymbol{B}\sigma(u) \\ y = \boldsymbol{C}\boldsymbol{x} + \boldsymbol{D}\boldsymbol{u}\end{cases} \tag{1-2}$$

式中，σ: $\mathbb{R} \to \mathbb{R}$ 是饱和函数，其定义为

$$\sigma(u) = \begin{cases} -1 & \text{当 } u < -1 \\ u & \text{当 } -1 \leqslant u \leqslant 1 \\ 1 & \text{当 } u > 1 \end{cases} \tag{1-3}$$

式(1-2)与式(1-1)的差别只是饱和函数 σ。很明显饱和函数 σ 是一个非线性函数，因此该系统为一个非线性系统。叠加原理在这里不再适用，因为在经过饱和函数作用后，输入的幅度增大并不能改变系统的响应。

一般的非线性系统通常可以描述为

$$\begin{cases} \dot{\boldsymbol{x}} = \boldsymbol{f}(\boldsymbol{x}, \boldsymbol{u}, t) \\ \boldsymbol{y} = \boldsymbol{h}(\boldsymbol{x}, \boldsymbol{u}, t) \end{cases} \tag{1-4}$$

式中，$\boldsymbol{x} \in \mathbb{R}^n$、$\boldsymbol{u} \in \mathbb{R}^m$ 和 $\boldsymbol{y} \in \mathbb{R}^s$ 分别是系统的状态、输入和输出；$\boldsymbol{f}$: $\mathbb{R}^n \times \mathbb{R}^m \times \mathbb{R} \to \mathbb{R}^n$ 和 $\boldsymbol{h}$: $\mathbb{R}^n \times \mathbb{R}^m \times \mathbb{R} \to \mathbb{R}^s$ 均是非线性函数。

动态系统中的非线性因素可以用非线性函数来描述。可以粗略地将非线性动态系统中的非线性因素划分为两类：

一类非线性因素可以用解析非线性函数描述，如多项式、三角函数或指数函数，或者这些非线性函数的组合。这些非线性函数的各阶导数总存在，且在任意点都可以利用泰勒级数很好地逼近它们。这类非线性因素一般是实际物理系统建模得到的，如非线性弹簧或者非线性电阻，其产生原因也可能是施加了如非线性阻尼或者自适应控制之类的非线性控制器。有一些非线性控制方法要求系统中变量的各阶导数都存在，如反步法。

另一类非线性因素可以用分段线性函数描述，但是其不连续或者导数不存在的点只能是有限个。前面提到过的饱和函数是一个连续的分段线性函数，但是在两个连接点处并不光滑。切换环节，或者继电环节，可以用不连续的符号函数建模。还有一些非线性因素可能是多值函数，如带有滞环的继电环节，将在第 3 章中详细介绍。多值非线性环节在每一时刻只返回一个值，取决于该环节的输入历史信息。这种多值非线性环节具有记忆性能，而单值非线性环节不具有记忆性能。用分段线性函数描述的非线性因素也可以称为硬非线性因素，通常包括饱和环节、继电环节、死区环节、带滞环的继电环节、间隙环节等。对于硬非线性环节，典型的研究方法主要是描述函数法。硬非线性环节可以用来设计控制器，如符号函数可以用来设计滑模控制，饱和函数施加在控制输入可以用来削弱半全局稳定情况下可能出现的峰化现象。在下面的例子中，可以看到线性系统自适应控制中的非线性因素。

例 1.1 考虑一阶线性系统：

$$\dot{x} = ax + u$$

式中，a 是未知参数。如何设计控制器保证系统稳定？

如果参数的取值范围 $a^- < a < a^+$ 已知，可以设计如下控制器：

$$u = -cx - a^+x$$

式中，常数 $c > 0$。则闭环系统为

$$\dot{x} = -cx + (a - a^+)x$$

如果参数 a 的信息完全未知，则可以设计自适应控制：

$$u = -cx - \hat{a}x$$

$$\dot{\hat{a}} = x^2$$

令 $\tilde{a} = a - \hat{a}$，则闭环系统为

$$\dot{x} = -cx + \tilde{a}x$$

$$\dot{\tilde{a}} = -x^2$$

虽然原系统（含有未知参数）是线性的，但是上述自适应系统为非线性的。可以证明，上述自适应系统是稳定的，其稳定性分析需要用到第 4 章介绍的稳定性理论。

1.2 常见非线性系统行为

许多非线性系统可以在某些工作点处近似为线性化系统，它们在工作点附近的行为能够用线性化系统计算。因此，尽管现实中几乎所有系统严格上说都是非线性的，线性系统的分析和设计方法仍可以用于非线性系统。

一些非线性特征在线性系统中并不存在，所以使用线性化系统也并不能计算和分析这类非线性特征。下面是对这类非线性特征的一些讨论。

不同于线性系统，**多重平衡点**是一种常见的非线性现象。例如，系统：

$$\dot{x} = -x + x^2$$

有两个平衡点，分别为 $x = 0$ 和 $x = 1$。两个平衡点处系统的行为差别巨大，无法用单一线性化系统来描述。

如果系统存在周期解，并且其附近的系统轨线都沿时间正向或负向趋近该周期解，这种现象称为**极限环**。对于线性系统，闭轨线（周期解）有可能存在，如简谐振动。但是线性系统的周期解并不吸引附近轨线，且对于任何干扰都不具有鲁棒性。人体的心跳可以建模成非线性系统的极限环。

在正弦输入情况下，在输出端有可能观察到**分频振荡**或者**倍频振荡**现象。对于线性系统，如果输入为正弦信号，则输出为同频率的正弦信号，只是幅度和相位可能产生变化。而对于非线性系统，正弦信号输入的情况下，在输出端观察到的信号可能是输入信号的分频信号或者倍频信号的组合。这种现象在供电系统中是很常见的非线性现象。

非线性系统中可能存在**有限时间逃逸**现象，即系统状态在有限时间内就能发散到无穷远处。这种现象在线性系统中不可能发生，即便是不稳定的线性系统，状态只可能是按指数发散（即如果时间有限，则状态一定有限）。有限时间逃逸可能会导致在非线性系统设计中系统的解轨线不存在。

非线性系统中也可能存在**有限时间收敛**到某平衡点的现象。通常，可以将系统设计成具有有限收敛时间，从而达到快速收敛的目的。这种现象不可能在线性系统中发生，因为稳定的线性系统最快只可能按指数收敛，即线性系统最快只能渐近收敛到平衡点。

混沌只在非线性系统中存在。一些非线性系统的解是有界的，但并不收敛到平衡点或者极限环。它们有可能存在殆周期解，其行为难以准确预测。

其他的非线性现象还包括**分叉**等，这些现象都不可能在线性系统中存在。在本书中，会对一些非线性现象做详细的研究，如极限环和倍频振荡。极限环和混沌将在第 2 章中讨论。

本书研究的其他问题中也有可能出现极限环。倍频现象将在有关干扰抑制的内容中讨论。当干扰为正弦信号时，用于干扰抑制的内模需要考虑到由于非线性而产生的倍频振荡。

1.3 非线性系统的稳定性与控制

非线性系统的行为比线性系统复杂很多。通常，线性系统的分析工具并不直接适用于非线性系统。对于线性系统，其稳定性可以由系统矩阵 $\boldsymbol{A}$ 的特征值判定。显然，对于非线性系统，特征值判别法不适用。甚至对于某些非线性系统，在平衡点附近的线性化系统的系统矩阵特征值不能用于判定稳定性。例如，一阶系统：

$$\dot{x} = x^3$$

在原点处的线性化模型为 $\dot{x} = 0$。线性化模型在原点处为临界稳定，但是原系统是不稳定的。如果考虑另一个非线性系统：

$$\dot{x} = -x^3$$

该系统是稳定的，但是原点附近的线性化模型仍然为 $\dot{x} = 0$。频率域方法也不能直接用来分析非线性系统的输入输出关系，因为对于一般的非线性系统无法定义其传递函数。

一些控制系统的基本概念适用于非线性系统，如可控性，但是其分析方法可能与线性系统有所不同。如果需要使用频率域方法分析非线性系统，则需要对其非线性项做一些近似处理，使用描述函数方法分析系统。非线性系统的高增益控制和零动态则是由线性系统中的相关概念推广而来的。

非线性系统中一个很重要的概念是其稳定性。线性系统的特征值稳定判据对于非线性系统不再适用，因此需要研究针对非线性系统的稳定性概念和分析方法。众多稳定性的定义中，李雅普诺夫稳定性也许是最基础的一种。李雅普诺夫函数可以用来分析系统的李雅普诺夫稳定性。其他的稳定性类型，如输入–状态稳定性，也能使用李雅普诺夫函数分析。李雅普诺夫稳定性是本书中最常用的稳定性概念。

与非线性系统稳定性比起来，非线性系统的设计方法则更为多样化。与线性系统不同，非线性系统并无统一的设计方法，大多数的设计方法只适用于某一类非线性系统。正因如此，非线性系统的控制器设计更具有挑战性。由于编著者水平以及篇幅有限，本书不可能涵盖所有的非线性系统设计方法。

针对非线性系统的控制器设计，通常首先考虑线性化方法。如果基于线性化系统的控制器适用，则无需再进一步考虑非线性设计。线性化模型取决于工作点，因此非线性系统的线性化控制方法需要设计在工作点之间切换的策略。增益分配和线性变参数方法也是利用平衡点处线性化的典型设计方法。

对于特定类型的系统，也可以通过非线性坐标变换和反馈实现线性化。这种线性化方法不同于平衡点处的近似线性化。在第 6 章中会看到，这种非线性变换的存在性取决于一些几何条件。通过这种方法得到的线性化结果适用于整个状态空间，而不是某些平衡点。一旦可以得到这样的线性化系统，则可以继续使用线性系统的设计方法。

也可以利用人工神经网络逼近非线性函数，然后进一步使用模糊系统的设计方法设计非线性控制器。这类系统的稳定性分析类似于李雅普诺夫分析方法或者自适应方法。本书不讨论这类方法，也不涉及 Bang-Bang 控制或者滑模控制的相关内容。

最近二十年中也出现了一些系统化的设计方法，如反步法和前馈控制法。这类方法要求系统具有特定的结构，以便于使用迭代的设计方法。在这些系统化的设计方法中，反步法最为常用，在第 9 章中会介绍。反步法要求系统的状态方程具有下三角形式，这样在每一步中都可以设计一个虚拟控制器。本书中有很多关于这种方法的内容。前馈控制法本质上是与反步法类似的方法，本书不做进一步的讨论。

如果存在不确定参数，则可以使用自适应控制处理。在前面的例子中已经看到，自适应闭环系统整体上是非线性的，尽管被控对象可能是线性系统。自适应方法也可以与其他非线性设计方法结合使用，如反步法。这种情况下的设计方法也可以称为自适应反步法。第 7 章和第 9 章将会详细介绍线性系统自适应设计方法和非线性系统的自适应反步法。

非线性控制设计方法可以分为状态反馈控制与输出反馈控制两类，这与线性控制系统设计方法类似。区别之处在于，分离原理在非线性系统中不一定适用，即直接在控制器中使用估计值替代真实状态无法保证闭环系统稳定性。通常，需要在控制器设计中使用估计状态，如基于观测器的反步法。

状态估计本身是非线性系统研究中的重要课题。近三十年中提出了很多关于非线性系统状态观测器的设计方法，其中一些观测器设计方法是控制器设计方法的对偶方法。对于不同的非线性因素，有不同的观测器设计方法。第 8 章中会介绍一种针对利普希茨非线性的观测器设计方法。

近年来针对半全局稳定性的研究越来越多。半全局稳定的结果比全局稳定弱，但是稳定域能够任意调节。放宽全局稳定所需的条件能够给控制器设计带来更多的自由。一个典型的半全局稳定控制器设计策略是采用高增益控制加饱和环节。本书中不会包含这方面内容，但是当读者熟练掌握本书内容后，可以很容易理解半全局稳定的设计方法。

1.4　补充学习

线性系统的基本概念可以参考文献 [1-2]。非线性系统的基本概念和现象可以参考文献 [3-4]。

习题

说出两种不可能发生在线性系统的非线性系统行为。

第 2 章 状态空间模型

本书主要使用微分方程来描述非线性系统。与线性系统的定义类似，非线性系统具有状态、输入和输出。本章将给出非线性系统状态空间模型的基本定义，以及一些初步的理论分析工具，如近似线性化方法。典型的非线性现象，如极限环、混沌等，也会用一些实例加以讨论。

2.1 非线性系统及其在平衡点处的线性化

如果系统当前的行为取决于其历史行为，则称这样的系统为动力系统。状态是用来描述系统历史信息的变量。在任意时刻，系统下一时刻的行为取决于当前时刻的状态。从这个意义上讲，系统状态的导数决定系统下一时刻的行为，因此可以使用一阶向量微分方程描述动态系统：

$$\dot{\boldsymbol{x}} = \boldsymbol{f}(\boldsymbol{x}, \boldsymbol{u}, t), \quad \boldsymbol{x}(0) = \boldsymbol{x}_0 \tag{2-1}$$

式中，$\boldsymbol{x} \in \mathbb{R}^n$ 是系统状态；$\boldsymbol{f}$：$\mathbb{R}^n \times \mathbb{R}^m \times \mathbb{R} \to \mathbb{R}^n$ 是连续非线性函数；$\boldsymbol{u} \in \mathbb{R}^m$ 是外界对系统施加的影响，通常看作是系统的输入。

为保证式(2-1)有解，非线性函数 $\boldsymbol{f}$ 需要满足一定的条件，如利普希茨条件（Lipschitz Condition）。

定义 2.1 如果存在常数 $\gamma > 0$ 使得非线性函数 $\boldsymbol{f}$：$\mathbb{R}^n \times \mathbb{R}^m \times \mathbb{R} \to \mathbb{R}^n$ 满足如下不等式：

$$\|\boldsymbol{f}(\boldsymbol{x}, \boldsymbol{u}, t) - \boldsymbol{f}(\hat{\boldsymbol{x}}, \boldsymbol{u}, t)\| \leqslant \gamma \|\boldsymbol{x} - \hat{\boldsymbol{x}}\| \tag{2-2}$$

式中，$\boldsymbol{x}$、$\hat{\boldsymbol{x}} \in D_x \subset \mathbb{R}^n$，$\boldsymbol{u} \in D_u \subset \mathbb{R}^m$，$t \in I_t \subset \mathbb{R}$，$D_x$ 与 D_u 是具有响应维数的连通区域，I_t 是某时间区间，则函数 $\boldsymbol{f}$ 对变量 $\boldsymbol{x}$ 为利普希茨连续，常数 γ 为其利普希茨常数。

注意到，利普希茨条件保证非线性函数 $\boldsymbol{f}$ 关于其自变量 $\boldsymbol{x}$ 是连续的。式(2-1)有解的充分必要条件为，非线性函数 $\boldsymbol{f}$ 关于自变量 $\boldsymbol{x}$ 是利普希茨连续的，且关于自变量 t 是连续的。

注 2.1 实际应用中，可能不需要函数 $\boldsymbol{f}$ 关于状态 $\boldsymbol{x}$ 和时间 t 连续这样非常强的假设。例如，函数 $\boldsymbol{f}$ 有可能在 $\boldsymbol{x}$ 的不同取值区间内是连续的，其不连续的点为有限个，则可以在这些连续区间内分别求解，再将这些解连接起来作为系统的解。函数 $\boldsymbol{f}$ 关于状态 $\boldsymbol{x}$ 不连续的典型例子包括继电环节，这种情况下，虽然系统的解存在，但并不保证解的唯一性。关于微分方程解的存在性和唯一性不是本书重点研究的内容。在本书的讨论中，总假设微分方程的解是存在且唯一的。

系统的状态包含了其所有行为信息。实际应用中，可能只需要关注一部分状态，用 $\boldsymbol{y} = \boldsymbol{h}(\boldsymbol{x}, \boldsymbol{u}, t)$ 表示。式中，函数 $\boldsymbol{h}$：$\mathbb{R}^n \times \mathbb{R}^m \times \mathbb{R} \to \mathbb{R}^s$，通常 $s \leqslant n$；变量 $\boldsymbol{y}$ 定义为系统的输出。可以将状态方程与输出方程写在一起来描述系统：

$$\dot{\boldsymbol{x}} = \boldsymbol{f}(\boldsymbol{x}, \boldsymbol{u}, t), \quad \boldsymbol{x}(0) = \boldsymbol{x}_0 \tag{2-3}$$

$$y = h(x, u, t) \tag{2-4}$$

如果系统为时不变系统，即函数 f 和 h 不显含时间 t，则可以表示为

$$\dot{x} = f(x, u), \quad x(0) = x_0 \tag{2-5}$$

$$y = h(x, u) \tag{2-6}$$

式中，f：$\mathbb{R}^n \times \mathbb{R}^m \to \mathbb{R}^n$，$h$：$\mathbb{R}^n \times \mathbb{R}^m \to \mathbb{R}^s$。

通常，非线性系统比线性系统复杂很多。但是，如果只讨论系统状态在很小范围内变化的情况，且非线性函数 f 与 h 对其自变量连续可微，则非线性系统的行为与线性系统的情况类似。这是因为，当变化量 Δx 和 Δu 很小的情况下，可以做如下近似：

$$f(x + \Delta x, u + \Delta u) \approx f(x, u) + \frac{\partial f}{\partial x}(x, u)\Delta x + \frac{\partial f}{\partial u}(x, u)\Delta u \tag{2-7}$$

如果 $f(x_e, u_e) = 0$，则 $x = x_e$、$u = u_e$ 为系统的平衡点。在平衡点附近，可以将非线性系统近似线性化。令 $\bar{x} = x - x_e$、$\bar{u} = u - u_e$ 以及 $\bar{y} = h(x, u) - h(x_e, u_e)$，则

$$\dot{\bar{x}} = A\bar{x} + B\bar{u} \tag{2-8}$$

$$\bar{y} = C\bar{x} + D\bar{u} \tag{2-9}$$

式中，矩阵 $A = [a_{i,j}]_{n\times n} \in \mathbb{R}^{n\times n}$、$B = [b_{i,j}]_{n\times m} \in \mathbb{R}^{n\times m}$、$C = [c_{i,j}]_{s\times n} \in \mathbb{R}^{s\times n}$，$D = [d_{i,j}]_{s\times m} \in \mathbb{R}^{s\times m}$，并且

$$a_{i,j} = \frac{\partial f_i}{\partial x_j}(x_e, u_e) \tag{2-10}$$

$$b_{i,j} = \frac{\partial f_i}{\partial u_j}(x_e, u_e) \tag{2-11}$$

$$c_{i,j} = \frac{\partial h_i}{\partial x_j}(x_e, u_e) \tag{2-12}$$

$$d_{i,j} = \frac{\partial h_i}{\partial u_j}(x_e, u_e) \tag{2-13}$$

注 2.2　近似线性化不一定只在平衡点附近适用，也可以在非平衡点处使用近似线性化方法。假设 $f(x_e, u_e) \neq 0$，则近似线性化结果为

$$\dot{\bar{x}} = A\bar{x} + B\bar{u} + \delta \tag{2-14}$$

式中，$\delta = f(x_e, u_e)$ 是一个常向量。

2.2　自治系统

式(2-5)中，外界作用只通过系统输入 u 作用于系统状态。如果系统中不含输入 u，则系统状态只取决于其初值。或者说，此时系统行为不取决于任何外界因素，而是完全只取决于自身状态。这类系统称为自治系统，其准确的定义如下。

定义 2.2　如果一个动态系统的状态不显含时间和输入，则该系统为自治系统。

如果用微分方程描述，则自治系统方程为

$$\dot{x} = f(x) \tag{2-15}$$

式中，$x \in \mathbb{R}^n$ 是系统状态：非线性函数 f ：$\mathbb{R}^n \to \mathbb{R}^n$。

注 2.3　式(2-15)中，如果输入为常数，则该系统为自治系统。这是因为，可以将其非

线性函数重新定义为 $\boldsymbol{f}_{\mathrm{a}}(\boldsymbol{x})=\boldsymbol{f}(\boldsymbol{x},\boldsymbol{u}_{\mathrm{c}})$，$\boldsymbol{u}_{\mathrm{c}}$ 为常数。即便输入为关于时间的多项式或者三角函数，也可以将其表示成自治系统的形式。这里只需要将多项式或者三角函数表示成相应的线性系统的状态，将线性系统与原非线性系统看成是一个增广系统，这个增广系统就是一个自治系统。

定义 2.3　式(2-15)中，如果 $\boldsymbol{f}(\boldsymbol{x}_{\mathrm{e}})=0$，则 $\boldsymbol{x}_{\mathrm{e}}\in\mathbb{R}^n$ 为该系统的一个奇异点。

从上述定义可以看出，奇异点就是平衡点。自治系统中，奇异点通常具有很好的性质，尤其是对于二阶自治系统而言。

由于自治系统不含有外接输入，其所有轨线的集合构成该系统行为的一个完整的几何表示。这种几何表示称为**相轨迹图**。对于如下形式的二阶系统：

$$\dot{x}_1=x_2 \tag{2-16}$$

$$\dot{x}_2=\phi(x_1,x_2) \tag{2-17}$$

如果 x_1 表示距离，则 x_2 表示速度。系统状态通常具有明显的物理意义。有多种方法可以绘制相轨迹图，其中一种方法是分析系统在奇异点附近的行为。实际上，“奇异点”可能得名于它在相轨迹图中的位置。相轨迹图中，基于微分方程解的唯一性，各条轨迹不相交。但是，这些相轨迹看上去在 $\boldsymbol{f}(\boldsymbol{x}_{\mathrm{e}})=0$ 处相交。从这个意义上看，奇异点是“奇异”的。

2.3　二阶非线性系统的行为

本节研究二阶系统：

$$\dot{x}_1=f_1(x_1,x_2) \tag{2-18}$$

$$\dot{x}_2=f_2(x_1,x_2) \tag{2-19}$$

假设该系统有平衡点 $(x_{1\mathrm{e}},x_{2\mathrm{e}})$，则系统在平衡点附近的线性化系统为

$$\begin{bmatrix}\dot{\bar{x}}_1\\ \dot{\bar{x}}_2\end{bmatrix}=\boldsymbol{A}_{\mathrm{e}}\begin{bmatrix}\bar{x}_1\\ \bar{x}_2\end{bmatrix} \tag{2-20}$$

式中：

$$\boldsymbol{A}_{\mathrm{e}}=\begin{bmatrix}\dfrac{\partial f_1}{\partial x_1}(x_{1\mathrm{e}},x_{2\mathrm{e}}) & \dfrac{\partial f_1}{\partial x_2}(x_{1\mathrm{e}},x_{2\mathrm{e}})\\ \dfrac{\partial f_2}{\partial x_1}(x_{1\mathrm{e}},x_{2\mathrm{e}}) & \dfrac{\partial f_2}{\partial x_2}(x_{1\mathrm{e}},x_{2\mathrm{e}})\end{bmatrix} \tag{2-21}$$

因此，系统在此平衡点附近的行为取决于矩阵 $\boldsymbol{A}_{\mathrm{e}}$ 的性质。按照矩阵 $\boldsymbol{A}_{\mathrm{e}}$ 特征值的分布，可以将平衡点（或奇异点）划分为以下六种情况。这里用 λ_1 和 λ_2 表示 $\boldsymbol{A}_{\mathrm{e}}$ 的两个特征值。

稳定节点（Stable Node）。这种情况下，$\lambda_1<0$，$\lambda_2<0$，即 $\boldsymbol{A}_{\mathrm{e}}$ 的两个特征值均为负实数。线性化系统在奇异点 $(\bar{x}_1,\bar{x}_2)^{\mathrm{T}}=\boldsymbol{0}$ 处为渐近稳定，且奇异点附近的典型相轨迹如图 2-1 所示。

不稳定节点（Unstable Node）。这种情况下，$\lambda_1>0$，$\lambda_2>0$，即 $\boldsymbol{A}_{\mathrm{e}}$ 的两个特征值均为正实数。除奇异点外，所有轨线都发散，如图 2-2 所示。

鞍点（Saddle Point）。这种情况下，$\lambda_1<0$，$\lambda_2>0$，即 $\boldsymbol{A}_{\mathrm{e}}$ 的两个特征值为一正一负的实数。相轨迹图中，只有两条轨线收敛到奇异点，其他轨线均发散，如图 2-3 所示。

稳定焦点（Stable Focus）。这种情况下，矩阵 $\boldsymbol{A}_{\mathrm{e}}$ 的特征值为一对共轭复根 $\mu\pm\mathrm{j}\nu$，

且其实部为负，即 $\mu < 0$。相轨迹图中，所有轨线都呈螺旋状收敛到奇异点，如图 2-4 所示。

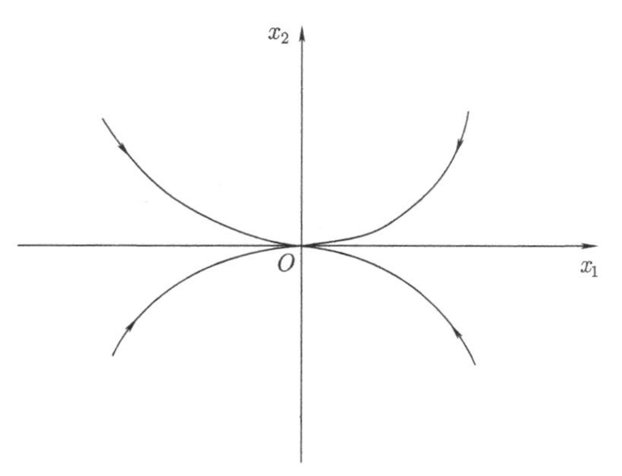

图 2-1 稳定节点附近的相轨迹

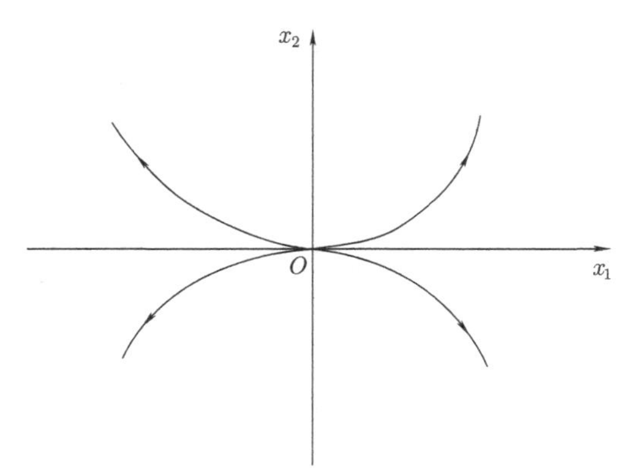

图 2-2 不稳定节点附近的相轨迹

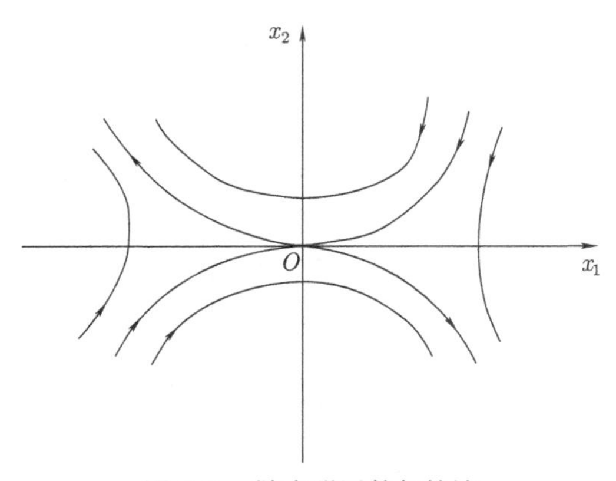

图 2-3 鞍点附近的相轨迹

不稳定焦点（Unstable Focus）。这种情况下，矩阵 $\boldsymbol{A}_{\mathrm{e}}$ 的特征值为一对共轭复根 $\mu \pm \mathrm{j}\nu$，且其实部为正，即 $\mu > 0$。相轨迹图中，除奇异点外，所有轨线都呈螺旋状发散，如图 2-5 所示。

中心（Center）。这种情况下，矩阵 $\boldsymbol{A}_{\mathrm{e}}$ 的特征值为一对共轭纯虚根 $\pm\mathrm{j}\nu$。所有系统轨线都是闭轨线，如图 2-6 所示。

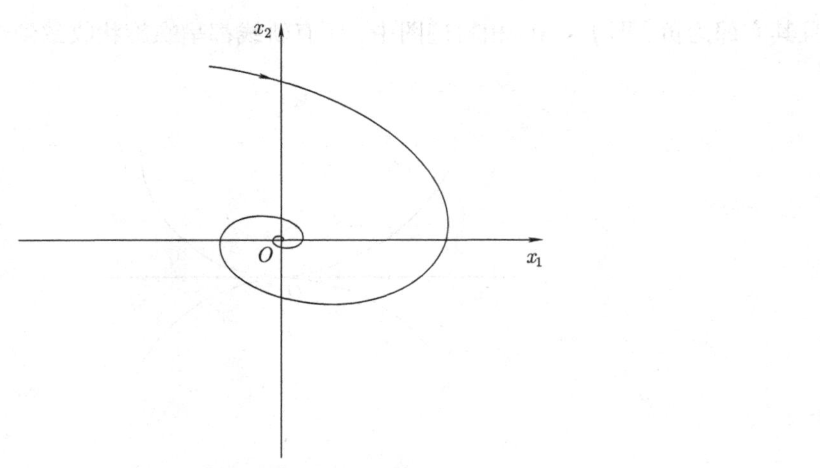

图 2-4　稳定焦点附近的相轨迹

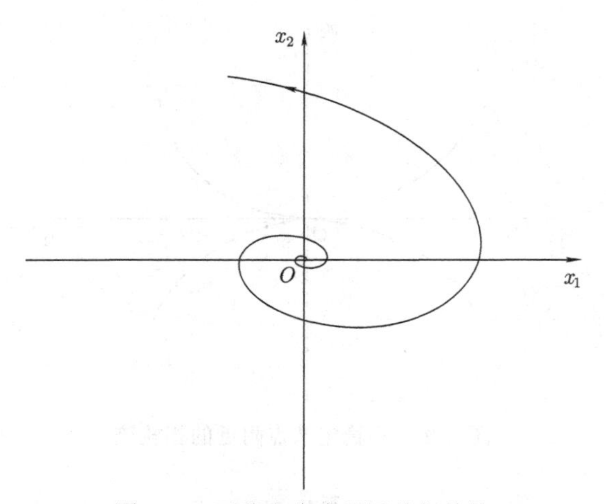

图 2-5　不稳定焦点附近的相轨迹

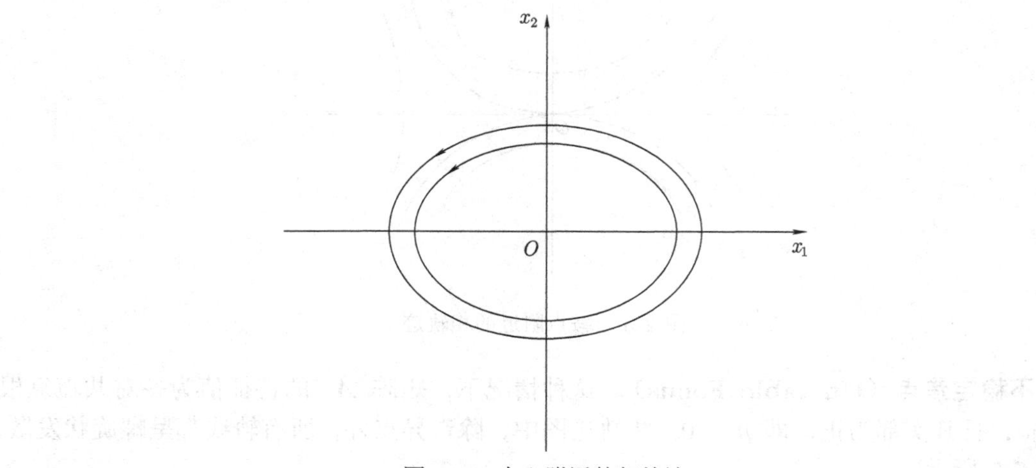

图 2-6　中心附近的相轨迹

绘制相轨迹时，第一步通常是确定奇异点的类型。在此基础上，能够绘制奇异点附近的相轨迹。在其他区域中，可以通过计算轨线的导数来确定其运动方向。

在相平面上任一点，轨线的斜率由下式计算：

$$\frac{\mathrm{d}x_2}{\mathrm{d}x_1}=\frac{f_2(x_1,x_2)}{f_1(x_1,x_2)} \tag{2-22}$$

只需要在相平面上找到足够多的点，用沿斜率的曲线将这些点连接起来，则可以绘制出系统的概略相轨迹图。

在相平面上，能够找到某条曲线，通过这条曲线的相轨迹在该曲线上具有相同的斜率，则该曲线称为**等倾线**。即在等倾线上，$\dfrac{f_2(x_1,x_2)}{f_1(x_1,x_2)}$ 为常值。等倾线常常用于绘制系统的概略相轨迹图。

目前，已经有许多软件能够较为精确地绘制非线性微分方程的相轨迹。所以，本书中不再详细介绍利用斜率和等倾线绘制相轨迹图的具体步骤。

例 2.1　考虑二阶系统：

$$\begin{aligned}\dot{x}_1&=x_2\\ \dot{x}_2&=-x_2-2x_1+x_1^2\end{aligned}$$

令

$$\begin{aligned}0&=x_2\\ 0&=-x_2-2x_1+x_1^2\end{aligned}$$

则可以计算出系统的奇异点为 $(0,0)$ 和 $(2,0)$。在 $(0,0)$ 处计算线性化系统矩阵为

$$\boldsymbol{A}=\begin{bmatrix}0 & 1\\ -2 & -1\end{bmatrix} \tag{2-23}$$

其特征值为 $\lambda_{1,2}=\dfrac{-1\pm \mathrm{j}\sqrt{7}}{2}$。所以 $(0,0)$ 是一个稳定的焦点。

对于奇异点 $(2,0)$，其附近的线性化系统矩阵为

$$\boldsymbol{A}=\begin{bmatrix}0 & 1\\ 2 & -1\end{bmatrix} \tag{2-24}$$

其特征值为 $\lambda_1=-2$ 和 $\lambda_2=1$。所以 $(-2,0)$ 是一个鞍点。可以通过奇异点的类型确定系统的相轨迹在何处收敛，或者沿着何种方向发散。对应于 $\lambda_1=-2$ 和 $\lambda_2=1$ 的特征向量为

$$\begin{cases}\boldsymbol{\nu}_1=\begin{bmatrix}1\\ -2\end{bmatrix}\\ \boldsymbol{\nu}_2=\begin{bmatrix}1\\ 1\end{bmatrix}\end{cases} \tag{2-25}$$

特征值和对应的特征向量表明，沿着 $\boldsymbol{\nu}_1$ 的方向，轨线收敛到奇异点；沿 $\boldsymbol{\nu}_2$ 方向，轨线发散。通过图 2-7 所示的相轨迹可以清楚地看到，在 $(0,0)$ 附近存在一个稳定的区域；而 $(-2,0)$ 附近，相轨迹沿特征向量 $\boldsymbol{\nu}_2$ 的方向趋向无穷远处。

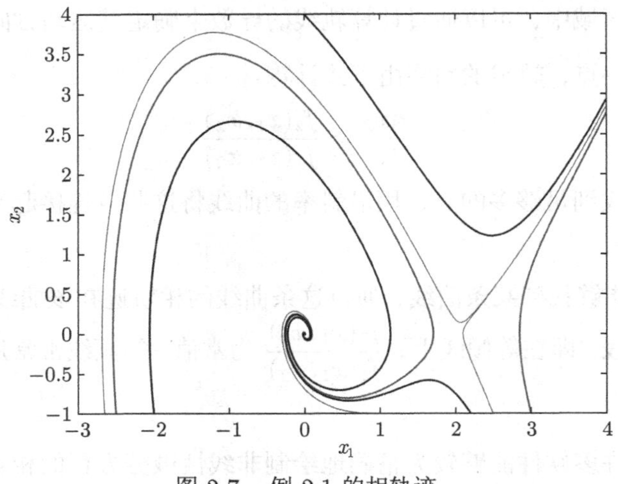

图 2-7　例 2.1 的相轨迹

例 2.2　考虑同步电动机的振动方程：

$$H\ddot{\delta} = P_{\rm m} - P_{\rm e}\sin(\delta) \tag{2-26}$$

式中，H 是惯性常数；δ 是转子角度；$P_{\rm m}$ 是机械功率，$P_{\rm e}$ 是最大电功率。可以将 $P_{\rm m}$ 看作输入，将 $P_{\rm e}\sin(\delta)$ 看作输出。

为方便描述，可以取 $H=1$，$P_{\rm m}=1$，$P_{\rm e}=2$，$x_1=\delta$，$x_2=\dot{\delta}$，则系统的状态方程为

$$\begin{aligned} \dot{x}_1 &= x_2 \\ \dot{x}_2 &= 1 - 2\sin(x_1) \end{aligned}$$

则该系统的平衡点（奇异点）为

$$\begin{cases} x_{1\rm e} = 2k\pi + \dfrac{\pi}{6} \ \text{或}\ 2k\pi + \dfrac{5\pi}{6} \\ x_{2\rm e} = 0 \end{cases} \tag{2-27}$$

本例中以奇异点 $\left(\dfrac{\pi}{6},0\right)$ 和 $\left(\dfrac{5\pi}{6},0\right)$ 为例分析。在奇异点处线性化系统矩阵为

$$\boldsymbol{A} = \begin{bmatrix} 0 & 1 \\ -2\cos(x_{1\rm e}) & 0 \end{bmatrix} \tag{2-28}$$

对于奇异点 $\left(\dfrac{\pi}{6},0\right)$，特征值为 $\lambda_{1,2}=\pm{\rm j}3^{\frac{1}{4}}$，因此该奇异点为中心。对于奇异点 $\left(\dfrac{5\pi}{6},0\right)$，特征值为 $\lambda_1=-3^{\frac{1}{4}}$ 和 $\lambda_2=3^{\frac{1}{4}}$，该奇异点为鞍点。对应于鞍点特征值的特征向量为

$$\begin{cases} \boldsymbol{\nu}_1 = \begin{bmatrix} 1 \\ -3^{\frac{1}{4}} \end{bmatrix} \\ \boldsymbol{\nu}_2 = \begin{bmatrix} 1 \\ 3^{\frac{1}{4}} \end{bmatrix} \end{cases} \tag{2-29}$$

图 2-8 为本例的计算机仿真结果。从仿真结果可以清楚看到鞍点和中心的形状。相轨

迹的方向可以由奇异点的类型以及鞍点对应的特征向量得到。

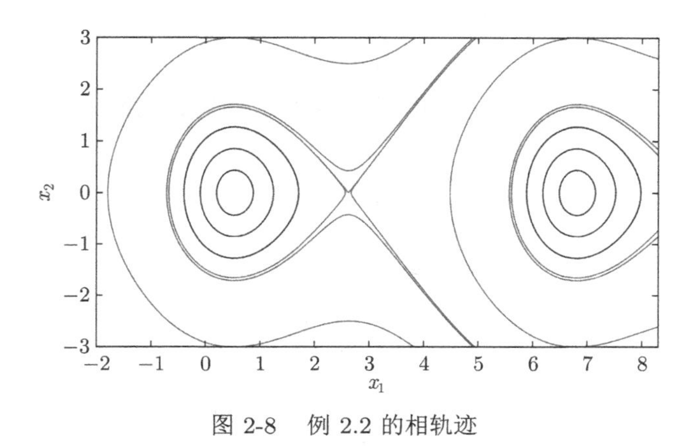

图 2-8　例 2.2 的相轨迹

2.4　极限环和奇异吸引子

相轨迹图中，有些轨线是封闭曲线。对于自治系统，封闭曲线表示周期解。对于线性系统，周期解仅存在于简谐振动的情况，如系统：

$$\dot{x}_1 = x_2$$

$$\dot{x}_2 = -x_1$$

有三角函数解，其振幅与初值相关。定义 $V = x_1^2 + x_2^2$，可以发现

$$\dot{V} = 2x_1x_2 - 2x_2x_1 = 0 \tag{2-30}$$

即其周期解为包围原点的圆形轨迹。给定初值，则圆形轨迹的半径不再变化。当初值十分接近时，两个圆轨迹也会十分接近，但并不收敛到一起。圆轨迹并不具备鲁棒性，任何微小的扰动都会使得轨迹不再保持原来的形状。

图 2-8 所示的相轨迹中就有封闭轨迹。尽管该封闭轨迹是非线性系统的解，它们与线性系统的周期解有相似之处。这里非线性系统的封闭轨迹取决于初值，无论初值多么接近，轨迹既不收敛也不吸引其他轨迹。

以上描述的封闭轨迹并不是极限环。关于极限环，有以下定义。

定义 2.4　自治系统的周期解是极限环的充分条件是该系统其他的非周期解当 $t \to +\infty$ 或 $t \to -\infty$ 时收敛于该周期解。

如果极限环附近的轨线渐近收敛到极限环上，则该极限环是稳定的；反之，如果极限环附近的其他轨线都发散或收敛到其他平衡点或者其他极限环，则该极限环是不稳定的。存在稳定极限环的情况下，系统解呈现振荡的形式，振荡的幅度与初值无关。极限环附近的轨线可能收敛于该极限环，一个典型的例子就是范德波尔方程。范德波尔方程并没有明显的物理意义，它可以看作是电阻为负值情况下的 RLC 电路的数学模型。

例 2.3　范德波尔方程的一种形式为

$$\ddot{y} - \epsilon(1 - y^2)\dot{y} + y = 0 \tag{2-31}$$

式中，ϵ 是一个正值常数。选取 $x_1 = y$ 和 $x_2 = \dot{y}$，则系统的状态空间方程为

$$\begin{aligned}\dot{x}_1 &= x_2 \\ \dot{x}_2 &= -x_1 + \epsilon(1 - x_1^2)x_2\end{aligned}$$

从这个状态方程可以看出，如果 $\epsilon = 0$，则该系统运动形式为简谐振动。当 ϵ 取很小的值时，该系统的运动形式接近简谐振动。

如果状态变量选择为 $x_1 = y$，$x_2 = \frac{1}{\epsilon}\dot{y} + f(y)$，式中 $f(y) = y^3/3 - y$，则

$$\begin{cases}\dot{x}_1 = & \epsilon(x_2 - f(x_1)) \\ \dot{x}_2 = & -\frac{1}{\epsilon}x_1\end{cases} \tag{2-32}$$

可以计算出

$$\frac{\mathrm{d}x_2}{\mathrm{d}x_1}(x_2 - f(x_1)) = -\frac{x_1}{\epsilon^2} \tag{2-33}$$

该方程表明，当 $\epsilon \to +\infty$ 时，有 $\frac{\mathrm{d}x_2}{\mathrm{d}x_1} = 0$ 或者 $x_2 - f(x_1) = 0$。

由式(2-32)看出，奇异点为原点，且奇异点处线性化系统矩阵为

$$\boldsymbol{A} = \begin{bmatrix}\epsilon & 1 \\ -\frac{1}{\epsilon} & 0\end{bmatrix} \tag{2-34}$$

其特征值表明，奇异点是不稳定的节点或不稳定的焦点，取决于 ϵ 的大小。图 2-9 是当 $\epsilon = 1$ 时的范德波尔方程的相轨迹图，这里绘制了两条相轨迹，初值分别位于极限环内外。虚线为 $x_2 = f(x_1)$。图 2-10 是当 $\epsilon = 10$ 时的范德波尔方程的相轨迹图。可以看出，轨线先沿着虚线 $x_2 = f(x_1)$ 运动，然后几乎水平运动到虚线的另一侧，这符合刚才的理论分析。

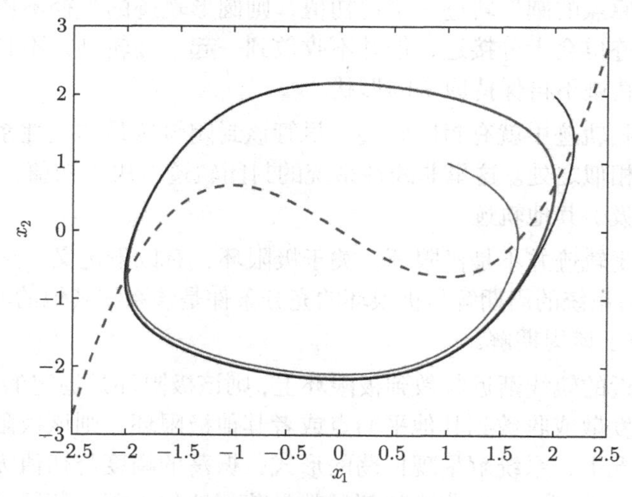

图 2-9 范德波尔方程的相轨迹，$\epsilon = 1$

高阶非线性系统也可能存在极限环。在第 11 章中会看到，生物钟也是非线性系统极限环的一种情况。对于二阶自治系统，极限环是一种典型轨迹。判定极限环是否存在，可以使用庞加莱–本迪克森定理（Poincaré-Bendixson Theorem）。

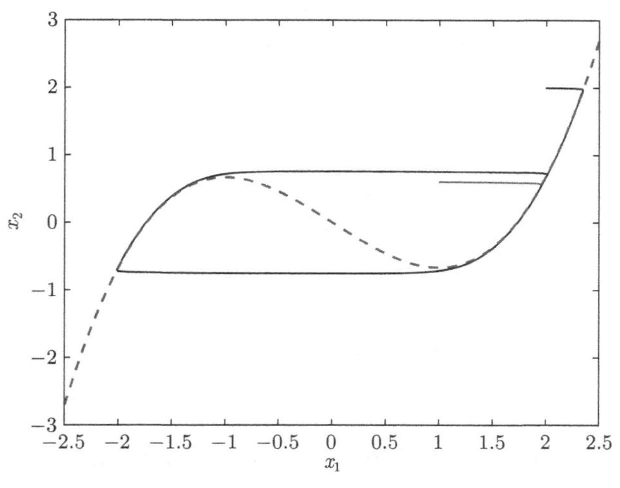

图 2-10 范德波尔方程的相轨迹，$\epsilon = 10$

定理 2.1 如果二阶非线性系统的一个解轨迹完全处于一个有限区域内，则下面情况至少一项成立：

1）该轨迹最终收敛于一个平衡点。

2）该轨迹最终收敛于一个渐近稳定的极限环。

3）该轨迹本身是一个极限环。

对于高阶系统，如果解轨迹完全处于有限区域内，则情况更加复杂。可以定义正极限集来描述解轨迹的渐近行为。

定义 2.5 令 $\boldsymbol{x}(t)$ 为式(2-15)的解轨迹，如果存在时间序列 $\{t_n\}$，当 $n \to +\infty$ 时有 $t_n \to +\infty$，使得当 $n \to +\infty$ 时 $\boldsymbol{x}(t_n) \to \boldsymbol{p}$，则 $\boldsymbol{p}$ 为 $\boldsymbol{x}(t)$ 的**正极限点**。

定义 2.6 非线性系统解轨迹的正极限集为包含该解轨迹所有当 $t \to +\infty$ 时正极限点的集合。

正极限集也称为 ω-极限集，得名于 ω 为希腊字母的最后一个字母。类似地还可以定义负极限集，或者 α-极限集。稳定的极限环是一个正极限集，稳定的平衡点也是正极限集。

如果极限集不渐近地吸引附近的解轨线，则该极限集为奇异极限集。局部区域内，奇异极限集内的轨线可能相互发散。例如，**混沌**，这是一种非线性系统的伪随机解。

例 2.4 洛伦兹吸引子（Lorentz Attractor）是常微分方程奇异行为的一个常见例子，来源于洛伦兹研究的紊乱对流。其状态方程如下：

$$\begin{aligned}\dot{x}_1 &= \sigma(x_2 - x_1)\\ \dot{x}_2 &= (1 + \lambda - x_3)x_1 - x_2\\ \dot{x}_3 &= x_1x_2 - bx_3\end{aligned}$$

式中，σ、λ 和 b 都是正值常数。该系统有三个平衡点，分别是 $(0,0,0)$、$(\sqrt{b\lambda},\sqrt{b\lambda},\lambda)$ 和 $(-\sqrt{b\lambda},-\sqrt{b\lambda},\lambda)$。原点处线性化系统矩阵为

$$\boldsymbol{A} = \begin{bmatrix} -\sigma & \sigma & 0\\ \lambda+1 & -1 & 0\\ 0 & 0 & -b\end{bmatrix} \tag{2-35}$$

它的特征值为 $\lambda_{1,2} = -(\sigma-1) \pm \dfrac{\sqrt{(\sigma-1)^2+4\sigma\lambda}}{2}$ 和 $\lambda_3=-b$。第一个特征值为正，所以该平衡点不稳定。也可以证明，如果

$$\sigma > b+1$$
$$\lambda > \frac{(\sigma+1)(\sigma+b+1)}{\sigma-b-1}$$

则其他两个平衡点也是不稳定的。

这里不加证明地给出，系统的轨线最终收敛到有界区域内：

$$(\lambda+1)x_1^2+\sigma x_2^2+\sigma(x_3-2(\lambda+1))^2 \leqslant C \tag{2-36}$$

式中，C 是某正值常数。在三个平衡点都不稳定的情况下，洛伦兹吸引子的行为是混沌的。图 2-11中绘制的是洛伦兹吸引子在 $\sigma=10$、$b=2$、$\lambda=20$ 情况下的一条轨迹，图 2-12 和图 2-13 是该轨迹在 (x_1,x_2) 平面和 (x_1,x_3) 平面上的投影，图 2-14 是该轨迹的 x_1 分量随时间变化的情况。

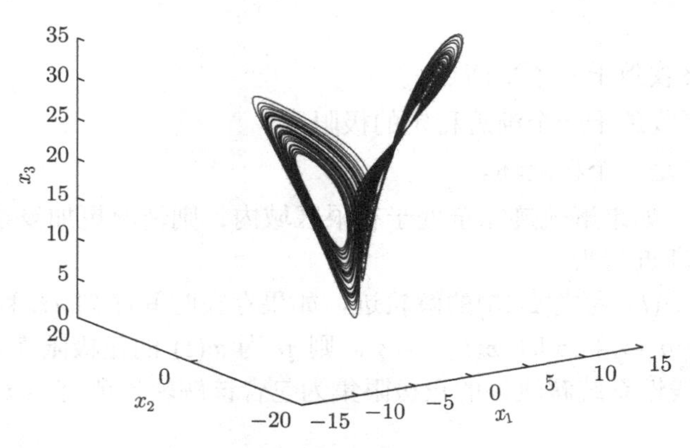

图 2-11　洛伦兹吸引子的相轨迹

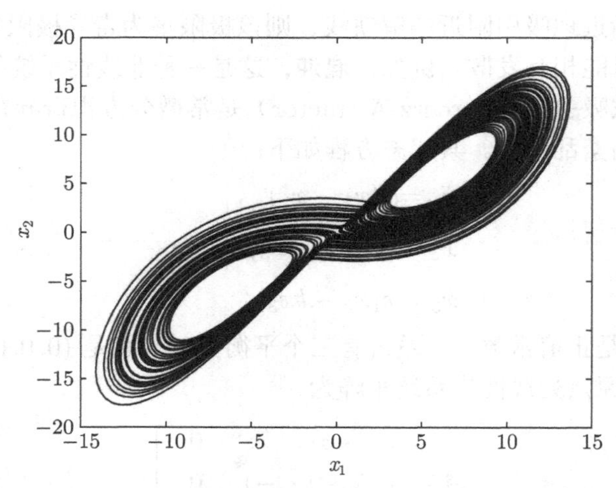

图 2-12　洛伦兹吸引子的相轨迹在 (x_1,x_2) 平面上的投影

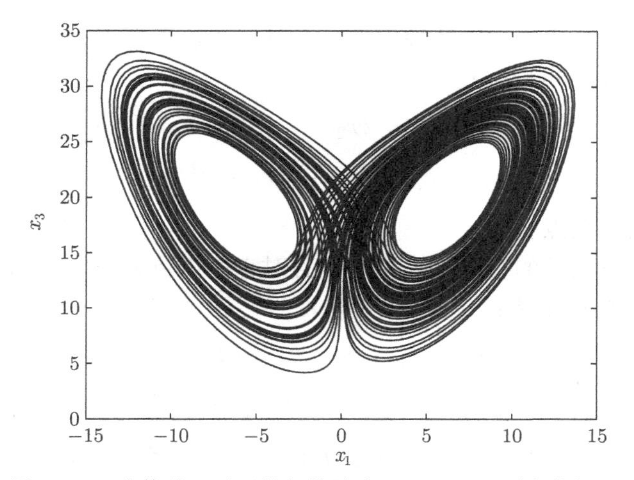

图 2-13 洛伦兹吸引子的相轨迹在 (x_1, x_3) 平面上的投影

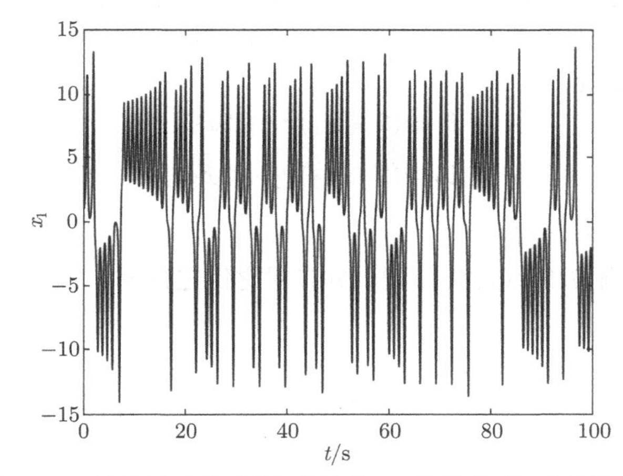

图 2-14 洛伦兹吸引子的相轨迹的 x_1 分量随时间变化情况

2.5 补充学习

关于 Lipschitz 条件和常微分方程解的存在性可以参考文献 [5]。二阶线性系统平衡点的类型可以参考文献 [3]。关于二阶非线性系统相轨迹更为详细的内容可以参考文献 [3-4]。更多二阶非线性系统的实例可以参考文献 [6]。范德波尔方程请见参考文献 [7]。洛伦兹吸引子请见参考文献 [8]。

习题

2-1 一个 Volterra-Lotka 系统定义如下:

$$\dot{x}_1 = -ax_1 + bx_1x_2$$

$$\dot{x}_2 = cx_2 - dx_1x_2$$

式中，a、b、c、d 是正实常数。

1）寻找系统的平衡点。

2）给出系统在平衡点附近的线性模型，并且对平衡点的类型进行分类。

2-2 一个非线性系统可以描述为

$$\dot{x}_1 = 2x_2$$
$$\dot{x}_2 = -x_2 - 3x_1 + x_1^2$$

1）寻找系统的平衡点。

2）获得在平衡点附近的线性化模型，并且对它们进行分类。

2-3 针对一个非线性系统：

$$\dot{x}_1 = x_1 - x_2 - 2x_1\left(x_1^2 + x_2^2\right)$$
$$\dot{x}_2 = x_1 + x_2 - 2x_2\left(x_1^2 + x_2^2\right)$$

1）写出其在原点附近的线性化模型，判断线性化模型的稳定性，并且给出平衡点的类型。

2）用李雅普诺夫函数证明所有状态有界，并且证明存在极限环。

3）简述庞加莱–本迪克森定理的内容，并对 1）和 2）中的结果进行分析。

2-4 针对非线性系统：

$$\dot{x}_1 = (2 - x_1)x_1 + 2x_1x_2$$
$$\dot{x}_2 = (2 - x_2)x_2 + 2x_1x_2$$

1) 计算系统的平衡点位置。

2) 计算在平衡点附近的线性化模型，并且对它们进行分类。

第 3 章　描述函数法

经典控制理论中，频率法是线性系统分析与设计的有力工具。它提供了一种分析系统动力学的图解法，并且能够反映实际工程系统的一些物理特性。频率法建立在一个基本事实之上，即对于线性系统，如果输入为正弦信号，则其输出的稳态部分也为与输入相同频率的正弦信号，只是幅值和相位有变化。输入输出正弦信号幅值之比和相位差只取决于系统动力学本身。但是，如果系统中存在非线性因素，则不能直接使用频率法。如果系统中的非线性因素为静态环节，即输入输出关系由非线性代数方程给出，则输入为周期信号的情况下，其输出仍然为同频率的周期信号。所以，如果输入为正弦信号，其输出也应为一同频率正弦信号。众所周知，任何分段连续的周期信号都可以表示成傅里叶级数的形式，包含基波分量和同频率的信号，以及高频信号。如果能够用傅里叶级数中与输入信号同频率的信号近似表示输出信号，则可以使用频率法分析这类非线性系统。描述函数法就是这样的方法，它使用输出信号中与输入信号同频率的分量近似表示输出信号，即描述函数法为非线性系统在频率域中的一阶近似。也可以将非线性系统描述函数法看成频率域中的一种线性化方法。

虽然近年来非线性分析与设计理论中发展出来许多新方法，描述函数法仍然为非线性系统分析与设计的一种重要方法。描述函数法相对容易使用，且与线性系统频率分析关系密切。它通常用于判断是否存在极限环，也可以用来分析非线性系统的分频现象和跳变现象。本章将介绍描述函数的基本概念、描述函数的计算方法，以及如何使用描述函数判断是否存在极限环。

3.1　描述函数法的数学基础

对于非线性环节，可以由非线性方程 $f:\mathbb{R}\to\mathbb{R}$ 描述。在正弦输入 $A\sin\omega t$ 的情况下，其输出 $w(t)=f(A\sin\omega t)$ 也为周期信号，但不一定是正弦信号。假设非线性函数 f 为分段连续的，则输出 $w(t)$ 为分段连续的周期信号，其周期与输入信号周期相同。一个分段连续的周期函数能展开成傅里叶级数：

$$w(t)=\frac{a_0}{2}+\sum_{n=1}^{\infty}(a_n\cos(n\omega t)+b_n\sin(n\omega t)) \tag{3-1}$$

式中：

$$\begin{aligned}
a_0 &=\frac{1}{\pi}\int_{-\pi}^{\pi} w(t)\mathrm{d}(\omega t)\\
a_n &=\frac{1}{\pi}\int_{-\pi}^{\pi} w(t)\cos(n\omega t)\mathrm{d}(\omega t)\\
b_n &=\frac{1}{\pi}\int_{-\pi}^{\pi} w(t)\sin(n\omega t)\mathrm{d}(\omega t)
\end{aligned}$$

注 3.1　对于分段连续的周期信号 $w(t)$，式(3-1)右侧的傅里叶级数在其连续部分都收敛于 $w(t)$，在不连续的点处收敛于两侧极限的均值。如果截断傅里叶级数的前 k 项：

$$w_k(t) = \frac{a_0}{2} + \sum_{n=1}^{k}(a_n \cos(n\omega t) + b_n \sin(n\omega t)) \tag{3-2}$$

则 $w_k(t)$ 为最小方差意义下最佳逼近。

取傅里叶级数的一阶近似，则

$$w_1 = \frac{a_0}{2} + a_1 \cos\omega t + b_1 \sin\omega t \tag{3-3}$$

如果非线性函数为单值奇函数，则可以计算 $a_0 = 0$，因此

$$w_1 = a_1 \cos\omega t + b_1 \sin\omega t \tag{3-4}$$

为一次谐波分量近似。上述分析表明，对于由非线性函数 f 描述的非线性环节，它的一次谐波分量（即与输入信号 $A\sin\omega t$ 同频率的谐波分量）近似也为正弦信号，且参数为傅里叶级数中一次谐波系数 a_1 和 b_1。于是，可以近似分析非线性环节的频率特性。

可以将 w_1 重新写成

$$w_1 = M\sin(\omega t + \phi) \tag{3-5}$$

式中：

$$\begin{cases} M(A,\omega) = \sqrt{a_1^2 + b_1^2} \\ \phi(A,\omega) = \arctan\dfrac{a_1}{b_1} \end{cases} \tag{3-6}$$

如果表示成复数形式，则

$$w_1 = M\mathrm{e}^{\mathrm{j}(\omega t+\phi)} = (b_1 + \mathrm{j}a_1)\mathrm{e}^{\mathrm{j}\omega t} \tag{3-7}$$

类似于线性系统频率特性，非线性系统的描述函数定义为输出信号傅里叶级数的一次谐波分量与输入正弦信号的复数比：

$$N(A,\omega) = \frac{M\mathrm{e}^{\mathrm{j}(\omega t+\phi)}}{A\mathrm{e}^{\mathrm{j}\omega t}} = \frac{b_1 + \mathrm{j}a_1}{A} \tag{3-8}$$

注 3.2　非线性环节的描述函数与线性系统频率特性的一个显著区别在于，非线性环节描述函数通常与输入正弦信号频率和幅值都相关，而线性系统频率特性仅取决于输入正弦信号的频率。

注 3.3　如果 f 为单值奇函数，即 $f(x) = -f(x)$，则

$$\begin{aligned} a_1 =& \frac{1}{\pi}\int_{-\pi}^{\pi} f(A\sin\omega t)\cos\omega t\mathrm{d}(\omega t) \\ =& \frac{1}{\pi}\int_{-\pi}^{0} f(A\sin\omega t)\cos\omega t\mathrm{d}(\omega t) + \frac{1}{\pi}\int_{0}^{\pi} f(A\sin\omega t)\cos\omega t\mathrm{d}(\omega t) \\ =& \frac{1}{\pi}\int_{0}^{\pi} f(A\sin(-\omega t))\cos(-\omega t)\mathrm{d}(\omega t) + \frac{1}{\pi}\int_{0}^{\pi} f(A\sin\omega t)\cos\omega t\mathrm{d}(\omega t) \\ =& 0 \end{aligned}$$

此时描述函数为实函数。

例 3.1 硬弹簧的非线性特性可以由如下非线性函数描述：

$$f(x) = x + \frac{x^3}{2} \tag{3-9}$$

假设其输入信号为 $A\sin\omega t$，则输出为

$$w(t) = f(A\sin\omega t) = A\sin\omega t + \frac{A^3}{2}\sin^3\omega t$$

由于 f 为单值奇函数，所以 $a_0 = a_1 = 0$，且

$$\begin{aligned}b_1 &= \frac{1}{\pi}\int_{-\pi}^{\pi}\left(A\sin\omega t + \frac{A^3}{2}\sin^3\omega t\right)\sin\omega t \mathrm{d}(\omega t)\\ &= \frac{4}{\pi}\int_0^{\frac{\pi}{2}}\left(A\sin^2\omega t + \frac{A^3}{2}\sin^4\omega t\right)\mathrm{d}(\omega t)\end{aligned}$$

利用积分恒等式：

$$\int_0^{\frac{\pi}{2}}\sin^n\omega t \mathrm{d}(\omega t) = \frac{n-1}{n}\int_0^{\frac{\pi}{2}}\sin^{n-2}\omega t \mathrm{d}(\omega t), \quad n > 2 \tag{3-10}$$

则

$$b_1 = A + \frac{3}{8}A^3 \tag{3-11}$$

所以描述函数可以计算为

$$N(A,\omega) = N(A) = \frac{b_1}{A} = 1 + \frac{3}{8}A^2 \tag{3-12}$$

或者，也可以使用恒等式：

$$\sin(3\omega t) = 3\sin\omega t - 4\sin^3\omega t \tag{3-13}$$

则

$$\begin{aligned}w(t) &= A\sin\omega t + \frac{A^3}{2}\sin^3\omega t\\ &= A\sin\omega t + \frac{A^3}{2}\left(\frac{3}{4}\sin\omega t - \frac{1}{4}\sin(3\omega t)\right)\\ &= \left(A + \frac{3A^3}{8}\right)\sin\omega t - \frac{1}{8}A^3\sin(3\omega t)\end{aligned}$$

由上式第一项可以得到 $b_1 = A + \frac{3}{8}A^3$。

从以上的讨论可以看到，只要非线性环节的输入输出关系可以用分段连续的非线性函数描述，则描述函数是有定义的。这些非线性函数应为时不变的，即非线性特性不随时间变化而变化。这一点与线性系统频率特性是一致的，因为频率特性只是针对时不变线性系统定义的。描述函数只考虑一阶谐波分量情况下的近似，因此本章假设非线性函数为奇函数从而保证 $a_0 = 0$。在描述函数的基础上，可以使用频率特性的分析方法分析整个系统。为了方便分析，假设系统中所有的非线性环节都包含在使用描述函数近似的部分中，如图 3-1 所示。因此，本章剩余的部分默认使用以下假设：

1) 系统中只有一个非线性环节；

2) 非线性环节是时不变的；

3) 非线性环节由奇函数描述。

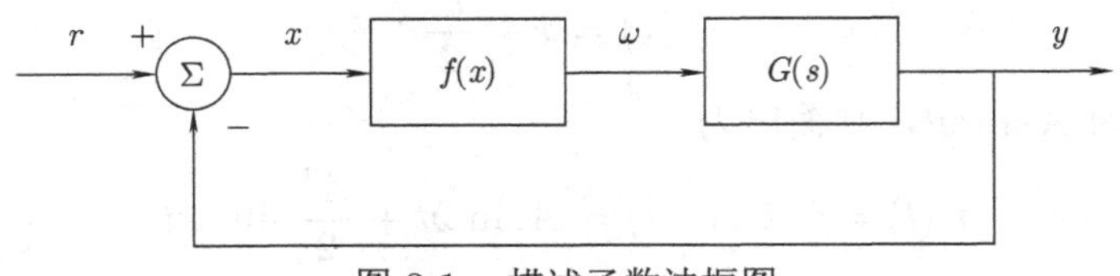

图 3-1　描述函数法框图

3.2 常见非线性环节的描述函数

本节用一些例子介绍典型非线性环节描述函数的计算方法。

例 3.2 (饱和环节)　如图 3-2 所示，饱和环节的输入输出关系为

$$f(x)=\begin{cases} kx & \text{当}|x|<a \\ \operatorname{sgn}(x)ka & \text{其他} \end{cases} \tag{3-14}$$

当输入为正弦信号 $A\sin\omega t$ 且 $A>a$ 时，系统输出关于原点对称。在图 3-2 第一象限中：

$$w(x)=\begin{cases} kA\sin\omega t & 0\leqslant\omega t\leqslant\gamma \\ ka & \gamma<\omega t\leqslant\dfrac{\pi}{2} \end{cases} \tag{3-15}$$

式中，$\gamma=\arcsin(a/A)$。饱和函数为单值奇函数，所以 $a_1=0$，且其对称性表明：

$$\begin{aligned} b_1 &=\frac{4}{\pi}\int_0^{\pi/2} w_1\sin\omega t\mathrm{d}(\omega t) \\ &=\frac{4}{\pi}\int_0^{\gamma} kA\sin^2\omega t\mathrm{d}(\omega t)+\frac{4}{\pi}\int_{\gamma}^{\pi/2} ka\sin\omega t\mathrm{d}(\omega t) \\ &=\frac{2kA}{\pi}\left(\gamma-\frac{1}{2}\sin(2\gamma)\right)+\frac{4ka}{\pi}\cos\gamma \\ &=\frac{2kA}{\pi}\left(\gamma-\frac{a}{A}\cos\gamma\right)+\frac{4ka}{\pi}\cos\gamma \\ &=\frac{2kA}{\pi}\left(\gamma+\frac{a}{A}\cos\gamma\right) \\ &=\frac{2kA}{\pi}\left(\gamma+\frac{a}{A}\sqrt{1-\frac{a^2}{A^2}}\right) \end{aligned}$$

这里用到了 $\sin\gamma=a/A$ 和 $\cos\gamma=\sqrt{1-\dfrac{a^2}{A^2}}$。所以，饱和环节的描述函数为

$$N(A)=\frac{b_1}{A}=\frac{2k}{\pi}\left(\arcsin\frac{a}{A}+\frac{a}{A}\sqrt{1-\frac{a^2}{A^2}}\right) \tag{3-16}$$

例 3.3 (理想继电环节)　如图 3-3所示，理想继电环节的输入输出关系为

$$f(x)=\begin{cases} -M & x<0 \\ 0 & x=0 \\ M & x>0 \end{cases} \tag{3-17}$$

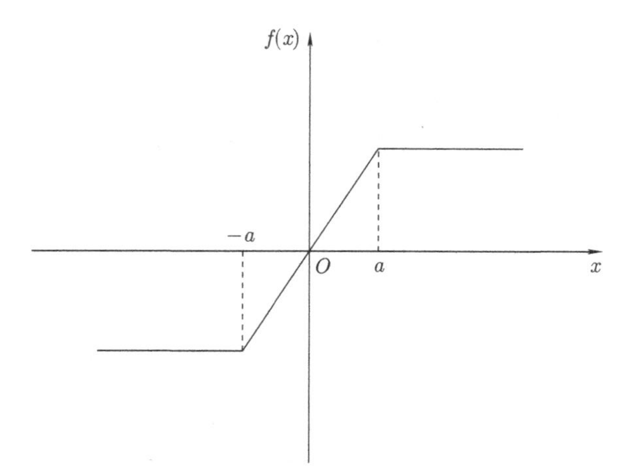

图 3-2 饱和环节的输入输出关系

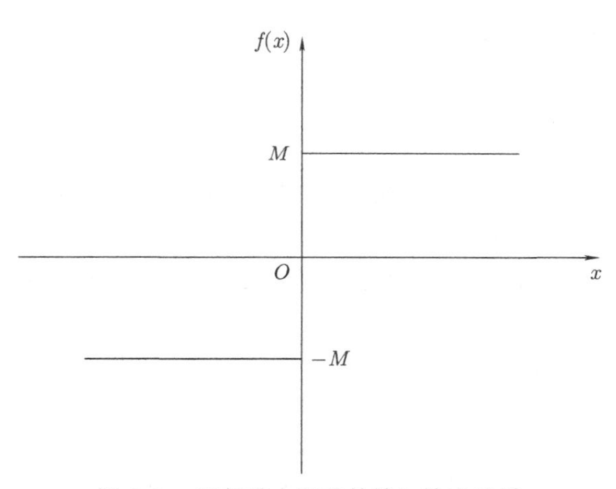

图 3-3 理想继电环节的输入输出关系

式中，$M>0$。所以，当输入为正弦信号 $A\sin\omega t$ 时，输出为

$$w(x)=\begin{cases}-M & -\pi\leqslant\omega t<0\\ M & 0\leqslant\omega t<\pi\end{cases}\tag{3-18}$$

理想继电函数也为单值奇函数，所以 $a_1=0$，且

$$b_1=\frac{2}{\pi}\int_0^{\pi}M\sin\omega t\mathrm{d}(\omega t)=\frac{4M}{\pi}\tag{3-19}$$

所以，其描述函数为

$$N(A)=\frac{4M}{\pi A}\tag{3-20}$$

例 3.4 (死区环节) 如图 3-4 所示，死区可由如下非线性函数描述：

$$f(x)=\begin{cases}k(x-a) & x>a\\ 0 & |x|\leqslant a\\ k(x+a) & x<-a\end{cases}\tag{3-21}$$

所以，如果输入正弦信号 $A\sin\omega t$，则第一象限中：

$$w(x)=\begin{cases}0 & 0\leqslant\omega t\leqslant\gamma\\ k(A\sin\omega t-a) & \gamma<\omega t<\pi/2\end{cases}\tag{3-22}$$

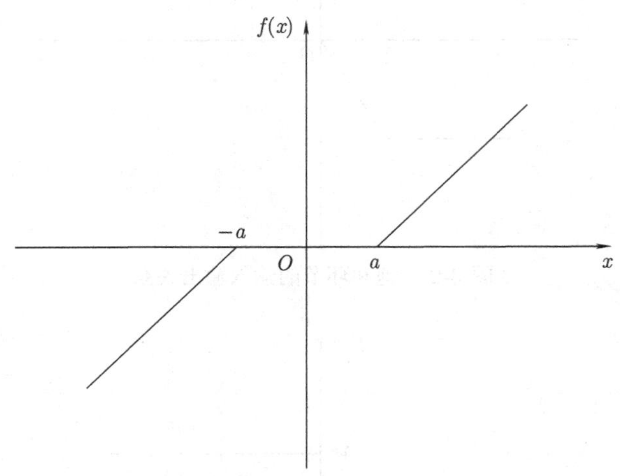

图 3-4　死区环节的输入输出关系

式中，$\gamma=\arcsin(a/A)$。死区非线性环节为单值奇函数，所以 $a_1=0$，由 $w(t)$ 的对称性可得

$$\begin{aligned}b_1=&\frac{4}{\pi}\int_0^{\pi/2}w(t)\sin\omega t\mathrm{d}(\omega t)\\=&\frac{4}{\pi}\int_\gamma^{\pi/2}k(A\sin\omega t-a)\sin\omega t\mathrm{d}(\omega t)\\=&\frac{2kA}{\pi}\left(\left(\frac{\pi}{2}-\gamma\right)+\frac{1}{2}\sin(2\gamma)\right)-\frac{4ka}{\pi}\cos\gamma\\=&kA-\frac{2kA}{\pi}\left(\gamma+\frac{a}{A}\cos\gamma\right)\\=&kA-\frac{2kA}{\pi}\left(\gamma+\frac{a}{A}\sqrt{1-\frac{a^2}{A^2}}\right)\end{aligned}$$

类似于饱和特性的计算，这里使用了 $\sin\gamma=a/A$ 和 $\cos\gamma=\sqrt{1-\dfrac{a^2}{A^2}}$。所以，死区非线性环节的描述函数为

$$N(A)=\frac{b_1}{A}=k-\frac{2k}{\pi}\left(\arcsin\frac{a}{A}+\frac{a}{A}\sqrt{1-\frac{a^2}{A^2}}\right)\tag{3-23}$$

注 3.4　从图形和描述函数都可以看出，死区非线性和饱和非线性存在互补关系。如果用 f_{d} 和 f_{s} 分别表示死区和饱和的非线性函数，可以看出，$f_{\mathrm{s}}+f_{\mathrm{d}}=k$。同时，如果用 N_{d} 和 N_{s} 分别表示死区和饱和的描述函数，则 $N_{\mathrm{d}}+N_{\mathrm{s}}=k$。

例 3.5 (有滞环继电环节) 如图 3-5所示，有滞环继电环节的输入输出关系为

$$f(x)=\begin{cases} M & x\geqslant a \\ -M & |x|<a,\ \dot{x}>0 \\ M & |x|<a,\ \dot{x}<0 \\ -M & x\leqslant -a \end{cases} \tag{3-24}$$

如果输入为正弦函数 $A\sin\omega t$，则

$$w(x)=\begin{cases} M & -\pi\leqslant\omega t<-(\pi-\gamma) \\ -M & -(\pi-\gamma)\leqslant\omega t<\gamma \\ M & \gamma\leqslant\omega t<\pi \end{cases} \tag{3-25}$$

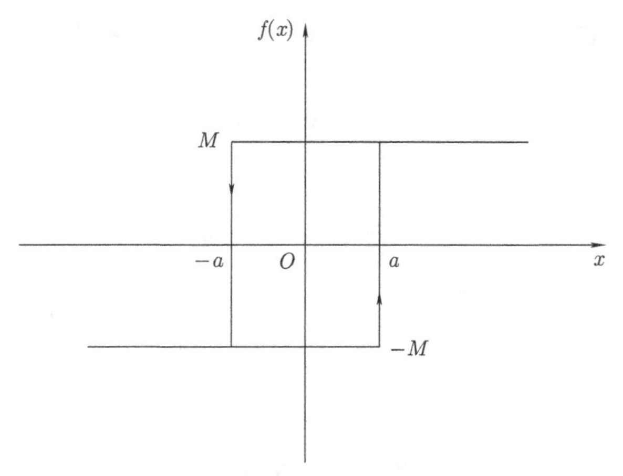

图 3-5 有滞环继电环节的输入输出关系

式中，$\gamma=\arcsin(a/A)$。这种非线性函数为奇函数，但是非单值，所以仍然有 $a_0=0$，但是 $a_1\neq 0$。

$$\begin{aligned} a_1 &=\frac{1}{\pi}\int_{-\pi}^{-(\pi-\gamma)} M\cos\omega t\mathrm{d}(\omega t)+\frac{1}{\pi}\int_{-(\pi-\gamma)}^{\gamma} -M\cos\omega t\mathrm{d}(\omega t)+\frac{1}{\pi}\int_{\gamma}^{\pi} M\cos\omega t\mathrm{d}(\omega t) \\ &=-\frac{4M}{\pi}\sin\gamma \\ &=-\frac{4Ma}{\pi A} \end{aligned}$$

类似地

$$\begin{aligned} b_1 &=\frac{1}{\pi}\int_{-\pi}^{-(\pi-\gamma)} M\sin\omega t\mathrm{d}(\omega t)+\frac{1}{\pi}\int_{-(\pi-\gamma)}^{\gamma} -M\sin\omega t\mathrm{d}(\omega t)+\frac{1}{\pi}\int_{\gamma}^{\pi} M\sin\omega t\mathrm{d}(\omega t) \\ &=\frac{4M}{\pi}\cos\gamma \\ &=\frac{4M}{\pi}\sqrt{1-\frac{a^2}{A^2}} \end{aligned}$$

所以，有滞环继电环节的描述函数为

$$N(A) = \frac{4M}{\pi A}\left(\sqrt{1-\frac{a^2}{A^2}} - \mathrm{j}\frac{a}{A}\right) = \frac{4M}{\pi A}\mathrm{e}^{-\mathrm{j}\arcsin(a/A)} \tag{3-26}$$

3.3 非线性系统描述函数分析

描述函数的主要应用之一是预测含有非线性环节的系统是否存在极限环。考虑一个单位负反馈系统，如图 3-1所示，前向通道由传递函数和非线性环节串联。该系统的输入输出关系为

$$\begin{aligned} w &= N(A,\omega)x \\ y &= G(\mathrm{j}\omega)w \\ x &= -y \end{aligned}$$

式中，x 和 y 分别是非线性环节的输入和输出。从上述方程描述的输入输出关系中，可以得到

$$y = G(\mathrm{j}\omega)N(A,\omega)(-y) \tag{3-27}$$

也可以写成

$$(G(\mathrm{j}\omega)N(A,\omega)+1)\,y = 0 \tag{3-28}$$

如果存在极限环，则 $y \neq 0$，所以有

$$G(\mathrm{j}\omega)N(A,\omega)+1 = 0 \tag{3-29}$$

或者也可以写成

$$G(\mathrm{j}\omega) = -\frac{1}{N(A,\omega)} \tag{3-30}$$

也就是说，如果存在极限环，则其振幅 A 和频率 ω 必须满足上述方程。通常，式(3-30)难以直接求解。尽管如此，仍然可以使用图解法考查 $G(\mathrm{j}\omega)$ 与 $-\dfrac{1}{N(A,\omega)}$ 在复平面上是否有交点。该交点即为式(3-30)的解，通过该交点能够解出极限环代表的周期运动的幅值和频率。

注 3.5 上述讨论的前提假设为，极限环（所描述的周期运动）能够被正弦函数近似，即描述函数能够近似地描述相应的非线性环节。描述函数法本质上是一种近似分析方法。

实际应用中，稳定的周期运动能被观察到，不稳定的周期运动通常不容易被观察到。稳定的周期运动中，即便存在小扰动使系统状态暂时偏离该周期运动，一旦扰动消失，系统状态仍会回到该周期运动。

由于描述函数是频率域中对非线性系统的一次谐波近似，因此线性系统频率分析方法可以用来判定极限环的稳定性，即可以推广 Nyquist 判据用于判定极限环的稳定性。

对于单位负反馈线性系统，其开环传递函数为 $G(s)$，则特征方程为

$$G(s)+1=0 \text{ 或 } G(s) = -1 \tag{3-31}$$

Nyquist 判据是通过观察 $G(\mathrm{j}\omega)$ 曲线对点 $(-1,\mathrm{j}0)$ 的环绕圈数来判定闭环系统是否稳定。

如果开环传递函数中包含增益 K，则特征方程为

$$KG(s)+1=0 \text{ 或 } G(s) = -\frac{1}{K} \tag{3-32}$$

这种情况下，稳定性的判定取决于 $G(\mathrm{j}\omega)$ 环绕点 $(-1/K, \mathrm{j}0)$ 的圈数。此时，该稳定性判据称为扩展 Nyquist 稳定性判据。

可以使用扩展 Nyquist 判据来判定极限环的稳定性。如果存在 A_0 和 ω_0 满足式(3-30)，即存在极限环，且 A_0 和 ω_0 分别为周期运动的幅值和频率，此时 $N(A_0, \omega_0)$ 为一复数。则可以考查在该极限环附近的小扰动情况。

为了简化讨论且不失一般性，可以假设 $G(s)$ 是稳定且最小相位的。在极限环附近，考虑某扰动使振幅增大成为 A^+，即 $A^+ > A_0$。此时，$-1/N(A^+, \omega_0)$ 为常值复数。如果 Nyquist 曲线 $G(\mathrm{j}\omega)$ 不包围 $-1/N(A^+, \omega_0)$，则可以判定增益为 $N(A^+, \omega_0)$ 的等效闭环系统稳定。在稳定的闭环系统中，振荡运动的幅值减小，使得振幅由 A^+ 回到 A_0，此时极限环是稳定的。如果该扰动使得 Nyquist 曲线 $G(\mathrm{j}\omega)$ 包围 $-1/N(A^+, \omega_0)$，则等效闭环系统不稳定，此时振荡运动幅值增大，使得振幅 A^+ 增大，不会回到 A_0，极限环是不稳定的。

类似的分析也适用于扰动使得振幅 A_0 减小的情况。对于 $A^- < A_0$，如果 $G(\mathrm{j}\omega)$ 包围 $-1/N(A^-, \omega_0)$，则等效闭环系统不稳定，此时振荡幅度增大，A^- 回到 A_0，极限环稳定。相反，如果 $G(\mathrm{j}\omega)$ 不包围 $-1/N(A^-, \omega_0)$，则极限环不稳定。

复平面上，可以以 A 为变量，按其增大的方向绘制 $-1/N(A, \omega_0)$ 曲线。按照上述分析，极限环稳定性可以由曲线 $-1/N(A, \omega_0)$ 与 Nyquist 曲线相交的方式判定。典型的最小相位开环传递函数 Nyquist 曲线与 $-1/N(A, \omega_0)$ 相交的情况可由图 3-6 和图 3-7 表示，按照上述分析，图 3-6 是稳定极限环的情况，而图 3-7 是不稳定极限环的情况。

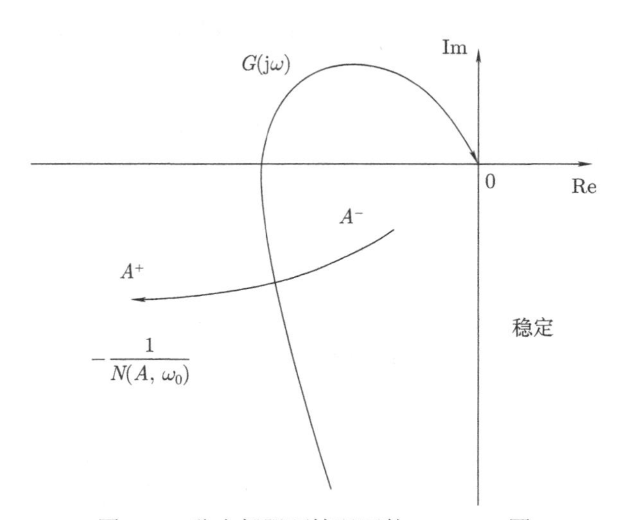

图 3-6　稳定极限环情况下的 Nyquist 图

上述关于极限环稳定性的分析可以归纳为以下极限环稳定性判据。

定理 3.1　考虑单位负反馈系统，前向通道中线性部分是最小相位的，其传递函数为 $G(s)$，非线性环节可由描述函数 $N(A, \omega)$ 表示。假设 Nyquist 曲线 $G(\mathrm{j}\omega)$ 与曲线 $-1/N(A, \omega)$ 在 $A = A_0$，$\omega = \omega_0$ 处相交。如果随着 A 增大，曲线 $-1/N(A, \omega_0)$ 由 Nyquist 曲线围成区域内部向外部穿过，则由 A_0 和 ω_0 描述的极限环是稳定的；如果随着 A 增大，曲线 $-1/N(A, \omega_0)$ 由 Nyquist 曲线围成区域外部向内部穿过，则由 A_0 和 ω_0 描述的极限环是不稳定的。

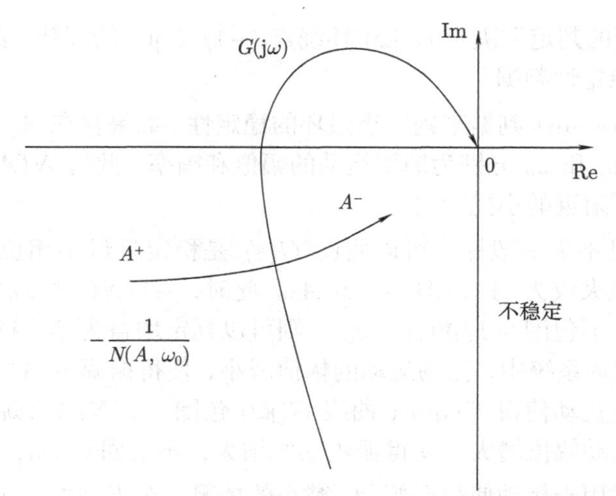

图 3-7 不稳定极限环情况下的 Nyquist 图

注 3.6 定理 3.1中，为了简化推导过程，假设 $G(s)$ 是稳定且最小相位的。定理结果可以推广到 $G(s)$ 本身不稳定或者具有正实部零点的情况，这里需要利用相应情况下的 Nyquist 判据。例如，$G(s)$ 稳定但是有一个正实部零点，则定理 3.1的结果正好相反。

例 3.6 考虑图 3-8 所示的单位负反馈系统，其中线性部分 $G(s)=\dfrac{K}{s(s+1)(s+2)}$，非线性部分为理想继电环节。对于理想继电环节，其描述函数为 $N(A)=\dfrac{4M}{\pi A}$。对于 $G(s)$，其频率特性为

$$G(\mathrm{j}\omega)=\frac{K}{\mathrm{j}\omega(\mathrm{j}\omega+1)(\mathrm{j}\omega+2)}=\frac{K(-3\omega^2-\mathrm{j}\omega(2-\omega^2))}{(-3\omega^2)^2+\omega^2(2-\omega^2)^2} \tag{3-33}$$

如果要满足

$$G(\mathrm{j}\omega)=-\frac{1}{N(A)} \tag{3-34}$$

则可以解出 $\omega=\sqrt{2}$ 和 $A=2KM/3\pi$，即存在极限环，其振幅和频率为 $(A,\omega)=(2KM/3\pi,\sqrt{2})$。

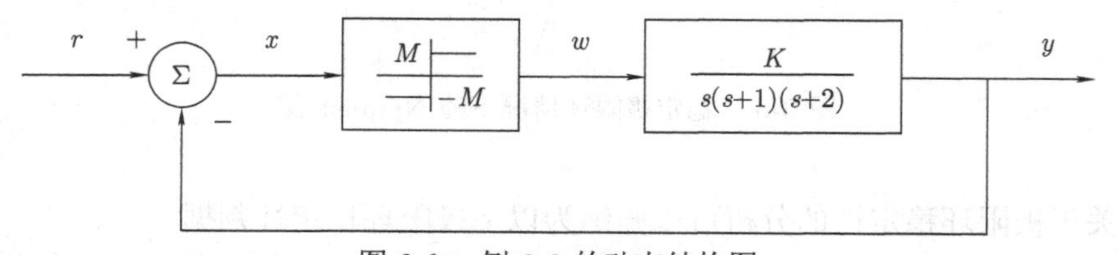

图 3-8 例 3.6 的动态结构图

随着 A 从 0 增大，$-1/N(A)$ 从原点沿负实轴趋向无穷远处，即 $-1/N(A)$ 从 Nyquist 曲线包围区域的内部向外部穿过。根据定理 3.1，该极限环是稳定的。

本例中，如果取 $K=M=1$，其仿真结果如图 3-9 所示。可以看到，振幅 $A=0.22$，周期 $T=4.5\mathrm{s}$，与理论结果（$A=0.2212$，$T=4.4429\mathrm{s}$）很接近。

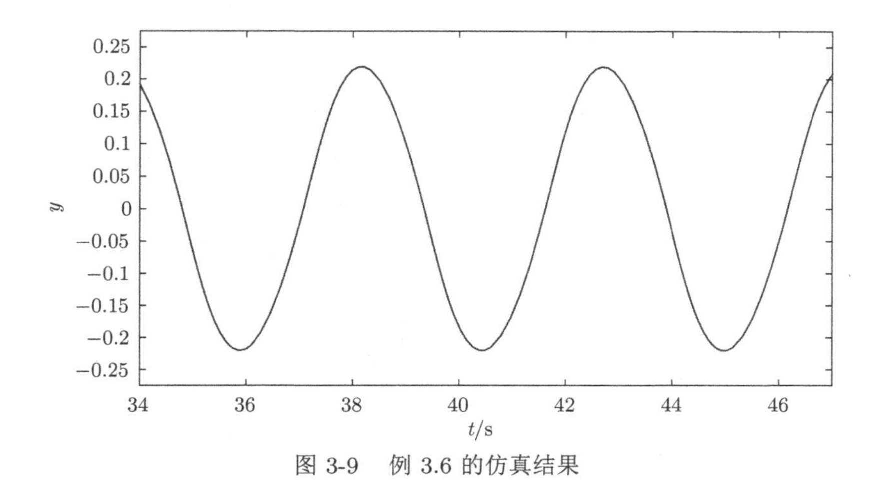

图 3-9　例 3.6 的仿真结果

例 3.7　本例中，考虑范德波尔振荡器：

$$\ddot{y} + \epsilon(3y^2 - 1)\dot{y} + y = 0 \tag{3-35}$$

描述函数分析法可以用来判定该系统是否存在极限环，并且还可以利用仿真结果分析极限环的振幅和频率与参数 ϵ 的关系。

按照描述函数分析方法，需要把系统方程写成单位负反馈的形式，且前向通道中包含线性部分和非线性环节。按照这个思路，可以将式(3-35)写成

$$\ddot{y} - \epsilon\dot{y} + y = -\epsilon\frac{\mathrm{d}}{\mathrm{d}t}y^3 \tag{3-36}$$

所以，等效单位负反馈系统中，线性部分传递函数为

$$G(s) = \frac{\epsilon s}{s^2 - \epsilon s + 1} \tag{3-37}$$

非线性环节为

$$f(x) = x^3 \tag{3-38}$$

容易计算，函数 $f(x) = x^3$ 的描述函数为

$$N(A) = \frac{3}{4}A^2 \tag{3-39}$$

按照 $G(\mathrm{j}\omega)N(A) + 1 = 0$，可以解出 $\omega = 1$ 和 $A = 2\sqrt{3}/3$。

线性部分的传递函数含有不稳定的开环极点。在判断极限环的稳定性时，需要考虑这一点。当 A 增大时，$-1/N(A)$ 沿负实轴从左到右移动，从 Nyquist 曲线包围部分的外侧向内侧移动。这表明，极限环是稳定的。参数 $\epsilon = 1$ 和 $\epsilon = 30$ 的仿真结果分别如图 3-10 和图 3-11 所示。两种情况下，周期运动的振幅与理论计算结果十分接近。注意到，$\epsilon = 1$ 情况下的周期接近 2π，与理论计算相符；而 $\epsilon = 30$ 情况下周期并非 2π，与理论计算差距较大。从仿真结果可以看出，ϵ 取值较小时，实际的响应曲线接近正弦曲线，所以使用描述函数法近似效果好。但是，当 ϵ 取值较大时，实际的响应曲线并非正弦曲线，此时使用描述函数显然无法取得较好的近似效果。

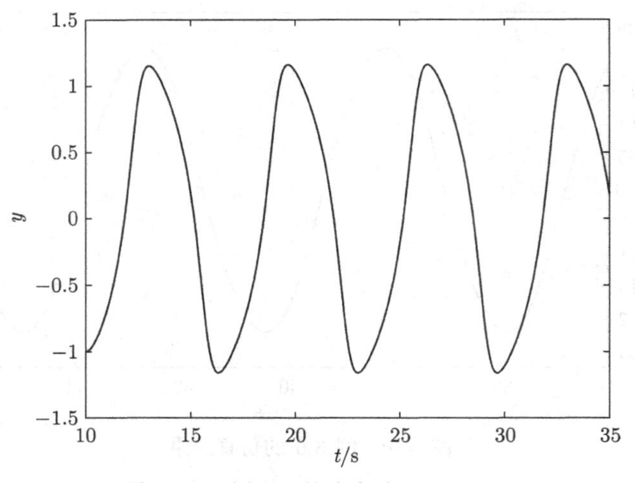

图 3-10 例 3.7 的仿真结果，$\epsilon=1$

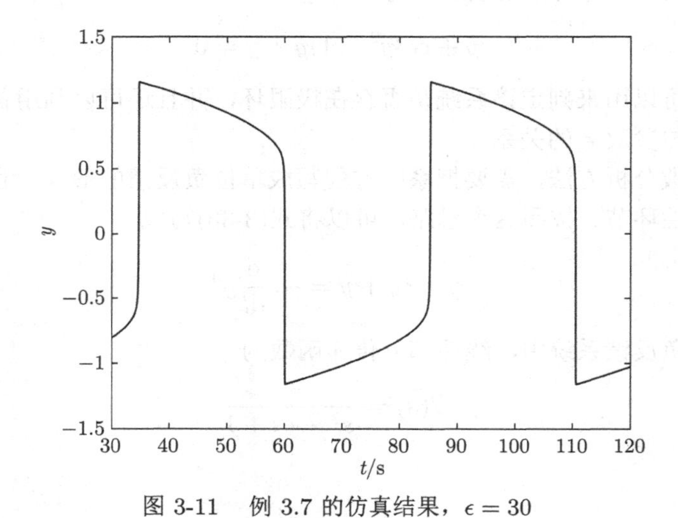

图 3-11 例 3.7 的仿真结果，$\epsilon=30$

3.4 补充学习

描述函数分析方法可以参考文献 [3-4]。对于范德波尔方程的描述函数分析可以参考文献 [9]。更多关于描述函数的内容可以在参考文献 [10] 中找到。

习题

3-1 请简要说明为什么在频域内非线性量的描述函数可以被视为一阶近似。

3-2 一个单位负反馈系统中包含线性部分：

$$\frac{Y(s)}{U(s)}=\frac{1}{s(s+1)(s+3)}$$

和非线性部分 $u=\operatorname{sgn}(e)$，其中 $e=-y$。

1）请计算非线性部分的描述函数。

2）判断该系统是否存在极限环。

3）如果存在极限环，请计算其幅值和频率，并判断该极限环的稳定性。

3-3 计算非线性函数 $f(y)=y+\dfrac{y^3}{3}$ 的描述函数。

3-4 非线性环节为

$$f(y)=y(1+2|y|)$$

请计算其描述函数。

3-5 反馈控制系统具有如下形式：

$$\begin{aligned}\dot{x}_1 &= x_1+x_2+u\\ \dot{x}_2 &= -x_1\\ y &= x_1\\ u &= -f(y)\end{aligned}$$

式中，$f(y)$ 是系统中的非线性分量。

1）如果非线性环节为死区，具有如下形式：

$$f(y)=\begin{cases}k(y-a) & y>a\\ 0 & |y|\leqslant a\\ k(y+a) & y<-a\end{cases}$$

式中，k 和 a 是严格正实常数。计算其描述函数。

2）如果非线性环节 $f(y)$ 的描述函数为 $N(A)=A^2/4$，其中 A 是输入的大小，证明存在极限环，并且确定极限环的幅值和周期。

3）判定 2）中极限环的稳定性。

3-6 一个非线性环节表达式如下：

$$f(y)=\begin{cases}M & y>a\\ 0 & |y|\leqslant a\\ -M & y<-a\end{cases}$$

式中，M 和 a 是严格正实常数。请计算其描述函数。

3-7 非线性环节表达式如下：

$$f(y)=\begin{cases}by^2 & y>a\\ 0 & |y|\leqslant a\\ -by^2 & y<-a\end{cases}$$

式中，a 和 b 是严格正实常数。请计算其描述函数。

3-8 反馈控制系统由一个非线性部分 $u=-\mathrm{sgn}(y)$ 和线性部分：

$$\frac{Y(s)}{U(s)}=\frac{\mathrm{e}^{-ds}}{s(s+1)}$$

组成，其中 d 表示系统的延迟。

1）证明非线性环节的描述函数为 $\dfrac{4}{\pi A}$。

2）判断当 $d=0$ 时是否存在极限环。

3）如果延迟 $d=1$ s，确定系统是否存在极限环。

4）如果 3）中的答案是肯定的，请确定极限环的稳定性，并计算近似振幅和近似频率。

3-9 反馈控制系统为

$$\begin{aligned}\dot{\boldsymbol{x}} &= \boldsymbol{A}\boldsymbol{x} + \boldsymbol{B}u \\ y &= \boldsymbol{C}\boldsymbol{x} \\ u &= -yf(y)\end{aligned}$$

式中，$\boldsymbol{A} \in \mathbb{R}^{n\times n}$、$\boldsymbol{B} \in \mathbb{R}^{n\times 1}$、$\boldsymbol{C} \in \mathbb{R}^{1\times n}$ 是常数矩阵；$f(y)$ 是满足 $4 > f(y) > 0$ 的非线性函数。假设传递函数：

$$\boldsymbol{C}(s\boldsymbol{I} - \boldsymbol{A})^{-1}\boldsymbol{B} = \frac{2}{s(s+k)}$$

中参数 $k > 0$ 是未知的。根据圆判据，计算使得闭环系统稳定所需 k 的范围。

3-10 考虑反馈控制系统：

$$\begin{aligned}\dot{\boldsymbol{x}} &= \boldsymbol{A}\boldsymbol{x} + \boldsymbol{B}u \\ y &= \boldsymbol{C}\boldsymbol{x} \\ u &= -y^3\end{aligned}$$

线性部分的传递函数为

$$\boldsymbol{C}(s\boldsymbol{I} - \boldsymbol{A})^{-1}\boldsymbol{B} = \frac{s}{s^2 - s + 1}$$

1）证明存在极限环，并计算极限环的周期和振幅。

2）判定极限环的稳定性。

第 4 章　稳　定　性

稳定性为控制系统的重要性能指标之一。在稳定的前提下，控制系统才能够正常工作。对于线性系统，稳定性取决于系统矩阵特征值（或者闭环传递函数极点）的位置，分析方法包括时域分析法和频率域分析法。对于非线性系统，通常不能使用线性微分方程或者传递函数描述，因此通常不具有特征值或者闭环极点的概念，从而需要新的稳定性概念和判据来判定非线性系统的稳定性。本章将基于李雅普诺夫函数介绍非线性系统稳定性的基本概念。

4.1　基本概念

考虑非线性系统：

$$\dot{\boldsymbol{x}} = \boldsymbol{f}(\boldsymbol{x}) \tag{4-1}$$

式中，$\boldsymbol{x} \in \mathcal{D} \subset \mathbb{R}^n$ 是系统状态；$\boldsymbol{f}: \mathcal{D} \subset \mathbb{R}^n \to \mathbb{R}^n$ 是连续函数且 $\boldsymbol{f}(\mathbf{0}) = \mathbf{0}$。区域 $\mathcal{D}$ 为包含原点的邻域，即 $\mathbf{0} \in \mathcal{D} \subset \mathbb{R}^n$。不失一般性，还可以进一步假设原点为 $\mathcal{D}$ 的内点，如 $\mathcal{D} = \{\boldsymbol{x} \in \mathbb{R}^n | \|\boldsymbol{x}\| < r\}$，其中 $r > 0$ 为常数。在本章的剩余部分，总假设原点为 $\mathcal{D}$ 的内点。

本章中，凡涉及稳定性的概念，总是指系统关于原点的稳定性，即系统状态在原点附近的行为。所以，不失一般性，需要假设 $\boldsymbol{x} = \mathbf{0}$ 是系统的一个平衡点。实际中，如果 $\boldsymbol{x}_0$ 是系统的一个平衡点，总可以定义 $\boldsymbol{x} - \boldsymbol{x}_0$ 为系统的状态，将平衡点移到原点处。

式(4-1)称为**自治系统**（Autonomous System），该系统行为不取决于除系统状态 $\boldsymbol{x}$ 之外的其他变量。对于非线性控制系统：

$$\dot{\boldsymbol{x}} = \boldsymbol{f}(\boldsymbol{x}, \boldsymbol{u}) \tag{4-2}$$

式中，$\boldsymbol{u} \in \mathbb{R}^m$ 是控制输入。如果 $\boldsymbol{u}$ 为外部信号，则式(4-2)是**非自治系统**（Non-autonomous System）。对于这类系统，如果设计控制输入为系统状态的反馈 $\boldsymbol{u} = \boldsymbol{g}(\boldsymbol{x})$，其中 $\boldsymbol{g}: \mathbb{R}^n \to \mathbb{R}^m$ 为连续函数，则这样形成的闭环系统：

$$\dot{\boldsymbol{x}} = \boldsymbol{f}(\boldsymbol{x}, \boldsymbol{g}(\boldsymbol{x})) \tag{4-3}$$

成为自治系统。

本章主要介绍自治系统的稳定性基本概念和主要理论结果。非自治系统则可以通过状态反馈的方式成为自治系统。

通常，系统稳定性的定义有很多种，这取决于研究目标和具体系统的形式。如果是针对线性系统，则一些稳定性的定义是等价的。这些稳定性定义中，最基础的是李雅普诺夫稳定性。

定义 4.1 (李雅普诺夫稳定性)　对于式(4-1)，如果对于任意给定正实数 R，总存在正实数 r，使得当 $\|\boldsymbol{x}(0)\| < r$ 时，必有 $\|\boldsymbol{x}(t)\| < R,\ \forall\, t > 0$，则称其平衡点 $\boldsymbol{x} = \mathbf{0}$ 是李雅普诺夫稳定的。否则，其平衡点 $\boldsymbol{x} = \mathbf{0}$ 是非稳定的。

李雅普诺夫稳定性的定义关注系统行为与其初值之间的关系。如果一个系统是李雅普诺夫稳定的，则可以给其初值限定一个范围，从而保证其状态总能停留在某区域内。对于定义中的两个正实数，并没有 $R \leqslant r$ 的明确要求。但是，假如 $R < r$，且 $\|\boldsymbol{x}(0)\| < r$，则在 t 非常接近 0 时可能有 $\|\boldsymbol{x}(t)\| > R$。因此，在使用定义 4.1时，通常默认 $R > r$，如图 4-1 所示。

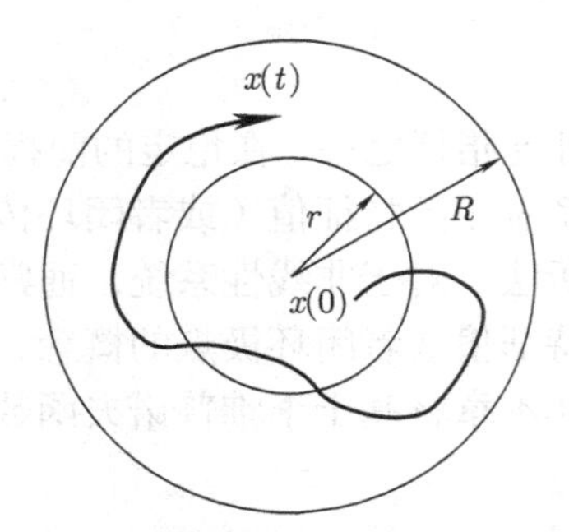

图 4-1　李雅普诺夫稳定示意图

例 4.1　考虑线性系统：

$$\dot{\boldsymbol{x}} = \boldsymbol{A}\boldsymbol{x},\ \ \boldsymbol{x}(0) = \boldsymbol{x}_0 \tag{4-4}$$

式中：

$$\boldsymbol{A} = \begin{bmatrix} 0 & \omega \\ -\omega & 0 \end{bmatrix} \tag{4-5}$$

且 $\omega > 0$。这个线性系统有解析解：

$$\boldsymbol{x}(t) = \begin{bmatrix} \cos\omega t & \sin\omega t \\ -\sin\omega t & \cos\omega t \end{bmatrix} \boldsymbol{x}_0 \tag{4-6}$$

很明显，这里 $\|\boldsymbol{x}(t)\| = \|\boldsymbol{x}_0\|$。取 $r = R$，对于本例，一定有 $\|\boldsymbol{x}(t)\| \leqslant R$ 当且仅当 $\|\boldsymbol{x}_0\| \leqslant r$。根据定义，该系统为李雅普诺夫稳定。

例 4.1中的系统，其状态矩阵有两个位于虚轴的特征值。在一些本科控制理论教材中，这类系统通常称为临界稳定系统。在本章中，按照定义 4.1，这类系统是李雅普诺夫稳定的。对于线性系统，容易证明，如果系统矩阵的特征值全部在复平面的左半闭平面，且虚轴上的特征值都是不重复的，则该系统为李雅普诺夫稳定。如果虚轴上的特征值有重复，则系统为非稳定。例如，$\dot{x}_1 = x_2$，$\dot{x}_2 = 0$，其中 $x_1(0) = x_{10}$，$x_2(0) = x_{20}$，其解析解为 $x_1(t) = x_{10} + x_{20}t$，$x_2(t) = x_{20}$。对于这个系统，显然并不存在 r，使得 $\|\boldsymbol{x}(0)\| \leqslant r$ 就有 $\|\boldsymbol{x}(t)\| \leqslant R$。因此，这个系统是非稳定的。

李雅普诺夫稳定性的定义中，并不要求系统的解最终收敛到平衡点。如果是解收敛到平衡点的情况，有以下稳定性定义。

定义 4.2 (渐近稳定)　对于式(4-1)，如果平衡点 $\boldsymbol{x} = \boldsymbol{0}$ 是李雅普诺夫稳定的，且

$$\lim_{t \to +\infty} \boldsymbol{x}(t) = \boldsymbol{0}$$

则平衡点 $\boldsymbol{x} = \boldsymbol{0}$ 为渐近稳定。

对于线性系统，如果系统矩阵所有特征值都位于左半开复平面，则该系统为渐近稳定。

渐近稳定的定义中，只是要求系统的解最终收敛到平衡点，如图 4-2 所示，并未对收敛速率做任何要求。如果平衡点附近的解具有指数收敛速率，则有以下定义的稳定性类型。

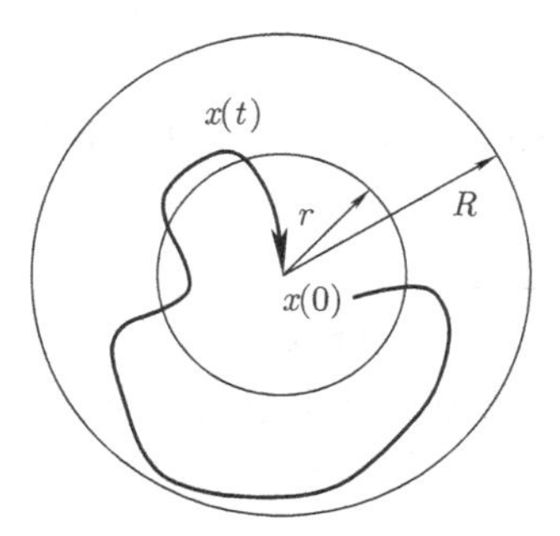

图 4-2 渐近稳定示意图

定义 4.3 (指数稳定) 对于式(4-1)，如果存在正实数 a 和 λ，使得系统的解在平衡点 $\boldsymbol{x}=\mathbf{0}$ 的邻域 $\mathcal{D}$ 内有

$$\|\boldsymbol{x}(t)\| \leqslant a\|\boldsymbol{x}(0)\|\mathrm{e}^{-\lambda t} \tag{4-7}$$

则平衡点 $\boldsymbol{x}=\mathbf{0}$ 为指数稳定。

对于线性系统，稳定性的类型比较简单。如果线性系统的平衡点是渐近稳定的，则其一定是指数稳定的。但是，对于非线性系统，这样的性质一般不成立。有可能存在渐近稳定的非线性系统，但不是指数稳定。

例 4.2 考虑非线性系统：

$$\dot{x}=-x^3,\quad x(0)=x_0>0 \tag{4-8}$$

式中，$x \in \mathbb{R}$。可以解出该系统的解析解。由系统表达式可以得到

$$-\frac{\mathrm{d}x}{x^3}=\mathrm{d}t \tag{4-9}$$

从而

$$\frac{1}{x^2}-\frac{1}{x_0^2}=2t \tag{4-10}$$

所以

$$x(t)=\frac{x_0}{\sqrt{1+2x_0^2t}} \tag{4-11}$$

很明显，随着时间 t 增大 $x(t)$ 减小，且 $\lim\limits_{t\to+\infty} x(t)=0$。按照定义，系统平衡点 $x=0$ 是渐近稳定，但不是指数稳定。假设存在 a 和 γ 使得

$$\frac{x_0}{\sqrt{1+2x_0^2t}} \leqslant a x_0 \mathrm{e}^{-\gamma t} \tag{4-12}$$

则

$$\sqrt{1+2x_0^2t}\,\mathrm{e}^{-\gamma t} \geqslant \frac{1}{a} \tag{4-13}$$

上式左侧随着 t 增大最终趋近于 0，即不存在总满足上式的 a。所以，本例中考虑的非线性系统是渐近稳定，但不是指数稳定。

上述李雅普诺夫稳定、渐近稳定、指数稳定是定义在平衡点附近区域的。如果这些稳定性在全状态空间范围内成立，则可以定义全局稳定的概念。

定义 4.4 (全局渐近稳定) 如果定义 4.2对于所有初值 $\boldsymbol{x}_0 \in \mathbb{R}^n$ 成立，则平衡点 $\boldsymbol{x}=\boldsymbol{0}$ 为全局渐近稳定。

定义 4.5 (全局指数稳定) 如果定义 4.3对于所有初值 $\boldsymbol{x}_0 \in \mathbb{R}^n$ 成立，则平衡点 $\boldsymbol{x}=\boldsymbol{0}$ 为全局指数稳定。

例 4.2中的系统为全局渐近稳定。

本节中的两个例子，都是将系统的解析解求出，然后验证稳定性定义来判定系统的稳定类型。但是，对于一般的非线性系统，并不总能解出其解析解。在本章剩余的内容中，将介绍一些能够不通过系统解析解判定系统稳定性和稳定类型的方法。

4.2 线性化与局部稳定性

本节介绍使用线性化方法研究非线性系统局部稳定性的方法。

定理 4.1 (李雅普诺夫线性化方法) 对于线性化模型，有下列三种情况成立：

1）如果线性化系统所有极点都位于左半开复平面，则原非线性系统的平衡点 $\boldsymbol{x}=\boldsymbol{0}$ 为渐近稳定。

2）如果线性化系统存在右半开复平面的极点，则原非线性系统的平衡点 $\boldsymbol{x}=\boldsymbol{0}$ 为非稳定。

3）如果线性化系统有极点位于虚轴上，则原非线性系统的稳定性不能直接由线性化系统判定。

本节不给出上述定理的详细证明。这个定理的作用在于判定非线性系统在平衡点附近的局部稳定性。对于线性化系统有虚轴上极点的情况，不能由线性化系统稳定性判定原非线性系统稳定性。这并不奇怪，因为这种情况下，稳定和不稳定的非线性系统可能会有相同的线性化形式。例如，$\dot{x}=x^3$ 和 $\dot{x}=-x^3$，它们在平衡点 $x=0$ 附近的线性化系统都是 $\dot{x}=0$。线性化系统是李雅普诺夫稳定的，但不是渐近稳定的。而 $\dot{x}=-x^3$ 的平衡点为渐近稳定，$\dot{x}=x^3$ 的平衡点为非稳定。

对于稳定和不稳定的情况，考虑的平衡点附近范围越小，则线性化系统的近似效果就越好。因此，如果只是关注局部稳定性，则线性化系统是能够用于判定非线性系统稳定性的。

例 4.3 考虑非线性系统：

$$\begin{aligned}\dot{x}_1 &= x_2 + x_1 - x_1^3 \\ \dot{x}_2 &= -x_1\end{aligned}$$

可以看出，原点 $(0,0)^{\mathrm{T}}$ 是系统的一个平衡点。原点附近系统的近似线性化模型为

$$\dot{\boldsymbol{x}} = \boldsymbol{A}\boldsymbol{x} \tag{4-14}$$

式中：

$$\boldsymbol{A} = \begin{bmatrix} 1 & 1 \\ -1 & 0 \end{bmatrix} \tag{4-15}$$

线性化系统是不稳定的，这是因为矩阵 $\boldsymbol{A}$ 的特征值为 $\dfrac{1}{2} \pm \mathrm{j}\dfrac{\sqrt{3}}{2}$。实际上，原系统方程是范德波尔方程，原点附近所有系统轨线最终收敛于极限环，所以原非线性系统原点是不稳定

的。这符合线性化模型在原点处的稳定性。

4.3 李雅普诺夫直接方法

上节介绍的近似线性化方法的缺点在于，只能够判断原系统在平衡点附近的稳定性，且无法研究稳定但不渐近稳定的情况。李雅普诺夫直接方法则是研究更大范围稳定性的有力工具。这套方法基于李雅普诺夫函数，在使用李雅普诺夫函数判断系统稳定性之前，需要介绍一些相关定义。

定义 4.6 (正定函数，Positive Definite Function) 如果函数 $V(\boldsymbol{x}) : \mathcal{D} \subset \mathbb{R}^n \to \mathbb{R}$ 满足：

1）对于所有的 $\boldsymbol{x} \neq \boldsymbol{0}$ 且 $\boldsymbol{x} \in \mathcal{D}$，有 $V(\boldsymbol{x}) > 0$ 成立；

2）在 $\mathcal{D}$ 范围内，$V(\boldsymbol{x}) = 0$ 当且仅当 $\boldsymbol{x} = \boldsymbol{0}$。

则 $V(\boldsymbol{x})$ 为范围 $\mathcal{D}$ 内的局部正定函数。如果上述条件在全局范围内成立，即 $\mathcal{D} = \mathbb{R}^n$，则 $V(\boldsymbol{x})$ 为全局正定函数。

定义 4.7 (半正定函数、负定函数、半负定函数) 如果函数 $V(\boldsymbol{x}) : \mathcal{D} \subset \mathbb{R}^n \to \mathbb{R}$ 满足：

1）对于所有的 $\boldsymbol{x} \neq \boldsymbol{0}$ 且 $\boldsymbol{x} \in \mathcal{D}$，有 $V(\boldsymbol{x}) \geqslant 0$ 成立；

2）在 $\mathcal{D}$ 范围内，$V(\boldsymbol{x}) = 0$ 当且仅当 $\boldsymbol{x} = \boldsymbol{0}$。

则 $V(\boldsymbol{x})$ 为范围 $\mathcal{D}$ 内的局部半正定函数。如果上述条件在全局范围内成立，即 $\mathcal{D} = \mathbb{R}^n$，则 $V(\boldsymbol{x})$ 为全局半正定函数。如果 $-W(\boldsymbol{x})$ 为 $\mathcal{D}$ 范围内的（半）正定函数，则 $W(\boldsymbol{x})$ 为 $\mathcal{D}$ 范围内的（半）负定函数。

典型的全局正定函数的例子包括二次型函数 $\boldsymbol{x}^{\mathrm{T}}\boldsymbol{P}\boldsymbol{x}$（其中 $\boldsymbol{P}$ 为正定矩阵）以及 $\|\boldsymbol{x}\|$。

定义 4.8 (李雅普诺夫函数，Lyapunov Function) 平衡点 $\boldsymbol{x} = \boldsymbol{0}$ 附近区域 $\mathcal{D}$ 内的正定函数 $V(\boldsymbol{x})$ 具有连续的偏导数，且其关于时间的导数 $\dot{V}(\boldsymbol{x})$ 为半负定，即 $\dot{V}(\boldsymbol{x}) \leqslant 0$，则 $V(\boldsymbol{x})$ 为李雅普诺夫函数。

基于李雅普诺夫函数的稳定性分析是判定非线性系统稳定性最常用的方法。一个关于李雅普诺夫函数和非线性系统稳定性的基础结果如下列定理所述。

定理 4.2 (局部稳定性的李雅普诺夫定理) 考虑式(4-1)，如果在其平衡点 $\boldsymbol{x} = \boldsymbol{0}$ 附近的区域 $\mathcal{D} \subset \mathbb{R}^n$ 内存在正定函数 $V(\boldsymbol{x})$，且其关于时间的导数 $\dot{V}(\boldsymbol{x})$ 为半负定，即 $\dot{V}(\boldsymbol{x}) \leqslant 0$，则平衡点 $\boldsymbol{x} = \boldsymbol{0}$ 为李雅普诺夫稳定。如果式(4-1)的平衡点 $\boldsymbol{x} = \boldsymbol{0}$ 为李雅普诺夫稳定，且 $\dot{V}(\boldsymbol{x})$ 为负定（即 $-\dot{V}(\boldsymbol{x})$ 为正定），则平衡点 $\boldsymbol{x} = \boldsymbol{0}$ 为渐近稳定。

证明： 定义闭球为

$$B_R = \{\boldsymbol{x} | \|\boldsymbol{x}\| < R,\ \boldsymbol{x} \in \mathcal{D}\} \tag{4-16}$$

令

$$a = \min_{\|\boldsymbol{x}\|=R} V(\boldsymbol{x}) \tag{4-17}$$

由于 $V(\boldsymbol{x})$ 为正定，所以 $a > 0$。定义集合：

$$\Omega_c = \{\boldsymbol{x} \in B_R | V(\boldsymbol{x}) < c\} \tag{4-18}$$

式中，c 是常数且 $c < a$。因为 $V(\boldsymbol{x})$ 是关于 $\boldsymbol{x}$ 的正定连续函数，所以上述集合 Ω_c 一定存在。

由 Ω_c 的定义，如果 $\boldsymbol{x} \in \Omega_c$，则一定有 $\boldsymbol{x} \in B_R$（或 $\|\boldsymbol{x}\| < R$）。又由于 $\dot{V}(\boldsymbol{x}) \leqslant 0$，所以 $V(\boldsymbol{x}(t)) \leqslant V(\boldsymbol{x}(0))$ 对所有 $t \geqslant 0$ 成立。所以，对于所有的 $\boldsymbol{x}(0) \in \Omega_c$，下式成立：

$$V(\boldsymbol{x}(t)) \leqslant V(\boldsymbol{x}(0)) < c \tag{4-19}$$

所以 $\|\boldsymbol{x}(t)\| < R$。由于 Ω_c 包含平衡点 $\boldsymbol{x} = \boldsymbol{0}$，且 $V(\boldsymbol{x})$ 为连续函数，所以一定存在 $r > 0$，使得

$$B_r = \{\boldsymbol{x} | \|\boldsymbol{x}\| \leqslant r\} \subset \Omega_c \tag{4-20}$$

即 $B_r \subset \Omega_c \subset B_R$。

所以，对于 $R > 0$，总存在 $r > 0$，使得从初值 $\boldsymbol{x}(0) \in B_r$ 出发的轨线总满足 $\boldsymbol{x}(t) \in B_R$。按照定义 4.1，式(4-1)的平衡点 $\boldsymbol{x} = \boldsymbol{0}$ 为李雅普诺夫稳定。

如果 $\dot{V}(\boldsymbol{x})$ 为负定，则正定函数 $V(\boldsymbol{x})$ 为单调递减有下界，所以一定存在 $\beta \geqslant 0$，使得

$$\lim_{t \to +\infty} V(\boldsymbol{x}) = \beta \geqslant 0 \tag{4-21}$$

假设 $\beta > 0$，令

$$\alpha = \min_{\boldsymbol{x} \in \mathcal{D} - \Omega_\beta} (-\dot{V}(\boldsymbol{x})) \tag{4-22}$$

式中，$\Omega_\beta = \{\boldsymbol{x} \in \mathcal{D} | \|\boldsymbol{x}\| < \beta\}$。因为 $\dot{V}(\boldsymbol{x}) < 0$，则 $\alpha > 0$，且

$$V(\boldsymbol{x}(t)) \leqslant V(\boldsymbol{x}(0)) - \alpha t, \quad \forall\, t \geqslant 0 \tag{4-23}$$

式 (4-23) 表明，当时间 t 达到某一有限值时，$V(\boldsymbol{x}(t))$ 不再是正定函数，与定理条件给出的 $V(\boldsymbol{x})$ 正定矛盾。所以，假设的 $\beta > 0$ 不成立，只能是 $\beta = 0$，即 $\lim\limits_{t \to +\infty} V(\boldsymbol{x}) = 0$，按照定义 4.2，平衡点 $\boldsymbol{x} = \boldsymbol{0}$ 为渐近稳定。

例 4.4 单摆方程为

$$\ddot{\theta} + \dot{\theta} + \sin\theta = 0 \tag{4-24}$$

式中，θ 是摆角。令 $x_1 = \theta$，$x_2 = \dot{\theta}$，则可以写成状态空间方程：

$$\begin{aligned} \dot{x}_1 &= x_2 \\ \dot{x}_2 &= -\sin x_1 - x_2 \end{aligned}$$

考虑标量函数：

$$V(\boldsymbol{x}) = (1 - \cos x_1) + \frac{x_2^2}{2} \tag{4-25}$$

式中，右侧第一项 $(1 - \cos x_1)$ 可以看作势能，第二项 $\dfrac{x_2^2}{2}$ 可以看作动能。该函数在 $\mathcal{D} = \{|x_1| \leqslant \pi,\ x_2 \in \mathbb{R}\}$ 范围内为正定。直接计算其时间导数可以得到

$$\begin{aligned} \dot{V}(\boldsymbol{x}) &= \sin x_1 \dot{x}_1 + x_2 \dot{x}_2 \\ &= -x_2^2 \end{aligned}$$

因此，在 $\boldsymbol{x} = \boldsymbol{0}$ 处系统是稳定的。但是，由定理 4.2无法判断系统是否渐近稳定。该系统实际上是渐近稳定的，这可以由不变集原理判定[11]。

如果要研究是否在全局范围内稳定，则应该使用径向无界的李雅普诺夫函数 $V(\boldsymbol{x})$，即当系统状态从任意方向趋于无穷远时，李雅普诺夫函数应当趋于无穷大。

定义 4.9(径向无界函数) 对于正定函数 $V(\boldsymbol{x}):\mathbb{R}^n\rightarrow\mathbb{R}$, 如果当 $\|\boldsymbol{x}\|\rightarrow\infty$ 时有 $V(\boldsymbol{x})\rightarrow\infty$，则 $V(\boldsymbol{x})$ 为径向无界函数。

定理 4.3 (全局稳定李雅普诺夫定理) 对于非线性系统式(4-1)，考虑全局范围 $\mathcal{D}=\mathbb{R}^n$，如果存在一阶导数连续的函数 $V(\boldsymbol{x})$，使得

1）$V(\boldsymbol{x})$ 为正定；

2）$\dot{V}(\boldsymbol{x})$ 为负定；

3）$V(\boldsymbol{x})$ 为径向无界。

则其平衡点 $\boldsymbol{x}=\boldsymbol{0}$ 为全局渐近稳定。

证明： 这里与定理 4.2的证明类似。不同之处在于，需要证明在全局范围内的任意点，都被如下集合包含：

$$\Omega_c=\{\boldsymbol{x}\in\mathbb{R}^n|V(\boldsymbol{x})<c\} \tag{4-26}$$

由于 $V(\boldsymbol{x})$ 为径向无界，则对于任意正实数 r，都能够找到 Ω_c，使得 $B_r\subset\Omega_c$。又因为 $\dot{V}(\boldsymbol{x})$ 负定，则 Ω_c 为不变集，即任意始于 Ω_c 内的轨线总保持在 Ω_c 中。接下来的证明同定理 4.2。

例 4.5 考虑如下标量非线性系统：

$$\dot{x}=-x^3,\quad x(0)=x_0>0 \tag{4-27}$$

式中，$x\in\mathbb{R}$。在例 4.2中，先解出来 $x(t)$，然后利用定义判断是否渐近稳定。这里，选取备选李雅普诺夫函数：

$$V(x)=\frac{1}{2}x^2 \tag{4-28}$$

很明显 $V(x)$ 在全局范围内为正定，且径向无界。可以计算其关于时间的导数：

$$\dot{V}(x)=-x^4 \tag{4-29}$$

是负定的。所以，根据定理 4.3，平衡点 $x=0$ 是全局渐近稳定的。

下面介绍指数稳定的判据。

定理 4.4 (指数稳定判据) 考虑非线性系统式(4-1)，如果存在函数 $V(\boldsymbol{x}):\mathbb{R}^n\rightarrow\mathbb{R}$，具有连续的一阶导数，且满足

$$a_1\|\boldsymbol{x}\|^b\leqslant V(\boldsymbol{x})\leqslant a_2\|\boldsymbol{x}\|^b \tag{4-30}$$

$$\frac{\partial V(\boldsymbol{x})}{\partial\boldsymbol{x}}\boldsymbol{f}(\boldsymbol{x})\leqslant -a_3\|\boldsymbol{x}\|^b \tag{4-31}$$

式中，a_1、a_2、a_3 和 b 是正值常数，则平衡点 $\boldsymbol{x}=\boldsymbol{0}$ 为指数稳定。进一步地，如果上述条件在全局范围内成立，则平衡点 $\boldsymbol{x}=\boldsymbol{0}$ 为全局指数稳定。

为证明定理 4.4，需要如下引理。

引理 4.1 (比较引理) 如果存在关于时间的标量函数 $g:[0,+\infty)\rightarrow\mathbb{R}$ 和 $V:[0,+\infty)\rightarrow\mathbb{R}$，以及正值常数 a，使得

$$\dot{V}(t)\leqslant -aV(t)+g(t),\qquad\forall t\geqslant 0 \tag{4-32}$$

则

$$V(t)\leqslant \mathrm{e}^{-at}V(0)+\int_0^t \mathrm{e}^{-a(t-\tau)}g(\tau)\mathrm{d}\tau,\qquad\forall t\geqslant 0 \tag{4-33}$$

证明：对 $\mathrm{e}^{at}V$ 求导，得

$$\frac{\mathrm{d}}{\mathrm{d}t}(\mathrm{e}^{at}V)=\mathrm{e}^{at}\dot{V}+a\mathrm{e}^{at}V \tag{4-34}$$

将式(4-32)带入上式中，则

$$\frac{\mathrm{d}}{\mathrm{d}t}(\mathrm{e}^{at}V)\leqslant \mathrm{e}^{at}g(t) \tag{4-35}$$

对上式积分，则

$$\mathrm{e}^{at}V(t)\leqslant V(0)+\int_0^t \mathrm{e}^{a\tau}g(\tau)\mathrm{d}\tau \tag{4-36}$$

上式两侧同乘 e^{-at} 则得到式(4-33)。

接下来证明定理 4.4。

证明：由式(4-30)和式(4-31)得到

$$\dot{V}\leqslant -\frac{a_3}{a_2}V \tag{4-37}$$

应用引理 4.1，则

$$V(t)\leqslant V(0)\mathrm{e}^{-\frac{a_3}{a_2}t} \tag{4-38}$$

将式(4-30)代入上式，则

$$\begin{aligned}\|\boldsymbol{x}(t)\| &\leqslant \left(\frac{1}{a_1}V(t)\right)^{\frac{1}{b}}\\ &\leqslant \left(\frac{1}{a_1}V(0)\right)^{\frac{1}{b}}\mathrm{e}^{-\frac{a_3}{a_2 b}t}\\ &\leqslant \left(\frac{a_2}{a_1}\right)^{\frac{1}{b}}\|\boldsymbol{x}(0)\|\mathrm{e}^{-\frac{a_3}{a_2 b}t}\end{aligned}$$

即式(4-7)中 $a=\left(\frac{a_2}{a_1}\right)^{\frac{1}{b}}$，$\lambda=\frac{a_3}{a_2 b}$，所以系统平衡点 $\boldsymbol{x}=\boldsymbol{0}$ 为指数稳定。

4.4 不变原理

李雅普诺夫函数关于原点渐近稳定性定理的条件可以削弱，即条件“$\dot{V}$ 负定”在附加解释后可削弱为“$\dot{V}$ 半负定”。这个改善了条件的定理在很多实际问题中，取代了定理 4.2。

为了建立这一新定理，需要以下概念。

定义 4.10　考虑非线性系统：

$$\dot{\boldsymbol{x}}=\boldsymbol{f}(\boldsymbol{x}) \tag{4-39}$$

对从初始状态 $\boldsymbol{x}(t_0)=\boldsymbol{x}_0$ 出发的运动：

$$\boldsymbol{x}=\boldsymbol{x}(t,\boldsymbol{x}_0,t_0) \tag{4-40}$$

若存在时间序列 $(t_1,t_2,\cdots,t_n,\cdots)$，当 $n\to\infty$ 时，$t_n\to\infty$，使下面的向量序列有极限，即有

$$\lim_{n\to\infty}\boldsymbol{x}(t_n,\boldsymbol{x}_0,t_0)=\tilde{\boldsymbol{x}}$$

则称 $\tilde{\boldsymbol{x}}$ 为相轨线式 (4-40) 的正极限点。所有正极限点的集合，称为从 $\boldsymbol{x}_0$ 出发的轨线式 (4-40) 的正极限点集，记为 L^+。

定义 4.11　若 M 是一点集，对任一 $\tilde{\boldsymbol{x}} \in M$，式(4-39)从 $\tilde{\boldsymbol{x}}$ 出发的轨线全部属于 M，即

$$\boldsymbol{x}(t, \tilde{\boldsymbol{x}}, t_0) \subset M, \ t \geqslant t_0$$

则称 M 为式(4-39)的**不变集合**。

关于系统解的正极限点集的性质，有以下引理。

引理 4.2　系统 $\dot{\boldsymbol{x}} = \boldsymbol{f}(\boldsymbol{x})$ 的解 $\boldsymbol{x}(t, \boldsymbol{x}_0, t_0)$ 的正极限点集 L^+ 是该系统的不变集合。

证明：在 L^+ 中任取一点 $\tilde{\boldsymbol{x}}$，需证明

$$\boldsymbol{x}(t, \tilde{\boldsymbol{x}}, t_0) \subset L^+$$

因为 $\tilde{\boldsymbol{x}} \in L^+$，所以存在时间序列 $\{t_n\}$，当 $n \to \infty$ 时 $t_n \to \infty$，使得

$$\lim_{n \to \infty} \boldsymbol{x}(t_n, \boldsymbol{x}_0, t_0) = \tilde{\boldsymbol{x}}$$

从而

$$\lim_{n \to \infty} \boldsymbol{x}[t, \boldsymbol{x}(t_n, \boldsymbol{x}_0, t_0), t_0] = \boldsymbol{x}(t, \tilde{\boldsymbol{x}}, t_0)$$

但是，由解的唯一性，有

$$\boldsymbol{x}[t, \boldsymbol{x}(t_n, \boldsymbol{x}_0, t_0), t_0] = \boldsymbol{x}(t + t_n, \boldsymbol{x}_0, t_0)$$

上两式给出

$$\lim_{n \to \infty} \boldsymbol{x}(t + t_n, \boldsymbol{x}_0, t_0) = \boldsymbol{x}(t, \tilde{\boldsymbol{x}}, t_0)$$

记 $\{t + t_n\}$ 为新的时间序列 $\{t'_n\}$，$t'_n = t + t_n$，当 $n \to \infty$ 时，$t'_n \to \infty$，有

$$\lim_{n \to \infty} \boldsymbol{x}(t'_n, \boldsymbol{x}_0, t_0) = \boldsymbol{x}(t, \tilde{\boldsymbol{x}}, t_0)$$

这表明 $\boldsymbol{x}(t, \tilde{\boldsymbol{x}}, t_0)$ 也属于 L^+。

现在来证明重要定理。

定理 4.5　若在原点的邻域 Ω 内，存在一正定函数 $V(\boldsymbol{x})$，其沿式(4-39)解的导数半负定，即 $\dot{V} = W(\boldsymbol{x}) \leqslant 0$，如果 $W(\boldsymbol{x}) = 0$ 所确定的点集：

$$M = \{\boldsymbol{x} | W(\boldsymbol{x}) = 0\}$$

内，除原点 $\boldsymbol{x} = \boldsymbol{0}$ 外，不再包含系统的其他轨线，则式(4-39)的原点渐近稳定。

证明：由定理条件，$V(\boldsymbol{x})$ 正定，$\dot{V}(\boldsymbol{x})$ 半负定，完全满足关于稳定性的定理 4.2。因此在原点邻域 Ω 内，任给一 $\epsilon > 0$，可以找到 $l > 0$，$\delta > 0$，使得当 $\|\boldsymbol{x}_0\| \leqslant \delta$ 时，有

$$\|\boldsymbol{x}(t)\| < \epsilon$$

且使解的轨线 $\boldsymbol{x}(t, \boldsymbol{x}_0, t_0)$ 位于原点邻域中的区域内：

$$V(\boldsymbol{x}) \leqslant l$$

这样，得到

$$0 < V(\boldsymbol{x}(t)) \leqslant l$$

由此可见，有界非增函数 $V(\boldsymbol{x}(t))$ 必有下界，记为 C，即有

$$\lim_{t \to \infty} V(\boldsymbol{x}(t)) = C \geqslant 0$$

用 L^+ 表示 $\boldsymbol{x}(t,\boldsymbol{x}_0,t_0)$ 的正极限点集，它也是系统的不变集合。对任意 $\tilde{\boldsymbol{x}}\in L^+$，有

$$V(\tilde{\boldsymbol{x}})=C,\quad \dot{V}(\tilde{\boldsymbol{x}})=0$$

这表明 $\tilde{\boldsymbol{x}}\in M$，从而证明了

$$L^+\subset M$$

按定理条件，M 中除点 $\boldsymbol{x}=\boldsymbol{0}$ 外，不再包含系统的其他轨线，考虑到 L^+ 是由系统的整轨线组成的，所以

$$L^+=\{\boldsymbol{0}\}$$

于是对任意 $\boldsymbol{x}_0$，有

$$\lim_{t\to\infty}\boldsymbol{x}(t,\boldsymbol{x}_0,t_0)=\boldsymbol{0}$$

即原点渐近稳定得证。

注 4.1 本定理将关于渐近稳定性的定理 4.2中的 $\dot{V}<0$ 的条件，削弱为 $\dot{V}=W(\boldsymbol{x})\leqslant 0$，但附加一个“$M$ 中不含系统的整轨线”，或者说“集合 M 中不含系统的解”。这个条件的数学表述为：若 $\boldsymbol{x}_0\in M$，则解 $\boldsymbol{x}(t)=\boldsymbol{x}(t,\boldsymbol{x}_0,t_0)$ 不完全位于 M 之内 $(t\geqslant t_0)$。将负定削弱为半负定，在一系列实际问题中起到很好的作用，原来不能解决的问题变得可解了，下面的例子说明了条件变化的实质。今后也常用到定理 4.5以取代定理 4.2。此外，增加的条件——M 内不含系统的解，是容易判断的。

注 4.2 可以将附加条件改述为等价条件：沿系统的所有解 $\dot{V}(\boldsymbol{x})\not\equiv 0$。今后将通过例子来说明这个条件的应用。

注 4.3 可以提出附加条件成立的充分条件：

若集合 $\dot{V}(\boldsymbol{x})=0$ 位于超曲面：

$$m(\boldsymbol{x})=0$$

则附加条件成立的充分条件为：在超曲面 $m(\boldsymbol{x})=0$ 上，有

$$\dot{m}(\boldsymbol{x})=\frac{\partial m}{\partial \boldsymbol{x}}\dot{\boldsymbol{x}}=\frac{\partial m}{\partial \boldsymbol{x}}\boldsymbol{f}(\boldsymbol{x})=[\mathrm{grad}\, m(\boldsymbol{x})]^{\mathrm{T}}\boldsymbol{f}(\boldsymbol{x})\not\equiv 0 \tag{4-41}$$

这是因为 $\mathrm{grad}\, m(\boldsymbol{x})$ 的方向正是超曲面 $m(\boldsymbol{x})=0$ 的法线方向，如果解轨线的切向不恒与上法向垂直，$m(\boldsymbol{x})=0$ 上不可能有解的整轨线，从而 M 上也不可能有解的整轨线。

例 4.6 考虑小阻尼振动方程：

$$\ddot{x}+\dot{x}+x=0$$

引入状态变量 $x_1=x$，$x_2=\dot{x}$，可得方程：

$$\begin{cases}\dot{x}_1=x_2\\ \dot{x}_2=-x_1-x_2\end{cases}$$

若取 $V(\boldsymbol{x})=\dfrac{1}{2}(x_1^2+x_2^2)$，可算出

$$\dot{V}=-x_2^2$$

则 M 的方程为

$$m(\boldsymbol{x})=x_2=0$$

按式(4-41)，在 $m(\boldsymbol{x})=0$ 上，有

$$\dot{m}(\boldsymbol{x})=-x_1-x_2=-x_1\neq 0$$

定理 4.5条件得到满足，即 $V(\boldsymbol{x})>0,\dot{V}(\boldsymbol{x})\leqslant 0$，$M$ 上除 $\boldsymbol{x}=\boldsymbol{0}$ 外，无系统的整相轨线，故原点渐近稳定。

图 4-3 给出了本例的图示，$M:x_2=0$ 为横轴，所有相轨线在横轴上与 $V=C$ 表示的圆相切（在切点上 $\dot{V}=W(\boldsymbol{x})=0$），但相切后仍进入 $V=C$ 表示的圆，故 $x_2=0$ 上除 $\boldsymbol{x}=\boldsymbol{0}$ 外无整相轨线，原点渐近稳定。

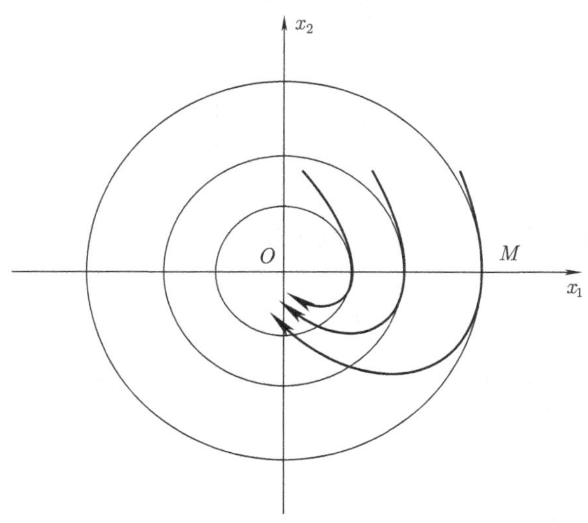

图 4-3 例 4.6 轨迹示意图

例 4.7 考虑三阶系统：

$$\begin{cases}\dot{x}_1=x_2\\ \dot{x}_2=-x_1\\ \dot{x}_3=-2x_3\end{cases}\tag{4-42}$$

构造 $V(\boldsymbol{x})=\dfrac{1}{2}(x_1^2+x_2^2+x_3^2)$，易知 $V(\boldsymbol{x})$ 正定。由于

$$\dot{V}=x_1\dot{x}_1+x_2\dot{x}_2+x_3\dot{x}_3=-2x_3^2$$

所以 $\dot{V}$ 半负定。从 $\dot{V}=0$，可得 M 的方程为

$$m(\boldsymbol{x})=x_3=0\tag{4-43}$$

即 x_1x_2 坐标面。在 $m(\boldsymbol{x})=0$ 上，有

$$\dot{m}(\boldsymbol{x})=\dot{x}_3=-2x_3\equiv 0$$

可以说充分条件式 (4-41) 不成立，但是并不能保证原点不是渐近稳定的。当然，原点是稳定的这一点由定理 4.2保证。

对于这个简单的例子，能判断原点不是渐近稳定的。将 $x_3=0$ 代入微分方程式 (4-42)，

得

$$\begin{cases}\dot{x}_1 = x_2 \\ \dot{x}_2 = -x_1 \\ \dot{x}_3 = 0\end{cases}$$

其解为

$$\begin{cases}x_1 = A\sin(t+\phi) \\ x_2 = A\cos(t+\phi) \\ x_3 = 0\end{cases} \tag{4-44}$$

完全位于 $M: x_3 = 0$ 上，因此 M 上有系统的整相轨线，定理 4.5不成立，不能判定原点的渐近稳定性。但由解式(4-44)存在的事实证明系统的原点仅是稳定的。

以上结果也可以扩展到全局稳定性定理。

定理 4.6 若存在径向无界的正定函数 $V(\boldsymbol{x})$，其沿式(4-39)解的导数 $\dot{V} = W(\boldsymbol{x})$ 是半负定的，且在集合

$$M = \{\boldsymbol{x} | \dot{V} = W(\boldsymbol{x}) = 0\}$$

除原点外不包含式(4-39)的整相轨线，则该系统的原点全局渐近稳定。

例 4.8 研究非线性振动系统：

$$\ddot{x} + g(\dot{x}) + f(x) = 0 \tag{4-45}$$

式中，$g(\dot{x})$ 及 $f(x)$ 满足：

(i) $\dot{x}g(\dot{x}) > 0 (\dot{x} \neq 0)$，$g(0) = 0$；

(ii) $xf(x) > 0 (x \neq 0)$，$f(0) = 0$。

条件 (i) 表示 $-g(\dot{x})$ 是阻力，因为 $-g(\dot{x})\dot{x} < 0$ 表明阻力 $-g(\dot{x})$ 与速度反向；条件 (ii) 则表示力 $-f(x)$ 是恢复力，因为 $-f(x)x < 0$ 表示力 $-f(x)$ 与坐标 x 反向。

研究平衡状态 $x = \dot{x} = 0$ 的稳定性。引入状态变量 $x_1 = x$，$x_2 = \dot{x}$，式(4-45)化为

$$\begin{cases}\dot{x}_1 = x_2 \\ \dot{x}_2 = -f(x_1) - g(x_2)\end{cases}$$

取系统机械能的表达式作为 $V(\boldsymbol{x})$：

$$V(\boldsymbol{x}) = \frac{1}{2}x_2^2 + \int_0^{x_1} f(x_1)\mathrm{d}x_1$$

立刻可算出

$$\dot{V} = x_2\dot{x}_2 + f(x_1)\dot{x}_1 = -x_2 g(x_2)$$

因为 V 正定，$\dot{V}$ 半负定，故按定理 4.2原点稳定。

按定理 4.5，$M = \{\boldsymbol{x} | \dot{V} = 0\}$ 为

$$x_2 = 0$$

得到

$$m(\boldsymbol{x}) = x_2 = 0$$

在 $m(\boldsymbol{x})=0$ 上，有

$$\dot{m}=\dot{x_2}=-f(x_1)-g(x_2)=-f(x_1)\not\equiv 0$$

所以原点渐近稳定。

若对系统附加条件：$\int_0^{x_1} f(x_1)\mathrm{d}x_1=\infty$，$x_1\to\infty$。即 $V(\boldsymbol{x})$ 是径向无界的，这样按定理 4.6，原点全局渐近稳定。

4.5 线性时不变系统的李雅普诺夫分析

本节介绍如何将李雅普诺夫分析方法应用于线性时不变系统。考虑线性时不变系统：

$$\dot{\boldsymbol{x}}=\boldsymbol{A}\boldsymbol{x} \tag{4-46}$$

式中，$\boldsymbol{x}\in\mathbb{R}^n$ 是系统状态；$\boldsymbol{A}\in\mathbb{R}^{n\times n}$ 是常值状态矩阵。由线性系统理论可知，上述线性时不变系统原点渐近稳定的充分必要条件是矩阵 $\boldsymbol{A}$ 所有特征值都在左半开复平面，这样的矩阵 $\boldsymbol{A}$ 称为 Hurwitz 矩阵。本节采用李雅普诺夫函数来分析线性时不变系统的稳定性。

定理 4.7 线性系统式(4-46)的平衡点 $\boldsymbol{x}=\boldsymbol{0}$ 全局指数稳定的充分必要条件为，对于任意给定的对称正定矩阵 $\boldsymbol{Q}$，如下的矩阵方程：

$$\boldsymbol{A}^{\mathrm{T}}\boldsymbol{P}+\boldsymbol{P}\boldsymbol{A}=-\boldsymbol{Q} \tag{4-47}$$

存在唯一对称正定解 $\boldsymbol{P}$。

证明：（充分性）令 $V(\boldsymbol{x})=\boldsymbol{x}^{\mathrm{T}}\boldsymbol{P}\boldsymbol{x}$，可以直接计算其导数为

$$\dot{V}=\boldsymbol{x}^{\mathrm{T}}\boldsymbol{A}^{\mathrm{T}}\boldsymbol{P}\boldsymbol{x}+\boldsymbol{x}^{\mathrm{T}}\boldsymbol{P}\boldsymbol{A}\boldsymbol{x}=-\boldsymbol{x}^{\mathrm{T}}\boldsymbol{Q}\boldsymbol{x} \tag{4-48}$$

令 $\lambda_{\max}$ 和 $\lambda_{\min}$ 分别表示正定矩阵的最大和最小特征值，所以

$$\lambda_{\min}(\boldsymbol{P})\|\boldsymbol{x}\|^2\leqslant V(\boldsymbol{x})\leqslant\lambda_{\max}(\boldsymbol{P})\|\boldsymbol{x}\|^2 \tag{4-49}$$

由式(4-48)和式(4-49)可以得到

$$\dot{V}\leqslant-\lambda_{\min}(\boldsymbol{Q})\|\boldsymbol{x}\|^2\leqslant-\frac{\lambda_{\min}(\boldsymbol{Q})}{\lambda_{\max}(\boldsymbol{P})}\|\boldsymbol{x}\|^2 \tag{4-50}$$

对式(4-49)和式(4-50)，应用定理 4.4，可以判定平衡点为全局指数稳定。进一步地，根据定理 4.4的证明，可以计算

$$\|\boldsymbol{x}(t)\|=\sqrt{\frac{\lambda_{\max}(\boldsymbol{P})}{\lambda_{\min}(\boldsymbol{Q})}}\|\boldsymbol{x}(0)\|\mathrm{e}^{-\frac{\lambda_{\min}(\boldsymbol{Q})}{\lambda_{\max}(\boldsymbol{P})}t} \tag{4-51}$$

充分性证毕。

（必要性）如果式(4-46)平衡点为全局指数稳定，则存在正数 a 和 λ，使得

$$\|\boldsymbol{x}(t)\|\leqslant a\|\boldsymbol{x}(0)\|\mathrm{e}^{-\lambda t} \tag{4-52}$$

这意味着 $\lim\limits_{t\to\infty}\boldsymbol{x}(t)=0$。又因为线性系统式(4-46)的解为 $\boldsymbol{x}(t)=\mathrm{e}^{\boldsymbol{A}t}\boldsymbol{x}(0)$，其中 $\boldsymbol{x}(0)$ 为任意初值，所以只能是 $\lim\limits_{t\to\infty}\mathrm{e}^{\boldsymbol{A}t}=0$。这种情况下，任意给定一对称正定矩阵 $\boldsymbol{Q}$，有

$$\int_0^{\infty}\mathrm{d}(\mathrm{e}^{\boldsymbol{A}^{\mathrm{T}}t}\boldsymbol{Q}\mathrm{e}^{\boldsymbol{A}t})=-\boldsymbol{Q} \tag{4-53}$$

上式左侧可以计算为

$$\int_0^\infty \mathrm{d}(\mathrm{e}^{\boldsymbol{A}^\mathrm{T}t}\boldsymbol{Q}\mathrm{e}^{\boldsymbol{A}t}) = \boldsymbol{A}^\mathrm{T}\int_0^\infty \mathrm{e}^{\boldsymbol{A}^\mathrm{T}t}\boldsymbol{Q}\mathrm{e}^{\boldsymbol{A}t}\mathrm{d}t + \int_0^\infty \mathrm{e}^{\boldsymbol{A}^\mathrm{T}t}\boldsymbol{Q}\mathrm{e}^{\boldsymbol{A}t}\mathrm{d}t\boldsymbol{A}$$

令

$$\boldsymbol{P} = \int_0^\infty \mathrm{e}^{\boldsymbol{A}^\mathrm{T}t}\boldsymbol{Q}\mathrm{e}^{\boldsymbol{A}t}\mathrm{d}t \tag{4-54}$$

若能证明 $\boldsymbol{P}$ 为正定，则式(4-47)得证。

对于任意的 $\boldsymbol{z} \in \mathbb{R}^n \neq \boldsymbol{0}$，二次型 $\boldsymbol{z}^\mathrm{T}\mathrm{e}^{\boldsymbol{A}^\mathrm{T}t}\boldsymbol{Q}\mathrm{e}^{\boldsymbol{A}t}\boldsymbol{z}$ 为正定。所以，二次型：

$$\boldsymbol{z}^\mathrm{T}\boldsymbol{P}\boldsymbol{z} = \int_0^\infty \boldsymbol{z}^\mathrm{T}\mathrm{e}^{\boldsymbol{A}^\mathrm{T}t}\boldsymbol{Q}\mathrm{e}^{\boldsymbol{A}t}\boldsymbol{z}\mathrm{d}t \tag{4-55}$$

为正定，即矩阵 $\boldsymbol{P}$ 为正定。必要性得证。

4.6 补充学习

几乎所有关于非线性控制理论的教材中都能找到李雅普诺夫稳定性的内容。本章中例4.4选自文献 [4]，其更一般的形式请参考文献 [6]。更多关于径向无界和全局稳定性的内容可以参考文献 [3-4]。关于比较定理的内容可以参考文献 [12]。关于不变原理的内容请参考文献 [13]。

习题

4-1 1）简要说明用于证明局部稳定性的李雅普诺夫函数的特征。

2）在局部稳定基础上，说明全局稳定需要的李雅普诺夫函数的条件，并简要说明为什么需要该条件。

4-2 简要说明指数稳定性和渐近稳定性的区别，并且给出非线性系统渐近稳定，但是不指数稳定的例子。

4-3 考虑一个非线性系统：

$$\dot{\boldsymbol{x}} = \boldsymbol{f}(\boldsymbol{x})$$

式中，$\boldsymbol{x} \in \mathbb{R}^n$，并且 $f(\boldsymbol{x})$ 为 $\mathbb{R}^n$ 中满足 $\boldsymbol{f}(\boldsymbol{0}) = \boldsymbol{0}$ 的光滑向量场。

1) 说明 $\boldsymbol{x} = \boldsymbol{0}$ 是指数稳定平衡点的定义。

2) 假设有正定函数 $V(\boldsymbol{x}) : \mathbb{R}^n \to \mathbb{R}$ 满足如下条件：

$$c_1||\boldsymbol{x}||^2 \leqslant V(\boldsymbol{x}) \leqslant c_2||\boldsymbol{x}||^2$$

$$\frac{\partial V(\boldsymbol{x})}{\partial \boldsymbol{x}}\boldsymbol{f}(\boldsymbol{x}) \leqslant -c_3||\boldsymbol{x}||^2$$

c_1、c_2、c_3 是正常数，证明系统是指数稳定的，并且给出系统状态的一个界的估计。

4-4 二阶动态系统的方程如下：

$$\ddot{y} + \dot{y} + y^3 = 0$$

构造一个李雅普诺夫函数，证明在 $y = 0$ 和 $\dot{y} = 0$ 处的平衡点是李雅普诺夫稳定的。

4-5 考虑系统 $\dot{\boldsymbol{x}}=\boldsymbol{f}(\boldsymbol{x})$，式中：

$$\boldsymbol{f}(\boldsymbol{x})=\begin{bmatrix} x_2 \\ -x_2-\sin x_1 \end{bmatrix}$$

1) 获得在 $\boldsymbol{x}=\boldsymbol{0}$ 附近的线性化系统，并且说明平衡点附近的稳定性。

2) 设计一个李雅普诺夫函数，并且说明对于 $\|x_1\|\leqslant\dfrac{\pi}{2}$ 的李雅普诺夫稳定性。

4-6 考虑一个非线性动态系统：

$$\begin{aligned}\dot{\boldsymbol{x}}&=\boldsymbol{f}(\boldsymbol{x})+\boldsymbol{g}(\boldsymbol{x})\xi\\ \dot{\xi}&=u+h(\boldsymbol{x})\end{aligned}$$

式中，$\boldsymbol{x}\in\mathbb{R}^n$ 和 $\xi\in\mathbb{R}$。有函数 $\phi(\boldsymbol{x})$ 满足 $\phi(\boldsymbol{0})=0$。有正定函数 $V(\boldsymbol{x})$ 满足

$$\frac{\partial V}{\partial \boldsymbol{x}}[\boldsymbol{f}(\boldsymbol{x})+\boldsymbol{g}(\boldsymbol{x})\phi(\boldsymbol{x})]\leqslant -W(\boldsymbol{x})$$

式中，$W(\boldsymbol{x})$ 是正定函数。设计状态反馈控制器，使得闭环系统渐近稳定。

4-7 考虑系统 $\dot{\boldsymbol{x}}=\boldsymbol{f}(\boldsymbol{x})$，式中：

$$\boldsymbol{f}(\boldsymbol{x})=\begin{bmatrix} x_2 \\ -x_2-x_1^5 \end{bmatrix}$$

构造李雅普诺夫函数证明该系统全局稳定。

4-8 考虑以下洛伦兹吸引子：

$$\begin{aligned}\dot{x}_1&=\sigma(x_2-x_1)\\ \dot{x}_2&=(1+\lambda-x_3)x_1-x_2\\ \dot{x}_3&=x_1x_2-bx_3\end{aligned}$$

式中，σ、λ 和 b 是正实数常数。

1）计算系统的平衡点。

2）计算原点附近的线性化模型，并判定线性化模型的稳定性。

4-9 考虑系统：

$$\begin{aligned}\dot{\boldsymbol{x}}&=\boldsymbol{A}\boldsymbol{x}+\boldsymbol{b}\xi\\ \dot{\xi}&=\boldsymbol{c}^{\mathrm{T}}\boldsymbol{x}+\phi(\xi)+u\end{aligned}$$

式中，$\boldsymbol{x}\in\mathbb{R}^n$，且 $\boldsymbol{A}$ 为 Hurwitz 矩阵。

1）证明对于 Hurwitz 矩阵 $\boldsymbol{A}$, 存在一个正定矩阵 $\boldsymbol{P}$，使得

$$\boldsymbol{P}\boldsymbol{A}+\boldsymbol{A}^{\mathrm{T}}\boldsymbol{P}=-2\boldsymbol{I}$$

式中，$\boldsymbol{I}$ 是单位矩阵。

2）假设控制输入设计为 $u=-k\xi-\phi(\xi)$。利用候选 Lyapunov 函数 $V(\boldsymbol{x},\xi)=\dfrac{1}{2}\boldsymbol{x}^{\mathrm{T}}\boldsymbol{P}\boldsymbol{x}+\dfrac{1}{2}\xi^2$，证明存在一个正实数 k，使得闭环系统渐近稳定。

第 5 章　现代稳定性理论

李雅普诺夫直接方法为判定非线性系统稳定性提供了一个有力工具。线性系统也可以看作是一类特殊的非线性系统。对于渐近稳定的线性系统，总能够找到李雅普诺夫函数，满足李雅普诺夫定理。有一类非线性系统，其中一部分体现线性系统性质，如带有无记忆非线性环节的线性系统，或者带有时变自适应参数的线性系统。对于这类系统，针对线性部分构造的李雅普诺夫函数可能会有助于构造针对整个非线性系统的李雅普诺夫函数。本章将介绍一类特殊的线性系统，即严格正实系统（Strict Positive Real System）。在这种系统基础上，可以使用卡尔曼–雅库布维奇引理（Kalman-Yakubovich Lemma）来构造李雅普诺夫函数判定一些非线性系统的稳定性，如带有无记忆非线性环节的线性系统。本章还将介绍圆判据和输入–状态稳定性。

5.1　正实系统

考虑一阶系统：

$$\dot{y} = -ay + u$$

式中，$a > 0$ 是常数；$y \in \mathbb{R}$ 和 $u \in \mathbb{R}$ 分别是输出和输入。尽管这个系统可能呈现出最简单的结构，它仍是设计控制系统的基础。如果令 $s = \sigma + \mathrm{j}\omega$，这类系统一个非常重要的性质就是其传递函数 $G(s) = \dfrac{1}{s+a}$ 具有正实部。可以将所有的具有正实部的传递函数定义为正实传递函数。

定义 5.1 (正实传递函数)　对于有理传递函数 $G(s)$，如果

1）对于实数 s，$G(s)$ 总是实数；

2）对于 $s = \sigma + \mathrm{j}\omega$，其中 $\sigma > 0$，总有 $\mathrm{Re}[G(s)] > 0$。

则 $G(s)$ 为正实传递函数。

定义 5.2 (严格正实传递函数)　如果存在正实数 ϵ 使得 $G(s-\epsilon)$ 为正实传递函数，则正则有理传递函数 $G(s)$ 为严格正实传递函数。

例 5.1　对于传递函数 $G(s) = \dfrac{1}{s+a}$，其中 $a > 0$，令 $s = \sigma + \mathrm{j}\omega$，则

$$G(s) = \frac{1}{a+\sigma+\mathrm{j}\omega} = \frac{a+\sigma-\mathrm{j}\omega}{(a+\sigma)^2+\omega^2}$$

式中：

$$\mathrm{Re}[G(s)] = \frac{a+\sigma}{(a+\sigma)^2+\omega^2} > 0$$

因此，$G(s) = \dfrac{1}{s+a}$ 是正实传递函数。进一步地，对于任意 $\epsilon \in (0, a)$，可以计算

$$\mathrm{Re}[G(s-\epsilon)] = \frac{a-\epsilon+\sigma}{(a-\epsilon+\sigma)^2+\omega^2} > 0$$

所以，$G(s)=\dfrac{1}{s+a}$ 也是严格正实传递函数。

定义 5.1表明，一个正实传递函数将闭右半复平面映射到自己。基于复分析，可以得到以下结果。

命题 5.1　如果下列条件成立：

1）$G(s)$ 所有极点均位于闭左半复平面；

2）如果 $\pm \mathrm{j}\omega$ 是 $G(s)$ 在虚轴上的极点，则它不是重复极点，且其留数 $\mathrm{Re}\big[(s\pm \mathrm{j}\omega)G(s)|_{s=\pm \mathrm{j}\omega}\big]\geqslant 0$；

3）如果 $\pm \mathrm{j}\omega$ 不是 $G(s)$ 的极点，则 $\mathrm{Re}[G(\mathrm{j}\omega)]\geqslant 0$。

则正则有理传递函数 $G(s)$ 为正实传递函数。

很明显，如果 $a<0$，则 $G(s)=\dfrac{1}{s+a}$ 不是正实传递函数。对于传递函数不是正实的情况，也有相应的命题。

命题 5.2　如果下列情况之一成立：

1）$G(s)$ 的相对阶大于 1；

2）$G(s)$ 不稳定；

3）$G(s)$ 为非最小相位（如有正半复平面的零点）；

4）$G(\mathrm{j}\omega)$ 的奈奎斯特曲线进入左半复平面。

则 $G(s)$ 不是正实传递函数。

作为上述命题的例子，$G_1=\dfrac{s-1}{s^2+as+b}$、$G_2=\dfrac{s+1}{s^2-s+1}$、$G_3=\dfrac{1}{s^2+as+b}$ 都不是正实传递函数，它们分别对应非最小相位、不稳定、相对阶大于 1 的情况。传递函数 $G(s)=\dfrac{s+4}{s^2+3s+2}$ 不是正实传递函数，因为当 $\omega>2\sqrt{2}$ 时，$G(\mathrm{j}\omega)<0$，即其奈奎斯特曲线进入左半复平面。

严格正实传递函数和正实传递函数之间的区别在于虚轴上的极点。

例 5.2　考虑 $G(s)=\dfrac{1}{s}$，令 $s=\sigma+\mathrm{j}\omega$，则

$$\mathrm{Re}[G(s)]=\mathrm{Re}\left(\frac{1}{\sigma+\mathrm{j}\omega}\right)=\frac{\sigma}{\sigma^2+\omega^2}$$

因此，$G(s)=\dfrac{1}{s}$ 是正实传递函数，但不是严格正实传递函数。

对于本章中介绍的稳定性判据，只需要严格正实函数的性质。

引理 5.1　正则有理传递函数 $G(s)$ 是严格正实的，当且仅当下列条件成立：

1）$G(s)$ 是 Hurwitz 多项式，即所有的极点都在左半开复平面；

2）$\mathrm{Re}[G(\mathrm{j}\omega)]>0$，$\forall\omega\geqslant 0$；

3）$\lim\limits_{s\to\infty}G(s)>0$，或者当 $\lim\limits_{s\to\infty}G(s)=0$ 时有 $\lim\limits_{\omega\to\infty}\omega^2\mathrm{Re}[G(\mathrm{j}\omega)]>0$。

证明：这里只证明充分性，必要性的证明留给读者自行完成。对于充分性，只需按定义证明存在正实数 ϵ，使得 $G(s-\epsilon)$ 为正实传递函数。

由于 $G(s)$ 为 Hurwitz 多项式，则一定存在正实数 $\bar{\delta}$，使得对于所有的 $\delta\in(0,\bar{\delta}]$，$G(s-\delta)$ 也是 Hurwitz 多项式。令 $(\boldsymbol{A},\boldsymbol{b},\boldsymbol{c}^{\mathrm{T}},d)$ 是 $G(s)$ 的一个最小阶实现，即 $G(s)=$

$\boldsymbol{c}^{\mathrm{T}}(s\boldsymbol{I}-\boldsymbol{A})^{-1}\boldsymbol{b}+d$，则

$$\begin{aligned}G(s-\delta)=&\boldsymbol{c}^{\mathrm{T}}(s\boldsymbol{I}-\delta\boldsymbol{I}-\boldsymbol{A})^{-1}\boldsymbol{b}+d\\=&\boldsymbol{c}^{\mathrm{T}}(s\boldsymbol{I}-\boldsymbol{A})^{-1}[(s\boldsymbol{I}-\delta\boldsymbol{I}-\boldsymbol{A})+\delta\boldsymbol{I}](s\boldsymbol{I}-\delta\boldsymbol{I}-\boldsymbol{A})^{-1}\boldsymbol{b}+d\\=&G(s)+\delta E(s)\end{aligned}\tag{5-1}$$

式中，$E(s)=\boldsymbol{c}^{\mathrm{T}}(s\boldsymbol{I}-\boldsymbol{A})^{-1}(s\boldsymbol{I}-\delta\boldsymbol{I}-\boldsymbol{A})^{-1}\boldsymbol{b}$ 是 Hurwitz 多项式，且严格正则（不是严格正实）。因此

$$\mathrm{Re}[E(\mathrm{j}\omega)]<r_1,\quad \forall\omega\in\mathbb{R},\ \delta\in(0,\bar{\delta}]\tag{5-2}$$

式中，r_1 是某正实数，且 $\lim\limits_{\omega\to\infty}\omega^2\mathrm{Re}[E(\mathrm{j}\omega)]$ 存在，即

$$\omega^2\mathrm{Re}[E(\mathrm{j}\omega)]<r_2,\quad \forall|\omega|>\omega_1,\ \delta\in(0,\bar{\delta}]\tag{5-3}$$

式中，r_2 和 ω_1 都是某正实数。

按照引理条件，如果 $\lim\limits_{\omega\to\infty}\mathrm{Re}[G(\mathrm{j}\omega)]>0$ 且 $\mathrm{Re}[G(s)]$ 在虚轴上严格为正，则

$$\mathrm{Re}(G(\mathrm{j}\omega))>r_3,\quad \forall\omega\in\mathbb{R}\tag{5-4}$$

式中，r_3 是某正实数。因此，将式(5-2)和式(5-4)代入式(5-1)中，可以得到

$$\mathrm{Re}[G(\mathrm{j}\omega-\delta)]>r_3-\delta r_1,\quad \forall\omega\in\mathbb{R}$$

所以只需要取 $\delta<r_3/r_1$，则 $\mathrm{Re}[G(\mathrm{j}\omega-\delta)]>0$。

另一方面，如果是 $\lim\limits_{\omega\to\infty}\mathrm{Re}[G(\mathrm{j}\omega)]=0$ 和 $\lim\limits_{\omega\to\infty}\omega^2\mathrm{Re}[G(\mathrm{j}\omega)]>0$，则

$$\omega^2\mathrm{Re}[G(\mathrm{j}\omega)]>r_4,\quad \forall|\omega|>\omega_2\tag{5-5}$$

式中，r_4 和 ω_2 都是某正实数。则由式(5-1)、式(5-3)和式(5-5)得

$$\mathrm{Re}[G(\mathrm{j}\omega-\delta)]>r_4-\delta r_2,\quad \forall|\omega|>\omega_3\tag{5-6}$$

式中，$\omega_3=\max\{\omega_1,\omega_2\}$。由第二个条件，可得

$$\mathrm{Re}[G(\mathrm{j}\omega)]>r_5,\quad \forall|\omega|\leqslant\omega_3\tag{5-7}$$

式中，r_5 是某正实数。那么，由式(5-1)、式(5-2)和式(5-7)得

$$\mathrm{Re}[G(\mathrm{j}\omega-\delta)]>r_5-\delta r_1,\quad \forall|\omega|\leqslant\omega_3\tag{5-8}$$

由式(5-6)和式(5-8)，取 $\delta=\min\{r_4/r_2,\ r_5/r_1\}$，则 $\mathrm{Re}[G(\mathrm{j}\omega-\delta)]>0$。

综上可得，总存在正实数 δ，使得 $G(s-\delta)$ 为正实，即 $G(s)$ 为严格正实。

本节中详细介绍严格正实的概念和判定方法，目的是为了引入以下重要结果。

引理 5.2 (卡尔曼–雅库布维奇引理)　考虑线性系统：

$$\begin{aligned}\dot{\boldsymbol{x}}=&\boldsymbol{A}\boldsymbol{x}+\boldsymbol{b}u\\y=&\boldsymbol{c}^{\mathrm{T}}\boldsymbol{x}\end{aligned}$$

式中，$\boldsymbol{x}\in\mathbb{R}^n$ 是系统状态；$u\in\mathbb{R}$ 和 $y\in\mathbb{R}$ 分别是输入和输出；$\boldsymbol{A}$、$\boldsymbol{b}$ 和 $\boldsymbol{c}$ 是具有合适维数的常值矩阵，$(\boldsymbol{A},\boldsymbol{b})$ 完全可控，$(\boldsymbol{A},\boldsymbol{c}^{\mathrm{T}})$ 完全可观。该系统的传递函数 $G(s)=\boldsymbol{c}^{\mathrm{T}}(s\boldsymbol{I}-\boldsymbol{A})^{-1}\boldsymbol{b}$ 为严格正实的充分必要条件为：存在正定矩阵 $\boldsymbol{P}$ 和 $\boldsymbol{Q}$ 使得

$$\begin{cases}\boldsymbol{A}^{\mathrm{T}}\boldsymbol{P}+\boldsymbol{P}\boldsymbol{A}=-\boldsymbol{Q}\\\boldsymbol{P}\boldsymbol{b}=\boldsymbol{c}\end{cases}\tag{5-9}$$

注 5.1　上述引理的证明不是本书的研究范围，感兴趣的读者可以查阅其他文献资料。在本章后续的有关稳定性的结果中，只需要证明 $\boldsymbol{P}$ 和 $\boldsymbol{Q}$ 的存在性，并不需要知道它们的具体取值或设计方法。

5.2　绝对稳定性与圆判据

本节考虑由线性部分和无记忆非线性环节构成的动力学系统。很多实际的工程系统都可以建模成这类系统，如线性系统的传感器有可能含有非线性环节。首先考虑闭环系统：

$$\begin{cases} \dot{\boldsymbol{x}} = \boldsymbol{A}\boldsymbol{x} + \boldsymbol{b}u \\ y = \boldsymbol{c}^{\mathrm{T}}\boldsymbol{x} \\ u = -F(y)y \end{cases} \tag{5-10}$$

式中，$\boldsymbol{x} \in \mathbb{R}^n$ 是系统状态；$y \in \mathbb{R}$ 和 $u \in \mathbb{R}$ 分别是输出和输入；$\boldsymbol{A}$、$\boldsymbol{b}$ 和 $\boldsymbol{c}$ 是具有合适维数的常值矩阵。其结构如图 5-1 所示。非线性环节出现在反馈回路中。在之前的章节中，曾经使用描述函数法研究过这类系统是否存在极限环的情况。这里考虑的非线性环节为扇区有界（Sector-Bounded）的，例如：

$$\alpha < F(y) < \beta \tag{5-11}$$

式中，α 和 β 是常数，如图 5-2 所示。

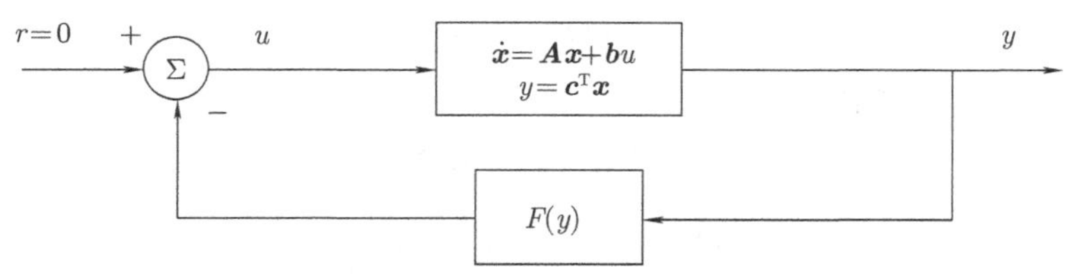

图 5-1　反馈回路中含有非线性环节的系统

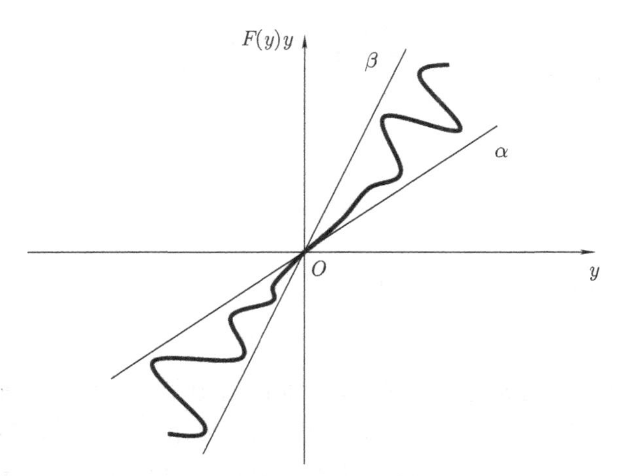

图 5-2　区域有界的非线性反馈

绝对稳定性是指，对于式(5-11)表示的一类非线性反馈，式(5-10)的平衡点为全局渐近稳定。可以利用卡尔曼–雅库布维奇引理分析系统是否绝对稳定。如果线性部分的传递函数为严格正实，则可以考查非线性部分是否满足某些条件来研究闭环系统是否绝对稳定。

引理 5.3　如果非线性系统式(5-10)的线性部分传递函数 $G(s)=\boldsymbol{c}^{\mathrm{T}}(s\boldsymbol{I}-\boldsymbol{A})^{-1}\boldsymbol{b}$ 为严格正实，且非线性反馈满足 $F(y)>0$，则该系统为绝对稳定。

证明：可以利用卡尔曼–雅库布维奇引理直接证明。由于线性部分满足严格正实，则存在正定矩阵 $\boldsymbol{P}$ 和 $\boldsymbol{Q}$ 使得式(5-9)成立。

构造备选李雅普诺夫函数 $V=\boldsymbol{x}^{\mathrm{T}}\boldsymbol{P}\boldsymbol{x}$，则可以计算其对时间的导数为

$$\begin{aligned}\dot{V}=&\boldsymbol{x}^{\mathrm{T}}(\boldsymbol{A}^{\mathrm{T}}\boldsymbol{P}+\boldsymbol{P}\boldsymbol{A})\boldsymbol{x}+2\boldsymbol{x}^{\mathrm{T}}\boldsymbol{P}\boldsymbol{b}u\\=&-\boldsymbol{x}^{\mathrm{T}}\boldsymbol{Q}\boldsymbol{x}-2\boldsymbol{x}^{\mathrm{T}}\boldsymbol{P}\boldsymbol{b}F(y)y\\=&-\boldsymbol{x}^{\mathrm{T}}\boldsymbol{Q}\boldsymbol{x}-2\boldsymbol{x}^{\mathrm{T}}\boldsymbol{c}F(y)y\\=&-\boldsymbol{x}^{\mathrm{T}}\boldsymbol{Q}\boldsymbol{x}-2F(y)y^2\end{aligned}$$

式中，第三行的推导使用了卡尔曼–雅库布维奇引理中 $\boldsymbol{P}\boldsymbol{b}=\boldsymbol{c}$ 的结论。所以，如果 $F(y)>0$，则 $\dot{V}\leqslant-\boldsymbol{x}^{\mathrm{T}}\boldsymbol{Q}\boldsymbol{x}$。根据定理 4.4，该闭环系统为指数稳定。

注 5.2　引理 5.3的条件为充分条件。

由引理 5.3，可以进一步研究更一般的情况：$\alpha<F(y)<\beta$。定义函数：

$$\tilde{F}=\frac{F-\alpha}{\beta-F}\tag{5-12}$$

很明显 $\tilde{F}>0$。另一方面，式(5-10)的特征方程为

$$G(s)F+1=0$$

可以在上式中加减项，得到

$$G(s)(F-\alpha)=-\alpha G(s)-1\tag{5-13}$$

$$G(s)(\beta-F)=\beta G(s)+1\tag{5-14}$$

用式(5-14)除以式(5-13)，则

$$\frac{1+\beta G}{1+\alpha G}\frac{F-\alpha}{\beta-F}+1=0\tag{5-15}$$

令

$$\tilde{G}=\frac{1+\beta G}{1+\alpha G}\tag{5-16}$$

则式(5-15)可以写成等效特征方程的形式：

$$\tilde{G}\tilde{F}+1=0\tag{5-17}$$

即式(5-10)和式(5-11)稳定性等价于由 $\tilde{G}$ 作为前向通道和 $\tilde{F}$ 作为反馈通道系统的稳定性。那么，由式(5-17)和引理 5.3可知，式(5-10)稳定的充分条件为传递函数 $\tilde{G}$ 是严格正实的。

式(5-12)和式(5-16)定义的 $\tilde{F}$ 和 $\tilde{G}$ 无法处理 $\beta=\infty$ 时的情况。这种情况下，重新定义：

$$\tilde{F}=F-\alpha$$

从而保证 $\tilde{F}>0$，则等效特征方程为

$$\frac{G}{1+\alpha G}(F-\alpha)+1=0$$

再使用

$$\tilde{G} = \frac{G}{1+\alpha G}$$

和引理 5.3即可。

上述结果可以总结为以下定理。

定理 5.1 (圆判据) 考虑非线性系统式(5-10)，其中反馈通道增益满足式(5-11)，前向通道传递函数为 $G(s) = \boldsymbol{c}^{\mathrm{T}}(s\boldsymbol{I} - \boldsymbol{A})^{-1}\boldsymbol{b}$。如果定义如下的传递函数：

$$\tilde{G} = \frac{1+\beta G}{1+\alpha G}$$

或者当 $\beta = \infty$ 时：

$$\tilde{G} = \frac{G}{1+\alpha G}$$

是严格正实的，则闭环系统为绝对稳定。

接下来研究传递函数 $G(s)$ 需要满足什么条件能够保证 $\tilde{G}$ 为严格正实。假设 $\beta > \alpha > 0$，其他情况也可以类似分析。由引理 5.1，$\tilde{G}$ 为严格正实的条件为，$\tilde{G}$ 是 Hurwitz 多项式，且 $\mathrm{Re}[G(\mathrm{j}\omega)] > 0$，即

$$\mathrm{Re}\left[\frac{1+\beta G(\mathrm{j}\omega)}{1+\alpha G(\mathrm{j}\omega)}\right] > 0, \quad \forall\, \omega \in \mathbb{R}$$

上式也等价于

$$\mathrm{Re}\left[\frac{1/\beta + G(\mathrm{j}\omega)}{1/\alpha + G(\mathrm{j}\omega)}\right] > 0, \quad \forall\, \omega \in \mathbb{R} \tag{5-18}$$

令 $1/\beta + G(\mathrm{j}\omega) = r_1\mathrm{e}^{\mathrm{j}\theta_1}$ 和 $1/\alpha + G(\mathrm{j}\omega) = r_2\mathrm{e}^{\mathrm{j}\theta_2}$，则式(5-18)的充分条件为

$$-\frac{\pi}{2} < \theta_1 - \theta_2 < \frac{\pi}{2}$$

上式等价于奈奎斯特曲线 $G(\mathrm{j}\omega)$ 位于圆心为 $\left(-\frac{1}{2}(1/\alpha + 1/\beta),\ \mathrm{j}0\right)$、半径为 $\frac{1}{2}(1/\alpha - 1/\beta)$ 的圆之外的情形。这个圆与实轴的交点为 $\left(-\frac{1}{\alpha}, \mathrm{j}0\right)$ 和 $\left(-\frac{1}{\beta}, \mathrm{j}0\right)$。向量 $\frac{1}{\alpha} + G(\mathrm{j}\omega)$ 和 $\frac{1}{\beta} + G(\mathrm{j}\omega)$ 分别为从 $\left(-\frac{1}{\alpha}, \mathrm{j}0\right)$ 和 $\left(-\frac{1}{\beta}, \mathrm{j}0\right)$ 指向 $G(\mathrm{j}\omega)$ 的向量。当 $G(\mathrm{j}\omega)$ 位于圆外时，两个向量的夹角小于 $\pi/2$，如图 5-3 所示。因为式(5-18)对所有 $\omega \in \mathbb{R}$ 都应成立，所以式(5-18)等价于整条奈奎斯特曲线位于圆外。由此可得，$\tilde{G}$ 为严格正实的充分条件为，$G(\mathrm{j}\omega)$ 奈奎斯特曲线与圆不相交，且逆时针方向绕圆转过的圈数等于 $G(s)$ 的不稳定极点个数，如图 5-4所示。

或者，也可以用复映射来解释圆判据。由式(5-16) 可以得到

$$G = \frac{\tilde{G} - 1}{\beta - \alpha\tilde{G}} \tag{5-19}$$

上式为双线性映射，它将一条直线映射到直线或者圆。对于 $\beta > \alpha > 0$，有

$$G = -\frac{1}{\alpha} - \left(\frac{1}{\alpha} - \frac{1}{\beta}\right)\frac{\beta/\alpha}{\tilde{G} - \beta/\alpha}$$

式中，$\dfrac{\beta/\alpha}{\tilde{G}-\beta/\alpha}$ 将虚轴映射到圆心为 $(-1/2,\mathrm{j}0)$、半径为 $1/2$ 的圆；然后 $-\dfrac{1}{\alpha}-\left(\dfrac{1}{\alpha}-\dfrac{1}{\beta}\right)$ $\dfrac{\beta/\alpha}{\tilde{G}-\beta/\alpha}$ 将虚轴映射到圆心为 $\left(-\dfrac{1}{2}(1/\alpha+1/\beta),\ \mathrm{j}0\right)$、半径为 $\dfrac{1}{2}(1/\alpha-1/\beta)$ 的圆。还可以进一步分析，该函数将整个左半开复平面映射到圆内部。

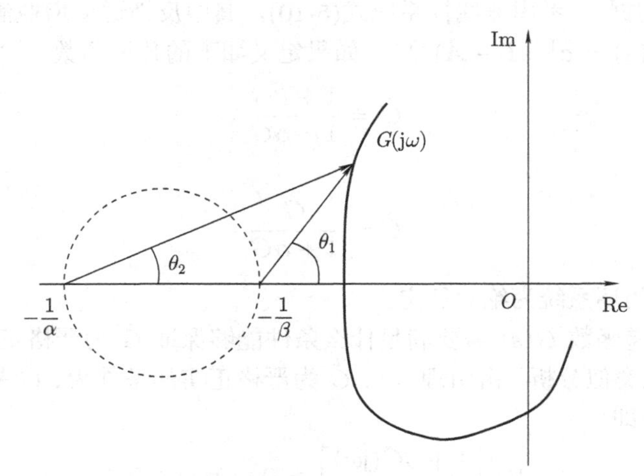

图 5-3　奈奎斯特曲线位于圆外

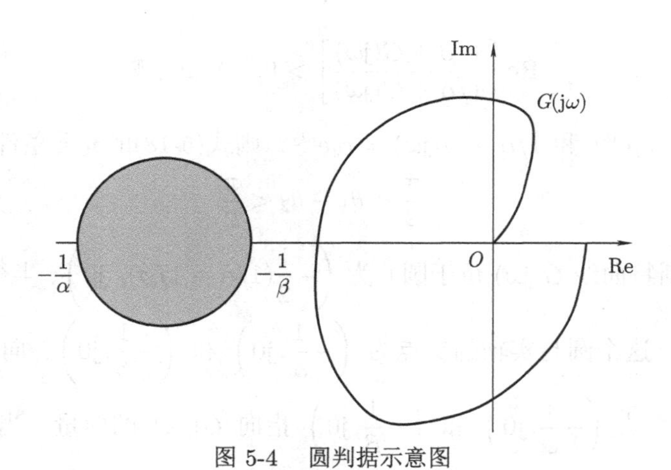

图 5-4　圆判据示意图

也可以直接分析式(5-19)。令 u 和 v 表示 $\tilde{G}(\mathrm{j}\omega)$ 的实部和虚部，则

$$u=\mathrm{Re}\left[\frac{\mathrm{j}\omega-1}{\beta-\alpha\mathrm{j}\omega}\right]=-\frac{\alpha+\beta\omega^2}{\alpha^2+\beta^2\omega^2}$$

$$v=\mathrm{Im}\left[\frac{\mathrm{j}\omega-1}{\beta-\alpha\mathrm{j}\omega}\right]=-\frac{(\alpha-\beta)\omega}{\alpha^2+\beta^2\omega^2}$$

令 $\mu=\dfrac{\beta}{\alpha}\omega$，则

$$u=-\frac{1/\alpha+(1/\beta)\mu^2}{1+\mu^2}=-\frac{1}{2}\left(\frac{1}{\alpha}+\frac{1}{\beta}\right)+\frac{1}{2}\left(\frac{1}{\beta}-\frac{1}{\alpha}\right)\frac{1-\mu^2}{1+\mu^2}$$

$$v = \frac{(1/\beta - 1/\alpha)\mu}{1+\mu^2} = \frac{1}{2}\left(\frac{1}{\beta} - \frac{1}{\alpha}\right)\frac{2\mu}{1+\mu^2}$$

容易验证

$$\left(u + \frac{1}{2}\left(\frac{1}{\alpha} + \frac{1}{\beta}\right)\right)^2 + v^2 = \left(\frac{1}{2}\left(\frac{1}{\alpha} - \frac{1}{\beta}\right)\right)^2$$

这就是图 5-3和图 5-4中圆的方程。

5.3　输入–状态稳定和小增益定理

本节继续研究含有输入 $\boldsymbol{u}$ 的系统的稳定性。对于线性系统，如果系统是渐近稳定的，则只要输入有界，系统输出必然有界。那么，非线性系统是否具有类似的性质？

考虑非线性系统：

$$\dot{\boldsymbol{x}} = \boldsymbol{f}(\boldsymbol{x}, \boldsymbol{u}) \tag{5-20}$$

式中，$\boldsymbol{x} \in \mathbb{R}^n$ 是系统状态；$\boldsymbol{u} \in \mathbb{R}^m$ 是有界输入；$\boldsymbol{f} : \mathbb{R}^n \times \mathbb{R}^m \to \mathbb{R}^n$ 是连续且局部利普希茨函数。如果自治系统：

$$\dot{\boldsymbol{x}} = \boldsymbol{f}(\boldsymbol{x}, \boldsymbol{0})$$

是渐近稳定的，那么在输入 $\boldsymbol{u}$ 有界的情况下是否一定有状态 $\boldsymbol{x}$ 有界？

例 5.3　考虑非线性系统：

$$\dot{x} = -x + (1+2x)u, \quad x(0) = 0$$

式中，$x \in \mathbb{R}$。当 $u = 0$ 时，有

$$\dot{x} = -x$$

是全局指数稳定的。但是，对于原系统，如果 $u \equiv 1$，则

$$\dot{x} = x + 1$$

显然其状态是无界的。

从这个例子可以看出，对于非线性系统，对应的自治系统渐近稳定并不能保证原系统在有界输入的情况下状态有界。本节引入一个新的概念，用来描述输入有界时保证状态有界的一类系统。

首先，需要定义比较函数（Comparison Function）。

定义 5.3　如果函数 $\gamma : [0, a) \to [0, \infty)$ 是连续且严格递增的，满足 $\gamma(0) = 0$，则 γ 为 $\mathcal{K}$ 类函数。如果 $a = \infty$，且当 $s \to \infty$ 时有 $\gamma(s) \to \infty$，则 γ 为 $\mathcal{K}_\infty$ 类函数。

定义 5.4　如果函数 $\beta : [0, a) \times [0, \infty) \to [0, \infty)$ 连续，且满足：对于固定的 $t = t_0$，$\beta(\cdot, t_0)$ 为 $\mathcal{K}$ 类函数；对于固定的 $\boldsymbol{x}(0)$，$\lim\limits_{t\to\infty} \beta(\boldsymbol{x}(0), t) = 0$，则 β 为 $\mathcal{KL}$ 类函数。

定义 5.5 (输入–状态稳定，Input-to-State Stable，ISS)　如果存在 $\mathcal{KL}$ 类函数 β 和 $\mathcal{K}$ 类函数 γ，使得非线性系统式(5-20)的解满足

$$\|\boldsymbol{x}(t)\| \leqslant \beta(\|\boldsymbol{x}(0)\|, t) + \gamma(\|\boldsymbol{u}\|_\infty), \quad \forall\, t > 0 \tag{5-21}$$

则式(5-20)为输入–状态稳定。

上述定义是输入–状态稳定的一种表现形式，另一种形式由以下命题给出。

命题 5.3 非线性系统式(5-20)为输入–状态稳定，当且仅当存在 $\mathcal{KL}$ 类函数 β 和 $\mathcal{K}$ 类函数 γ，使得式(5-20)的解满足

$$\|\boldsymbol{x}(t)\| \leqslant \max\left[\beta(\|\boldsymbol{x}(0)\|,t),\ \gamma(\|\boldsymbol{u}\|_\infty)\right],\quad \forall\, t>0 \tag{5-22}$$

该命题的证明留给读者完成。

例 5.4 线性系统 $\dot{\boldsymbol{x}}=\boldsymbol{A}\boldsymbol{x}+\boldsymbol{B}\boldsymbol{u}$，其中 $\boldsymbol{x}\in\mathbb{R}^n$ 和 $\boldsymbol{u}\in\mathbb{R}^m$ 分别表示状态和输入，矩阵 $\boldsymbol{A}$ 和 $\boldsymbol{B}$ 都具有合适的维度，且 $\boldsymbol{A}$ 为 Hurwitz 矩阵。对于这个系统，当 $\boldsymbol{u}=\boldsymbol{0}$ 时，则为渐近稳定。其解析解为

$$\boldsymbol{x}(t)=\mathrm{e}^{\boldsymbol{A}t}\boldsymbol{x}(0)+\int_0^t \mathrm{e}^{\boldsymbol{A}(t-\tau)}\boldsymbol{B}\boldsymbol{u}(\tau)\mathrm{d}\tau$$

所以

$$\|\boldsymbol{x}(t)\|\leqslant\|\mathrm{e}^{\boldsymbol{A}t}\|\|\boldsymbol{x}(0)\|+\int_0^t\|\mathrm{e}^{\boldsymbol{A}(t-\tau)}\|\mathrm{d}\tau\|\boldsymbol{B}\|\|\boldsymbol{u}\|_\infty$$

由于 $\boldsymbol{A}$ 为 Hurwitz 矩阵，则存在正数 a 和 λ，使得 $\|\mathrm{e}^{\boldsymbol{A}t}\|\leqslant a\mathrm{e}^{-\lambda t}$，所以

$$\|\boldsymbol{x}(t)\|\leqslant a\mathrm{e}^{-\lambda t}\|\boldsymbol{x}(0)\|+\int_0^t a\mathrm{e}^{-\lambda(t-\tau)}\mathrm{d}\tau\|\boldsymbol{B}\|\|\boldsymbol{u}\|_\infty\leqslant a\mathrm{e}^{-\lambda t}\|\boldsymbol{x}(0)\|+\frac{a}{\lambda}\|\boldsymbol{B}\|\|\boldsymbol{u}\|_\infty$$

很明显，上式最右侧第一项为关于 $\|\boldsymbol{x}(0)\|$ 和 t 的 $\mathcal{KL}$ 类函数，第二项为关于 $\|\boldsymbol{u}\|_\infty$ 的 $\mathcal{K}$ 类函数。因此，$\boldsymbol{A}$ 为 Hurwitz 矩阵的线性系统是输入–状态稳定的。

接下来，利用李雅普诺夫函数分析非线性系统是否输入–状态稳定。

定理 5.2 对于式(5-20)，如果存在连续可微的李雅普诺夫函数 $V(\boldsymbol{x}):\mathbb{R}^n\to\mathbb{R}$，使得

$$a_1\|\boldsymbol{x}\|^b\leqslant V(\boldsymbol{x})\leqslant a_2\|\boldsymbol{x}\|^b \tag{5-23}$$

$$\frac{\partial V}{\partial \boldsymbol{x}}\boldsymbol{f}(\boldsymbol{x},\boldsymbol{u})\leqslant -a_3\|\boldsymbol{x}\|^b,\quad \forall\|\boldsymbol{x}\|\geqslant\rho(\|\boldsymbol{u}\|) \tag{5-24}$$

式中，a_1、a_2、a_3 和 b 都是正数，且 ρ 为 $\mathcal{K}$ 类函数，则式(5-20)是输入–状态稳定的。

证明: 根据定理 4.4，当 $\boldsymbol{u}=\boldsymbol{0}$ 时系统为指数稳定，并且 $V(\boldsymbol{x})$ 为非受迫系统 $\dot{\boldsymbol{x}}=\boldsymbol{f}(\boldsymbol{x},\boldsymbol{0})$ 的李雅普诺夫函数。定义:

$$\Omega_c=\{\boldsymbol{x}|V(\boldsymbol{x})\leqslant c\}$$

式中，$c=a_2(\rho(\|u\|_\infty))^b$。这种情况下，如果 $V(x)>c$，则 $V(\boldsymbol{x})>a_2(\rho(\|\boldsymbol{u}\|_\infty))^b$，所以 $a_2\|\boldsymbol{x}\|^b>a_2(\rho(\|\boldsymbol{u}\|_\infty))^b$，进而 $\|\boldsymbol{x}\|>\rho(\|\boldsymbol{u}\|_\infty)$。因此，对于任意 $\boldsymbol{x}\notin\Omega_c$，由式(5-23)和式(5-24)，通过与定理 4.4类似的证明方式，可以得到

$$\dot{V}\leqslant-\frac{a_3}{a_2}V$$

所以

$$\|\boldsymbol{x}(t)\|\leqslant\left(\frac{a_2}{a_1}\right)^{1/b}\|\boldsymbol{x}(0)\|\mathrm{e}^{-\frac{a_3}{a_2 b}t}$$

即总存在有限时间 t_1，使得 $\boldsymbol{x}(t_1)$ 进入到 Ω_c 内。在集合 Ω_c 的边界，有 $\dot{V}\leqslant 0$，所以 Ω_c 为不变集，即系统轨线进入该区域就不再离开。

进一步地，对于 $\boldsymbol{x}\in\Omega_c$，有

$$V(\boldsymbol{x})<a_2(\rho(\|\boldsymbol{u}\|_\infty))^b$$

即

$$\|\boldsymbol{x}\| \leqslant \left(\frac{a_2}{a_1}\right)^{1/b} \rho(\|\boldsymbol{u}\|_\infty)$$

综合 $\boldsymbol{x}$ 在区域 Ω_c 内外的情况，总有

$$\|\boldsymbol{x}\| \leqslant \max\left\{\left(\frac{a_2}{a_1}\right)^{1/b} \|\boldsymbol{x}(0)\| \mathrm{e}^{-\frac{a_3}{a_2 b}t},\ \left(\frac{a_2}{a_1}\right)^{1/b} \rho(\|\boldsymbol{u}\|_\infty)\right\}$$

所以，该系统为输入–状态稳定，且增益函数为 $\gamma(\cdot) = \left(\dfrac{a_2}{a_1}\right)^{1/b} \rho(\cdot)$。

定理 5.3 对于式(5-20)，如果存在连续可微的李雅普诺夫函数 $V(\boldsymbol{x}) : \mathbb{R}^n \to \mathbb{R}$，使得

$$\alpha_1(\|\boldsymbol{x}\|) \leqslant V(\boldsymbol{x}) \leqslant \alpha_2(\|\boldsymbol{x}\|) \tag{5-25}$$

$$\frac{\partial V}{\partial \boldsymbol{x}} \boldsymbol{f}(\boldsymbol{x}, \boldsymbol{u}) \leqslant -\alpha_3(\|\boldsymbol{x}\|), \quad \forall \|\boldsymbol{x}\| \geqslant \rho(\|\boldsymbol{u}\|) \tag{5-26}$$

式中，α_1、α_2、α_3 是 $\mathcal{K}_\infty$ 类函数，且 ρ 是 $\mathcal{K}$ 类函数，则式(5-20)为输入–状态稳定，且增益函数为 $\gamma(\cdot) = \alpha_1^{-1}(\alpha_2(\rho(\cdot)))$。

注意到，$\mathcal{K}_\infty$ 类函数是一类特殊的 $\mathcal{K}$ 类函数，满足

$$\lim_{r \to \infty} \alpha(r) = \infty$$

与定理 5.3略微不同，有下面的推论成立。

推论 5.1 对于式(5-20)，如果存在连续可微的 $V(\boldsymbol{x}) : \mathbb{R}^n \to \mathbb{R}$，使得

$$\alpha_1(\|\boldsymbol{x}\|) \leqslant V(\boldsymbol{x}) \leqslant \alpha_2(\|\boldsymbol{x}\|) \tag{5-27}$$

$$\frac{\partial V}{\partial \boldsymbol{x}} \boldsymbol{f}(\boldsymbol{x}, \boldsymbol{u}) \leqslant -\alpha(\|\boldsymbol{x}\|) + \sigma(\|\boldsymbol{u}\|) \tag{5-28}$$

式中，α_1、α_2 和 α 是 $\mathcal{K}_\infty$ 类函数，σ 是 $\mathcal{K}$ 类函数，则式(5-20)为输入–状态稳定。

函数 $V(\boldsymbol{x})$ 满足式(5-25)和式(5-26)或式(5-27)和式(5-28)称为输入–状态稳定李雅普诺夫函数（ISS-Lyapunov Function）。可以证明，输入–状态稳定李雅普诺夫函数的存在性是输入–状态稳定的必要条件。在式(5-28)中，增益函数 α 和 σ 决定了输入–状态稳定的属性，所以这里的 (α, σ) 称为输入–状态稳定对（ISS Pair）。或者，如果说某系统为输入–状态稳定，且输入–状态稳定对为 (α, σ)，则是指存在输入–状态稳定李雅普诺夫函数满足式(5-28)。

例 5.5 考虑非线性系统：

$$\dot{x} = -x^3 + u$$

式中，$x \in \mathbb{R}$ 和 $u \in \mathbb{R}$ 分别是状态和输入。自治部分 $\dot{x} = -x^3$ 为渐近稳定，但不是指数稳定。考虑备选输入–状态稳定李雅普诺夫函数 $V(x) = \dfrac{1}{2}x^2$，则可以计算其导数为

$$\begin{aligned}\dot{V} = -x^4 - xu &\leqslant -\frac{1}{2}x^4 - \frac{1}{2}|x|(|x|^3 - 2|u|) \\ &\leqslant -\frac{1}{2}x^4, \qquad \text{当 } |x| \geqslant (2|u|)^{1/3}\end{aligned}$$

因此，根据定理 5.3，系统为输入–状态稳定，且增益函数 $\rho(|u|) = (2|u|)^{1/3}$。或者，利用杨氏不等式：

$$|x||u| \leqslant \frac{1}{4}|x|^4 + \frac{3}{4}|u|^{4/3}$$

所以

$$\dot{V} \leqslant -\frac{3}{4}x^4 + \frac{3}{4}|u|^{4/3}$$

因此，根据推论 5.1，系统为输入–状态稳定，且 $\alpha(\cdot) = \frac{3}{4}(\cdot)^4$ 以及 $\sigma(\cdot) = \frac{3}{4}(\cdot)^{4/3}$。

可以使用输入–状态稳定性研究级联系统的稳定性。

定理 5.4 考虑级联系统：

$$\dot{x}_1 = f_1(x_1, x_2) \tag{5-29}$$

$$\dot{x}_2 = f_2(x_2, u) \tag{5-30}$$

式(5-29)为输入–状态稳定（以 x_2 为输入），式(5-30)为输入–状态稳定（以 u 为输入），则级联系统为输入–状态稳定。

上述定理表明，如果 x_2 子系统当 $u = 0$ 时为全局指数稳定，则系统为全局渐近稳定。

定理 5.5 (输入–状态稳定小增益定理) 考虑级联系统：

$$\dot{x}_1 = f_1(x_1, x_2) \tag{5-31}$$

$$\dot{x}_2 = f_2(x_1, x_2, u) \tag{5-32}$$

式(5-31)为输入–状态稳定（将 x_2 看作输入），且假设 γ_1 为 ISS 增益；式(5-32)也为输入–状态稳定（将 x_1 和 u 看作输入），且假设 γ_2 为 ISS 增益。那么，如果满足

$$\gamma_1(\gamma_2(r)) < r, \quad \forall\, r > 0 \tag{5-33}$$

则该级联系统为输入–状态稳定（x_1 和 x_2 为状态，u 为输入）。

上述定理可以用于判定以下系统的稳定性：

$$\dot{x}_1 = f_1(x_1, x_2) \tag{5-34}$$

$$\dot{x}_2 = f_2(x_1, x_2) \tag{5-35}$$

如果满足定理 5.5中的 ISS 增益条件，则上述系统为全局渐近稳定。

例 5.6 考虑二阶非线性系统：

$$\dot{x}_1 = -x_1^3 + x_2$$

$$\dot{x}_2 = x_1 x_2^{2/3} - 3x_2$$

由例 5.5已知，x_1 子系统是输入–状态稳定的，且增益函数为 $\gamma_1(\cdot) = (2\cdot)^{1/3}$。对于 x_2 子系统，选择

$$V_2 = \frac{1}{2}x_2^2$$

则

$$\begin{aligned}
\dot{V}_2 &= -3x_2^2 + x_1 x_2^{5/3} \\
&\leqslant -x_2^2 - |x_2|^{5/3}\left(2|x_2|^{1/3} - |x_1|\right) \\
&\leqslant -x_2^2, \quad \forall\, |x_2| > \left(\frac{|x_1|}{2}\right)^3
\end{aligned}$$

因此，x_2 子系统也为输入–状态稳定，其增益函数为 $\gamma_2(\cdot) = \left(\frac{\cdot}{2}\right)^3$。于是，对于任意的 $r > 0$，

有

$$\gamma_1(\gamma_2(r)) = \left(2\left(\frac{r}{2}\right)^3\right)^{1/3} = \left(\frac{1}{4}\right)^{1/3} r < r$$

所以，该系统为全局渐近稳定。

5.4 微分稳定性

考虑非线性系统：

$$\dot{\boldsymbol{x}} = \boldsymbol{f}(\boldsymbol{x}, \boldsymbol{u}) \tag{5-36}$$

式中，$\boldsymbol{x} \in \mathbb{R}^n$ 是系统状态向量；$\boldsymbol{u} \in \mathbb{R}^s$ 是输入；$\boldsymbol{f} : \mathbb{R}^n \times \mathbb{R}^s \to \mathbb{R}^n$ 是非线性光滑向量场，且 $\boldsymbol{f}(\boldsymbol{0}, \boldsymbol{u}) = \boldsymbol{0}$。

定义 5.6 (微分稳定性，Differential Stability) 对于式(5-36)，如果存在李雅普诺夫函数 $V(\boldsymbol{x})$，对于所有的 $\boldsymbol{x}$、$\hat{\boldsymbol{x}} \in \mathbb{R}^n$ 和 $\boldsymbol{u} \in \mathbb{R}^s$，满足

$$\begin{cases} \gamma_1(\|\boldsymbol{x}\|) \leqslant V(\boldsymbol{x}) \leqslant \gamma_2(\|\boldsymbol{x}\|) \\ \dfrac{\partial V(\boldsymbol{x} - \hat{\boldsymbol{x}})}{\partial \boldsymbol{x}}(\boldsymbol{f}(\boldsymbol{x}, \boldsymbol{u}) - \boldsymbol{f}(\hat{\boldsymbol{x}}, \boldsymbol{u})) \leqslant -\gamma_3(\|\boldsymbol{x} - \hat{\boldsymbol{x}}\|) \\ c_1 \left\| \dfrac{\partial V(\boldsymbol{x})}{\partial \boldsymbol{x}} \right\|^{c_2} \leqslant \gamma_3(\|\boldsymbol{x}\|) \end{cases} \tag{5-37}$$

式中，$\gamma_i \ (i = 1, 2, 3)$ 是 $\mathcal{K}_\infty$ 类函数，$c_i \ (i = 1, 2)$ 是正实常数且 $c_2 > 1$，则式(5-36)为微分稳定。

注 5.3 上述定义中给出的微分稳定性概念和条件在观测器设计中十分有用，特别在第 8 章的降维观测器稳定性分析中十分有用。微分稳定性定义与增量稳定性（Incremental Stability）类似，区别在于，增量稳定的系统并不总满足式(5-37)中的条件。当 $\hat{\boldsymbol{x}} = 0$ 时，定义中的条件式(5-37)与单个系统渐近稳定的条件类似。式(5-37)中第二行描述与其他系统之间的关系，这个条件类似于输入–状态稳定的级联系统中驱动子系统应该满足的条件。

下面用两个典型例子说明微分稳定性的含义和作用。

例 5.7 渐近稳定的线性系统一定是微分稳定的。考虑线性系统：

$$\dot{\boldsymbol{x}} = \boldsymbol{A}\boldsymbol{x}$$

式中，$\boldsymbol{A} \in \mathbb{R}^{n \times n}$。如果这个线性系统为渐近稳定，则矩阵 $\boldsymbol{A}$ 为 Hurwitz 矩阵。所以一定存在正定矩阵 $\boldsymbol{P}$ 和 $\boldsymbol{Q}$ 满足以下李雅普诺夫方程：

$$\boldsymbol{P}\boldsymbol{A} + \boldsymbol{A}^{\mathrm{T}}\boldsymbol{P} = -\boldsymbol{Q}$$

令 $V(\boldsymbol{x}) = \boldsymbol{x}^{\mathrm{T}}\boldsymbol{P}\boldsymbol{x}$，则满足式(5-37)中的条件，且

$$\gamma_1(\|\boldsymbol{x}\|) = \lambda_{\min}(\boldsymbol{P})\|\boldsymbol{x}\|^2$$

$$\gamma_2(\|\boldsymbol{x}\|) = \lambda_{\max}(\boldsymbol{P})\|\boldsymbol{x}\|^2$$

$$\gamma_3(\|\boldsymbol{x}\|) = \lambda_{\min}(\boldsymbol{Q})\|\boldsymbol{x}\|^2$$

$$c_1 = \frac{\lambda_{\min}(\boldsymbol{Q})}{(4\lambda_{\max}(\boldsymbol{P}))^2}, \quad c_2 = 2$$

式中，$\lambda_{\min}(\cdot)$ 和 $\lambda_{\max}(\cdot)$ 分别是正定矩阵的最小和最大特征值。

微分稳定性与观测器设计直接相关。考虑受控线性系统：

$$\dot{\boldsymbol{x}} = \boldsymbol{A}\boldsymbol{x} + \boldsymbol{B}\boldsymbol{u} \tag{5-38}$$

如果 $\dot{\boldsymbol{x}} = \boldsymbol{A}\boldsymbol{x}$ 是微分稳定的，则式(5-38)的观测器可以设计为

$$\dot{\hat{\boldsymbol{x}}} = \boldsymbol{A}\hat{\boldsymbol{x}} + \boldsymbol{B}\boldsymbol{u}, \quad \hat{\boldsymbol{x}}(0) = \boldsymbol{0}$$

很容易证明估计误差 $\boldsymbol{x} - \hat{\boldsymbol{x}}$ 为指数稳定。

但是，对于非线性系统，系统渐近稳定甚至指数稳定并不保证微分稳定。

例 5.8 考虑一阶非线性系统：

$$\dot{x} = -x - 2\sin x$$

取 $V(x) = \dfrac{1}{2}x^2$，则

$$\dot{V} = -x^2 - 2x\sin x$$

对于 $|x| \leqslant \pi$，有 $x\sin x \geqslant 0$，因此

$$\dot{V} \leqslant -x^2$$

对于 $|x| > \pi$，有

$$\begin{aligned}
\dot{V} &= -x^2 - 2x\sin x \\
&\leqslant -x^2 + 2|x| \\
&= -\left(1 - \frac{2}{\pi}\right)x^2 - 2|x|\left(\frac{|x|}{\pi} - 1\right) \\
&\leqslant -\left(1 - \frac{2}{\pi}\right)x^2
\end{aligned}$$

所以，无论 $|x|$ 取值如何，都有

$$\dot{V} \leqslant -\left(1 - \frac{2}{\pi}\right)x^2$$

即系统总是指数稳定的。但是，系统并非微分稳定。令 $e = x - \hat{x}$，则

$$\dot{e} = -e - 2(\sin x - \sin(x + e))$$

在 $x = \pi$ 和 $\hat{x} = \pi$ 附近线性化，得到

$$\dot{e} = -e + 2e = e$$

所以估计误差为非稳定。

5.5 补充学习

正实系统的定义引自文献 [3,4,12]。对于严格正实系统，其定义可能会有变化，如参考文献 [14]。卡尔曼–雅库布维奇引理有不止一种形式，其证明可见参考文献 [3,15]。关于绝对稳定性的内容可以参考文献 [16]。输入–状态稳定是在参考文献 [17] 中首先提出的。小增益定理的证明请参考文献 [18]。关于输入–状态稳定的进一步内容可以参考文献 [19]。微分稳定性的内容取自参考文献 [20]。

习题

5-1 请简要叙述传递函数 $G(s)$ 严格正实的定义。

5-2 请简要叙述卡尔曼–雅库布维奇引理。

5-3 请给出 a 的范围使得传递函数：

$$G\left(s\right)=\frac{s+a}{s^{2}+2s+3}$$

是严格正实的。

5-4 请给出 b 的范围使得传递函数：

$$G(s)=\frac{s+1}{s^{2}+bs+3}$$

是严格正实的

5-5 考虑一个单输入单输出的线性系统：

$$\begin{aligned}\dot{x}&=\boldsymbol{A}x+\boldsymbol{b}u\\y&=\boldsymbol{c}^{\mathrm{T}}x\end{aligned}$$

式中，$x\in\mathbb{R}$；$\boldsymbol{A}$、$\boldsymbol{b}$、$\boldsymbol{c}$ 是有适当维数的矩阵和向量。系统是可控可观的。给出系统严格正实的充分必要条件。

5-6 一个反馈控制系统可以描述为如下形式：

$$\begin{aligned}\dot{\boldsymbol{x}}&=\boldsymbol{A}\boldsymbol{x}+\boldsymbol{b}u\\y&=\boldsymbol{c}^{\mathrm{T}}\boldsymbol{x}\\u&=-3y-2\sin y\end{aligned}$$

式中，$\boldsymbol{x}\in\mathbb{R}^{n}$，$y\in\mathbb{R}$，并且 $\boldsymbol{A}\in\mathbb{R}^{n\times n}$，$\boldsymbol{b}$、$\boldsymbol{c}\in\mathbb{R}^{n}$。传递函数 $G(s)=\boldsymbol{c}^{\mathrm{T}}\left(s\boldsymbol{I}-\boldsymbol{A}\right)^{-1}\boldsymbol{b}$ 是最小阶且稳定的。根据圆判据，确定传递函数 $G(s)=\boldsymbol{c}^{\mathrm{T}}\left(s\boldsymbol{I}-\boldsymbol{A}\right)^{-1}\boldsymbol{b}$ 的一种情况，使得反馈控制器是稳定的。

5-7 一个反馈控制系统形式如下：

$$\begin{aligned}\dot{\boldsymbol{x}}=&\boldsymbol{A}\boldsymbol{x}+\boldsymbol{b}u\\y=&\boldsymbol{c}x\\u=&-f(y)\end{aligned}$$

式中，$\boldsymbol{A}\in\mathbb{R}^{n\times n}$、$\boldsymbol{b}\in\mathbb{R}^{n\times 1}$、$\boldsymbol{c}\in\mathbb{R}^{1\times n}$ 是常数矩阵；$f(y)$ 是代表系统中非线性环节的非线性函数。

1）如果非线性环节描述为

$$f(y)=\begin{cases}ky+a & y>0\\0 & y=0\\ky-a & y<0\end{cases}$$

式中，k 和 a 是正实常数。确定其描述函数。

2）假设线性部分的传递函数为

$$\boldsymbol{c}(s\boldsymbol{I}-\boldsymbol{A})^{-1}\boldsymbol{b}=\frac{1}{s(s+2)(s+3)}$$

并且非线性部分 $f(y)$ 的描述函数为 $N(X)=\dfrac{2}{X}$，其中 X 是输入的大小，用描述函数法预测一个系统的极限环，并且决定预测的极限环的大小和周期。判定极限环的稳定性。

3）如果传递函数 $G(s)=\boldsymbol{c}(s\boldsymbol{I}-\boldsymbol{A})^{-1}\boldsymbol{b}$ 是严格正实的，并且非线性环节为下方的饱和函数形式：

$$f(y)=\begin{cases} ka & y>a \\ ky & |y|<a \\ -ka & y<-a \end{cases}$$

式中，k 和 a 是正实常数。用李雅普诺夫函数证明系统是渐近稳定的。

5-8 考虑线性系统：

$$\begin{aligned}\dot{\boldsymbol{x}}&=\boldsymbol{A}\boldsymbol{x}+\boldsymbol{b}u\\ y&=\boldsymbol{c}^{\mathrm{T}}\boldsymbol{x}\end{aligned}$$

式中，$\boldsymbol{x}\in\mathbb{R}^n$ 和 y、$u\in\mathbb{R}$ 分别是系统的状态变量和输出、输入。$(\boldsymbol{A},\boldsymbol{b})$ 是可控的。如果线性系统是严格正实的，并且控制输入为 $u=-y\sin^2 y$，请证明系统是渐近稳定的。

5-9 状态反馈控制系统具有如下形式：

$$\begin{aligned}\dot{\boldsymbol{x}}&=\boldsymbol{A}\boldsymbol{x}+\boldsymbol{B}u\\ y&=\boldsymbol{C}\boldsymbol{x}\\ u&=-yF(y)\end{aligned}$$

式中，$\boldsymbol{A}\in\mathbb{R}^{2\times2}$、$\boldsymbol{B}\in\mathbb{R}^{2\times1}$、$\boldsymbol{C}\in\mathbb{R}^{1\times2}$ 是常数矩阵；$F(y)$ 是一个非线性函数，满足 $0<F(y)<5$。假设传递函数 $\boldsymbol{C}(s\boldsymbol{I}-\boldsymbol{A})^{-1}\boldsymbol{B}=\dfrac{5}{s(s+k)}$ 有不确定参数 k，请根据圆判据确定 k 的范围使得闭环系统稳定。

5-10 考虑一个可控可观测的线性时不变系统：

$$\begin{aligned}\dot{\boldsymbol{x}}&=\boldsymbol{A}\boldsymbol{x}+\boldsymbol{b}u\\ y&=\boldsymbol{c}^{\mathrm{T}}\boldsymbol{x}\end{aligned}$$

其传递函数 $G(s)=\boldsymbol{c}^{\mathrm{T}}(s\boldsymbol{I}-\boldsymbol{A})^{-1}\boldsymbol{b}$ 为严格正实。请证明，存在一个正定矩阵 $\boldsymbol{P}$，使得

$$\frac{\mathrm{d}}{\mathrm{d}t}H(\boldsymbol{x})\leqslant 2yu$$

式中，$H(\boldsymbol{x})=\boldsymbol{x}^{\mathrm{T}}\boldsymbol{P}\boldsymbol{x}$。

第 6 章　反馈线性化

非线性系统可以在平衡点附近线性化，线性化系统能够近似描述该非线性系统在平衡点附近的行为。但是，近似线性化的适用区域可能会很小。如果讨论较大范围内非线性系统的行为，可能需要在多个工作点的线性化系统。本章介绍的反馈线性化方法是通过反馈的方式得到线性化系统。在某些条件下，这种线性化系统可能全局有效。

6.1　输入输出线性化

关于输入输出线性化，可以先看下面的例子。

例 6.1　考虑非线性系统：

$$\dot{x}_1 = x_2 + x_1^3 \tag{6-1}$$

$$\dot{x}_2 = x_1^2 + u \tag{6-2}$$

$$y = x_1 \tag{6-3}$$

对输出 y 求导数，得到

$$\begin{aligned}\dot{y} &= x_2 + x_1^3 \\ \ddot{y} &= 3x_1^2(x_2 + x_1^3) + x_1^2 + u\end{aligned}$$

可以定义

$$v = 3x_1^2(x_2 + x_1^3) + x_1^2 + u$$

则可以得到

$$\ddot{y} = v$$

如果将 v 看成系统的控制输入，则系统已经被线性化。取状态变换：

$$\begin{aligned}\xi_1 &= y = x_1 \\ \xi_2 &= \dot{y} = x_2 + x_1^3\end{aligned}$$

可以将原非线性系统变换为线性系统：

$$\begin{aligned}\dot{\xi}_1 &= \xi_2 \\ \dot{\xi}_2 &= v\end{aligned}$$

于是，可以设计状态反馈控制律：

$$v = -a_1\xi_1 - a_2\xi_2$$

式中，$a_1 > 0$，$a_2 > 0$，则可以镇定该系统。所以，原控制输入应为

$$u = -3x_1^2(x_2 + x_1^3) - x_1^2 + v$$

可以看出，该控制输入是通过反馈的方式将非线性系统线性化的，并且这种线性化是全局

有效的。

按照上例介绍的做法，可以对系统的输出 y 求各阶导数，直到某阶导数中出现控制输入 u, 然后可以得到反馈线性化控制律。对输出求导的方法直接引入了一种非线性状态变换。

考虑非线性系统：

$$\dot{\boldsymbol{x}} = \boldsymbol{f}(\boldsymbol{x}) + \boldsymbol{g}(\boldsymbol{x})u \tag{6-4}$$

$$y = h(\boldsymbol{x}) \tag{6-5}$$

式中，$\boldsymbol{x} \in \mathcal{D} \subset \mathbb{R}^n$ 是系统状态；y 和 $u \in \mathbb{R}$ 分别是系统输出和输入；$\boldsymbol{f}$ 和 $\boldsymbol{g} : \mathcal{D} \subset \mathbb{R}^n \to \mathbb{R}^n$ 是光滑函数；$h : \mathcal{D} \subset \mathbb{R}^n \to \mathbb{R}$ 是光滑函数。

注 6.1　函数 $\boldsymbol{f}(\boldsymbol{x})$ 和 $\boldsymbol{g}(\boldsymbol{x})$ 在状态空间某固定点 $\boldsymbol{x}$ 处为向量，或者也可以说它们是空间中的向量场。式(6-4)中的函数都要求是光滑的，即任意阶导数都存在。在本章其他部分，如果没有特别说明，总假设函数是光滑的。

输入输出线性化即为设计状态反馈控制律：

$$u = \alpha(\boldsymbol{x}) + \beta(\boldsymbol{x})v$$

式中，对于任意的 $\boldsymbol{x}$ 都有 $\beta(\boldsymbol{x}) \neq 0$，使得系统的输入输出动态：

$$\dot{\boldsymbol{x}} = \boldsymbol{f}(\boldsymbol{x}) + \boldsymbol{g}(\boldsymbol{x})\alpha(\boldsymbol{x}) + \boldsymbol{g}(\boldsymbol{x})\beta(\boldsymbol{x})v$$

$$y = h(\boldsymbol{x})$$

具有

$$y^{(\rho)} = v, \quad 1 \leqslant \rho \leqslant n$$

的形式。

对于式(6-4)，对输出 y 求一阶导数可得

$$\dot{y} = \frac{\partial h(\boldsymbol{x})}{\partial \boldsymbol{x}}(\boldsymbol{f}(\boldsymbol{x}) + \boldsymbol{g}(\boldsymbol{x})u) = L_{\boldsymbol{f}}h(\boldsymbol{x}) + L_{\boldsymbol{g}}h(\boldsymbol{x})u$$

式中，$L_{\boldsymbol{f}}h$ 和 $L_{\boldsymbol{g}}h$ 是李导数。

对于任意的光滑向量场 $\boldsymbol{f} : \mathcal{D} \subset \mathbb{R}^n \to \mathbb{R}^n$ 和光滑函数 $h : \mathcal{D} \subset \mathbb{R}^n \to \mathbb{R}$，李导数定义为函数 $h(\boldsymbol{x})$ 沿向量场 $\boldsymbol{f}(\boldsymbol{x})$ 方向的导数，即

$$L_{\boldsymbol{f}}h(\boldsymbol{x}) = \frac{\partial h(\boldsymbol{x})}{\partial \boldsymbol{x}}\boldsymbol{f}(\boldsymbol{x})$$

李导数的符号可以迭代使用：

$$L_{\boldsymbol{f}}^2 h(\boldsymbol{x}) = L_{\boldsymbol{f}}(L_{\boldsymbol{f}}h(\boldsymbol{x}))$$

$$L_{\boldsymbol{f}}^k h(\boldsymbol{x}) = L_{\boldsymbol{f}}(L_{\boldsymbol{f}}^{k-1}h(\boldsymbol{x}))$$

式中，k 是非负整数。

反馈线性化问题的解主要取决于输出 y 的导数中是否出现输入 u。可以用相对阶（Relative Degree）的概念来描述这种性质。

定义 6.1　对于式(6-4)，如果在空间中的某一点 $\boldsymbol{x}$ 处，有

$$L_{\boldsymbol{g}}L_{\boldsymbol{f}}^k h(\boldsymbol{x}) = 0, \quad k = 0, 1, \cdots, \rho - 2$$

$$L_{\boldsymbol{g}}L_{\boldsymbol{f}}^{\rho-1} h(\boldsymbol{x}) \neq 0$$

则该系统具有相对阶 ρ。

例 6.2 考虑式(6-2)，与式(6-4)的形式相对应，则有

$$\boldsymbol{f}(\boldsymbol{x})=\begin{bmatrix}x_1^3+x_2\\x_1^2\end{bmatrix},\quad \boldsymbol{g}(\boldsymbol{x})=\begin{bmatrix}0\\1\end{bmatrix},\quad h(\boldsymbol{x})=x_1$$

直接计算可得

$$L_{\boldsymbol{g}}h(\boldsymbol{x})=0,\quad L_{\boldsymbol{g}}L_{\boldsymbol{f}}h(\boldsymbol{x})=1$$

所以，式(6-2)在整个空间的相对阶为 2。

对于单输入单输出线性系统，相对阶等于传递函数中分母多项式的阶数减去分子多项式的阶数。在相对阶定义的基础上，可以使用李导数来研究输入输出反馈线性化。

例 6.3 考虑式(6-2)，因为 $L_{\boldsymbol{g}}h(\boldsymbol{x})=0$，所以

$$\dot{y}=L_{\boldsymbol{f}}h(\boldsymbol{x})=x_1^3+x_2$$

继续对 $\dot{y}$ 求导数，有

$$\ddot{y}=L_{\boldsymbol{f}}^2h(\boldsymbol{x})+L_{\boldsymbol{g}}L_{\boldsymbol{f}}h(\boldsymbol{x})u$$

式中：

$$L_{\boldsymbol{f}}^2h(\boldsymbol{x})=3x_1^2(x_2+x_1^3)+x_1^2,\quad L_{\boldsymbol{g}}L_{\boldsymbol{f}}h(\boldsymbol{x})=1$$

因此，选取

$$v=L_{\boldsymbol{f}}^2h(\boldsymbol{x})+L_{\boldsymbol{g}}L_{\boldsymbol{f}}h(\boldsymbol{x})u$$

或者

$$u=-\frac{L_{\boldsymbol{f}}^2h(\boldsymbol{x})}{L_{\boldsymbol{g}}L_{\boldsymbol{f}}h(\boldsymbol{x})}+\frac{1}{L_{\boldsymbol{g}}L_{\boldsymbol{f}}h(\boldsymbol{x})}v$$

则得到与例 6.1一致的结果。

对于任意相对阶的系统，例 6.3中的计算过程都有效。假设非线性系统式(6-4)具有相对阶 ρ，即对于所有的 $k=0,1,\cdots,\rho-2$，有 $L_{\boldsymbol{g}}L_{\boldsymbol{f}}^kh(\boldsymbol{x})=0$。所以，持续对 y 求导可以得到

$$\begin{aligned}y^{(k)}=&L_{\boldsymbol{f}}^kh(\boldsymbol{x}),\qquad k=0,1,\cdots,\rho-1\\y^{(\rho)}=&L_{\boldsymbol{f}}^\rho h(\boldsymbol{x})+L_{\boldsymbol{g}}L_{\boldsymbol{f}}^{\rho-1}h(\boldsymbol{x})u\end{aligned}$$

可以设计

$$u=\frac{1}{L_{\boldsymbol{g}}L_{\boldsymbol{f}}^{\rho-1}h(\boldsymbol{x})}\left(-L_{\boldsymbol{f}}^\rho h(\boldsymbol{x})+v\right)$$

则

$$y^{(\rho)}=v$$

可以使用一组新坐标 $\xi_i=y^{(i-1)}=L_{\boldsymbol{f}}^{i-1}h(\boldsymbol{x})$ 来描述线性化的输入输出关系。剩下的任务就是检验 $\partial\boldsymbol{\xi}/\partial\boldsymbol{x}$ 是满秩的。下面需要一些预备知识。

对于任意光滑函数 $\boldsymbol{f}$、$\boldsymbol{g}$：$\mathcal{D}\subset\mathbb{R}^n\to\mathbb{R}^n$，李括号定义为

$$[\boldsymbol{f},\boldsymbol{g}](\boldsymbol{x})=\frac{\partial\boldsymbol{g}(\boldsymbol{x})}{\partial\boldsymbol{x}}\boldsymbol{f}(\boldsymbol{x})-\frac{\partial\boldsymbol{f}(\boldsymbol{x})}{\partial\boldsymbol{x}}\boldsymbol{g}(\boldsymbol{x})$$

另外，也可以定义高阶李括号：

$$ad_{\boldsymbol{f}}^0\boldsymbol{g}(\boldsymbol{x})=\boldsymbol{g}(\boldsymbol{x})$$

$$ad_{\boldsymbol{f}}^1\boldsymbol{g}(\boldsymbol{x}) = [\boldsymbol{f}, \boldsymbol{g}](\boldsymbol{x})$$
$$ad_{\boldsymbol{f}}^k\boldsymbol{g}(\boldsymbol{x}) = [\boldsymbol{f}, ad_{\boldsymbol{f}}^{k-1}\boldsymbol{g}](\boldsymbol{x})$$

为了描述方便，可以用以下符号描述偏导数：

$$\mathrm{d}h = \frac{\partial h}{\partial \boldsymbol{x}}$$

这是一个行向量。于是，李导数也可以写成

$$L_{\boldsymbol{f}}h = <\mathrm{d}h,\ \boldsymbol{f}>$$

在李括号定义的基础上，对于光滑函数 $h:\mathbb{R}^n \to \mathbb{R}$，可以直接验证

$$L_{[\boldsymbol{f},\boldsymbol{g}]}h = L_{\boldsymbol{f}}L_{\boldsymbol{g}}h - L_{\boldsymbol{g}}L_{\boldsymbol{f}}h = L_{\boldsymbol{f}} < \mathrm{d}h, \boldsymbol{g} > - < \mathrm{d}L_{\boldsymbol{f}}h, \boldsymbol{g} >$$

即

$$< \mathrm{d}h, [\boldsymbol{f}, \boldsymbol{g}] > = L_{\boldsymbol{f}} < \mathrm{d}h, \boldsymbol{g} > - < \mathrm{d}L_{\boldsymbol{f}}h, \boldsymbol{g} >$$

类似地，也可以验证，对于任意的非负整数 k 和 l，下式成立：

$$< \mathrm{d}L_{\boldsymbol{f}}^k h, ad_{\boldsymbol{f}}^{l+1}\boldsymbol{g} > = L_{\boldsymbol{f}} < \mathrm{d}L_{\boldsymbol{f}}^k h, ad_{\boldsymbol{f}}^l\boldsymbol{g} > - < \mathrm{d}L_{\boldsymbol{f}}^{k+1}h, ad_{\boldsymbol{f}}^l\boldsymbol{g} > \tag{6-6}$$

现在来证明 $\partial\boldsymbol{\xi}/\partial\boldsymbol{x}$ 是满秩的。按照相对阶的定义，有

$$< \mathrm{d}L_{\boldsymbol{f}}^k h, \boldsymbol{g} > = 0, \quad k = 0, 1, \cdots, \rho - 2$$

重复使用式(6-6)，可以证明

$$< \mathrm{d}L_{\boldsymbol{f}}^k h, ad_{\boldsymbol{f}}^l\boldsymbol{g} > = 0, \quad k + l \leqslant \rho - 2 \tag{6-7}$$

以及

$$< \mathrm{d}L_{\boldsymbol{f}}^k h, ad_{\boldsymbol{f}}^l\boldsymbol{g} > = (-1)^l < \mathrm{d}L_{\boldsymbol{f}}^{\rho-1}h, \boldsymbol{g} >, \quad k + l = \rho - 1 \tag{6-8}$$

由式(6-7)和式(6-8)可以得到

$$\begin{bmatrix} \mathrm{d}h(\boldsymbol{x}) \\ \mathrm{d}L_{\boldsymbol{f}}h(\boldsymbol{x}) \\ \vdots \\ \mathrm{d}L_{\boldsymbol{f}}^{\rho-1}h(\boldsymbol{x}) \end{bmatrix} \begin{bmatrix} \boldsymbol{g}(\boldsymbol{x}) & ad_{\boldsymbol{f}}\boldsymbol{g}(\boldsymbol{x}) & \cdots & ad_{\boldsymbol{f}}^{\rho-1}\boldsymbol{g}(\boldsymbol{x}) \end{bmatrix} = \begin{bmatrix} 0 & \cdots & 0 & (-1)^{\rho-1}r(\boldsymbol{x}) \\ 0 & \cdots & (-1)^{\rho-2}r(\boldsymbol{x}) & * \\ \vdots & & \vdots & \vdots \\ r(\boldsymbol{x}) & \cdots & * & * \end{bmatrix} \tag{6-9}$$

式中，$r(\boldsymbol{x}) = < \mathrm{d}L_{\boldsymbol{f}}^{\rho-1}h, \boldsymbol{g} >$。因此，可以得出

$$\frac{\partial\boldsymbol{\xi}}{\partial\boldsymbol{x}} = \begin{bmatrix} \mathrm{d}h(\boldsymbol{x}) \\ \mathrm{d}L_{\boldsymbol{f}}h(\boldsymbol{x}) \\ \vdots \\ \mathrm{d}L_{\boldsymbol{f}}^{\rho-1}h(\boldsymbol{x}) \end{bmatrix}$$

为满秩。可以用下面的定理总结输入输出反馈线性化的结果。

定理 6.1 如果式(6-4)在 $\mathcal{D}$ 范围内具有相对阶 ρ，则该系统的输入输出动态可以由

$$u = \frac{1}{L_{\boldsymbol{g}} L_{\boldsymbol{f}}^{\rho-1} h(\boldsymbol{x})} \left(-L_{\boldsymbol{f}}^{\rho} h(\boldsymbol{x}) + v\right)$$

反馈线性化，且线性化后的输入输出关系可以表示为

$$\begin{aligned}
\dot{\xi}_1 &= \xi_2 \\
&\vdots \\
\dot{\xi}_{\rho-1} &= \xi_\rho \\
\dot{\xi}_\rho &= v
\end{aligned}$$

其部分坐标变换关系为

$$\xi_i = L_{\boldsymbol{f}}^{i-1} h(\boldsymbol{x}), \quad i = 1, 2, \cdots, \rho$$

如果 $\rho = \boldsymbol{n}$，则该系统可以做全状态反馈线性化。

式(6-7)和式(6-8)给出的结果也可以用来证明下面的引理。这个引理在下一节十分有用。

引理 6.1 对于足够光滑的向量场 $\boldsymbol{f}$、$\boldsymbol{g}: \mathcal{D} \subset \mathbb{R}^n \to \mathbb{R}^n$ 以及足够光滑的函数 $h: \mathcal{D} \subset \mathbb{R}^n \to \mathbb{R}$，取 $r > 0$，则下面两个陈述等价：

1）$L_{\boldsymbol{g}} h(\boldsymbol{x}) = L_{\boldsymbol{g}} L_{\boldsymbol{f}} h(\boldsymbol{x}) = \cdots = L_{\boldsymbol{g}} L_{\boldsymbol{f}}^{r} h(\boldsymbol{x}) = 0$；

2）$L_{\boldsymbol{g}} h(\boldsymbol{x}) = L_{[\boldsymbol{f},\boldsymbol{g}]} h(\boldsymbol{x}) = \cdots = L_{ad_{\boldsymbol{f}}^{r}\boldsymbol{g}} h(\boldsymbol{x}) = 0$。

注 6.2 利用定理 6.1的结果可以将系统的输入输出动态线性化。如果 $\rho < n$，则系统可以变换为

$$\begin{aligned}
\dot{\boldsymbol{z}} &= \boldsymbol{f}_0(\boldsymbol{z}, \boldsymbol{\xi}) \\
\dot{\xi}_1 &= \xi_2 \\
&\vdots \\
\dot{\xi}_{\rho-1} &= \xi_\rho \\
\dot{\xi}_\rho &= L_{\boldsymbol{f}}^{\rho} h + L_{\boldsymbol{g}} L_{\boldsymbol{f}}^{\rho-1} h u \\
y &= \xi_1
\end{aligned}$$

式中，$\boldsymbol{z} \in \mathbb{R}^{n-\rho}$ 是没有出现在输入输出动态中的系统状态；$\boldsymbol{f}_0: \mathbb{R}^n \to \mathbb{R}^{n-\rho}$ 是光滑向量场。很明显，如果 $\rho < n$，则 $\boldsymbol{z}$ 的动态并未线性化，状态 $\boldsymbol{z}$ 是系统中不可观测的部分状态。可以将 $\dot{\boldsymbol{z}} = \boldsymbol{f}_0(\boldsymbol{z}, \boldsymbol{0})$ 定义为系统的零动态。

本节的最后，用一个例子说明定理 6.1在 $\rho < n$ 情况下的结果。

例 6.4 考虑非线性系统：

$$\begin{aligned}
\dot{x}_1 &= x_1^3 + x_2 \\
\dot{x}_2 &= x_1^2 + x_3 + u \\
\dot{x}_3 &= x_1^2 + u \\
y &= x_1
\end{aligned}$$

对于这个系统，可以看出

$$f(x)=\begin{bmatrix}x_1^3+x_2\\x_1^2+x_3\\x_1^2\end{bmatrix},\quad g(x)=\begin{bmatrix}0\\1\\1\end{bmatrix},\quad h(x)=x_1$$

直接计算可得

$$\begin{aligned}L_f h&=x_1^3+x_2\\L_g h&=0\\L_g L_f h&=1\\L_f^2 h&=3x_1^2(x_1^3+x_2)+x_1^2+x_3\end{aligned}$$

所以系统在全局范围内具有相对阶 $\rho=2$。使用输入输出线性化方法，可以取

$$\begin{aligned}u&=\frac{1}{L_g L_f h}(-L_f^2 h+v)\\&=-3x_1^2(x_1^3+x_2)-x_1^2-x_3+v\end{aligned}$$

取部分坐标变换：

$$\begin{aligned}\xi_1&=h(x)=x_1\\\xi_2&=L_f h(x)=x_1^3+x_2\end{aligned}$$

直接计算可以得出 $\mathrm{d}h$ 和 $\mathrm{d}L_f h$ 是线性无关的。输入输出线性化的部分为

$$\begin{aligned}\dot{\xi}_1&=\xi_2\\\dot{\xi}_2&=v\end{aligned}$$

如果把系统变换成注 6.2中的形式，则在 ξ_1 和 ξ_2 之外还需要另外一个状态。取

$$z=x_3-x_2$$

则逆变换为

$$\begin{aligned}x_1&=\xi_1\\x_2&=\xi_2-\xi_1^3\\x_3&=z+\xi_2-\xi_1^3\end{aligned}$$

在坐标 z、ξ_1 和 ξ_2 描述下，系统呈现标准型的形式：

$$\begin{aligned}\dot{z}&=-z-\xi_2+\xi_1^3\\\dot{\xi}_1&=\xi_2\\\dot{\xi}_2&=z+\xi_2+\xi_1^2-\xi_1^3+3\xi_1^2\xi_2+u\end{aligned}$$

上式清楚地表明输入输出线性化并不能线性化 z 的动态。该系统的零动态为

$$\dot{z}=-z$$

6.2　全状态线性化

考虑非线性系统：

$$\dot{x}=f(x)+g(x)u \tag{6-10}$$

式中，$\boldsymbol{x} \in \mathcal{D} \subset \mathbb{R}^n$ 是系统状态；$\boldsymbol{f}$、$\boldsymbol{g}: \mathcal{D} \subset \mathbb{R}^n \to \mathbb{R}^n$ 是光滑向量场。全状态线性化问题就是设计反馈控制律：

$$u = \alpha(\boldsymbol{x}) + \beta(\boldsymbol{x})v$$

式中，对于 $\boldsymbol{x} \in \mathcal{D}$ 有 $\beta(\boldsymbol{x}) \neq 0$，使得系统经过状态变换后，将 v 看作控制输入，呈现线性的形式。

从上一节的输入输出线性化中可以看出，如果存在输出 $h(\boldsymbol{x})$ 使得系统的相对阶等于系统的阶数，那么该系统可以全状态线性化，且可以使用上一节的方法计算 u 和相应的状态变换。即需要找到 $h(\boldsymbol{x})$，使得

$$L_{\boldsymbol{g}} L_{\boldsymbol{f}}^k h(\boldsymbol{x}) = 0, \quad k = 0, 1, \cdots, n-2 \tag{6-11}$$

$$L_{\boldsymbol{g}} L_{\boldsymbol{f}}^{n-1} h(\boldsymbol{x}) \neq 0 \tag{6-12}$$

由引理 6.1，式(6-11)等价于

$$L_{ad_{\boldsymbol{f}}^k \boldsymbol{g}} h(\boldsymbol{x}) = 0, \quad k = 0, 1, \cdots, n-2 \tag{6-13}$$

而式(6-12)等价于

$$L_{ad_{\boldsymbol{f}}^{n-1} \boldsymbol{g}} h(\boldsymbol{x}) \neq 0$$

满足式(6-13)的 $h(\boldsymbol{x})$ 是以下偏微分方程的解：

$$[\boldsymbol{g},\ ad_{\boldsymbol{f}}\boldsymbol{g},\ \cdots,\ ad_{\boldsymbol{f}}^{n-2}\boldsymbol{g}] \frac{\partial h}{\partial \boldsymbol{x}} = \boldsymbol{0}$$

需要一些新的理论工具来求解上述偏微分方程。由向量场张成的空间可以定义为一个**分布**。例如，如果 $\boldsymbol{f}_1, \cdots, \boldsymbol{f}_k$ 为向量场，其中 k 为正整数，可以定义

$$\boldsymbol{\Delta} = \operatorname{span}\{\boldsymbol{f}_1,\ \boldsymbol{f}_2, \cdots,\ \boldsymbol{f}_k\}$$

为一个分布。分布在空间中某点的维数定义为

$$\dim(\boldsymbol{\Delta}(\boldsymbol{x})) = \operatorname{rank}[\boldsymbol{f}_1(\boldsymbol{x}),\ \cdots,\ \boldsymbol{f}_k(\boldsymbol{x})]$$

如果矩阵 $\operatorname{col}\{\boldsymbol{f}_1(\boldsymbol{x}),\ \cdots,\ \boldsymbol{f}_k(\boldsymbol{x})\}$ 对于任意的 $\boldsymbol{x}$ 为满秩，则分布 $\boldsymbol{\Delta}$ 为非奇异。一个分布是**对合**（Involutive）的，当且仅当对于任意 $\boldsymbol{f}_1$、$\boldsymbol{f}_2 \in \boldsymbol{\Delta}$ 有 $[\boldsymbol{f}_1,\ \boldsymbol{f}_2] \in \boldsymbol{\Delta}$ 成立。注意，并非所有分布都是对合的，如下面的例子。

例 6.5 考虑分布：

$$\boldsymbol{\Delta} = \operatorname{span}\{\boldsymbol{f}_1,\ \boldsymbol{f}_2\}$$

式中：

$$\boldsymbol{f}_1(\boldsymbol{x}) = \begin{bmatrix} 2x_2 \\ 1 \\ 0 \end{bmatrix},\ \boldsymbol{f}_2(\boldsymbol{x}) = \begin{bmatrix} 1 \\ 0 \\ x_2 \end{bmatrix}$$

直接计算可以得到

$$\begin{aligned}
[\boldsymbol{f}_1,\ \boldsymbol{f}_2] &= \frac{\partial \boldsymbol{f}_2}{\partial \boldsymbol{x}} \boldsymbol{f}_1 - \frac{\partial \boldsymbol{f}_1}{\partial \boldsymbol{x}} \boldsymbol{f}_2 \\
&= \begin{bmatrix} 0 & 0 & 0 \\ 0 & 0 & 0 \\ 0 & 1 & 0 \end{bmatrix} \begin{bmatrix} 2x_2 \\ 1 \\ 0 \end{bmatrix} - \begin{bmatrix} 0 & 2 & 0 \\ 0 & 0 & 0 \\ 0 & 0 & 0 \end{bmatrix} \begin{bmatrix} 1 \\ 0 \\ x_2 \end{bmatrix} = \begin{bmatrix} 0 \\ 0 \\ 1 \end{bmatrix}
\end{aligned}$$

可以验证向量 $\boldsymbol{f}_1(\boldsymbol{x})$、$\boldsymbol{f}_2(\boldsymbol{x})$、$[\boldsymbol{f}_1,\boldsymbol{f}_2](\boldsymbol{x})$ 对于任意的 $\boldsymbol{x}$ 是线性无关的，即 $[\boldsymbol{f}_1,\boldsymbol{f}_2]$ 不能由 $\boldsymbol{f}_1$ 和 $\boldsymbol{f}_2$ 线性表示。所以，$[\boldsymbol{f}_1,\ \boldsymbol{f}_2]\notin\boldsymbol{\Delta}$，即分布 $\boldsymbol{\Delta}$ 不是对合的。

如果存在 $h(\boldsymbol{x})\neq 0$ 且 $\mathrm{d}h(\boldsymbol{x})\neq 0$，使得对于任意 $\boldsymbol{f}\in\boldsymbol{\Delta}$，有 $<\mathrm{d}h,\boldsymbol{f}>=0$ 成立，则分布 $\boldsymbol{\Delta}$ 是可积的。下面的定理给出了对合分布和可积性之间的关系。

定理 6.2 (Frobenius 定理)　一个非奇异分布是可积的，当且仅当它是对合的。

基于 Frobenius 定理，可以证明本节的主要理论结果。

定理 6.3　非线性系统式(6-10)为全状态可反馈线性化，当且仅当对于任意的 $\boldsymbol{x}\in\mathcal{D}$，以下条件同时成立：

1）矩阵 $\boldsymbol{G}=\mathrm{col}\{\boldsymbol{g}(\boldsymbol{x}),\ ad_{\boldsymbol{f}}\boldsymbol{g}(\boldsymbol{x}),\cdots,\ ad_{\boldsymbol{f}}^{n-1}\boldsymbol{g}(\boldsymbol{x})\}$ 为满秩；

2）分布 $\boldsymbol{G}_{n-1}=\mathrm{span}\{\boldsymbol{g},\ ad_{\boldsymbol{f}}\boldsymbol{g},\ \cdots,\ ad_{\boldsymbol{f}}^{n-2}\boldsymbol{g}\}$ 为对合。

证明：先证明充分性。这里需要证明，存在 $h(\boldsymbol{x})$ 使得系统相对阶为系统阶数 n。

由于 $\boldsymbol{G}_{n-1}$ 为对合，则根据 Frobenius 定理，存在 $h(\boldsymbol{x})$ 使得

$$\frac{\partial h}{\partial\boldsymbol{x}}[\boldsymbol{g},\ ad_{\boldsymbol{f}}\boldsymbol{g},\ \cdots,\ ad_{\boldsymbol{f}}^{n-2}\boldsymbol{g}]=\boldsymbol{0}$$

根据引理 6.1，上式等价于

$$L_{\boldsymbol{g}}L_{\boldsymbol{f}}^{k}h(\boldsymbol{x})=0,\quad k=0,1,\cdots,n-2$$

又因为 $\boldsymbol{G}$ 为满秩矩阵，则只能是

$$L_{\boldsymbol{g}}L_{\boldsymbol{f}}^{n-1}h(\boldsymbol{x})\neq 0$$

否则，如果 $L_{\boldsymbol{g}}L_{\boldsymbol{f}}^{n-1}h(\boldsymbol{x})=0$，则由引理 6.1有 $\mathrm{d}h(\boldsymbol{x})\boldsymbol{G}=\boldsymbol{0}$，与 $\boldsymbol{G}$ 为满秩矛盾。充分性得证。

再来证明必要性。这里证明，如果已知式(6-10)为全状态可反馈线性化，则定理里的两个条件总是满足的。式(6-10)为全状态可反馈线性化等价于存在 $h(\boldsymbol{x})$ 使得系统相对阶等于系统阶数 n。由相对阶的定义和引理 6.1，有

$$L_{ad_{\boldsymbol{f}}^{k}\boldsymbol{g}}h(\boldsymbol{x})=0,\quad k=0,1,\cdots,n-2$$

即

$$\frac{\partial h}{\partial\boldsymbol{x}}[\boldsymbol{g},\ ad_{\boldsymbol{f}}\boldsymbol{g},\ \cdots,\ ad_{\boldsymbol{f}}^{n-2}\boldsymbol{g}]=\boldsymbol{0}$$

根据 Frobenius 定理，分布 $\boldsymbol{G}_{n-1}$ 为对合。进一步地，将 $h(\boldsymbol{x})$ 作为输出，式(6-10)的相对阶为 n，则可以利用类似式(6-9)的证明方法，有

$$\begin{bmatrix}\mathrm{d}h(\boldsymbol{x})\\ \mathrm{d}L_{\boldsymbol{f}}h(\boldsymbol{x})\\ \vdots\\ \mathrm{d}L_{\boldsymbol{f}}^{n-1}h(\boldsymbol{x})\end{bmatrix}[\boldsymbol{g}(\boldsymbol{x})\quad ad_{\boldsymbol{f}}\boldsymbol{g}(\boldsymbol{x})\quad\cdots\quad ad_{\boldsymbol{f}}^{n-1}\boldsymbol{g}(\boldsymbol{x})]$$

$$=\begin{bmatrix}0 & \cdots & 0 & (-1)^{n-1}r(\boldsymbol{x})\\ 0 & \cdots & (-1)^{n-2}r(\boldsymbol{x}) & *\\ \vdots & & \vdots & \vdots\\ r(\boldsymbol{x}) & \cdots & * & *\end{bmatrix}$$

式中，$r(\boldsymbol{x})=L_{\boldsymbol{g}}L_{\boldsymbol{f}}^{n-1}h(\boldsymbol{x})$。上式表明 $\boldsymbol{G}$ 为满秩矩阵。必要性得证。

注 6.3　对单输入单输出线性系统使用定理 6.3，则

$$\boldsymbol{f}(\boldsymbol{x})=\boldsymbol{A}\boldsymbol{x},\quad \boldsymbol{g}(\boldsymbol{x})=\boldsymbol{b}$$

式中，$\boldsymbol{A}$ 是常值方阵；$\boldsymbol{b}$ 是常向量。直接计算可得

$$[\boldsymbol{f},\boldsymbol{g}]=-\boldsymbol{A}\boldsymbol{b}$$

以及

$$ad_{\boldsymbol{f}}^{k}\boldsymbol{g}=(-1)^{k}A^{k}\boldsymbol{b},\quad k>0$$

所以，对于线性系统，有

$$\boldsymbol{G}=[\boldsymbol{b},\ \boldsymbol{A}\boldsymbol{b},\ \cdots,\ (-1)^{n-k}\boldsymbol{A}^{n-1}\boldsymbol{b}]$$

即对于线性系统，$\boldsymbol{G}$ 矩阵满秩等价于完全可控。

在例 6.4中，使用 $h(\boldsymbol{x})=x_1$ 将系统输入输出线性化，但不是全状态线性化。下面的例子中将继续使用例 6.4中的系统，挑选不同的输出将系统全状态线性化。

例 6.6　考虑非线性系统：

$$\begin{aligned}\dot{x}_1&=x_1^3+x_2\\ \dot{x}_2&=x_1^2+x_3+u\\ \dot{x}_3&=x_1^2+u\end{aligned}$$

式中：

$$\boldsymbol{f}(\boldsymbol{x})=\begin{bmatrix}x_1^3+x_2\\ x_1^2+x_3\\ x_1^2\end{bmatrix},\quad \boldsymbol{g}(\boldsymbol{x})=\begin{bmatrix}0\\1\\1\end{bmatrix}$$

直接计算可以得到

$$[\boldsymbol{f},\ \boldsymbol{g}]=\begin{bmatrix}-1\\-1\\0\end{bmatrix}$$

以及

$$ad_{\boldsymbol{f}}^{2}\boldsymbol{g}=\begin{bmatrix}3x_1^2+1\\ 2x_1\\ 2x_1\end{bmatrix}$$

所以

$$\boldsymbol{G}_2=\operatorname{span}\left\{\begin{bmatrix}0\\1\\1\end{bmatrix},\ \begin{bmatrix}-1\\-1\\0\end{bmatrix}\right\}$$

和

$$\boldsymbol{G}=\begin{bmatrix}0&-1&3x_1^2+1\\ 1&-1&2x_1\\ 1&0&2x_1\end{bmatrix}$$

分布 $\boldsymbol{G}_2$ 为对合，这是因为它是由常向量张成的空间。矩阵 $\boldsymbol{G}$ 为满秩，可以直接计算行列

式得到

$$|\boldsymbol{G}| = 3x_1^2 + 1 \neq 0$$

因此，定理 6.3中的条件总是满足的，原系统为全状态可反馈线性化。可以尝试

$$h(\boldsymbol{x}) = x_1 - x_2 + x_3 \tag{6-14}$$

它使得

$$\frac{\partial h}{\partial \boldsymbol{x}} \begin{bmatrix} 0 & -1 \\ 1 & -1 \\ 1 & 0 \end{bmatrix} = 0$$

使用式(6-14)，可以验证

$$\begin{aligned} L_{\boldsymbol{g}} h =& 0 \\ L_{\boldsymbol{f}} h =& x_2 + x_1^3 - x_3 \\ L_{\boldsymbol{g}} L_{\boldsymbol{f}} h =& 0 \\ L_{\boldsymbol{f}}^2 =& 3x_1^2(x_1^3 + x_2) + x_3 \\ L_{\boldsymbol{g}} L_{\boldsymbol{f}}^2 h =& 3x_1^2 + 1 \\ L_{\boldsymbol{f}}^3 =& (15x_1^4 + 6x_1x_2)(x_1^3 + x_2) + 3x_1^3(x_3 + x_1^2) + x_1^2 \end{aligned}$$

所以，可以看出系统相对阶为 3，这是因为

$$L_{\boldsymbol{g}} L_{\boldsymbol{f}}^2 h = 3x_1^2 + 1 \neq 0$$

对于全状态线性化，可以取如下状态变换：

$$\begin{aligned} \xi_1 =& x_1 - x_2 + x_3 \\ \xi_2 =& x_2 + x_1^3 - x_3 \\ \xi_3 =& 3x_1^2(x_1^3 + x_2) + x_3 \end{aligned}$$

反馈控制律可以取为

$$u = \frac{1}{3x_1^2 + 1}\left(v - (15x_1^4 + 6x_1x_2)(x_1^3 + x_2) - 3x_1^3(x_3 + x_1^2) - x_1^2\right)$$

则系统最终成为线性形式。

6.3 补充学习

关于李导数和微分流形的简介可以参考文献 [21]。反馈线性化的早期结果可以参考文献 [22]。本章内容主要采用文献 [15, 21] 的叙述方式。

习题

6-1 请简要给出相对阶的定义。

6-2 考虑非线性系统 $\dot{\boldsymbol{x}} = \boldsymbol{f}(\boldsymbol{x}) + \boldsymbol{g}(\boldsymbol{x})u$，其中：

$$\boldsymbol{f}(\boldsymbol{x}) = \begin{bmatrix} x_1^2 + x_2 \\ -x_1^3 \end{bmatrix}, \quad \boldsymbol{g}(\boldsymbol{x}) = \begin{bmatrix} 1 \\ 2 \end{bmatrix}$$

1）请计算李括号 $[\boldsymbol{f},\boldsymbol{g}]$。

2）请证明该系统能够全状态反馈线性化。

3）请找出 $\alpha(\boldsymbol{x})$、$\beta(\boldsymbol{x})$ 和 $\phi(\boldsymbol{x})$，使得控制 $u=\alpha(\boldsymbol{x})+\beta(\boldsymbol{x})v$ 将系统变换为 $\ddot{z}=v$，其中 $z=\phi(\boldsymbol{x})$。

6-3 计算两个向量场：

$$\boldsymbol{f}_1=\begin{bmatrix}2x_2\\1\\0\end{bmatrix},\boldsymbol{f}_2=\begin{bmatrix}1\\0\\x_2\end{bmatrix}$$

的李括号 $[\boldsymbol{f}_1,\boldsymbol{f}_2]$。判断分布 $\boldsymbol{\Delta}=\mathrm{span}\{\boldsymbol{f}_1,\boldsymbol{f}_2\}$ 是否是对合的。

6-4 考虑一个非线性动态系统：

$$\dot{x}_1=x_1^2+x_2+u$$

$$\dot{x}_2=2x_1^3+u$$

1）说明对于输出 $y=x_2-x_1$ 系统的相对阶是 2。

2）用反馈线性化的方法设计控制律镇定系统状态。

6-5 用反馈线性化方法设计如下非线性系统的状态反馈控制器:

$$\dot{x}_1=x_1^2+x_2+x_2^3$$

$$\dot{x}_2=u-x_1^2$$

6-6 考虑非线性系统

$$\dot{x}_1=x_2+u$$

$$\dot{x}_2=x_1^3+(1+x_1^2)u$$

式中，$\boldsymbol{x}=[x_1,x_2]^{\mathrm{T}}\in\mathbb{R}^2$ 是系统状态；$u\in\mathbb{R}$ 是输入。请找到一个状态变换使得系统变为标准形式。

第 7 章　线性系统自适应控制

当系统中存在不确定性或者参考值变化时，反馈控制的思想是利用系统的实际测量（系统输出）使得闭环系统能够保持稳定。大多数控制器使用固定的控制器参数，如状态反馈控制、H_∞ 控制。自适应控制的基本目标也是使得系统存在不确定模型参数时仍能保持稳定的性能。自适应控制的不同之处在于，控制器参数能够随着过渡过程性能实时变化，即自适应控制中存在一个根据闭环系统实时性能自动调整的自适应机制。控制器参数由自适应律调节，自适应律通常根据闭环系统的稳定性进行设计。

对于自适应控制，目前存在很多设计方法。例如，模型参考自适应控制（Model Reference Adaptive Control, MRAC）由参考模型和误差信号组成。参考模型用于生成理想的参考信号。误差信号描述参考信号与实际输出信号之间的差距，可以直接用于调节控制器参数。模型参考自适应控制通常用于不含随机变量或随机参数的连续系统。自校正控制（Self-Tuning Control, STC）可以用于估计系统参数，并基于估计参数计算控制输入。自校正控制可以用于随机离散时间系统。自校正控制通常具有单独的识别系统参数的机制，也称为间接自适应控制；而模型参考自适应控制也称为直接自适应控制。通常，对于直接自适应控制的稳定性分析比较简单，一般可以通过寻找李雅普诺夫函数完成证明。本章主要讨论模型参考自适应控制方法。

跟普通控制器设计方法比较，自适应控制稍显复杂，这是因为自适应控制需要设计自适应律。在模型参考自适应控制中，通常需要包含以下步骤：

(1) 设计含有估计参数的控制律；

(2) 设计自适应律调节估计参数；

(3) 分析闭环系统稳定性。

7.1　一阶系统模型参考自适应控制

先以一阶系统为例介绍模型参考自适应控制。考虑如下的一阶系统：

$$\dot{y} + a_p y = b_p u \tag{7-1}$$

式中，$y \in \mathbb{R}$ 和 $u \in \mathbb{R}$ 分别是系统输出和输入；a_p 和 b_p 是不确定常数，但是假设 b_p 符号已知，即 $\mathrm{sgn}(b_p)$ 已知。希望系统的输出 y 能够跟踪以下参考模型的输出：

$$\dot{y}_m + a_m y_m = b_m r \tag{7-2}$$

假设参考模型是渐近稳定的，即 $a_m > 0$。信号 r 为参考输入。控制目标是使得系统跟踪误差 $e = y - y_m$ 收敛到 0。

假设所有参数已知，先设计模型参考控制（Model Reference Control, MRC）使得实际输出跟踪参考输出。系统方程可以写成

$$\dot{y} + a_m y = b_p \left(u - \frac{a_p - a_m}{b_p} y \right)$$

所以，可以得到误差动态：

$$\begin{aligned}\dot{e}+a_m e =& b_p\left(u-\frac{a_p-a_m}{b_p}-\frac{b_m}{b_p}r\right)\\ =& b_p(u-a_y y-a_r r)\end{aligned}$$

式中：

$$a_y=\frac{a_p-a_m}{b_p},\quad a_r=\frac{b_m}{b_p}$$

如果所有系统参数都已知，则控制律可以设计为

$$u=a_r r+a_y y$$

可以得到闭环误差动态为

$$\dot{e}+a_m e=0$$

显然跟踪误差是指数稳定的。

自适应控制通常基于**确定等价原理**（Certainty Equivalence Principle），即在控制器设计中使用估计参数替代不确定参数。按照确定等价原理，当 a_y 和 a_r 不确定时，使用估计参数 $\hat{a}_y$ 和 $\hat{a}_r$ 替代，此时控制为

$$u=\hat{a}_r r+\hat{a}_y y \tag{7-3}$$

注意，这里 a_y 和 a_r 是与原系统参数 a_p 和 b_p 相关的参数，但并不是系统参数本身。

确定等价原理说明如何设计自适应控制器的结构，但是并未说明如何设计自适应律在线调节这些估计参数。设计自适应律时，需要考虑闭环系统的稳定性。对于一阶系统，可以使用李雅普诺夫稳定性理论来设计自适应律。

如果自适应控制如式(7-3)所设计，则闭环系统为

$$\dot{e}+a_m e=b_p(-\tilde{a}_y y-\tilde{a}_r r) \tag{7-4}$$

式中，$\tilde{a}_r=a_r-\hat{a}_r$，$\tilde{a}_y=a_y-\hat{a}_y$。考虑备选李雅普诺夫函数：

$$V=\frac{1}{2}e^2+\frac{|b_p|}{2\gamma_r}\tilde{a}_r^2+\frac{|b_p|}{2\gamma_y}\tilde{a}_y^2$$

式中，$\gamma_r>0$ 和 $\gamma_y>0$ 是常数。备选李雅普诺夫函数沿误差动态式(7-4)的导数为

$$\dot{V}=-a_m e^2+\tilde{a}_r\left(|b_p|\frac{\dot{\tilde{a}}_r}{\gamma_r}-eb_p r\right)+\tilde{a}_y\left(|b_p|\frac{\dot{\tilde{a}}_y}{\gamma_y}-eb_p y\right)$$

如果自适应律能够满足

$$|b_p|\frac{\dot{\tilde{a}}_r}{\gamma_r}-eb_p r=0 \tag{7-5}$$

$$|b_p|\frac{\dot{\tilde{a}}_y}{\gamma_y}-eb_p y=0 \tag{7-6}$$

则

$$\dot{V}=-a_m e^2 \tag{7-7}$$

注意到，$\dot{\tilde{a}}_r=-\dot{\hat{a}}_r$ 以及 $\dot{\tilde{a}}_y=-\dot{\hat{a}}_y$，所以式(7-5)和式(7-6)可以由下列自适应律保证：

$$\dot{\hat{a}}_r=-\operatorname{sgn}(b_p)\gamma_r e r \tag{7-8}$$

$$\dot{\hat{a}}_y = -\operatorname{sgn}(b_p)\gamma_y e y \tag{7-9}$$

设计参数 γ_r 和 γ_y 通常称为自适应增益，它们可以调节自适应估计参数的变化率。

由式(7-7)和定理 4.2可以得到，闭环系统为李雅普诺夫稳定，所有的变量 e、$\tilde{a}_r$ 和 $\tilde{a}_y$ 都是有界的，因此自适应参数 $\hat{a}_r$ 和 $\hat{a}_y$ 有界。

但是，根据第 4 章中的李雅普诺夫稳定性理论，目前仅能证明 e 是有界的，并不能得出 e 收敛的结论。为了证明 e 是渐近稳定的，这里需要引入一个重要的引理，即芭芭拉特引理（Barbalat's Lemma）。

引理 7.1 (芭芭拉特引理，Barbalat's Lemma) 如果函数 $f(t):\mathbb{R}\to\mathbb{R}$ 在 $t\in[0,\infty)$ 为一致连续，并且积分 $\displaystyle\int_0^\infty f(t)\mathrm{d}t$ 存在，则 $\lim\limits_{t\to\infty} f(t)=0$。

对于式(7-7)，可以证明

$$\int_0^\infty e^2(t)\mathrm{d}t = \frac{V(0)-V(\infty)}{a_m} < \infty$$

由此，可以得到 $e\in L_2\cap L_\infty$，以及 $\dot{e}\in L_\infty$。所以 e^2 是一致有界的。根据芭芭拉特引理，有 $\lim\limits_{t\to\infty} e^2(t)=0$，即 $\lim\limits_{t\to\infty} e(t)=0$。

以上的推导可以总结为以下引理。

引理 7.2 对于一阶线性系统式(7-1)和参考模型式(7-2)，由式(7-3)、式(7-8)和式(7-9)形成的自适应控制保证闭环系统所有信号有界，且系统输出对于参考信号的跟踪误差渐近收敛。

注 7.1 稳定性分析表明，系统输出对于参考信号的跟踪误差是渐近收敛的，但并未证明估计参数收敛至相应的真值。这里仅仅证明了估计参数是有界的。通常对于模型参考自适应控制来说，这样的稳定性结果就足够了。如果要求估计参数收敛到其真值，则还需要参考信号满足一定的条件，从而保证系统受到了足够的激励。这与系统辨识中持续激励的概念类似。

例 7.1 考虑一阶系统：

$$G_p(s) = \frac{b}{s+a}$$

式中，$b=1$，a 是不确定常数。这里控制目标是使得系统输出能够跟踪以下参考模型的输出：

$$G_m = \frac{1}{s+2}$$

这里可以直接使用引理 7.2的结果，也就是直接使用自适应控制式(7-3)、式(7-8)和式(7-9)。又由于本例中 b 是已知的，所以只需要估计一个参数，控制器的结构稍微简单一点。

从系统模型可以得到

$$\dot{y} + ay = u$$

或者可以写成

$$\dot{y} + 2y = u - (a-2)y$$

上述模型减去参考模型，有

$$\dot{y}_m + 2y_m = r$$

可以得到

$$\dot{e} + 2e = u - a_y y - r$$

式中，$a_y = a - 2$。所以自适应控制可以设计为

$$\dot{\hat{a}}_y = -\gamma_y e y$$

$$u = \hat{a}_y y + r$$

闭环系统的稳定性分析可以类似引理 7.2给出。这里给出仿真结果，如图 7-1 所示，其中 $a = -1$，$\gamma_y = 10$，$r = 1$。从仿真结果可以看到，闭环系统输出能够渐近跟踪参考输出。估计参数是有界的，且这里是收敛到了其真值 $a_y = -3$。但是需要指出，这里估计参数收敛到真值并非引理 7.2的理论结果。如果要从理论上保证估计参数收敛到真值，还需要对参考信号有进一步的要求，从而使得系统是被充分激励的。

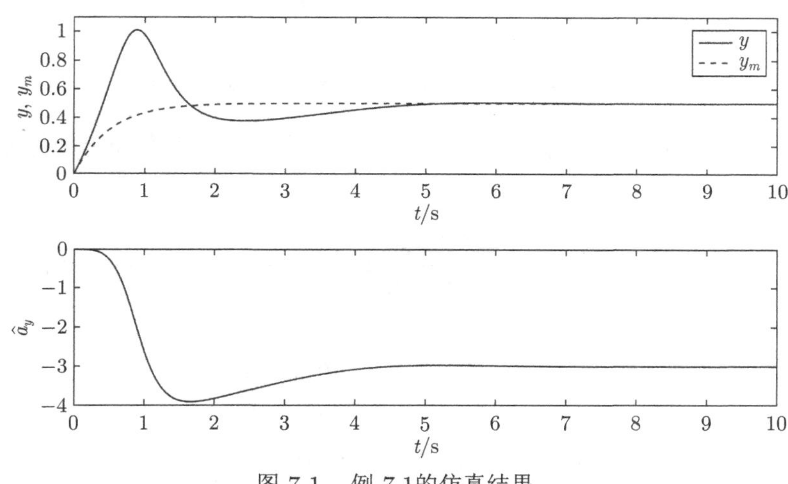

图 7-1　例 7.1的仿真结果

7.2 模型参考控制

从上一节的一阶系统模型参考自适应控制可以看出，需要先设计一个包含不确定参数的模型参考控制，然后基于确定等价原理设计自适应控制。因此，模型参考控制是设计模型参考自适应控制的第一步。而模型参考控制的基本方法与普通状态反馈控制不完全一样，所以本节介绍模型参考控制。先介绍相对阶为 1 的系统的模型参考控制，然后进一步拓展到高相对阶的情况。

考虑一个 n 阶系统：

$$y(s) = k_p \frac{Z_p(s)}{R_p(s)} u(s) \tag{7-10}$$

式中，y 和 u 分别是频率域中系统的输出和输入；k_p 是高频增益；Z_p 和 R_p 分别是 $n-\rho$ 阶和 n 阶的首一多项式，ρ 是系统相对阶。参考系统为具有相同相对阶的理想系统：

$$y_m(s) = k_m \frac{Z_m(s)}{R_m(s)} r(s) \tag{7-11}$$

式中，y_m 是参考输出；r 是参考输入；$k_m > 0$ 是参考模型高频增益；Z_m 和 R_m 是合适阶

数的首一多项式。

注 7.2　首一多项式即最高次项系数为 1 的多项式。如果一个多项式所有的根都具有负实部，即所有根都位于复平面左半开平面，则该多项式为 Hurwitz 多项式。高频增益等于传递函数分子多项式最高次项系数。

模型参考控制的目标为，设计控制输入 u，使得实际输出 y 渐近跟踪参考输出 y_m，即 $\lim\limits_{t\to\infty}(y(t)-y_m(t))=0$。

本节中，在意义足够明确的情况下，不加区分地使用时域和频率域中的变量符号 y、u 和 r，即默认 $y(s)$、$u(s)$、$r(s)$ 就是 $y(t)$、$u(t)$、$r(t)$ 的拉普拉斯变换。

对于 $\rho=1$ 的情况，可以将系统改写为

$$y(s)R_p(s)=k_pZ_p(s)u(s)$$

进一步改写为

$$y(s)R_m(s)=k_pZ_p(s)u(s)-(R_p(s)-R_m(s))y(s)$$

注意到，$R_p(s)-R_m(s)$ 是 $n-1$ 阶多项式，以及 $\dfrac{R_p(s)-R_m(s)}{Z_m(s)}$ 为正则传递函数。因此，有下式成立：

$$y(s)R_m(s)=k_pZ_m(s)\left(\frac{Z_p(s)}{Z_m(s)}u(s)+\frac{R_m(s)-R_p(s)}{Z_m(s)}y(s)\right)$$

可以将传递函数参数化：

$$\begin{aligned}\frac{Z_p(s)}{Z_m(s)}&=1-\frac{\boldsymbol{\theta}_1^T\boldsymbol{\alpha}(s)}{Z_m(s)}\\ \frac{R_m(s)-R_p(s)}{Z_m(s)}&=-\frac{\boldsymbol{\theta}_2^T\boldsymbol{\alpha}(s)}{Z_m(s)}-\boldsymbol{\theta}_3\end{aligned}$$

式中，$\boldsymbol{\theta}_1\in\mathbb{R}^{n-1}$、$\boldsymbol{\theta}_2\in\mathbb{R}^{n-1}$、$\boldsymbol{\theta}_3\in\mathbb{R}$ 都是常向量和常数，并且

$$\boldsymbol{\alpha}(s)=[s^{n-2},\cdots,1]^{\mathrm{T}}$$

所以

$$y(s)=k_p\frac{Z_m(s)}{R_m(s)}\left(u(s)-\frac{\boldsymbol{\theta}_1^{\mathrm{T}}\boldsymbol{\alpha}(s)}{Z_m(s)}u(s)-\frac{\boldsymbol{\theta}_2^{\mathrm{T}}\boldsymbol{\alpha}(s)}{Z_m(s)}y(s)-\theta_3y(s)\right)$$

进一步可以计算跟踪误差：

$$e_1(s)=k_p\frac{Z_m(s)}{R_m(s)}\left(u(s)-\frac{\boldsymbol{\theta}_1^{\mathrm{T}}\boldsymbol{\alpha}(s)}{Z_m(s)}u(s)-\frac{\boldsymbol{\theta}_2^{\mathrm{T}}\boldsymbol{\alpha}(s)}{Z_m(s)}y(s)-\theta_3y(s)-\theta_4r\right)$$

式中，$e_1=y-y_m$，$\theta_4=\dfrac{k_m}{k_p}$。

模型参考控制可以设计为

$$\begin{aligned}u(s)=&\frac{\boldsymbol{\theta}_1^{\mathrm{T}}\boldsymbol{\alpha}(s)}{Z_m(s)}u(s)+\frac{\boldsymbol{\theta}_2^{\mathrm{T}}\boldsymbol{\alpha}(s)}{Z_m(s)}y(s)+\theta_3y(s)+\theta_4r\\=&\boldsymbol{\theta}^{\mathrm{T}}\boldsymbol{\omega}\end{aligned}\tag{7-12}$$

式中：

$$\begin{aligned}\boldsymbol{\theta}^{\mathrm{T}} &=[\boldsymbol{\theta}_1^{\mathrm{T}},\ \boldsymbol{\theta}_2^{\mathrm{T}},\ \theta_3,\ \theta_4]\\ \boldsymbol{\omega} &=[\boldsymbol{\omega}_1^{\mathrm{T}},\ \boldsymbol{\omega}_2^{\mathrm{T}},\ y,\ r]^{\mathrm{T}}\\ \boldsymbol{\omega}_1 &=\frac{\boldsymbol{\alpha}(s)}{Z_m(s)}u(s)\\ \boldsymbol{\omega}_2 &=\frac{\boldsymbol{\alpha}(s)}{Z_m(s)}y(s)\end{aligned}$$

注 7.3　式(7-12)给出的模型参考控制为动态反馈控制器。传递函数矩阵 $\dfrac{\boldsymbol{\alpha}(s)}{Z_m(s)}$ 中每一元素都是严格正则的，即相对阶大于或等于 1。向量 $\boldsymbol{\theta}$ 中的变量个数为 $2n$。

引理 7.3　对于具有相对阶 $\rho=1$ 的系统式(7-10)，如果使用模型参考控制式(7-12)，则系统输出能够渐近跟踪参考模型式(7-11)的输出，即 $\lim\limits_{t\to\infty}(y(t)-y_m(t))=0$。

证明：在使用模型参考控制式(7-12)的情况下，考虑非零初始条件，闭环系统误差动态可表示为

$$e_1(s)=k_p\frac{Z_m(s)}{R_m(s)}\epsilon(s)$$

式中，$\epsilon(s)$ 是指数收敛的信号。由于参考模型指数稳定，所以跟踪误差 $e_1(t)$ 为指数稳定。

例 7.2　为以下系统设计模型参考控制：

$$y(s)=\frac{s+1}{s^2-2s+1}u(s)$$

参考模型选为

$$y_m(s)=\frac{s+2}{s^2+2s+3}r(s)$$

可以按照前述步骤设计模型参考控制。整理传递函数为

$$y(s)(s^2+2s+3)=(s+1)u(s)+(4s+2)y(s)$$

进一步地，有

$$\begin{aligned}y(s)=&\frac{s+3}{s^2+2s+3}\left(\frac{s+1}{s+3}u(s)+\frac{4s+2}{s+3}y(s)\right)\\ =&\frac{s+3}{s^2+2s+3}\left(u(s)-\frac{2}{s+3}u(s)-\frac{10}{s+3}y(s)+4y(s)\right)\end{aligned}$$

将上式与参考模型相减得到误差动态：

$$e_1(s)=\frac{s+3}{s^2+2s+3}\left(u(s)-\frac{2}{s+3}u(s)-\frac{10}{s+3}y(s)+4y(s)-r(s)\right)$$

所以，模型参考控制可以设计为

$$\begin{aligned}u(s)=&\frac{2}{s+3}u(s)+\frac{10}{s+3}y(s)-4y(s)+r(s)\\ =&[2,\ 10,\ -4,\ 1][\omega_1(s),\ \omega_2(s),\ y(s),\ r(s)]^{\mathrm{T}}\end{aligned}$$

式中：

$$\omega_1(s) = \frac{1}{s+3}u(s)$$

$$\omega_2(s) = \frac{1}{s+3}y(s)$$

如果在时域内表示，则模型参考控制为

$$u(t) = [2,\ 10,\ -4,\ 1][\omega_1(t),\ \omega_2(t),\ y(t),\ r(t)]^{\mathrm{T}}$$

式中：

$$\dot{\omega}_1 = -3\omega_1 + u$$

$$\dot{\omega}_2 = -3\omega_2 + y$$

对于相对阶 $\rho > 1$ 的系统，也可以得到式(7-12)的结果。唯一的不同之处在于 Z_m 的阶数为 $n-\rho < n-1$。这种情况下，可以找一个 $\rho-1$ 阶首一 Hurwitz 多项式 $P(s)$，使得 $Z_m(s)P(s)$ 为 $n-1$ 阶。这样，可以从上述 $\rho=1$ 的结果出发，设计类似的模型参考控制。

考虑系统输出：

$$\begin{aligned} y(s) &= \frac{Z_m(s)}{R_m(s)}\left(\frac{R_m(s)P(s)}{Z_m(s)P(s)}y(s)\right) \\ &= \frac{Z_m(s)}{R_m(s)}\left(\frac{Q(s)R_p(s)+\Delta(s)}{Z_m(s)P(s)}y(s)\right) \end{aligned} \tag{7-13}$$

式中：

$$R_m(s)P(s) = Q(s)R_p(s) + \Delta(s)$$

而 $Q(s)$ 为 $n-\rho-1$ 阶的首一多项式，$\Delta(s)$ 为 $n-1$ 阶多项式。实际上，可以使用长除法计算 $Q(s)$，此时 $\Delta(s)$ 相当于余数。由系统传递函数，可以得到

$$R_p(s) = k_p Z_p(s)u(s)$$

将上式带入式(7-13)可以得到

$$y(s) = k_p\frac{Z_m(s)}{R_m(s)}\left(\frac{Q(s)Z_p(s)}{Z_m(s)P(s)}u + \frac{k_p^{-1}\Delta(s)}{Z_m(s)P(s)}y(s)\right)$$

所以，类似于 $\rho=1$ 的情况，可以将传递函数参数化：

$$\frac{Q(s)Z_p(s)}{Z_m(s)P(s)} = 1 - \frac{\boldsymbol{\theta}_1^{\mathrm{T}}\boldsymbol{\alpha}(s)}{Z_m(s)P(s)}$$

$$\frac{k_p^{-1}\Delta(s)}{Z_m(s)P(s)} = -\frac{\boldsymbol{\theta}_2^{\mathrm{T}}\boldsymbol{\alpha}(s)}{Z_m(s)P(s)} - \theta_3$$

式中，$\boldsymbol{\theta}_1 \in \mathbb{R}^{n-1}$、$\boldsymbol{\theta}_2 \in \mathbb{R}^{n-1}$、$\theta_3 \in \mathbb{R}$ 都是常向量和常数，并且

$$\boldsymbol{\alpha}(s) = [s^{n-2},\ \cdots,\ 1]^{\mathrm{T}}$$

然后可以得到

$$y(s) = k_p\frac{Z_m(s)}{R_m(s)}\left(u(s) - \frac{\boldsymbol{\theta}_1^{\mathrm{T}}\boldsymbol{\alpha}(s)}{Z_m(s)P(s)}u(s) - \frac{\boldsymbol{\theta}_2^{\mathrm{T}}\boldsymbol{\alpha}(s)}{Z_m(s)P(s)}y(s) - \theta_3 y(s)\right)$$

进一步可以得到误差动态：

$$e_1(s) = k_p\frac{Z_m(s)}{R_m(s)}\left(u(s) - \frac{\boldsymbol{\theta}_1^{\mathrm{T}}\boldsymbol{\alpha}(s)}{Z_m(s)P(s)}u(s) - \frac{\boldsymbol{\theta}_2^{\mathrm{T}}\boldsymbol{\alpha}(s)}{Z_m(s)P(s)}y(s) - \theta_3 y(s) - \theta_4 r\right)$$

式中，$e_1 = y - y_m$，$\theta_4 = \dfrac{k_m}{k_p}$。所以控制输入可以设计为

$$\begin{aligned} u =& \frac{\boldsymbol{\theta}_1^{\mathrm{T}}\boldsymbol{\alpha}(s)}{Z_m(s)P(s)}u + \frac{\boldsymbol{\theta}_2^{\mathrm{T}}\boldsymbol{\alpha}(s)}{Z_m(s)P(s)}y + \theta_3 y + \theta_4 r \\ =& \boldsymbol{\theta}^{\mathrm{T}}\boldsymbol{\omega} \end{aligned} \tag{7-14}$$

式中：

$$\boldsymbol{\omega}_1 = \frac{\boldsymbol{\alpha}(s)}{Z_m(s)P(s)}u$$

$$\boldsymbol{\omega}_2 = \frac{\boldsymbol{\alpha}(s)}{Z_m(s)P(s)}y$$

注 7.4 对于 $\rho > 1$ 的情况，设计的模型参考控制的最终形式与 $\rho = 1$ 的情况是相同的，并且 $\boldsymbol{\omega}_1$ 和 $\boldsymbol{\omega}_2$ 的阶数与 $\rho = 1$ 的情况也是相同的。

引理 7.4 对于式(7-10)，当 $\rho > 1$ 时，模型参考控制式(7-14)使得系统输出对参考模型式(7-11)的输出跟踪误差渐近稳定，即 $\lim\limits_{t\to\infty}(y(t) - y_m(t)) = 0$。

上述引理的证明与引理 7.3是相同的，读者可以自行完成。

例 7.3 对以下系统设计模型参考控制：

$$y(s) = \frac{1}{s^2 - 2s + 1}u$$

参考模型为

$$y_m(s) = \frac{1}{s^2 + 2s + 3}r$$

系统模型和参考模型相对阶都是 2。选取多项式 $P(s) = s + 1$，则

$$(s^2 + 2s + 3)(s + 1) = (s + 5)(s^2 - 2s + 1) + (14s - 2)$$

对于参考模型，有

$$\begin{aligned} y(s) =& \frac{1}{s^2 + 2s + 3}\left(\frac{(s^2 + 2s + 3)(s + 1)}{s + 1}y(s)\right) \\ =& \frac{1}{s^2 + 2s + 3}\left(\frac{(s + 5)(s^2 - 2s + 1)y(s) + (14s - 2)y(s)}{s + 1}\right) \\ =& \frac{1}{s^2 + 2s + 3}\left(\frac{(s + 5)u(s) + (14s - 2)y(s)}{s + 1}\right) \\ =& \frac{1}{s^2 + 2s + 3}\left(u(s) + \frac{4}{s + 1}u(s) - \frac{16}{s + 1}y(s) + 14y(s)\right) \end{aligned}$$

所以误差动态为

$$e_1(s) = \frac{1}{s^2 + 2s + 3}\left(u(s) + \frac{4}{s + 1}u(s) - \frac{16}{s + 1}y(s) + 14y(s) - r(s)\right)$$

那么模型参考控制可以设计为

$$u = [-4,\ 16,\ -14,\ 1][\omega_1,\ \omega_2,\ y,\ r]^{\mathrm{T}}$$

式中：

$$\omega_1 = \frac{1}{s+1}u$$

$$\omega_2 = \frac{1}{s+1}y$$

7.3 相对阶为 1 的线性系统模型参考自适应控制

自适应控制可以应对常值不确定参数。工程问题中，自适应控制也可能用于处理变化的系统参数，但是其稳定性分析也通常建立在常值不确定参数假设的基础上。还有一些其他的假设条件，现列举如下：

1）系统阶数 n 已知；

2）系统相对阶 ρ 已知；

3）系统为最小相位系统；

4）系统高频增益的符号已知，即 $\mathrm{sgn}(k_p)$ 已知。

本节针对相对阶为 1 的系统设计模型参考自适应控制。

考虑一个 n 阶系统：

$$y(s) = k_p \frac{Z_p(s)}{R_p(s)} u(s) \tag{7-15}$$

式中，$y(s)$ 和 $u(s)$ 分别是频率域中系统输出和输入；k_p 是高频增益；$Z_p(s)$ 和 $R_p(s)$ 都是首一多项式，阶数分别为 $n-1$ 和 n。假设该系统为最小相位系统，即 $Z_p(s)$ 为 Hurwitz 多项式；假设高频增益的符号已知，即 $\mathrm{sgn}(k_p)$ 已知。多项式的各系数和 k_p 都是未知常数。参考模型的相对阶为 1，且严格正实：

$$y_m(s) = k_m \frac{Z_m(s)}{R_m(s)} r(s) \tag{7-16}$$

式中，$y_m(s)$ 是参考模型输出，即期望 $y(s)$ 跟踪的信号；$r(s)$ 是参考输入；$Z_m(s)$ 和 $R_m(s)$ 都是具有相应阶数的首一 Hurwitz 多项式，且 $k_m > 0$。

按照上一节的设计方法，可以得到模型参考控制式(7-12)。然后，根据确定等价原理，则自适应控制可以设计为

$$u(s) = \hat{\boldsymbol{\theta}}^{\mathrm{T}} \boldsymbol{\omega} \tag{7-17}$$

式中，$\hat{\boldsymbol{\theta}}$ 是 $\boldsymbol{\theta} \in \mathbb{R}^{2n}$ 的估计，且

$$\boldsymbol{\omega} = [\boldsymbol{\omega}_1^{\mathrm{T}},\ \boldsymbol{\omega}_2^{\mathrm{T}},\ y,\ r]^{\mathrm{T}}$$

$$\boldsymbol{\omega}_1 = \frac{\boldsymbol{\alpha}(s)}{Z_m(s)} u$$

$$\boldsymbol{\omega}_2 = \frac{\boldsymbol{\alpha}(s)}{Z_m(s)} y$$

进一步地，可以将误差动态写为

$$\begin{aligned} e_1(s) =& k_p \frac{Z_m(s)}{R_m(s)}(\hat{\boldsymbol{\theta}}^{\mathrm{T}}\boldsymbol{\omega} - \boldsymbol{\theta}^{\mathrm{T}}\boldsymbol{\omega}) \\ =& k_m \frac{Z_m(s)}{R_m(s)}\left(-\frac{k_p}{k_m}\tilde{\boldsymbol{\theta}}^{\mathrm{T}}\boldsymbol{\omega}\right) \end{aligned}$$

式中，$\tilde{\boldsymbol{\theta}} = \boldsymbol{\theta} - \hat{\boldsymbol{\theta}}$。

为了分析闭环系统稳定性，可以将误差动态写成状态方程的形式：

$$\dot{\boldsymbol{e}} = \boldsymbol{A}_m \boldsymbol{e} + \boldsymbol{b}_m \left(-\frac{k_p}{k_m}\tilde{\boldsymbol{\theta}}^{\mathrm{T}}\boldsymbol{\omega}\right) \tag{7-18}$$

$$e_1 = \boldsymbol{c}_m^{\mathrm{T}} \boldsymbol{e} \tag{7-19}$$

式中，$(\boldsymbol{A}_m, \boldsymbol{b}_m, \boldsymbol{c}_m)$ 是传递函数 $k_m \dfrac{Z_m(s)}{R_m(s)}$ 的最小状态空间实现，即

$$\boldsymbol{c}_m^{\mathrm{T}}(s\boldsymbol{I} - \boldsymbol{A}_m)^{-1}\boldsymbol{b}_m = k_m \frac{Z_m(s)}{R_m(s)}$$

由于 $(\boldsymbol{A}_m, \boldsymbol{b}_m, \boldsymbol{c}_m)$ 为严格正实，则根据卡尔曼–雅库布维奇引理（引理 5.2），存在正定矩阵 $\boldsymbol{P}_m$ 和 $\boldsymbol{Q}_m$，使得

$$\boldsymbol{A}_m^{\mathrm{T}}\boldsymbol{P}_m + \boldsymbol{P}_m\boldsymbol{A}_m = -\boldsymbol{Q}_m \tag{7-20}$$

$$\boldsymbol{P}_m \boldsymbol{b}_m = \boldsymbol{c}_m \tag{7-21}$$

可以选择备选李雅普诺夫函数：

$$V = \frac{1}{2}\boldsymbol{e}^{\mathrm{T}}\boldsymbol{P}_m\boldsymbol{e} + \frac{1}{2}\left|\frac{k_p}{k_m}\right|\tilde{\boldsymbol{\theta}}^{\mathrm{T}}\boldsymbol{\Gamma}^{-1}\tilde{\boldsymbol{\theta}}$$

式中，$\boldsymbol{\Gamma} \in \mathbb{R}^{2n}$ 是正定矩阵。则可以计算备选李雅普诺夫函数的导数为

$$\dot{V} = \frac{1}{2}\boldsymbol{e}^{\mathrm{T}}(\boldsymbol{A}_m^{\mathrm{T}}\boldsymbol{P}_m + \boldsymbol{P}_m\boldsymbol{A}_m)\boldsymbol{e} + \boldsymbol{e}^{\mathrm{T}}\boldsymbol{P}_m\boldsymbol{b}_m\left(-\frac{k_p}{k_m}\tilde{\boldsymbol{\theta}}^{\mathrm{T}}\boldsymbol{\omega}\right) + \left|\frac{k_p}{k_m}\right|\tilde{\boldsymbol{\theta}}^{\mathrm{T}}\boldsymbol{\Gamma}^{-1}\dot{\tilde{\boldsymbol{\theta}}}$$

根据式(7-20)和式(7-21)，可以得到

$$\begin{aligned} \dot{V} =& -\frac{1}{2}\boldsymbol{e}^{\mathrm{T}}\boldsymbol{Q}_m\boldsymbol{e} + e_1\left(-\frac{k_p}{k_m}\tilde{\boldsymbol{\theta}}^{\mathrm{T}}\boldsymbol{\omega}\right) + \left|\frac{k_p}{k_m}\right|\tilde{\boldsymbol{\theta}}^{\mathrm{T}}\boldsymbol{\Gamma}^{-1}\dot{\tilde{\boldsymbol{\theta}}} \\ =& -\frac{1}{2}\boldsymbol{e}^{\mathrm{T}}\boldsymbol{Q}_m\boldsymbol{e} + \left|\frac{k_p}{k_m}\right|\tilde{\boldsymbol{\theta}}^{\mathrm{T}}\left(\boldsymbol{\Gamma}^{-1}\dot{\tilde{\boldsymbol{\theta}}} - \operatorname{sgn}(k_p)e_1\boldsymbol{\omega}\right) \end{aligned}$$

所以，自适应律可以设计为

$$\dot{\tilde{\boldsymbol{\theta}}} = -\operatorname{sgn}(k_p)\boldsymbol{\Gamma}e_1\boldsymbol{\omega} \tag{7-22}$$

则

$$\dot{V} = -\frac{1}{2}\boldsymbol{e}^{\mathrm{T}}\boldsymbol{Q}_m\boldsymbol{e}$$

是半负定的。所以，$\boldsymbol{e}$ 和 $\hat{\boldsymbol{\theta}}$ 是有界的。进一步能够证明 $\boldsymbol{e} \in L_2$ 和 $\dot{e}_1 \in L_\infty$。故可以利用芭芭拉特引理证明，$\lim\limits_{t\to\infty} e_1(t) = 0$。又因为系统是最小相位的，所以系统中其他信号都有界。

关于相对阶为 1 的线性系统自适应控制的结果可以总结为以下定理。

定理 7.1 考虑相对阶为 1 的系统式(7-15)和参考模型式(7-16)，如果自适应控制由式(7-17)和式(7-22)给出，则系统跟踪误差渐近稳定，且系统中所有信号都是有界的。

注 7.5 定理 7.1中只给出了系统输出的跟踪误差渐近稳定，并未证明估计参数收敛到其真值。在稳定性分析中，使用了卡尔曼–雅库布维奇引理定义了李雅普诺夫函数证明稳定性，所以这里要求参考系统为严格正实。从控制器设计来看，并不需要使用系统参数 $\boldsymbol{Q}_m$ 和 $\boldsymbol{P}_m$ 的真值，只需要确定它们存在即可。另外，从稳定性分析还可以看出，不确定参数必须为常数，否则 $\dot{\hat{\boldsymbol{\theta}}} = -\dot{\tilde{\boldsymbol{\theta}}}$ 不成立。

7.4 高相对阶线性系统模型参考自适应控制

本节介绍相对阶大于 1 的线性系统的模型参考自适应控制设计方法。与相对阶为 1 的系统类似，这里仍然可以利用确定等价原理来设计自适应控制器。但是由于系统相对阶大于 1，其设计过程和稳定性分析要更加复杂。这里的困难在于，如果相对阶大于 1，则没有系统的方法选取李雅普诺夫函数。

考虑一个 n 阶系统：

$$y(s) = k_p \frac{Z_p(s)}{R_p(s)} u(s) \tag{7-23}$$

式中，$y(s)$ 和 $u(s)$ 是系统输出和输入在频率域中的表示；k_p 是高频增益；$Z_p(s)$ 和 $R_p(s)$ 是首一多项式，其阶数分别为 $n-\rho$ 和 n，$\rho > 1$ 是系统的相对阶。假设系统为最小相位系统，即 $Z_p(s)$ 为 Hurwitz 多项式；假设高频增益的符号已知，即 $\operatorname{sgn}(k_p)$ 已知。各多项式的系数和 k_p 都是未知常数。参考模型可以取为

$$y_m(s) = k_m \frac{Z_m(s)}{R_m(s)} r(s) \tag{7-24}$$

式中，$y_m(s)$ 是参考模型输出；$r(s)$ 是参考输入；$Z_m(s)$ 和 $R_m(s)$ 是首一多项式，其阶数分别为 $n-\rho$ 和 n；$k_m > 0$ 是参考模型高频增益。参考模型式(7-24)需满足一个额外条件，即存在首一 Hurwitz 多项式 $P(s)$，阶数为 $n-\rho-1$，使得

$$\frac{Z_m(s)P(s)}{R_m(s)}$$

为正实。这个条件隐含了 $Z_m(s)$ 和 $R_m(s)$ 为 Hurwitz 多项式。

在 7.2节中，已经给出了该系统的模型参考控制的形式为式(7-14)，则可以按照确定等价原理设计模型参考自适应控制为

$$u = \hat{\boldsymbol{\theta}}^{\mathrm{T}} \boldsymbol{\omega} \tag{7-25}$$

式中，$\hat{\boldsymbol{\theta}}$ 是未知参数 $\boldsymbol{\theta}$ 的估计，且

$$\boldsymbol{\omega} = [\boldsymbol{\omega}_1^{\mathrm{T}},\ \boldsymbol{\omega}_2^{\mathrm{T}},\ y,\ r]^{\mathrm{T}}$$

$$\boldsymbol{\omega}_1 = \frac{\boldsymbol{\alpha}(s)}{Z_m(s)P(s)} u$$

$$\boldsymbol{\omega}_2 = \frac{\boldsymbol{\alpha}(s)}{Z_m(s)P(s)} y$$

这里，自适应控制的形式较相对阶为 1 的情况稍显复杂。需要研究跟踪误差动态：

$$e_1 = k_p \frac{Z_m}{R_m}(u - \boldsymbol{\theta}^{\mathrm{T}}\boldsymbol{\phi}) = k_m \frac{Z_m P(s)}{R_m}\left(k(u_f - \boldsymbol{\theta}^{\mathrm{T}}\boldsymbol{\phi})\right)$$

式中：

$$k = \frac{k_p}{k_m},\quad u_f = \frac{1}{P(s)}u,\quad \boldsymbol{\phi} = \frac{1}{P(s)}\boldsymbol{\omega}$$

需要使用以下辅助误差动态：

$$\epsilon = e_1 - k_m \frac{Z_m P(s)}{R_m}\left(\hat{k}(u_f - \hat{\boldsymbol{\theta}}^{\mathrm{T}}\boldsymbol{\phi})\right) - k_m \frac{Z_m P(s)}{R_m}\left(\epsilon n_s^2\right)$$

式中，$\hat{k}$ 是 k 的估计，且 $n_{\mathrm{s}}^2 = \boldsymbol{\phi}^{\mathrm{T}}\boldsymbol{\phi} + u_f^2$。自适应控制可以设计为

$$\dot{\hat{\boldsymbol{\theta}}} = -\operatorname{sgn}(k_p)\boldsymbol{\Gamma}\epsilon\boldsymbol{\phi} \tag{7-26}$$

$$\dot{\hat{k}} = \gamma\epsilon(u_f - \hat{\boldsymbol{\theta}}^{\mathrm{T}}\boldsymbol{\phi}) \tag{7-27}$$

式中，$r > 0$ 是常数。上述自适应控制可以保证系统中所有信号有界且跟踪误差渐近稳定。

定理 7.2 考虑相对阶大于 1 的系统式(7-23)和参考模型式(7-24)，如果自适应控制由式(7-25)、式(7-26)和式(7-27)给出，则系统跟踪误差渐近稳定，且系统中所有信号都是有界的。

7.5 鲁棒自适应控制

自适应控制及其稳定性分析只针对仅有不确定参数的系统。但是，参数不确定仅为不确定性的一种。系统的不确定因素还可能包含：

1）高频未建模动态，如执行器动态或者系统高频振荡；

2）低频未建模动态，如库伦摩擦；

3）测量噪声；

4）数值计算误差或者系统采样延迟。

实际系统中，系统性能显然也会受到上述因素影响。上述不确定因素甚至可能导致系统不稳定。自适应控制与其他控制方法的主要区别在于具有参数估计功能，如果参考信号不满足某些特殊要求，如持续激励，则自适应控制仅保证输出跟踪误差渐近稳定，但不保证估计误差收敛到真值。对于其他不具备参数估计功能的控制方法，通常理想的结果为指数稳定。对于指数稳定的线性系统，系统本身对有界干扰就具有一定的鲁棒性。然而，自适应控制闭环系统并不具备这样的鲁棒性。

一些非参数不确定性可以笼统地建模为有界干扰。有界干扰有可能致使参数估计失败。下面先看一个简单的例子。

考虑系统输出：

$$y = \theta\omega$$

和自适应律：

$$\dot{\hat{\theta}} = \gamma\epsilon\omega$$

式中：

$$\epsilon = y - \hat{\theta}\omega$$

选取李雅普诺夫函数为

$$V = \frac{1}{2\gamma}\tilde{\theta}^2$$

则

$$\dot{V} = -\tilde{\theta}(y - \hat{\theta}\omega)\omega = -\tilde{\theta}^2\omega^2 \tag{7-28}$$

即信号 $\hat{\theta}$ 一定是有界的，且该信号有界的性质与 ω 无关。

再来考虑有界干扰施加在输出信号的情况：

$$y = \theta\omega + d(t)$$

仍然采用上述自适应控制策略，则此时有

$$\begin{aligned}\dot{V} &= -\tilde{\theta}(y - \hat{\theta}\omega)\omega = -\tilde{\theta}^2\omega^2 \\ &= -\tilde{\theta}(\theta\omega + d - \hat{\theta}\omega)\omega \\ &= -\tilde{\theta}^2 - \tilde{\theta}d\omega \\ &= -\frac{\tilde{\theta}^2\omega^2}{2} - \frac{1}{2}(\tilde{\theta}\omega + d)^2 + \frac{d^2}{2}\end{aligned}$$

从上述分析可以看出，即使 ω 是有界的，也不能保证 $\tilde{\theta}$ 有界。实际上，可以取 $\theta = 2, \gamma = 1$，$\omega = (1+t)^{-1/2} \in L_\infty$，假设干扰满足

$$d(t) = (1+t)^{-1/4}\left(\frac{5}{4} - 2(1+t)^{-1/4}\right)$$

所以可以得到

$$\begin{aligned}y(t) &= \frac{5}{4}(1+t)^{-1/4} \quad \to 0 \text{ 当 } t \to \infty \\ \dot{\hat{\theta}} &= \frac{5}{4}(1+t)^{-3/4} - \hat{\theta}(1+t)^{-1}\end{aligned}$$

其解为

$$\hat{\theta} = (1+t)^{1/4} \quad \to \infty \text{ 当 } t \to \infty$$

由这个例子可以观察到，即使干扰是衰减的，针对理想无干扰的系统，设计的自适应控制并不能保证估计参数在干扰况下仍维持有界。

注 7.6 如果 ω 为常数，那么由式(7-28)可以看出估计参数指数收敛到真值。这个例子中，只有一个未知参数。如果 θ 是向量，则其收敛到真值需要更强的条件。这个例子中，ω 是有界的，但并非持续激励，可以看出，即使是有界干扰仍能造成估计参数发散。

鲁棒自适应控制是通过修改自适应律保证估计参数有界的。从上述例子可以清楚地看出，有界干扰可能造成估计参数发散。目前已有很多鲁棒自适应策略可以保证有界干扰情况下估计参数有界。这里使用如下的简单模型介绍两种鲁棒自适应策略。

$$y = \theta\omega + d(t) \tag{7-29}$$

式中，$d(t)$ 是有界干扰。接下来会一直使用 $\epsilon = y - \hat{\theta}\omega$ 和 $V = \dfrac{\tilde{\theta}^2}{2\gamma}$。在针对简单静态模型式(7-29)的鲁棒自适应控制基础上，可以扩展到针对动态系统的鲁棒自适应控制。

死区法是一种自适应律的改进策略。其基本思路为，当系统跟踪误差比较小时，停止

自适应参数更新。基于死区法的自适应律为

$$\dot{\hat{\theta}} = \begin{cases} \gamma\epsilon\omega & 当\ |\epsilon| > g \\ 0 & 当\ |\epsilon| \leqslant g \end{cases}$$

式中，g 是一个常数，满足 $g > |d(t)|$。对于 $\epsilon > g$，可以计算

$$\begin{aligned} \dot{V} &= -\tilde{\theta}\epsilon\omega \\ &= -(\theta\omega - \hat{\theta}\omega)\epsilon \\ &= -(y - d(t) - \hat{\theta}\omega)\epsilon \\ &= -(\epsilon - d(t))\epsilon \\ &< 0 \end{aligned}$$

所以，无论 $|\epsilon|$ 是否大于 g，总有

$$\dot{V} \begin{cases} < 0 & 当\ |\epsilon| > g \\ = 0 & 当\ |\epsilon| \leqslant g \end{cases}$$

即 V 总是有界的。从直观上看，当误差 ϵ 很小时，输出的跟踪误差主要由有界干扰导致，于是自适应律并不能正确反映估计参数的正确调整方向。在这种情况下，一个最简单的办法就是停止估计参数更新。估计参数在 $|\epsilon| \leqslant g$ 的范围内停止更新，所以这种改进策略叫作"死区法"。死区的大小取决于有界干扰的大小。死区法的缺点在于自适应律不连续，这在某些实际应用中是不希望看到的。

另一种保证估计参数有界的改进策略叫作 σ 修正。这种方法中，在原来自适应律的基础上加入一项 $-\gamma\sigma\hat{\theta}$，即

$$\dot{\hat{\theta}} = \gamma\epsilon\omega - \gamma\sigma\hat{\theta} \tag{7-30}$$

式中，$\sigma > 0$ 是常数。于是，可以计算

$$\begin{aligned} \dot{V} &= -(\epsilon - d(t))\epsilon + \sigma\tilde{\theta}\hat{\theta} \\ &= -\epsilon^2 + d(t)\epsilon - \sigma\tilde{\theta}^2 + \sigma\tilde{\theta}\theta \\ &\leqslant -\frac{\epsilon^2}{2} + \frac{d_0^2}{2} - \sigma\frac{\tilde{\theta}^2}{2} + \sigma\frac{\theta^2}{2} \\ &\leqslant -\sigma\gamma V + \frac{d_0^2}{2} + \sigma\frac{\theta^2}{2} \end{aligned}$$

式中，$d_0 \geqslant |d(t)|$。进一步使用引理 4.1（比较引理）可以得到

$$V(t) \leqslant e^{-\sigma\gamma t}V(0) + \int_0^t e^{-\sigma\gamma(t-\tau)}\left(\frac{d_0^2}{2} + \sigma\frac{\theta^2}{2}\right)\mathrm{d}\tau$$

所以 $V \in L_\infty$，即估计参数有界，并且可以计算估计参数满足边界：

$$V(\infty) \leqslant \frac{1}{\sigma\gamma}\left(\frac{d_0^2}{2} + \sigma\frac{\theta^2}{2}\right)$$

注意到，这种改进方法并不需要使用有界干扰的边界，并且自适应律是连续的。因此，σ 修正是一种更常用的鲁棒自适应控制方法。

注 7.7 可以将式(7-30)的自适应律重写成

$$\dot{\hat{\theta}} + \gamma\sigma\hat{\theta} = \gamma\epsilon\omega$$

由于 $\gamma\sigma$ 是常数，这个自适应律可以看成是一个稳定的一阶动态系统，其中 $\epsilon\omega$ 是输入，$\hat{\theta}$ 是输出。当扰动为有界时，$\hat{\theta}$ 显然是有界的。

这里介绍的鲁棒自适应方法可以用于很多自适应控制的例子。下面以相对阶为 1 的模型参考自适应控制为例。在式(7-18)中，考虑有界干扰，则

$$\begin{aligned}\dot{\boldsymbol{e}} =& \boldsymbol{A}_m\boldsymbol{e} + \boldsymbol{b}_m\left(-k\tilde{\boldsymbol{\theta}}^{\mathrm{T}}\boldsymbol{\omega} + d(t)\right)\\ e_1 =& \boldsymbol{c}_m^{\mathrm{T}}\boldsymbol{e}\end{aligned}$$

式中，$k = k_p/k_m$；$d(t)$ 是有界干扰，其边界为 d_0。这里的有界干扰为非参数不确定性。基于之前的讨论，这里需要使用鲁棒自适应控制策略。例如，可以使用 σ 修正，此时自适应律为

$$\dot{\hat{\boldsymbol{\theta}}} = -\mathrm{sgn}(k_p)\boldsymbol{\Gamma}e_1\boldsymbol{\omega} - \sigma\boldsymbol{\Gamma}\hat{\boldsymbol{\theta}}$$

可以证明上述的自适应律能够保证估计参数有界。

取备选李雅普诺夫函数：

$$V = \frac{1}{2}\boldsymbol{e}^{\mathrm{T}}\boldsymbol{P}\boldsymbol{e} + \frac{1}{2}|k|\tilde{\boldsymbol{\theta}}^{\mathrm{T}}\boldsymbol{\Gamma}^{-1}\tilde{\boldsymbol{\theta}}$$

类似定理 7.1的分析，可以计算备选李雅普诺夫函数的导数为

$$\begin{aligned}\dot{V} =& -\frac{1}{2}\boldsymbol{e}^{\mathrm{T}}\boldsymbol{Q}\boldsymbol{e} + e_1(-k\tilde{\boldsymbol{\theta}}^{\mathrm{T}}\boldsymbol{\omega} + d) + |k|\tilde{\boldsymbol{\theta}}^{\mathrm{T}}\boldsymbol{\Gamma}^{-1}\dot{\tilde{\boldsymbol{\theta}}}\\ \leqslant& -\frac{1}{2}\lambda_{\min}(\boldsymbol{Q})\|\boldsymbol{e}\|^2 + e_1 d + |k|\sigma\tilde{\boldsymbol{\theta}}^{\mathrm{T}}\hat{\boldsymbol{\theta}}\\ \leqslant& -\frac{1}{2}\lambda_{\min}(\boldsymbol{Q})\|\boldsymbol{e}\|^2 + |e_1 d| - |k|\sigma\|\tilde{\boldsymbol{\theta}}\|^2 + |k|\sigma\tilde{\boldsymbol{\theta}}^{\mathrm{T}}\boldsymbol{\theta}\end{aligned}$$

利用以下不等式：

$$\begin{aligned}|e_1 d| \leqslant& \frac{1}{4}\lambda_{\min}(\boldsymbol{Q})\|\boldsymbol{e}\|^2 + \frac{d_0^2}{\lambda_{\min}(\boldsymbol{Q})}\\ |\tilde{\boldsymbol{\theta}}^{\mathrm{T}}\boldsymbol{\theta}| \leqslant& \frac{1}{2}\|\tilde{\boldsymbol{\theta}}\|^2 + \frac{1}{2}\|\boldsymbol{\theta}\|^2\end{aligned}$$

可以计算得到

$$\begin{aligned}\dot{V} \leqslant& -\frac{1}{4}\lambda_{\min}(\boldsymbol{Q})\|\boldsymbol{e}\|^2 - \frac{|k|\sigma}{2}\|\tilde{\boldsymbol{\theta}}\|^2 + \frac{d_0^2}{\lambda_{\min}(\boldsymbol{Q})} + \frac{|k|\sigma}{2}\|\boldsymbol{\theta}\|^2\\ \leqslant& -\alpha V + \frac{d_0^2}{\lambda_{\min}(\boldsymbol{Q})} + \frac{|k|\sigma}{2}\|\boldsymbol{\theta}\|^2\end{aligned}$$

式中，

$$\alpha = \frac{\min\left\{(1/2)\lambda_{\min}(\boldsymbol{Q}),\ |k|\sigma\right\}}{\max\left\{\lambda_{\max}(\boldsymbol{P}),\ |k|/\lambda_{\min}(\boldsymbol{\Gamma})\right\}}$$

所以，根据引理 4.1，V 是有界的。进一步地，e_1 和 $\hat{\boldsymbol{\theta}}$ 都是有界的。

从上述分析可以看出，基于 σ 修正的自适应控制律能够保证闭环系统中所有信号都是

有界的。但是需要注意，即便是衰减干扰的情况，输出跟踪误差 e_1 并不一定渐近收敛到 0，这是鲁棒自适应控制在闭环性能上的折中。

7.6　补充学习

自校正控制可以参考文献 [23]。模型参考控制引自文献 [24]。模型参考自适应控制的详细内容可以参考文献 [14,25]。线性系统鲁棒自适应控制的详细内容请参考文献 [25]。

习题

7-1 请说出含有未知参数的模型参考自适应控制设计的四条基本假设。

7-2 简要说明对于模型参考自适应控制选择严格正实的系统作为参考模型的好处。

7-3 说明模型参考自适应控制与自校正控制的区别。

7-4 简要说明如何使用 Kalman-Yakubovich 引理用来分析相对阶为 1 的模型参考自适应控制系统的稳定性。

7-5 考虑一个模型：

$$y(s)=\frac{1}{s^2-5s+3}u(s)$$

输出 y 要求跟随参考模型：

$$y_m(s)=\frac{1}{s^2+3s+5}r(s)$$

设计一个模型参考控制输入（提示：选择 $P(s)=s+1$）。

7-6 考虑线性模型：

$$y(s)=\frac{2}{s+a}u(s)$$

中包含未知常数 a，设计一个模型参考自适应控制器，来跟踪参考模型：

$$y_m(s)=\frac{1}{s+2}r(s)$$

说明自适应律并说明自适应控制系统的稳定性。

7-7 考虑线性模型：

$$y(s)=\frac{s+1}{s^2-2s+1}u(s)$$

输出 y 要求跟踪参考模型：

$$y_m(s)=\frac{s+2}{s^2+s+2}r(s)$$

设计模型参考控制器。

7-8 考虑线性系统：

$$y(s)=\frac{s+b}{s^2+a_1s+a_2}u(s)$$

式中，a_1、a_2 和 b 是常数。现需设计控制器使得输出 y 跟踪参考模型：

$$y_m(s)=\frac{s+1}{s^2+s+1}r(s)$$

的输出。

1）判定参考模型是否为严格正实。

2）假设 a_1、a_2 和 b 为已知，请设计模型参考控制器保证渐近跟踪。

3）如果 a_1、a_2 和 b 为未知，请设计模型参考自适应控制器保证渐近跟踪。

7-9 考虑一阶系统：

$$\dot{y} = ay + u + d(t)$$

式中，y 是输出；a 是未知定常参数；$d(t)$ 是未知有界干扰，满足 $|d(t)| \leqslant d_0$。参考模型为

$$\dot{y}_m = -\lambda y_m + r$$

式中，λ 是定常正数。

1）当 $d(t) = 0$ 时，请设计包含控制律、参数自适应律和必要的滤波器的模型参考自适应控制器镇定系统。

2）在 1）基础上设计 σ 修正。

3）证明在 2）设计的鲁棒自适应控制的情况下，系统中所有变量是有界的，并判定跟踪误差的有界性。

7-10 请简述巴巴拉特引理，并且简要说明其在自适应控制系统稳定性分析里面的应用。

7-11 请简要说明为什么相对阶为 1 情况下的模型参考自适应控制的参考模型必须为一个严格正实系统。

7-12 考虑被控对象：

$$y(s) = \frac{2s+2}{s^2-2s+1}u(s)$$

要求输出 y 跟踪参考模型：

$$y_m(s) = \frac{s+3}{s^2+3s+2}r(s)$$

的输出。请设计模型参考控制。

7-13 考虑一个系统：

$$\dot{\boldsymbol{x}} = \boldsymbol{A}\boldsymbol{x} + \boldsymbol{b}\left(u - \boldsymbol{\theta}^{\mathrm{T}}\boldsymbol{\phi}(x)\right)$$

式中，$\boldsymbol{x} \in \mathbb{R}^n$，$u \in \mathbb{R}$，$(\boldsymbol{A}, \boldsymbol{b})$ 是可控的，$\boldsymbol{\phi}(\boldsymbol{x})$ 是已知函数，并且 $\boldsymbol{\theta} \in \mathbb{R}^m$ 是一个未知的常数向量。注意到，对于一个可控的系统，系统矩阵为 $(\boldsymbol{A}, \boldsymbol{B})$，对于给定的有适当维数的正定矩阵 $\boldsymbol{Q}$ 和 $\boldsymbol{R}$，存在一个正定的矩阵 $\boldsymbol{P}$，如线性二次型调节器设计所示，使得

$$\boldsymbol{A}^{\mathrm{T}}\boldsymbol{P} + \boldsymbol{P}\boldsymbol{A} - \boldsymbol{P}\boldsymbol{B}\boldsymbol{R}^{-1}\boldsymbol{B}^{\mathrm{T}}\boldsymbol{P} = -\boldsymbol{Q}$$

1）请给出一个向量 $\boldsymbol{k} \in \mathbb{R}^n$ 和一个向量 $\boldsymbol{c} \in \mathbb{R}^n$，并且证明传递函数 $\boldsymbol{c}^{\mathrm{T}}(s\boldsymbol{I} - (\boldsymbol{A} - \boldsymbol{b}\boldsymbol{k}^{\mathrm{T}}))^{-1}\boldsymbol{b}$ 是严格正实的。

2）设计一个自适应控制输入 u 来确保系统的状态 $\boldsymbol{x}$ 能收敛到 $\boldsymbol{0}$，请给出完整的稳定性分析。

7-14 一阶不确定系统的模型为

$$\frac{\mathrm{d}y(t)}{\mathrm{d}t} + ay(t) = bu(t)$$

式中，$u(t)$ 是输入；$y(t)$ 是输出；a 和 b 是未知参数。假设参考模型为

$$\frac{\mathrm{d}y_m(t)}{\mathrm{d}t} + y_m(t) = r(t)$$

式中，$r(t)$ 是闭环系统的设定点。请设计以下形式的自适应控制器：

$$u = L(t)[K(t)y + r]$$

使闭环系统稳定且 $\lim\limits_{t\to+\infty}(y_m(t) - y(t)) = 0$。

7-15 如果题 7-14 中系统受到有界干扰 $d(t)$，开环动态方程为

$$\frac{\mathrm{d}y}{\mathrm{d}t} + ay = bu + d$$

讨论如何改进自适应控制器。

第 8 章　非线性观测器

当动态系统的某些状态不能直接测量时，需要设计观测器估计这些不可测量的状态。观测器通常用于设计输出反馈控制器，这种情况下只有输出是可以直接测量的。观测器也有其他用途，如故障检测或故障诊断。当前关于非线性观测器的结果比较丰富，本章将介绍其中的一部分。首先简单回顾一下线性系统观测器的内容。然后简要介绍具有线性观测误差的非线性观测器。接着介绍基于李雅普诺夫理论的观测器。再之后介绍针对满足利普希茨条件的非线性系统观测器，最后简要介绍自适应观测器。

8.1　线性系统观测器设计

这里先简要回顾线性系统观测器设计原理与方法。考虑线性系统：

$$\begin{cases} \dot{\boldsymbol{x}} = \boldsymbol{A}\boldsymbol{x} \\ \boldsymbol{y} = \boldsymbol{C}\boldsymbol{x} \end{cases} \tag{8-1}$$

式中，$\boldsymbol{x} \in \mathbb{R}^n$ 是系统状态；$\boldsymbol{y} \in \mathbb{R}^m$ 是系统输出，满足 $m < n$；$\boldsymbol{A}$ 和 $\boldsymbol{C}$ 是具有合适维数的常值矩阵。根据线性系统理论，该系统为可观测的充分必要条件是

$$\boldsymbol{P}_{\mathrm{o}} = \begin{bmatrix} \boldsymbol{C} \\ \boldsymbol{C}\boldsymbol{A} \\ \vdots \\ \boldsymbol{C}\boldsymbol{A}^{n-1} \end{bmatrix}$$

为满秩矩阵。可观测的充分必要条件也等价于，对于复平面上的任意 $\lambda \in \boldsymbol{C}$，矩阵：

$$\begin{bmatrix} \lambda \boldsymbol{I} - \boldsymbol{A} \\ \boldsymbol{C} \end{bmatrix}$$

为满秩矩阵。

如果系统是可观测的，则可以设计观测器：

$$\dot{\hat{\boldsymbol{x}}} = \boldsymbol{A}\hat{\boldsymbol{x}} + \boldsymbol{L}(\boldsymbol{y} - \boldsymbol{C}\hat{\boldsymbol{x}}) \tag{8-2}$$

式中，$\hat{\boldsymbol{x}} \in \mathbb{R}^n$ 是状态 $\boldsymbol{x}$ 的估计信号；$\boldsymbol{L}$ 是观测器增益，满足 $\boldsymbol{A} - \boldsymbol{L}\boldsymbol{C}$ 为 Hurwitz 矩阵。

对于观测器式 (8-2)，记观测器误差 $\tilde{\boldsymbol{x}} = \boldsymbol{x} - \hat{\boldsymbol{x}}$，则

$$\dot{\tilde{\boldsymbol{x}}} = (\boldsymbol{A} - \boldsymbol{L}\boldsymbol{C})\tilde{\boldsymbol{x}}$$

所以，观测器误差 $\tilde{\boldsymbol{x}} = \boldsymbol{0}$ 为全局指数稳定。

注 8.1　在上述观测器设计中，并没有考虑控制输入的作用，这是因为控制输入本质上不会影响观测器的设计。实际上，如果在式(8-1) 的基础上加上输入项 $\boldsymbol{B}\boldsymbol{u}$，观测器式 (8-2) 也只需要加上相同的项即可。仍然可以证明，估计误差最终指数收敛。

注 8.2 对于式 (8-1)，其可观测（Observable）的条件可以放宽为可检测（Detectable）。可检测的要求比可观测弱，只要求系统的不稳定模态是可观测的。系统 $(\boldsymbol{A}, \boldsymbol{C})$ 可检测的充分条件为，对于右半闭复平面上所有的 λ，矩阵：

$$\begin{bmatrix}\lambda\boldsymbol{I}-\boldsymbol{A}\\ \boldsymbol{C}\end{bmatrix}$$

为满秩矩阵。本章中介绍的观测器设计方法只需系统是可检测的，但是为了叙述简洁方便，一般仍然假设系统是可观测的。

对于式 (8-1)，设计全状态观测器还有另外的方法。考虑动态系统：

$$\dot{\boldsymbol{z}}=\boldsymbol{F}\boldsymbol{z}+\boldsymbol{G}\boldsymbol{y} \tag{8-3}$$

式中，$\boldsymbol{z}\in\mathbb{R}^n$ 是系统状态；$\boldsymbol{F}$ 是 Hurwitz 矩阵，矩阵 $\boldsymbol{F}$ 和 $\boldsymbol{G}$ 都具有相应的维数。如果存在可逆变换 $\boldsymbol{T}\in\mathbb{R}^{n\times n}$，使得 $\boldsymbol{z}=\boldsymbol{T}\hat{\boldsymbol{x}}$，则式 (8-3)也是观测器的一种形式。令

$$\boldsymbol{e}=\boldsymbol{T}\boldsymbol{x}-\boldsymbol{z}$$

则

$$\begin{aligned}\dot{\boldsymbol{e}}&=\boldsymbol{T}\boldsymbol{A}\boldsymbol{x}-(\boldsymbol{F}\boldsymbol{z}+\boldsymbol{G}\boldsymbol{C}\boldsymbol{x})\\&=\boldsymbol{F}(\boldsymbol{T}\boldsymbol{x}-\boldsymbol{z})+(\boldsymbol{T}\boldsymbol{A}-\boldsymbol{F}\boldsymbol{T}-\boldsymbol{G}\boldsymbol{C})\boldsymbol{x}\\&=\boldsymbol{F}\boldsymbol{e}+(\boldsymbol{T}\boldsymbol{A}-\boldsymbol{F}\boldsymbol{T}-\boldsymbol{G}\boldsymbol{C})\boldsymbol{x}\end{aligned}$$

如果

$$\boldsymbol{T}\boldsymbol{A}-\boldsymbol{F}\boldsymbol{T}-\boldsymbol{G}\boldsymbol{C}=\boldsymbol{0}$$

则式 (8-3)就是观测器，且估计误差为指数收敛。上述结果可以总结为以下引理。

引理 8.1 动态系统式 (8-3) 是式 (8-1) 的观测器，当且仅当矩阵 $\boldsymbol{F}$ 为 Hurwitz 矩阵，且存在可逆变换矩阵 $\boldsymbol{T}$ 使得

$$\boldsymbol{T}\boldsymbol{A}-\boldsymbol{F}\boldsymbol{T}=\boldsymbol{G}\boldsymbol{C} \tag{8-4}$$

证明： 上述的推导已经证明了该引理的充分性。对于必要性，只需要证明，如果上述条件不满足，则无法保证估计误差收敛。假设式 (8-4)不满足，则 $\boldsymbol{e}$ 的动态可以看作是以 $\boldsymbol{x}$ 为输入的系统。此时，如果 $\boldsymbol{x}$ 不为 $\boldsymbol{0}$，则显然 $\boldsymbol{e}$ 不是指数收敛。类似地，可以证明矩阵 $\boldsymbol{F}$ 为 Hurwitz 矩阵也是必要条件。 □

如何寻找满足式 (8-4) 的矩阵 $\boldsymbol{F}$ 和 $\boldsymbol{G}$？这里不加证明地给出以下引理。

引理 8.2 假设矩阵 $\boldsymbol{F}$ 和 $\boldsymbol{A}$ 具有完全不同的特征值。矩阵方程式 (8-4) 具有非奇异解 $\boldsymbol{T}$ 的必要条件为 $(\boldsymbol{A},\boldsymbol{C})$ 可观测且 $(\boldsymbol{F},\boldsymbol{G})$ 可控。如果式 (8-1) 是单输出系统，则上述条件也是充分的。

这个引理说明，可以选择可控对 $(\boldsymbol{F},\boldsymbol{G})$，使得 $\boldsymbol{F}$ 与 $\boldsymbol{A}$ 具有不同的特征值；如果能从式 (8-4) 中解出 $\boldsymbol{T}$，则可以设计观测器。如果系统为单输出，则保证估计误差收敛。

8.2 具有输出注入形式的线性观测器误差动态

考虑系统：

$$\begin{cases}\dot{\boldsymbol{x}}=\boldsymbol{A}\boldsymbol{x}+\boldsymbol{\phi}(\boldsymbol{y},\boldsymbol{u})\\ \boldsymbol{y}=\boldsymbol{C}\boldsymbol{x}\end{cases} \tag{8-5}$$

式中，$\boldsymbol{x} \in \mathbb{R}^n$ 是系统状态；$\boldsymbol{y} \in \mathbb{R}^m$ 是系统输出，且 $m < n$；$\boldsymbol{u} \in \mathbb{R}^s$ 是系统输入；$\boldsymbol{A}$ 和 $\boldsymbol{C}$ 是具有相应维数的常值矩阵；$\boldsymbol{\phi}: \mathbb{R}^m \times \mathbb{R}^s \to \mathbb{R}^n$ 是关于 $\boldsymbol{y}$ 和 $\boldsymbol{u}$ 的连续非线性函数。这是一个非线性系统，它与上一节的线性系统式 (8-1) 仅仅是多了一项 $\boldsymbol{\phi}(\boldsymbol{y}, \boldsymbol{u})$。式 (8-5) 可以看成是线性系统式 (8-1) 的扰动系统，扰动项为 $\boldsymbol{\phi}(\boldsymbol{y}, \boldsymbol{u})$。

如果 $(\boldsymbol{A}, \boldsymbol{C})$ 为可观测，则可以设计观测器为

$$\dot{\hat{\boldsymbol{x}}} = \boldsymbol{A}\hat{\boldsymbol{x}} + \boldsymbol{L}(\boldsymbol{y} - \boldsymbol{C}\hat{\boldsymbol{x}}) + \boldsymbol{\phi}(\boldsymbol{y}, \boldsymbol{u}) \tag{8-6}$$

式中，$\hat{\boldsymbol{x}} \in \mathbb{R}^n$ 是状态 $\boldsymbol{x}$ 的估计；$\boldsymbol{L}$ 是观测器增益，使得 $\boldsymbol{A} - \boldsymbol{LC}$ 为 Hurwitz 矩阵。观测器式 (8-6) 与式 (8-2) 的区别仅在于多了非线性项 $\boldsymbol{\phi}(\boldsymbol{y}, \boldsymbol{u})$。观测器误差仍然满足

$$\dot{\tilde{\boldsymbol{x}}} = (\boldsymbol{A} - \boldsymbol{LC})\tilde{\boldsymbol{x}}$$

尽管式 (8-5) 是非线性系统，观测器误差动态却是线性的。式 (8-5) 的形式称为具有线性观测误差的系统。特别地，如果非线性函数 $\boldsymbol{\phi}$ 中没有 $\boldsymbol{u}$，则该系统为输出注入形式。

命题 8.1 对于式 (8-5)，如果 $(\boldsymbol{A}, \boldsymbol{C})$ 可观测，则可以设计全状态观测器式 (8-6)，使得系统观测误差动态为指数稳定的线性系统。

对于更一般形式的非线性系统，可以利用非线性变换，将原系统变换为具有式 (8-5) 的形式，然后设计形如式 (8-6) 的观测器。下面介绍这种非线性变换的存在性条件。这里，为了简化数学推导，只考虑单输出的情形，且系统中不含输入 $\boldsymbol{u}$。

考虑单输出的非线性系统：

$$\begin{cases} \dot{\boldsymbol{x}} = \boldsymbol{f}(\boldsymbol{x}) \\ y = h(\boldsymbol{x}) \end{cases} \tag{8-7}$$

式中，$\boldsymbol{x} \in \mathbb{R}^n$ 是系统状态；$y \in \mathbb{R}$ 是系统输出；$\boldsymbol{f}: \mathbb{R}^n \to \mathbb{R}^n$ 和 $h: \mathbb{R}^n \to \mathbb{R}$ 是连续非线性函数，且 $\boldsymbol{f}(\boldsymbol{0}) = \boldsymbol{0}$，$h(\boldsymbol{0}) = 0$。下面研究在何种情况下，存在可逆非线性状态变换：

$$\boldsymbol{z} = \boldsymbol{\Phi}(\boldsymbol{x})$$

式中，$\boldsymbol{\Phi}: \mathbb{R}^n \to \mathbb{R}^n$，使得变换后的系统为

$$\begin{cases} \dot{\boldsymbol{z}} = \boldsymbol{A}\boldsymbol{z} + \boldsymbol{\phi}(\boldsymbol{C}\boldsymbol{z}) \\ y = \boldsymbol{C}\boldsymbol{z} \end{cases} \tag{8-8}$$

式中，$(\boldsymbol{A}, \boldsymbol{C})$ 可观测，$\boldsymbol{\phi}: \mathbb{R} \to \mathbb{R}^n$。不失一般性，可以进一步假设系统具有如下形式：

$$\begin{cases} \dot{z}_1 = z_2 + \phi_1(y) \\ \dot{z}_2 = z_3 + \phi_2(y) \\ \quad\vdots \\ \dot{z}_{n-1} = z_n + \phi_{n-1}(y) \\ \dot{z}_n = \phi_n(y) \\ y = z_1 \end{cases} \tag{8-9}$$

上述系统具有输出注入的形式。

注 8.3 假设式 (8-8) 与式 (8-9) 的形式不同，满足 $(\boldsymbol{A}, \boldsymbol{C})$ 可观测。这种情况下，可

以用 $\bar{z}$ 表示式 (8-9) 的状态，可以将式 (8-9)写成

$$\begin{cases}\dot{\bar{z}}=\bar{A}\bar{z}+\bar{\phi}(y)\\ y=C\bar{z}\end{cases} \tag{8-10}$$

按照线性系统理论，对于可观测的 (A,C)，存在可逆线性变换 $\bar{z}=Tz$，将式 (8-8) 变换成式 (8-10)。所以，从式 (8-7)到式 (8-10) 的变换为

$$\bar{z}=T\Phi(x)=\bar{\Phi}(x)$$

即只要存在可逆变换将式 (8-7) 变换为式 (8-8)，就一定存在可逆变换将式 (8-7) 变换为式 (8-10)，反之亦然。所以说可以不失一般性地使用式 (8-9) 的形式。

可逆变换将式 (8-7) 变换为式 (8-8)，则

$$\left[\frac{\partial\Phi(x)}{\partial x}f(x)\right]_{x=\Psi(z)}=Az+\phi(Cz)$$

$$h(\Psi(z))=Cz$$

式中，$\Psi=\Phi^{-1}$。记

$$\bar{f}(z)=Az+\phi(Cz)$$

$$\bar{h}(z)=Cz$$

则由式 (8-9)，可以得到

$$\begin{aligned}\bar{h}(z)&=z_1\\ L_{\bar{f}}\bar{h}(z)&=z_2+\phi_1(z_1)\\ L_{\bar{f}}^2\bar{h}(z)&=z_3+\frac{\partial\phi_1}{\partial z_1}(z_2+\phi_1(z_1))\\ &=z_3+\bar{\phi}_2(z_1,z_2)\\ &\ \ \vdots\\ L_{\bar{f}}^{n-1}\bar{h}(z)&=z_n+\sum_{k=1}^{n-2}\frac{\partial\bar{\phi}_{n-2}}{\partial z_k}(z_{k+1}+\phi_k(z_1))\\ &=z_n+\bar{\phi}_{n-1}(z_1,\cdots,z_{n-1})\end{aligned}$$

由上式，可以得到

$$\begin{bmatrix}\dfrac{\partial\bar{h}}{\partial z}\\ \dfrac{\partial L_{\bar{f}}\bar{h}}{\partial z}\\ \vdots\\ \dfrac{\partial L_{\bar{f}}^{n-1}\bar{h}}{\partial z}\end{bmatrix}=\begin{bmatrix}1&0&\cdots&0\\ *&1&\cdots&0\\ \vdots&\vdots&&\vdots\\ *&*&\cdots&1\end{bmatrix}$$

即向量场：

$$\mathrm{d}\bar{h},\ \mathrm{d}L_{\bar{f}}\bar{h},\ \cdots,\ \mathrm{d}L_{\bar{f}}^{n-1}\bar{h}$$

是线性无关的，且线性无关性对于状态变换是不变的。如果是在 x 坐标系下，则要求向量场：

$$\mathrm{d}h,\ \mathrm{d}L_{\boldsymbol{f}}h,\ \cdots,\ \mathrm{d}L_{\boldsymbol{f}}^{n-1}h$$

为线性无关。上述线性无关的等价是因为

$$L_{\boldsymbol{f}}^{k-1}h(\boldsymbol{x}) = \left(L_{\bar{\boldsymbol{f}}}^{k-1}\bar{h}(\boldsymbol{z})\right)_{\boldsymbol{z}=\boldsymbol{\Psi}(\boldsymbol{x})},\ k=1,2,\cdots,n$$

即

$$\begin{bmatrix} \dfrac{\partial h(\boldsymbol{x})}{\partial \boldsymbol{x}} \\ \dfrac{\partial L_{\boldsymbol{f}}h(\boldsymbol{x})}{\partial \boldsymbol{x}} \\ \vdots \\ \dfrac{\partial L_{\boldsymbol{f}}^{n-1}h(\boldsymbol{x})}{\partial \boldsymbol{x}} \end{bmatrix} = \begin{bmatrix} \dfrac{\partial \bar{h}(\boldsymbol{z})}{\partial \boldsymbol{z}} \\ \dfrac{\partial L_{\bar{\boldsymbol{f}}}\bar{h}(\boldsymbol{z})}{\partial \boldsymbol{z}} \\ \vdots \\ \dfrac{\partial L_{\bar{\boldsymbol{f}}}^{n-1}\bar{h}(\boldsymbol{z})}{\partial \boldsymbol{z}} \end{bmatrix}_{\boldsymbol{z}=\boldsymbol{\Psi}(\boldsymbol{x})} \dfrac{\partial \boldsymbol{\Psi}(\boldsymbol{x})}{\partial \boldsymbol{x}}$$

向量场 $\mathrm{d}h, \mathrm{d}L_{\boldsymbol{f}}h, \cdots, \mathrm{d}L_{\boldsymbol{f}}^{n-1}h$ 线性无关是由于式 (8-8) 中 $(\boldsymbol{A}, \boldsymbol{C})$ 可观测。在一些文献中，上述向量场线性无关被认为是非线性系统式 (8-7) 可观测的条件。但是与线性系统不同，这里可观测性的条件并不表明一定能够设计非线性观测器。下一个定理中，给出能转换为输出注入系统的充分必要条件。

定理 8.1　存在可逆变换将非线性系统式 (8-7)转换成式 (8-9) 的输出注入形式的充分必要条件为：

1）向量场 $\mathrm{d}h, \mathrm{d}L_{\boldsymbol{f}}h, \cdots, \mathrm{d}L_{\boldsymbol{f}}^{n-1}h$ 线性无关；

2）存在映射 $\boldsymbol{\Psi}: \mathbb{R}^n \to \mathbb{R}^n$，使得

$$\frac{\partial \boldsymbol{\Psi}(\boldsymbol{z})}{\partial \boldsymbol{z}} = \left[ad_{-\boldsymbol{f}}^{n-1}\boldsymbol{r}, \cdots, ad_{-\boldsymbol{f}}\boldsymbol{r}, \boldsymbol{r}\right]_{\boldsymbol{x}=\boldsymbol{\Psi}(\boldsymbol{z})} \tag{8-11}$$

式中，向量场 $\boldsymbol{r}$ 由下式解出：

$$\begin{bmatrix} \mathrm{d}h \\ \mathrm{d}L_{\boldsymbol{f}}h \\ \vdots \\ \mathrm{d}L_{\boldsymbol{f}}^{n-1}h \end{bmatrix} \boldsymbol{r} = \begin{bmatrix} 0 \\ \vdots \\ 0 \\ 1 \end{bmatrix} \tag{8-12}$$

证明：（充分性）由第一个条件和式 (8-12)，可以证明，类似式 (6-9)，有

$$\begin{bmatrix} \mathrm{d}h(\boldsymbol{x}) \\ \mathrm{d}L_{\boldsymbol{f}}h(\boldsymbol{x}) \\ \vdots \\ \mathrm{d}L_{\boldsymbol{f}}^{n-1}h(\boldsymbol{x}) \end{bmatrix} \left[ad_{-\boldsymbol{f}}^{n-1}\boldsymbol{r}(\boldsymbol{x}), \cdots, ad_{-\boldsymbol{f}}\boldsymbol{r}(\boldsymbol{x}), \boldsymbol{r}(\boldsymbol{x})\right] = \begin{bmatrix} 1 & 0 & \cdots & 0 \\ * & 1 & \cdots & 0 \\ \vdots & \vdots & & \vdots \\ * & * & \cdots & 1 \end{bmatrix} \tag{8-13}$$

所以矩阵 $\left[ad_{-\boldsymbol{f}}^{n-1}\boldsymbol{r}(\boldsymbol{x}), \cdots, ad_{-\boldsymbol{f}}\boldsymbol{r}(\boldsymbol{x}), \boldsymbol{r}(\boldsymbol{x})\right]$ 为满秩。即存在 $\boldsymbol{\Psi}$ 的逆映射 $\boldsymbol{\Phi} = \boldsymbol{\Psi}^{-1}$，使得

$$\frac{\partial \boldsymbol{\Phi}(\boldsymbol{x})}{\partial \boldsymbol{x}} \left[ad_{-\boldsymbol{f}}^{n-1}\boldsymbol{r}(\boldsymbol{x}), \cdots, ad_{-\boldsymbol{f}}\boldsymbol{r}(\boldsymbol{x}), \boldsymbol{r}(\boldsymbol{x})\right] = \boldsymbol{I} \tag{8-14}$$

记 $\boldsymbol{z}=\boldsymbol{\Phi}(\boldsymbol{x})$，以及

$$\bar{\boldsymbol{f}}(\boldsymbol{z})=\left[\frac{\partial\boldsymbol{\Phi}(\boldsymbol{x})}{\partial\boldsymbol{x}}\boldsymbol{f}(\boldsymbol{x})\right]_{\boldsymbol{x}=\boldsymbol{\Psi}(\boldsymbol{z})}$$

$$\bar{h}(\boldsymbol{z})=h(\boldsymbol{\Psi}(\boldsymbol{z}))$$

接下来需要证明 $\bar{\boldsymbol{f}}$ 和 $\bar{h}$ 具有式 (8-9) 所示的输出注入形式。由式 (8-14) 可得

$$\frac{\partial\boldsymbol{\Phi}(\boldsymbol{x})}{\partial\boldsymbol{x}}ad_{-\boldsymbol{f}}^{n-k}\boldsymbol{r}(\boldsymbol{x})=\boldsymbol{e}_k,\quad k=1,2,\cdots,n$$

式中，$\boldsymbol{e}_k$ 是单位阵的第 k 列。所以，对于 $k=1,2,\cdots,n$，下式成立：

$$\begin{aligned}\left[\frac{\partial\boldsymbol{\Phi}(\boldsymbol{x})}{\partial\boldsymbol{x}}ad_{-\boldsymbol{f}}^{n-k}\boldsymbol{r}(\boldsymbol{x})\right]_{\boldsymbol{x}=\boldsymbol{\Psi}(\boldsymbol{z})}&=\left[\frac{\partial\boldsymbol{\Phi}(\boldsymbol{x})}{\partial\boldsymbol{x}}[-\boldsymbol{f}(\boldsymbol{x}),ad_{-\boldsymbol{f}}^{n-(k+1)}\boldsymbol{r}(\boldsymbol{x})]\right]_{\boldsymbol{x}=\boldsymbol{\Psi}(\boldsymbol{z})}\\&=\left[-\frac{\partial\boldsymbol{\Phi}(\boldsymbol{x})}{\partial\boldsymbol{x}}\boldsymbol{f}(\boldsymbol{x}),\frac{\partial\boldsymbol{\Phi}(\boldsymbol{x})}{\partial\boldsymbol{x}}ad_{-\boldsymbol{f}}^{n-(k+1)}\boldsymbol{r}(\boldsymbol{x})\right]_{\boldsymbol{x}=\boldsymbol{\Psi}(\boldsymbol{z})}\\&=[-\bar{\boldsymbol{f}}(\boldsymbol{z}),\boldsymbol{e}_{k+1}]\\&=\frac{\partial\bar{\boldsymbol{f}}(\boldsymbol{z})}{\partial z_{k+1}}\end{aligned}$$

故有

$$\frac{\partial\bar{\boldsymbol{f}}(\boldsymbol{z})}{\partial z_{k+1}}=\boldsymbol{e}_k,\quad k=1,2,\cdots,n-1$$

即

$$\frac{\partial\bar{\boldsymbol{f}}(\boldsymbol{z})}{\partial\boldsymbol{z}}=\begin{bmatrix}* & 1 & 0 & \cdots & 0\\ * & 0 & 1 & \cdots & 0\\ \vdots & \vdots & \vdots & & \vdots\\ * & 0 & 0 & \cdots & 1\\ * & 0 & 0 & \cdots & 0\end{bmatrix}$$

所以，$\bar{\boldsymbol{f}}$ 具有输出注入的形式。

从定理的第二个条件，可以得到

$$\frac{\partial\boldsymbol{\Psi}(\boldsymbol{z})}{\partial z_k}=\left[ad_{-\boldsymbol{f}(\boldsymbol{x})}^{n-k}\boldsymbol{r}(\boldsymbol{x})\right]_{\boldsymbol{x}=\boldsymbol{\Psi}(\boldsymbol{z})},\quad k=1,2,\cdots,n$$

因此，对于 $k=1,2,\cdots,n$，可以计算

$$\begin{aligned}\frac{\partial\bar{h}(\boldsymbol{z})}{\partial z_k}&=\left[\frac{\partial h(\boldsymbol{x})}{\partial\boldsymbol{x}}\right]_{\boldsymbol{x}=\boldsymbol{\Psi}(\boldsymbol{z})}\frac{\partial\boldsymbol{\Psi}(\boldsymbol{z})}{\partial z_k}\\&=\left[\frac{\partial h(\boldsymbol{x})}{\partial\boldsymbol{x}}\right]_{\boldsymbol{x}=\boldsymbol{\Psi}(\boldsymbol{z})}\left[ad_{-\boldsymbol{f}(\boldsymbol{x})}^{n-k}\boldsymbol{r}(\boldsymbol{x})\right]_{\boldsymbol{x}=\boldsymbol{\Psi}(\boldsymbol{z})}\\&=\left[L_{ad_{-\boldsymbol{f}(\boldsymbol{x})}^{n-k}\boldsymbol{r}(\boldsymbol{x})}h(\boldsymbol{x})\right]_{\boldsymbol{x}=\boldsymbol{\Psi}(\boldsymbol{z})}\end{aligned}$$

进一步地由式 (8-13) 可得

$$L_{ad_{-\boldsymbol{f}(\boldsymbol{x})}^{n-1}\boldsymbol{r}(\boldsymbol{x})}h(\boldsymbol{x})=1$$

$$L_{ad_{-\boldsymbol{f}(\boldsymbol{x})}^{n-k}\boldsymbol{r}(\boldsymbol{x})}h(\boldsymbol{x})=0,\quad k=2,\cdots,n$$

所以，有下式成立：

$$\frac{\partial\bar{h}(\boldsymbol{z})}{\partial\boldsymbol{z}}=[1,0,\cdots,0]$$

充分性得证。

（必要性）在本定理之前的讨论说明了第一个条件是必要条件。假设存在可逆状态变换 $\boldsymbol{z}=\boldsymbol{\Phi}(\boldsymbol{x})$ 将系统变换为输出注入的形式，记

$$\bar{\boldsymbol{f}}(\boldsymbol{z})=\left[\frac{\partial\boldsymbol{\Phi}(\boldsymbol{x})}{\partial\boldsymbol{x}}\boldsymbol{f}(\boldsymbol{x})\right]_{\boldsymbol{x}=\boldsymbol{\Psi}(\boldsymbol{z})}$$

$$\bar{h}(\boldsymbol{z})=h(\boldsymbol{\Psi}(\boldsymbol{z}))$$

式中，$\boldsymbol{\Psi}=\boldsymbol{\Phi}^{-1}$。现在需要证明，若 $\bar{\boldsymbol{f}}$ 和 $\bar{h}$ 具有输出注入的形式，则定理中的第二个条件成立。令

$$\boldsymbol{g}(\boldsymbol{x})=\left[\frac{\partial\boldsymbol{\Psi}(\boldsymbol{z})}{\partial z_n}\right]_{\boldsymbol{z}=\boldsymbol{\Phi}(\boldsymbol{x})}$$

由状态变换可以计算

$$\boldsymbol{f}(\boldsymbol{x})=\left[\frac{\partial\boldsymbol{\Psi}(\boldsymbol{z})}{\partial\boldsymbol{z}}\bar{\boldsymbol{f}}(\boldsymbol{z})\right]_{\boldsymbol{z}=\boldsymbol{\Phi}(\boldsymbol{x})}$$

所以，可以得到

$$\begin{aligned}
[-\boldsymbol{f}(\boldsymbol{x}),\boldsymbol{g}(\boldsymbol{x})]&=\left[-\left[\frac{\partial\boldsymbol{\Psi}(\boldsymbol{z})}{\partial\boldsymbol{z}}\bar{\boldsymbol{f}}(\boldsymbol{z})\right]_{\boldsymbol{z}=\boldsymbol{\Phi}(\boldsymbol{x})},\left[\frac{\partial\boldsymbol{\Psi}(\boldsymbol{z})}{\partial z_n}\right]_{\boldsymbol{z}=\boldsymbol{\Phi}(\boldsymbol{x})}\right]\\
&=\left[\frac{\partial\boldsymbol{\Psi}(\boldsymbol{z})}{\partial\boldsymbol{z}}\right]_{\boldsymbol{z}=\boldsymbol{\Phi}(\boldsymbol{x})}[-\bar{\boldsymbol{f}}(\boldsymbol{z}),\boldsymbol{e}_n]_{\boldsymbol{z}=\boldsymbol{\Phi}(\boldsymbol{x})}\\
&=\left[\frac{\partial\boldsymbol{\Psi}(\boldsymbol{z})}{\partial\boldsymbol{z}}\right]_{\boldsymbol{z}=\boldsymbol{\Phi}(\boldsymbol{x})}\frac{\partial\bar{\boldsymbol{f}}(\boldsymbol{z})}{\partial z_n}\\
&=\left[\frac{\partial\boldsymbol{\Psi}(\boldsymbol{z})}{\partial\boldsymbol{z}}\right]_{\boldsymbol{z}=\boldsymbol{\Phi}(\boldsymbol{x})}\boldsymbol{e}_{n-1}\\
&=\left[\frac{\partial\boldsymbol{\Psi}(\boldsymbol{z})}{\partial z_{n-1}}\right]_{\boldsymbol{z}=\boldsymbol{\Phi}(\boldsymbol{x})}
\end{aligned}$$

类似地，还可以计算得到

$$ad_{-\boldsymbol{f}}^{n-k}\boldsymbol{g}=\left[\frac{\partial\boldsymbol{\Psi}(\boldsymbol{z})}{\partial z_{n-k}}\right]_{\boldsymbol{z}=\boldsymbol{\Phi}(\boldsymbol{x})},\quad k=n-2,\cdots,1$$

因此，有下式成立

$$\frac{\partial\boldsymbol{\Psi}(\boldsymbol{z})}{\partial\boldsymbol{z}}=\left[ad_{-\boldsymbol{f}}^{n-1}\boldsymbol{g},\cdots,ad_{-\boldsymbol{f}}\boldsymbol{g},\boldsymbol{g}\right]_{\boldsymbol{x}=\boldsymbol{\Psi}(\boldsymbol{z})}\tag{8-15}$$

剩下的部分是证明 $\boldsymbol{g}(\boldsymbol{x})$ 满足式 (8-12) 中 $\boldsymbol{r}(\boldsymbol{x})$ 的属性。由式 (8-15) 可以得到

$$\frac{\partial\bar{h}(\boldsymbol{z})}{\partial\boldsymbol{z}}=\frac{\partial h(\boldsymbol{x})}{\partial\boldsymbol{x}}\frac{\partial\boldsymbol{\Psi}(\boldsymbol{z})}{\partial\boldsymbol{z}}$$

$$= \frac{\partial h(\boldsymbol{x})}{\partial \boldsymbol{x}} \left[ad_{-\boldsymbol{f}}^{n-1}\boldsymbol{g}, \cdots, ad_{-\boldsymbol{f}}\boldsymbol{g}, \boldsymbol{g}\right]_{\boldsymbol{x}=\boldsymbol{\Psi}(\boldsymbol{z})}$$

$$= \left[L_{ad_{-\boldsymbol{f}}^{n-1}\boldsymbol{g}}h(\boldsymbol{x}), \cdots, L_{ad_{-\boldsymbol{f}}\boldsymbol{g}}h(\boldsymbol{x}), L_{\boldsymbol{g}}h(\boldsymbol{x})\right]_{\boldsymbol{x}=\boldsymbol{\Psi}(\boldsymbol{z})}$$

由于 $\bar{h}(\boldsymbol{z})$ 为输出反馈，所以上式表明

$$L_{ad_{-\boldsymbol{f}}^{n-1}\boldsymbol{g}}h(\boldsymbol{x}) = 1$$

$$L_{ad_{-\boldsymbol{f}}^{n-k}\boldsymbol{g}}h(\boldsymbol{x}) = 0, \quad k = 2, \cdots, n$$

进一步可以得到

$$L_{\boldsymbol{g}}L_{\boldsymbol{f}}^{n-1}h(\boldsymbol{x}) = 1$$

$$L_{\boldsymbol{g}}L_{\boldsymbol{f}}^{n-k}h(\boldsymbol{x}) = 0, \quad k = 2, \cdots, n$$

即

$$\begin{bmatrix} \mathrm{d}h \\ \mathrm{d}L_{\boldsymbol{f}}h \\ \vdots \\ \mathrm{d}L_{\boldsymbol{f}}^{n-1}h \end{bmatrix} \boldsymbol{g} = \begin{bmatrix} 0 \\ \vdots \\ 0 \\ 1 \end{bmatrix}$$

必要性得证。

注 8.4 可以利用定理 8.1 来研究单输出的线性系统变换为可观标准型。单输出线性系统为

$$\dot{\boldsymbol{x}} = \boldsymbol{A}\boldsymbol{x}$$

$$y = \boldsymbol{C}\boldsymbol{x}$$

式中，$\boldsymbol{x} \in \mathbb{R}^n$ 是系统状态；$y \in \mathbb{R}$ 是系统输出；$\boldsymbol{A}$ 和 $\boldsymbol{C}$ 是常值矩阵且具有相应的维度。如果这个线性系统可观测，则可观性矩阵 $\boldsymbol{P}_\text{o}$ 为满秩。方程 $\boldsymbol{P}_\text{o}\boldsymbol{r} = \boldsymbol{e}_1$ 具有唯一解，即

$$\begin{bmatrix} \boldsymbol{C} \\ \boldsymbol{C}\boldsymbol{A} \\ \vdots \\ \boldsymbol{C}\boldsymbol{A}^{n-1} \end{bmatrix} \boldsymbol{r} = \begin{bmatrix} 0 \\ \vdots \\ 0 \\ 1 \end{bmatrix}$$

有唯一解。可以计算线性变换阵为

$$\boldsymbol{T}^{-1} = [\boldsymbol{A}^{n-1}\boldsymbol{r}, \cdots, \boldsymbol{A}\boldsymbol{r}, \boldsymbol{r}] \tag{8-16}$$

可以证明，$\boldsymbol{z} = \boldsymbol{T}\boldsymbol{x}$ 将原系统变换为可观标准型：

$$\dot{\boldsymbol{z}} = \boldsymbol{T}\boldsymbol{A}\boldsymbol{T}^{-1}\boldsymbol{z} = \bar{\boldsymbol{A}}\boldsymbol{z}$$

$$y = \boldsymbol{C}\boldsymbol{T}^{-1}\boldsymbol{z} = \bar{\boldsymbol{C}}\boldsymbol{z}$$

式中：

$$\bar{\boldsymbol{A}}=\begin{bmatrix}-a_1 & 1 & 0 & \cdots & 0\\ -a_2 & 0 & 1 & \cdots & 0\\ \vdots & \vdots & \vdots & & \vdots\\ -a_{n-1} & 0 & 0 & \cdots & 1\\ -a_n & 0 & 0 & \cdots & 0\end{bmatrix}$$

$$\bar{\boldsymbol{C}}=[1 \quad 0 \quad \cdots \quad 0 \quad 0]$$

式中，常数 $a_i(i=1,2,\cdots,n)$ 是矩阵 $\boldsymbol{A}$ 特征多项式的系数：

$$|s\boldsymbol{I}-\boldsymbol{A}|=s^n+a_1s^{n-1}+\cdots+a_{n-1}s+a_n$$

由式 (8-16) 可以得到

$$\boldsymbol{C}\boldsymbol{T}^{-1}=[\boldsymbol{C}\boldsymbol{A}^{n-1}\boldsymbol{r},\cdots,\boldsymbol{C}\boldsymbol{A}\boldsymbol{r},\boldsymbol{C}\boldsymbol{r}]=[1,0,\cdots,0]=\bar{\boldsymbol{C}}$$

如果令 $\boldsymbol{f}(\boldsymbol{x})=\boldsymbol{A}\boldsymbol{x}$ 和 $h(\boldsymbol{x})=\boldsymbol{C}\boldsymbol{x}$，则定理 8.1 的第一个条件即 $\boldsymbol{P}_{\mathrm{o}}$ 为满秩，而式 (8-11)则成为式 (8-16)。

当定理 8.1 的条件满足时，存在变换 $\boldsymbol{z}=\boldsymbol{\Phi}(\boldsymbol{x})$。这种情况下，可以对非线性系统式 (8-7) 设计状态观测器为

$$\begin{cases}\dot{\hat{\boldsymbol{z}}}=\boldsymbol{A}\hat{\boldsymbol{z}}+\boldsymbol{L}(y-\boldsymbol{C}\hat{\boldsymbol{z}})+\boldsymbol{\phi}(y)\\ \hat{\boldsymbol{x}}=\boldsymbol{\Psi}(\hat{\boldsymbol{z}})\end{cases}\tag{8-17}$$

式中，$\hat{\boldsymbol{x}}\in\mathbb{R}^n$ 是式 (8-7) 的状态 $\boldsymbol{x}$ 的估计；$\hat{\boldsymbol{z}}\in\mathbb{R}^n$ 是式 (8-9) 的状态 $\boldsymbol{z}$ 的估计；$\boldsymbol{L}$ 是观测器增益，使得 $\boldsymbol{A}-\boldsymbol{L}\boldsymbol{C}$ 为 Hurwitz 矩阵。

推论 8.1 对于非线性系统式 (8-7)，如果满足定理 8.1 的条件，则观测器式 (8-17)保证估计误差渐近收敛。

证明：由定理 8.1，$(\boldsymbol{A},\boldsymbol{C})$ 是可观测的，并且存在观测器增益 $\boldsymbol{L}$ 使得 $\boldsymbol{A}-\boldsymbol{L}\boldsymbol{C}$ 为 Hurwitz 矩阵。由式 (8-17) 和式 (8-9)，可以得到

$$\dot{\tilde{\boldsymbol{z}}}=(\boldsymbol{A}-\boldsymbol{L}\boldsymbol{C})\tilde{\boldsymbol{z}}$$

式中，$\tilde{\boldsymbol{z}}=\boldsymbol{z}-\hat{\boldsymbol{z}}$。即 $\tilde{\boldsymbol{z}}=\boldsymbol{0}$ 为渐近稳定，所以 $\hat{\boldsymbol{x}}$ 渐近收敛到 $\boldsymbol{x}$。

8.3 由直接状态变换得到的线性观测器误差动态

上一节设计的状态观测器具有线性估计误差，主要方法是将非线性系统变换成输出注入的形式，利用观测器估计变换后的状态，再使用反变换将估计状态变换为对于原系统状态的估计。本节将使用一种不同的方法，引入状态变换设计非线性观测器。该非线性观测器可以直接估计原系统的状态，并具有线性估计误差。

与上一节相同，这里考虑式 (8-7)。为了叙述方便，使用新的公式编号：

$$\begin{cases}\dot{\boldsymbol{x}}=\boldsymbol{f}(\boldsymbol{x})\\ y=h(\boldsymbol{x})\end{cases}\tag{8-18}$$

式中，$\boldsymbol{x}\in\mathbb{R}^n$ 是系统状态；$y\in\mathbb{R}$ 是系统输出；$\boldsymbol{f}:\mathbb{R}^n\rightarrow\mathbb{R}^n$ 和 $h:\mathbb{R}^n\rightarrow\mathbb{R}$ 是连续非线性函数，且 $\boldsymbol{f}(\boldsymbol{0})=\boldsymbol{0}$，$h(0)=0$。假设存在可逆非线性状态变换：

$$\boldsymbol{z}=\boldsymbol{\Phi}(\boldsymbol{x})$$

式中，$\boldsymbol{\Phi}:\mathbb{R}^n \to \mathbb{R}^n$，使得变换后系统为

$$\dot{\boldsymbol{z}} = \boldsymbol{F}\boldsymbol{z} + \boldsymbol{G}y \tag{8-19}$$

式中，$(\boldsymbol{F},\boldsymbol{G})$ 可控，矩阵 $\boldsymbol{F}$ 和 $\boldsymbol{G}$ 具有合适的维数。比较式 (8-19) 和式 (8-8) 可以看出，式 (8-19) 中的 $\boldsymbol{F}$ 和 $\boldsymbol{G}$ 可以直接用于观测器设计，而式 (8-8) 中的 $\boldsymbol{A}$ 和 $\boldsymbol{C}$ 则是取决于原系统。因此，式 (8-19) 是更为特殊的形式，在观测器设计中更具优势（下文中将会看到这种优势）。

由式 (8-18) 和式 (8-19) 可以得到，非线性变换需满足偏微分方程：

$$\frac{\partial \boldsymbol{\Phi}(\boldsymbol{x})}{\partial \boldsymbol{x}}\boldsymbol{f}(\boldsymbol{x}) = \boldsymbol{F}\boldsymbol{\Phi}(\boldsymbol{x}) + \boldsymbol{G}h(\boldsymbol{x}) \tag{8-20}$$

本节中在原点附近讨论观测器设计问题。

定义 8.1　令 $\lambda_i(\boldsymbol{A})(i=1,2,\cdots,n)$ 表示矩阵 $\boldsymbol{A}$ 的特征值，对于另一矩阵 $\boldsymbol{F}$，如果存在整数 $q=\sum_{i=1}^{n} q_i > 0$，其中 q_i 为非负整数，当 $1 \leqslant j \leqslant n$ 时有

$$\lambda_i(\boldsymbol{F}) = \sum_{i=1}^{n} q_i \lambda_i(\boldsymbol{A})$$

则其特征值与 $\boldsymbol{A}$ 特征值为"共振"（Resonant）。

定理 8.2　对于式 (8-18)，存在满足式 (8-20) 的非线性变换的充分条件为：

1）式 (8-18) 的线性化模型为可观测；

2）F 的特征值与 $\dfrac{\partial \boldsymbol{f}}{\partial \boldsymbol{x}}(\boldsymbol{0})$ 的特征值不共振；

3）凸包 $\left\{\lambda_1\left(\dfrac{\partial \boldsymbol{f}}{\partial \boldsymbol{x}}(\boldsymbol{0})\right),\cdots,\lambda_n\left(\dfrac{\partial \boldsymbol{f}}{\partial \boldsymbol{x}}(\boldsymbol{0})\right)\right\}$ 不包含原点。

证明：由非共振条件以及 $\dfrac{\partial \boldsymbol{f}}{\partial \boldsymbol{x}}(\boldsymbol{0})$ 不包含原点，利用李雅普诺夫辅助定理（Lyapunov Auxiliary Theorem[26]），可以证明偏微分方程式 (8-20) 解的存在性。由线性化系统可观测以及 $(\boldsymbol{F},\boldsymbol{G})$ 可控，可以证明在原点附近 $\boldsymbol{\Phi}$ 可逆（引理 8.2）。

已经证明，存在非线性变换使得原系统变换至式 (8-19) 的形式。在此基础上，可以设计观测器：

$$\dot{\hat{\boldsymbol{z}}} = \boldsymbol{F}\hat{\boldsymbol{z}} + \boldsymbol{G}y$$

$$\hat{\boldsymbol{x}} = \boldsymbol{\Psi}^{-1}(\hat{\boldsymbol{z}})$$

式中，$\boldsymbol{\Psi}$ 是 $\boldsymbol{\Phi}$ 的逆变换。那么，很容易计算观测器具有线性动态：

$$\dot{\tilde{\boldsymbol{z}}} = \boldsymbol{F}\tilde{\boldsymbol{z}}$$

由此可知，一旦得到了非线性变换，则可以直接得到观测器，而无需再计算观测器增益，这与前一节中基于输出注入形式的观测器设计方法不同。

也可以使用变换前的原状态给出观测器：

$$\dot{\hat{\boldsymbol{x}}} = \boldsymbol{f}(\hat{\boldsymbol{x}}) + \left(\frac{\partial \boldsymbol{\Phi}}{\partial \hat{\boldsymbol{x}}}(\hat{\boldsymbol{x}})\right)^{-1}\boldsymbol{G}(y - h(\hat{\boldsymbol{x}})) \tag{8-21}$$

可以看出，如果将 $\left(\dfrac{\partial \boldsymbol{\Phi}}{\partial \hat{\boldsymbol{x}}}(\hat{\boldsymbol{x}})\right)^{-1}\boldsymbol{G}$ 看作观测器增益，则其形式与线性系统龙伯格观测器

（Luenberger Observer）的形式相同。可以证明，该观测器估计误差为渐近收敛。

定理 8.3　对于式 (8-18)，如果存在满足式 (8-20) 的状态变换，则式 (8-21) 的观测器估计误差为渐近稳定，并且由 $\boldsymbol{\Phi}(\boldsymbol{x})-\boldsymbol{\Phi}(\hat{\boldsymbol{x}})$ 形成的估计误差动态为线性。

证明： 令 $\boldsymbol{e}=\boldsymbol{\Phi}(\boldsymbol{x})-\boldsymbol{\Phi}(\hat{\boldsymbol{x}})$，则

$$\begin{aligned}\dot{\boldsymbol{e}}&=\frac{\partial\boldsymbol{\Phi}(\boldsymbol{x})}{\partial\boldsymbol{x}}\boldsymbol{f}(\boldsymbol{x})-\frac{\partial\boldsymbol{\Phi}(\hat{\boldsymbol{x}})}{\partial\hat{\boldsymbol{x}}}\left(\boldsymbol{f}(\hat{\boldsymbol{x}})+\left(\frac{\partial\boldsymbol{\Phi}(\hat{\boldsymbol{x}})}{\partial\hat{\boldsymbol{x}}}\right)^{-1}\boldsymbol{G}(y-h(\hat{\boldsymbol{x}}))\right)\\&=\frac{\partial\boldsymbol{\Phi}(\boldsymbol{x})}{\partial\boldsymbol{x}}\boldsymbol{f}(\boldsymbol{x})-\frac{\partial\boldsymbol{\Phi}(\hat{\boldsymbol{x}})}{\partial\hat{\boldsymbol{x}}}\boldsymbol{f}(\hat{\boldsymbol{x}})-\boldsymbol{G}(y-h(\hat{\boldsymbol{x}}))\\&=\boldsymbol{F}\boldsymbol{\Phi}(\boldsymbol{x})+\boldsymbol{G}y-(\boldsymbol{F}\boldsymbol{\Phi}(\hat{\boldsymbol{x}})+\boldsymbol{G}h(\hat{\boldsymbol{x}}))-\boldsymbol{G}(y-h(\hat{\boldsymbol{x}}))\\&=\boldsymbol{F}(\boldsymbol{\Phi}(\boldsymbol{x})-\boldsymbol{\Phi}(\hat{\boldsymbol{x}}))\\&=\boldsymbol{F}\boldsymbol{e}\end{aligned}$$

所以，估计误差动态为线性。并且，估计误差指数稳定，即 $\hat{\boldsymbol{x}}$ 渐近收敛于 $\boldsymbol{x}$。

注 8.5　对于线性系统，简单介绍了两种设计状态观测器的方法。对于式 (8-2) 给出的线性观测器，式 (8-6) 可以作为它的非线性版本。对于式 (8-3) 给出的线性观测器，式 (8-21) 可以作为它的非线性版本。两种情况下，估计误差动态都是线性的。

8.4　Lipschitz 非线性系统的状态观测器设计

本节将研究满足 Lipschitz 条件的非线性系统状态观测器设计。在第 2 章中已经引入了 Lipschitz 条件的定义，并介绍了它与时变系统解的存在性与唯一性之间的关系。本节只研究时不变系统的情形，其 Lipschitz 条件是类似的。为了下文叙述方便，将 Lipschitz 条件重复如下。

定义 8.2　如果对于任意的 $\boldsymbol{x}$、$\hat{\boldsymbol{x}}\in\mathbb{R}^n$ 以及 $\boldsymbol{u}\in\mathbb{R}^s$，总有

$$\|\boldsymbol{\phi}(\boldsymbol{x},\boldsymbol{u})-\boldsymbol{\phi}(\hat{\boldsymbol{x}},\boldsymbol{u})\|\leqslant\gamma\|\boldsymbol{x}-\hat{\boldsymbol{x}}\|$$

式中，$\gamma>0$ 是常数。则函数 $\boldsymbol{\phi}:\mathbb{R}^n\times\mathbb{R}^s\to\mathbb{R}^n$ 为关于 $\boldsymbol{x}$ 的 Lipschitz 函数，常数 γ 为 Lipschitz 常数。

这里还是先考虑线性系统被非线性项扰动的情形：

$$\begin{cases}\dot{\boldsymbol{x}}=\boldsymbol{A}\boldsymbol{x}+\boldsymbol{\phi}(\boldsymbol{x},\boldsymbol{u})\\\boldsymbol{y}=\boldsymbol{C}\boldsymbol{x}\end{cases}\tag{8-22}$$

式中，$\boldsymbol{x}\in\mathbb{R}^n$ 是系统状态；$\boldsymbol{y}\in\mathbb{R}^m$ 是系统输出，且满足 $m<n$；$\boldsymbol{u}\in\mathbb{R}^s$ 是系统输入或者其他已知信号；$\boldsymbol{A}$ 和 $\boldsymbol{C}$ 是具有合适维数的常值矩阵，且 $(\boldsymbol{A},\boldsymbol{C})$ 可观测；$\boldsymbol{\phi}:\mathbb{R}^n\times\mathbb{R}^s\to\mathbb{R}^n$ 是关于 $\boldsymbol{x}$ 的 Lipschitz 函数，且 Lipschitz 常数为 γ。与式 (8-5) 相比，式 (8-22) 仅有非线性项 $\boldsymbol{\phi}(\boldsymbol{x},\boldsymbol{u})$ 是不同的，它是关于系统全状态的函数。因此，关于式 (8-5) 的基于输出注入的观测器设计方法对于式 (8-22) 不适用。

这里仍然可以基于系统的线性部分设计观测器，再直接将非线性部分中的未知状态替换为估计状态，即

$$\dot{\hat{\boldsymbol{x}}}=A\hat{\boldsymbol{x}}+\boldsymbol{L}(\boldsymbol{y}-\boldsymbol{C}\hat{\boldsymbol{x}})+\boldsymbol{\phi}(\hat{\boldsymbol{x}},\boldsymbol{u})\tag{8-23}$$

式中，$\hat{\boldsymbol{x}}\in\mathbb{R}^n$ 是状态 $\boldsymbol{x}$ 的估计；矩阵 $\boldsymbol{L}$ 是观测器增益并具有合适的维数。然而，此时

$\boldsymbol{A}-\boldsymbol{LC}$ 为 Hurwitz 矩阵，并不保证观测器的估计误差收敛，需要更强的条件保证估计误差收敛。

定理 8.4　观测器式 (8-23) 的估计误差渐近收敛的充分条件为，对于观测器增益 $\boldsymbol{L}$，存在正定矩阵 $\boldsymbol{P}\in\mathbb{R}^{n\times n}$，满足

$$(\boldsymbol{A}-\boldsymbol{LC})^{\mathrm{T}}\boldsymbol{P}+\boldsymbol{P}(\boldsymbol{A}-\boldsymbol{LC})+\gamma^2\boldsymbol{PP}+\boldsymbol{I}+\epsilon\boldsymbol{I}=\boldsymbol{0} \tag{8-24}$$

式中，γ 是函数 $\boldsymbol{\phi}$ 的 Lipschitz 常数；ϵ 是任意正值常数。

证明：令 $\tilde{\boldsymbol{x}}=\boldsymbol{x}-\hat{\boldsymbol{x}}$，由式 (8-22) 和式 (8-23) 可以得到

$$\dot{\tilde{\boldsymbol{x}}}=(\boldsymbol{A}-\boldsymbol{LC})\tilde{\boldsymbol{x}}+\boldsymbol{\phi}(\boldsymbol{x},\boldsymbol{u})-\boldsymbol{\phi}(\hat{\boldsymbol{x}},\boldsymbol{u})$$

取 $V=\tilde{\boldsymbol{x}}^{\mathrm{T}}\boldsymbol{P}\tilde{\boldsymbol{x}}$，则可以计算其沿着观测器误差动态的导数为

$$\dot{V}=\tilde{\boldsymbol{x}}^{\mathrm{T}}\left[(\boldsymbol{A}-\boldsymbol{LC})^{\mathrm{T}}\boldsymbol{P}+\boldsymbol{P}(\boldsymbol{A}-\boldsymbol{LC})\right]\tilde{\boldsymbol{x}}+2\tilde{\boldsymbol{x}}^{\mathrm{T}}\boldsymbol{P}\left(\boldsymbol{\phi}(\boldsymbol{x},\boldsymbol{u})-\boldsymbol{\phi}(\hat{\boldsymbol{x}},\boldsymbol{u})\right)$$

式中：

$$\begin{aligned}2\tilde{\boldsymbol{x}}^{\mathrm{T}}\boldsymbol{P}\left(\boldsymbol{\phi}(\boldsymbol{x},\boldsymbol{u})-\boldsymbol{\phi}(\hat{\boldsymbol{x}},\boldsymbol{u})\right)&\leqslant\gamma^2\tilde{\boldsymbol{x}}^{\mathrm{T}}\boldsymbol{PP}\tilde{\boldsymbol{x}}+\frac{1}{\gamma^2}\left(\boldsymbol{\phi}(\boldsymbol{x},\boldsymbol{u})-\boldsymbol{\phi}(\hat{\boldsymbol{x}},\boldsymbol{u})\right)^{\mathrm{T}}\left(\boldsymbol{\phi}(\boldsymbol{x},\boldsymbol{u})-\boldsymbol{\phi}(\hat{\boldsymbol{x}},\boldsymbol{u})\right)\\&=\gamma^2\tilde{\boldsymbol{x}}^{\mathrm{T}}\boldsymbol{PP}\tilde{\boldsymbol{x}}+\frac{1}{\gamma^2}\|\boldsymbol{\phi}(\boldsymbol{x},\boldsymbol{u})-\boldsymbol{\phi}(\hat{\boldsymbol{x}},\boldsymbol{u})\|^2\\&\leqslant\gamma^2\tilde{\boldsymbol{x}}^{\mathrm{T}}\boldsymbol{PP}\tilde{\boldsymbol{x}}+\|\tilde{\boldsymbol{x}}\|^2\\&=\tilde{\boldsymbol{x}}^{\mathrm{T}}(\gamma^2\boldsymbol{PP}+\boldsymbol{I})\tilde{\boldsymbol{x}}\end{aligned}$$

再利用式 (8-24)，可以得到

$$\begin{aligned}\dot{V}&\leqslant\tilde{\boldsymbol{x}}^{\mathrm{T}}\left[(\boldsymbol{A}-\boldsymbol{LC})^{\mathrm{T}}\boldsymbol{P}+\boldsymbol{P}(\boldsymbol{A}-\boldsymbol{LC})+\gamma^2\boldsymbol{PP}+\boldsymbol{I}\right]\tilde{\boldsymbol{x}}\\&=-\epsilon\tilde{\boldsymbol{x}}^{\mathrm{T}}\tilde{\boldsymbol{x}}\end{aligned}$$

即观测器的估计误差指数收敛到原点。

在式 (8-24) 中，ϵ 是任意正实数。这里，也可以用不等式条件代替等式条件，即

$$(\boldsymbol{A}-\boldsymbol{LC})^{\mathrm{T}}\boldsymbol{P}+\boldsymbol{P}(\boldsymbol{A}-\boldsymbol{LC})+\gamma^2\boldsymbol{PP}+\boldsymbol{I}<0 \tag{8-25}$$

使用与定理 8.4 相同的 Lyapunov 函数，可以证明

$$\dot{V}<0$$

即观测器的估计误差渐近收敛到原点。

推论 8.2　观测器式 (8-23) 的估计误差渐近收敛的充分条件为，对于观测器增益 $\boldsymbol{L}$，存在正定矩阵 $\boldsymbol{P}$ 使得式 (8-25) 成立。

注 8.6　使用不等式 (8-25) 替代等式 (8-24) 后，结论为估计误差渐近稳定，而不是定理 8.4 中的指数稳定。另外，由 $\dot{V}<0$ 导出的渐近稳定的结果是基于不变原理[11] 的，这在本书中没有详细介绍。

如果使用单侧 Lipschitz 条件，则式 (8-25) 可以放松成更弱的条件。

定义 8.3　如果函数 $\boldsymbol{\phi}:\mathbb{R}^n\times\mathbb{R}^s\to\mathbb{R}^n$ 对于任意向量 $\boldsymbol{x}$、$\hat{\boldsymbol{x}}\in\mathbb{R}^n$ 和 $\boldsymbol{u}\in\mathbb{R}^s$，满足

$$(\boldsymbol{x}-\hat{\boldsymbol{x}})^{\mathrm{T}}\boldsymbol{P}(\boldsymbol{\phi}(\boldsymbol{x},\boldsymbol{u})-\boldsymbol{\phi}(\hat{\boldsymbol{x}},\boldsymbol{u}))\leqslant\nu\|\boldsymbol{x}-\hat{\boldsymbol{x}}\|^2$$

式中，$\boldsymbol{P}$ 是具有合适维数的正定矩阵；ν 是实数。则函数 $\boldsymbol{\phi}$ 关于 $\boldsymbol{P}$ 为单侧 Lipschitz 函数，且 ν 为其单侧 Lipschitz 常数。

注意，这里单侧 Lipschitz 常数有可能是负数。从定理 8.4 的证明中能够看出，单侧

Lipschitz 函数的定义中 $(\boldsymbol{x}-\hat{\boldsymbol{x}})^{\mathrm{T}}\boldsymbol{P}(\boldsymbol{\phi}(\boldsymbol{x},\boldsymbol{u})-\boldsymbol{\phi}(\hat{\boldsymbol{x}},\boldsymbol{u}))$ 正是用于产生 $\gamma^2\boldsymbol{PP}+\boldsymbol{I}$ 的交叉项。因此，如果使用单侧 Lipschitz 常数 ν 和相应的正定矩阵 $\boldsymbol{P}$，则式 (8-25) 中的条件可以放松为

$$(\boldsymbol{A}-\boldsymbol{LC})^{\mathrm{T}}\boldsymbol{P}+\boldsymbol{P}(\boldsymbol{A}-\boldsymbol{LC})+2\nu\boldsymbol{I}<\boldsymbol{0} \tag{8-26}$$

利用上述条件可进一步推导出以下定理。

定理 8.5 观测器式 (8-23) 的估计误差渐近收敛到原点的充分条件为

$$\boldsymbol{L}=\sigma\boldsymbol{P}^{-1}\boldsymbol{C}^{\mathrm{T}} \tag{8-27}$$

$$\boldsymbol{A}^{\mathrm{T}}\boldsymbol{P}+\boldsymbol{PA}+2\nu\boldsymbol{I}-2\sigma\boldsymbol{C}^{\mathrm{T}}\boldsymbol{C}<\boldsymbol{0} \tag{8-28}$$

式中，$\boldsymbol{P}$ 是具有合适维数的正定矩阵；σ 是正实数；ν 是非线性函数 $\boldsymbol{\phi}$ 关于 $\boldsymbol{x}$ 和 $\boldsymbol{P}$ 的单侧 Lipschitz 常数。

证明：由式 (8-27) 可以得到

$$\left(\sqrt{\sigma}\boldsymbol{CP}^{-1}-\frac{\boldsymbol{L}^{\mathrm{T}}}{\sqrt{\sigma}}\right)^{\mathrm{T}}\left(\sqrt{\sigma}\boldsymbol{CP}^{-1}-\frac{\boldsymbol{L}^{\mathrm{T}}}{\sqrt{\sigma}}\right)=\boldsymbol{0}$$

进一步可以得到

$$\boldsymbol{P}^{-1}\boldsymbol{C}^{\mathrm{T}}\boldsymbol{L}^{\mathrm{T}}+\boldsymbol{LCP}^{-1}=\sigma\boldsymbol{P}^{-1}\boldsymbol{C}^{\mathrm{T}}\boldsymbol{CP}^{-1}+\frac{\boldsymbol{LL}^{\mathrm{T}}}{\sigma}$$

利用式 (8-27)，并且上式左乘右乘矩阵 $\boldsymbol{P}$，则

$$\boldsymbol{C}^{\mathrm{T}}\boldsymbol{L}^{\mathrm{T}}\boldsymbol{P}+\boldsymbol{PLC}=2\sigma\boldsymbol{C}^{\mathrm{T}}\boldsymbol{C}$$

由上式和式 (8-28)，可以得到不等式 (8-26)。与定理 8.4 类似，选取

$$V=\tilde{\boldsymbol{x}}^{\mathrm{T}}\boldsymbol{P}\tilde{\boldsymbol{x}}$$

利用 $\boldsymbol{\phi}$ 的单侧 Lipschitz 函数性质，可以计算

$$\begin{aligned}\dot{V}&=\tilde{\boldsymbol{x}}^{\mathrm{T}}\left[(\boldsymbol{A}-\boldsymbol{LC})^{\mathrm{T}}\boldsymbol{P}+\boldsymbol{P}(\boldsymbol{A}-\boldsymbol{LC})\right]\tilde{\boldsymbol{x}}+2\tilde{\boldsymbol{x}}^{\mathrm{T}}\boldsymbol{P}\left(\boldsymbol{\phi}(\boldsymbol{x},\boldsymbol{u})-\boldsymbol{\phi}(\hat{\boldsymbol{x}},\boldsymbol{u})\right)\\&\leqslant\tilde{\boldsymbol{x}}^{\mathrm{T}}\left[(\boldsymbol{A}-\boldsymbol{LC})^{\mathrm{T}}\boldsymbol{P}+\boldsymbol{P}(\boldsymbol{A}-\boldsymbol{LC})\right]\tilde{\boldsymbol{x}}+2\nu\tilde{\boldsymbol{x}}^{\mathrm{T}}\tilde{\boldsymbol{x}}\end{aligned}$$

在上述不等式中带入不等式 (8-26)，则

$$\dot{V}<0$$

即观测器的估计误差渐近收敛。

在本节的最后，考虑一类非线性系统，这类系统具有满足 Lipschitz 条件的非线性输出函数：

$$\begin{cases}\dot{\boldsymbol{x}}=\boldsymbol{Ax}\\\boldsymbol{y}=\boldsymbol{h}(\boldsymbol{x})\end{cases} \tag{8-29}$$

式中，$\boldsymbol{x}\in\mathbb{R}^n$ 是系统状态；$\boldsymbol{y}\in\mathbb{R}^m$ 是系统输出；$\boldsymbol{A}$ 是具有合适维数的常值矩阵；$\boldsymbol{h}:\mathbb{R}^n\to\mathbb{R}^m$ 是连续的非线性函数。可以将输出函数写成 $\boldsymbol{h}(\boldsymbol{x})=\boldsymbol{Hx}+\boldsymbol{h}_1(\boldsymbol{x})$，其中 $\boldsymbol{Hx}$ 为线性部分，而非线性部分 $\boldsymbol{h}_1(\boldsymbol{x})$ 满足 Lipschitz 条件，其 Lipschitz 常数为 γ。

状态观测器可以设计为

$$\dot{\hat{\boldsymbol{x}}}=\boldsymbol{A}\hat{\boldsymbol{x}}+\boldsymbol{L}(\boldsymbol{y}-\boldsymbol{h}(\hat{\boldsymbol{x}})) \tag{8-30}$$

式中，$\boldsymbol{L}$ 是观测器增益，且是具有合适维数的常值矩阵。

定理 8.6　对于式 (8-29)，观测器式 (8-30) 保证估计误差指数收敛到原点的充分条件为观测器增益 $\boldsymbol{L}$ 满足

$$\boldsymbol{L}=\frac{1}{\gamma^2}\boldsymbol{P}^{-1}\boldsymbol{H}^{\mathrm{T}} \tag{8-31}$$

$$\boldsymbol{PA}+\boldsymbol{A}^{\mathrm{T}}\boldsymbol{P}-\frac{\boldsymbol{H}^{\mathrm{T}}\boldsymbol{H}}{\gamma^2}+(1+\epsilon)\boldsymbol{I}=\boldsymbol{0} \tag{8-32}$$

式中，$\boldsymbol{P}$ 是具有合适维数的正定矩阵；ϵ 是正实常数。

证明：令 $\tilde{\boldsymbol{x}}=\boldsymbol{x}-\hat{\boldsymbol{x}}$。由式 (8-29) 和式 (8-30) 可以得到

$$\dot{\tilde{\boldsymbol{x}}}=(\boldsymbol{A}-\boldsymbol{LH})\tilde{\boldsymbol{x}}+\boldsymbol{L}(\boldsymbol{h}_1(\boldsymbol{x})-\boldsymbol{h}_1(\hat{\boldsymbol{x}}))$$

令 $V=\tilde{\boldsymbol{x}}^{\mathrm{T}}\boldsymbol{P}\tilde{\boldsymbol{x}}$，可以计算

$$\begin{aligned}\dot{V}&=\tilde{\boldsymbol{x}}^{\mathrm{T}}\left[(\boldsymbol{A}-\boldsymbol{LH})^{\mathrm{T}}\boldsymbol{P}+\boldsymbol{P}(\boldsymbol{A}-\boldsymbol{LH})\right]\tilde{\boldsymbol{x}}+2\tilde{\boldsymbol{x}}^{\mathrm{T}}\boldsymbol{PL}(\boldsymbol{h}_1(\boldsymbol{x})-\boldsymbol{h}_1(\hat{\boldsymbol{x}}))\\&\leqslant\tilde{\boldsymbol{x}}^{\mathrm{T}}\left[(\boldsymbol{A}-\boldsymbol{LH})^{\mathrm{T}}\boldsymbol{P}+\boldsymbol{P}(\boldsymbol{A}-\boldsymbol{LH})\right]\tilde{\boldsymbol{x}}+\tilde{\boldsymbol{x}}^{\mathrm{T}}(\boldsymbol{I}+\gamma^2\boldsymbol{PLL}^{\mathrm{T}}\boldsymbol{P})\tilde{\boldsymbol{x}}\\&=\tilde{\boldsymbol{x}}^{\mathrm{T}}\left(\boldsymbol{A}^{\mathrm{T}}\boldsymbol{P}+\boldsymbol{PA}-\frac{\boldsymbol{H}^{\mathrm{T}}\boldsymbol{H}}{\gamma^2}+\boldsymbol{I}\right)\tilde{\boldsymbol{x}}+\tilde{\boldsymbol{x}}^{\mathrm{T}}\left(\frac{\boldsymbol{H}}{\gamma}-\gamma\boldsymbol{L}^{\mathrm{T}}\boldsymbol{P}\right)^{\mathrm{T}}\left(\frac{\boldsymbol{H}}{\gamma}-\gamma\boldsymbol{L}^{\mathrm{T}}\boldsymbol{P}\right)\tilde{\boldsymbol{x}}\\&=-\epsilon\tilde{\boldsymbol{x}}^{\mathrm{T}}\tilde{\boldsymbol{x}}\end{aligned}$$

所以，估计误差 $\tilde{\boldsymbol{x}}$ 指数收敛到原点。

注 8.7　具有线性动态和非线性输出的系统会在一些特别的例子中出现，如具有零实部特征值的二阶线性系统的周期输出信号。这种构造观测器的方法在使用内模设计的扰动抑制中非常有用，将会在本书第 10 章中看到。

8.5　降维观测器设计

前面几节设计的观测器与原系统都具有相同的维数，这些观测器可以用于估计系统的全状态，甚至包括系统输出。一般来讲，输出是可以直接测量的，并不需要使用观测器估计。状态观测器的目标是估计不可以直接测量的状态。所以，实际上只需要设计一个维数低于系统维数的观测器，即降维观测器。本节介绍非线性系统降维观测器的设计方法。

考虑非线性系统：

$$\begin{cases}\dot{\boldsymbol{x}}=\boldsymbol{f}(\boldsymbol{x},\boldsymbol{u})\\\boldsymbol{y}=\boldsymbol{h}(\boldsymbol{x})\end{cases} \tag{8-33}$$

式中，$\boldsymbol{x}\in\mathbb{R}^n$ 是状态向量；$\boldsymbol{u}\in\mathbb{R}^s$ 是已知控制输入；$\boldsymbol{y}\in\mathbb{R}^m$ 是输出；$\boldsymbol{f}:\mathbb{R}^n\times\mathbb{R}^s\to\mathbb{R}^n$ 是光滑的非线性向量场；$\boldsymbol{h}:\mathbb{R}^n\to\mathbb{R}^m$ 是连续的非线性函数。为了设计降维观测器，需要在系统输出之外研究其他的系统状态。

定义 8.4　如果非线性状态变换 $\boldsymbol{T}(\boldsymbol{x})$ 满足

$$\boldsymbol{T}(\boldsymbol{x})=\begin{bmatrix}\boldsymbol{h}(\boldsymbol{x})\\\boldsymbol{g}(\boldsymbol{x})\end{bmatrix}$$

式中，$\boldsymbol{h}(\boldsymbol{x})$ 是系统输出，且 $\boldsymbol{T}(\boldsymbol{x})$ 是微分同胚，则 $\boldsymbol{g}(\boldsymbol{x})$ 是补输出变换（Output-Complement Transformation），变换后的状态称为补输出状态（Output-Complement States）。

很明显，补输出变换是利用输出非线性函数定义了状态变换。如果补输出状态已知，那

么状态变量就完全已知。实际上，如果能够设计观测器估计补输出状态，则该观测器就是一个降维观测器。

定义 8.5　如果 $\boldsymbol{z}=\boldsymbol{g}(\boldsymbol{x})$ 为补输出变换，且动态系统：

$$\dot{\boldsymbol{z}}=\boldsymbol{p}(\boldsymbol{z},\boldsymbol{y})$$

为微分稳定，则以下的动态模型：

$$\dot{\boldsymbol{z}}=\boldsymbol{p}(\boldsymbol{z},\boldsymbol{y})+\boldsymbol{q}(\boldsymbol{y},\boldsymbol{u}) \tag{8-34}$$

为式 (8-33) 的降维观测器型。

对于可以变换为降维观测器型的系统，其降维观测器可以设计为

$$\begin{cases}\dot{\hat{\boldsymbol{z}}}=\boldsymbol{p}(\hat{\boldsymbol{z}},\boldsymbol{y})+\boldsymbol{q}(\boldsymbol{y},\boldsymbol{u})\\ \hat{\boldsymbol{x}}=\boldsymbol{T}^{-1}\left(\begin{bmatrix}\boldsymbol{y}\\ \hat{\boldsymbol{z}}\end{bmatrix}\right)\end{cases} \tag{8-35}$$

定理 8.7　如果式 (8-33) 能够变换为降维状态观测器型式 (8-34)，则由式 (8-35) 设计的降维观测器估计的状态 $\hat{\boldsymbol{x}}$ 渐近收敛到式 (8-33) 的状态。

证明： 首先证明 $\boldsymbol{z}$ 有界。由于 $\dot{\boldsymbol{z}}=\boldsymbol{p}(\boldsymbol{z},\boldsymbol{y})$ 是微分稳定的，根据第 5 章中微分稳定的定义，存在李雅普诺夫函数 $V(\boldsymbol{z})$，使得式 (5-37) 满足。使用相同的李雅普诺夫函数研究 $\hat{\boldsymbol{z}}=\boldsymbol{0}$ 的稳定性，根据式 (5-37) 和式 (8-34)，则

$$\begin{aligned}\dot{V}&\leqslant-\gamma_3(\|\boldsymbol{z}\|)+\frac{\partial V}{\partial\boldsymbol{z}}\boldsymbol{q}(\boldsymbol{y},\boldsymbol{u})\\&\leqslant-\gamma_3(\|\boldsymbol{z}\|)+\left\|\frac{\partial V}{\partial\boldsymbol{z}}\right\|\|\boldsymbol{q}(\boldsymbol{y},\boldsymbol{u})\|\end{aligned} \tag{8-36}$$

根据杨氏不等式：

$$\left\|\frac{\partial V(\boldsymbol{z})}{\partial\boldsymbol{z}}\right\|\|\boldsymbol{q}(\boldsymbol{y},\boldsymbol{u})\|\leqslant\frac{c_4^{c_2}}{c_2}\left\|\frac{\partial V(\boldsymbol{z})}{\partial\boldsymbol{z}}\right\|^{c_2}+\frac{1}{c_3c_4^{c_3}}\|\boldsymbol{q}(\boldsymbol{y},\boldsymbol{u})\|^{c_3}$$

式中，$c_3=\dfrac{c_2}{c_2-1}$，且 c_4 是任意的正实常数。可以选取 $c_4=\left(\dfrac{c_1c_2}{2}\right)^{1/c_2}$，则

$$\left\|\frac{\partial V(\boldsymbol{z})}{\partial\boldsymbol{z}}\right\|\|\boldsymbol{q}(\boldsymbol{y},\boldsymbol{u})\|\leqslant\frac{c_1}{2}\left\|\frac{\partial V(\boldsymbol{z})}{\partial\boldsymbol{z}}\right\|^{c_2}+\frac{c_5}{2}\|\boldsymbol{q}(\boldsymbol{y},\boldsymbol{u})\|^{c_3} \tag{8-37}$$

式中，$c_5=\dfrac{1}{c_3}\left(\dfrac{1}{2}c_1c_2\right)^{-\frac{c_3}{c_2}}$。将式 (8-37) 代入式 (8-36)，可以得到

$$\dot{V}\leqslant-\frac{1}{2}\gamma_3(\|\boldsymbol{z}\|)+\frac{1}{2}c_5\|\boldsymbol{q}(\boldsymbol{y},\boldsymbol{u})\|^{c_3}$$

因为 $\boldsymbol{q}(\boldsymbol{y},\boldsymbol{u})$ 是连续的，所以总存在 $\mathcal{K}$ 类函数 $\bar{\boldsymbol{g}}$，使得对于任意的 $\boldsymbol{y}\in\mathbb{R}^m$ 和 $\boldsymbol{u}\in\mathbb{R}^s$，有

$$\|\boldsymbol{q}(\boldsymbol{y},\boldsymbol{u})\|\leqslant\bar{\boldsymbol{g}}(\|\boldsymbol{y}\|+\|\boldsymbol{u}\|)$$

可以选择 $\chi(\cdot)=\gamma_3^{-1}\left(2c_5(\bar{\boldsymbol{g}}(\cdot))^{c_3}\right)$。对于 $\|\boldsymbol{z}\|\geqslant\chi(\|\boldsymbol{x}\|+\|\boldsymbol{u}\|)$，有

$$\begin{aligned}\gamma_3(\|\boldsymbol{z}\|)&\geqslant2c_5(\bar{\boldsymbol{g}}(\|\boldsymbol{y}\|+\|\boldsymbol{u}\|))^{c_3}\\&\geqslant2c_5\|\boldsymbol{q}(\boldsymbol{y},\boldsymbol{u})\|^{c_3}\end{aligned}$$

进一步可以得到

$$\dot{V} \leqslant -\frac{1}{4}\gamma_3(\|\boldsymbol{z}\|)$$

因此，$V(\boldsymbol{z})$ 是输入–状态稳定的李雅普诺夫函数，即当 $\boldsymbol{y}$ 有界时必有 $\boldsymbol{z}$ 有界。

定义估计误差 $\boldsymbol{e} = \boldsymbol{z} - \hat{\boldsymbol{z}}$，则其动态为

$$\dot{\boldsymbol{e}} = \boldsymbol{p}(\boldsymbol{z}, \boldsymbol{y}) - \boldsymbol{p}(\boldsymbol{z} - \boldsymbol{e}, \boldsymbol{y})$$

取 $V(\boldsymbol{e})$ 为备选李雅普诺夫函数，则

$$\begin{aligned} \dot{V} &\leqslant \frac{\partial V}{\partial \boldsymbol{e}}(\boldsymbol{p}(\boldsymbol{z}, \boldsymbol{y}) - \boldsymbol{p}(\boldsymbol{z} - \boldsymbol{e}, \boldsymbol{y})) \\ &\leqslant -\gamma_3(\|\boldsymbol{e}\|) \end{aligned}$$

所以，可以得到结论，即估计误差渐近收敛到原点。由于 $\hat{\boldsymbol{z}}$ 渐近收敛到 $\boldsymbol{z}$，所以 $\hat{\boldsymbol{x}}$ 渐近收敛到 $\boldsymbol{x}$。

例 8.1　考虑二阶非线性系统：

$$\begin{aligned} \dot{x}_1 &= x_1^2 - 3x_1^2 x_2 - x_1^3 \\ \dot{x}_2 &= -x_2 + x_1^2 - 6x_2 x_1^2 + 3x_2^2 x_1 - x_2^3 \\ y &= x_1 \end{aligned}$$

可以验证这个系统是否能够变换成降维观测器型。取

$$z = g(\boldsymbol{x}) = x_2 - x_1$$

则

$$\dot{z} = -x_2 - (x_2 - x_1)^3 = -(1 + z^2)z - y$$

对比式 (8-34)，可以看出 $p(z, y) = -(1 + z^2)z - y$。注意到，对于非受迫（无输入）的系统，总有 $\dot{z} = p(z, y)$。令 $V = \frac{1}{2}z^2$，则满足式 (5-37) 中的第一个和第三个条件。对于第二个条件，可以计算

$$\begin{aligned} \frac{\partial V(z - \hat{z})}{\partial z}(p(z) - p(\hat{z})) &= -(z - \hat{z})(z - \hat{z} + z^3 - \hat{z}^3) \\ &= -(z - \hat{z})^2(1 + z^2 - z\hat{z} + \hat{z}^2) \\ &= -(z - \hat{z})^2 \left\{1 + \frac{1}{2}\left[z^2 + \hat{z}^2 + (z - \hat{z})^2\right]\right\} \\ &\leqslant -(z - \hat{z})^2 \end{aligned}$$

所以，原系统满足式 (5-37) 中的所有条件。降维观测器可以设计为

$$\begin{aligned} \dot{\hat{z}} &= -(1 + \hat{z}^2)\hat{z} - y \\ \hat{x}_2 &= \hat{z} + y \end{aligned}$$

本例的仿真结果如图 8-1 和图 8-2 所示。

如果系统中存在关于状态的非线性项，通常来讲并没有系统的设计方法能够保证其估计误差全局收敛。在降维观测器的基础上，可以继续研究能变换成式 (8-34) 的形式的系统类型，并且针对这类系统设计非线性观测器。

考虑多输入非线性系统：

$$\begin{cases}\dot{\boldsymbol{x}}=\boldsymbol{A}\boldsymbol{x}+\boldsymbol{\phi}(\boldsymbol{y},\boldsymbol{u})+\boldsymbol{E}\boldsymbol{\varphi}(\boldsymbol{x},\boldsymbol{u})\\ \boldsymbol{y}=\boldsymbol{C}\boldsymbol{x}\end{cases}\tag{8-38}$$

式中，$\boldsymbol{x}\in\mathbb{R}^n$ 是系统状态；$\boldsymbol{y}\in\mathbb{R}^m$ 是系统输出；$\boldsymbol{u}\in\mathbb{R}^s$ 是控制输入；$\boldsymbol{\phi}$ 和 $\boldsymbol{\varphi}$ 都是具有合适维数的光滑向量场和光滑函数；$\boldsymbol{C}$、$\boldsymbol{E}$、$\boldsymbol{A}$ 都是具有合适维数的常数矩阵，且 $(\boldsymbol{A},\boldsymbol{C})$ 为可观测。

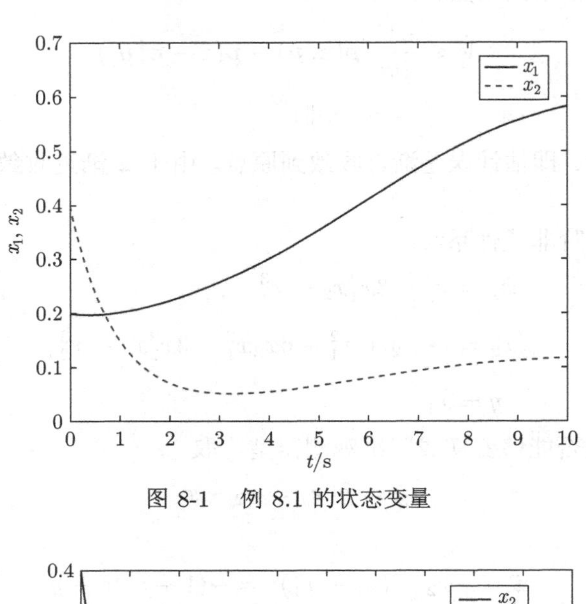

图 8-1　例 8.1 的状态变量

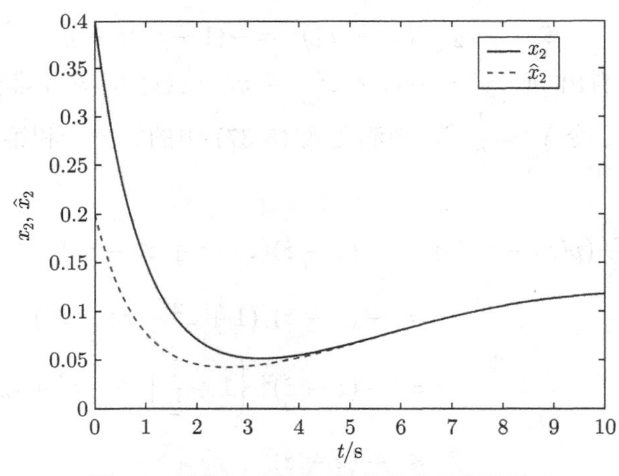

图 8-2　例 8.1 的不可测量状态及其估计

如果 $\boldsymbol{\varphi}=\mathbf{0}$，则式 (8-38) 退化为具有线性观测器误差的非线性系统，该系统的观测器可以通过输出注入的方法设计。但是增加了非线性项 $\boldsymbol{\varphi}$ 之后，非线性输出注入的方法不再能够得到线性观测器误差。这里可以将系统变换为降维观测器型，然后设计降维观测器估计不可测量状态。

不失一般性，假设矩阵 $\boldsymbol{C}$ 为行满秩。存在非奇异状态变换矩阵 $\boldsymbol{M}$，使得

$$\boldsymbol{C}\boldsymbol{M}^{-1}=[\boldsymbol{I}_m,\ \mathbf{0}_{m\times(n-m)}]$$

如果 $\text{span}\{\boldsymbol{E}\}$ 是 $\ker\{\boldsymbol{C}\}$ 在 $\mathbb{R}^n$ 的补子空间，则 $(\boldsymbol{C}\boldsymbol{M}^{-1})(\boldsymbol{M}\boldsymbol{E}) = \boldsymbol{C}\boldsymbol{E}$ 是可逆的。可以将矩阵 $\boldsymbol{M}\boldsymbol{E}$ 划分成

$$\boldsymbol{M}\boldsymbol{E} = \begin{bmatrix} \boldsymbol{E}_1 \\ \boldsymbol{E}_2 \end{bmatrix}$$

式中，$\boldsymbol{E}_1 \in \mathbb{R}^{m\times m}$，那么 $\boldsymbol{C}\boldsymbol{E} = \boldsymbol{E}_1$。进一步可以将 $\boldsymbol{M}\boldsymbol{x}$ 划分为

$$\boldsymbol{M}\boldsymbol{x} = \begin{bmatrix} \boldsymbol{\chi}_1 \\ \boldsymbol{\chi}_2 \end{bmatrix}$$

式中，$\boldsymbol{\chi}_1 \in \mathbb{R}^m$。所以

$$\boldsymbol{z} = \boldsymbol{g}(\boldsymbol{x}) = \boldsymbol{\chi}_2 - \boldsymbol{E}_2\boldsymbol{E}_1^{-1}\boldsymbol{\chi}_1 \tag{8-39}$$

注意到，这里 $\boldsymbol{\chi}_1 = \boldsymbol{y}$。使用划分

$$\boldsymbol{M}\boldsymbol{A}\boldsymbol{M}^{-1} = \begin{bmatrix} \boldsymbol{A}_{1,1} & \boldsymbol{A}_{1,2} \\ \boldsymbol{A}_{2,1} & \boldsymbol{A}_{2,2} \end{bmatrix}$$

以及

$$\boldsymbol{M}\boldsymbol{\phi} = \begin{bmatrix} \boldsymbol{\phi}_1 \\ \boldsymbol{\phi}_2 \end{bmatrix}$$

则 $\boldsymbol{\chi}_1$ 和 $\boldsymbol{\chi}_2$ 的动态可以写为

$$\dot{\boldsymbol{\chi}}_1 = \boldsymbol{A}_{1,1}\boldsymbol{\chi}_1 + \boldsymbol{A}_{1,2}\boldsymbol{\chi}_2 + \boldsymbol{\phi}_1 + \boldsymbol{E}_1\boldsymbol{\varphi}$$

$$\dot{\boldsymbol{\chi}}_2 = \boldsymbol{A}_{2,1}\boldsymbol{\chi}_1 + \boldsymbol{A}_{2,2}\boldsymbol{\chi}_2 + \boldsymbol{\phi}_2 + \boldsymbol{E}_2\boldsymbol{\varphi}$$

从而得到 $\boldsymbol{z}$ 的动态：

$$\begin{aligned}\dot{\boldsymbol{z}} &= \boldsymbol{A}_{2,1}\boldsymbol{\chi}_1 + \boldsymbol{A}_{2,2}\boldsymbol{\chi}_2 + \boldsymbol{\phi}_2 - \boldsymbol{E}_2\boldsymbol{E}_1^{-1}(\boldsymbol{A}_{1,1}\boldsymbol{\chi}_1 + \boldsymbol{A}_{1,2}\boldsymbol{\chi}_2 + \boldsymbol{\phi}_1) \\ &= (\boldsymbol{A}_{2,2} - \boldsymbol{E}_2\boldsymbol{E}_1^{-1}\boldsymbol{A}_{1,2})\boldsymbol{\chi}_2 + (\boldsymbol{A}_{2,1} - \boldsymbol{E}_2\boldsymbol{E}_1^{-1}\boldsymbol{A}_{1,1})\boldsymbol{\chi}_1 + \boldsymbol{\phi}_2 - \boldsymbol{E}_2\boldsymbol{E}_1^{-1}\boldsymbol{\phi}_1 \\ &= (\boldsymbol{A}_{2,2} - \boldsymbol{E}_2\boldsymbol{E}_1^{-1}\boldsymbol{A}_{1,2})\boldsymbol{z} + \boldsymbol{q}(\boldsymbol{y}, \boldsymbol{u})\end{aligned} \tag{8-40}$$

式中：

$$\begin{aligned}\boldsymbol{q}(\boldsymbol{y}, \boldsymbol{u}) = {}& (\boldsymbol{A}_{2,2} - \boldsymbol{E}_2\boldsymbol{E}_1^{-1}\boldsymbol{A}_{1,2})\boldsymbol{E}_2\boldsymbol{E}_1^{-1}\boldsymbol{y} + (\boldsymbol{A}_{2,1} - \boldsymbol{E}_2\boldsymbol{E}_1^{-1}\boldsymbol{A}_{1,1})\boldsymbol{y} + \\ & \boldsymbol{\phi}_2(\boldsymbol{y}, \boldsymbol{u}) - \boldsymbol{E}_2\boldsymbol{E}_1^{-1}\boldsymbol{\phi}_1(\boldsymbol{y}, \boldsymbol{u})\end{aligned}$$

注意到，由于使用了式 (8-39)，非线性函数 $\boldsymbol{\varphi}(\boldsymbol{x}, \boldsymbol{u})$ 并未出现在 $\boldsymbol{z}$ 动态中。

注 8.8 使用状态变换之后，式 (8-40) 具有与式 (8-34) 相同的形式。所以，只要 $\dot{\boldsymbol{z}} = (\boldsymbol{A}_{2,2} - \boldsymbol{E}_2\boldsymbol{E}_1^{-1}\boldsymbol{A}_{1,2})\boldsymbol{z}$ 是微分稳定的，则可以设计降维观测器。注意到，这是一个线性系统。所以该系统为微分稳定，当且仅当它是渐近稳定的，即矩阵 $\boldsymbol{A}_{2,2} - \boldsymbol{E}_2\boldsymbol{E}_1^{-1}\boldsymbol{A}_{1,2}$ 的全部特征值具有负实部。

按照式 (8-35) 的形式，可以设计降维观测器为

$$\dot{\hat{\boldsymbol{z}}} = (\boldsymbol{A}_{2,2} - \boldsymbol{E}_2\boldsymbol{E}_1^{-1}\boldsymbol{A}_{1,2})\hat{\boldsymbol{z}} + \boldsymbol{q}(\boldsymbol{y}, \boldsymbol{u}) \tag{8-41}$$

状态 $\boldsymbol{x}$ 的估计为

$$\hat{\boldsymbol{x}} = \boldsymbol{M}^{-1}\begin{bmatrix} \boldsymbol{y} \\ \boldsymbol{z} + \boldsymbol{E}_2\boldsymbol{E}_1^{-1}\boldsymbol{y} \end{bmatrix} \tag{8-42}$$

定理 8.8　对于式 (8-38)，如果

1）$\boldsymbol{C}$ 为行满秩，且 $\text{span}\{\boldsymbol{E}\}$ 为 $\ker\{\boldsymbol{C}\}$ 在 $\mathbb{R}^n$ 中的补子空间；

2）$(\boldsymbol{A},\boldsymbol{E},\boldsymbol{C})$ 的所有不变零点都具有负实部。

则该系统能够变换为降维观测器型, 且由式 (8-41) 和式 (8-42) 给出的估计状态 $\hat{\boldsymbol{z}}$ 和 $\hat{\boldsymbol{x}}$ 分别指数收敛到 $\boldsymbol{z}$ 和 $\boldsymbol{x}$。

证明：这里需要证明 $\dot{\boldsymbol{z}}=\boldsymbol{p}(\boldsymbol{z},\boldsymbol{y})$ 是微分稳定的，然后可以使用定理 8.7 证明降维观测器的估计误差渐近收敛。又由于估计误差动态是线性的，所以渐近收敛也是指数收敛。

对于式 (8-41)，有

$$\boldsymbol{p}(\boldsymbol{z},\boldsymbol{y})=(\boldsymbol{A}_{2,2}-\boldsymbol{E}_2\boldsymbol{E}_1^{-1}\boldsymbol{A}_{1,2})\boldsymbol{z}$$

对于 $\boldsymbol{z}$ 是线性的。因此，只要能证明 $\boldsymbol{A}_{2,2}-\boldsymbol{E}_2\boldsymbol{E}_1^{-1}\boldsymbol{A}_{1,2}$ 为 Hurwitz 矩阵，即可得到定理结论。可以看出，$\boldsymbol{A}_{2,2}-\boldsymbol{E}_2\boldsymbol{E}_1^{-1}\boldsymbol{A}_{1,2}$ 的特征值就是 $(\boldsymbol{A},\boldsymbol{E},\boldsymbol{C})$ 的不变零点。实际上，有

$$\begin{aligned}\begin{bmatrix}\boldsymbol{M} & 0\\ 0 & \boldsymbol{I}_m\end{bmatrix}\begin{bmatrix}s\boldsymbol{I}-\boldsymbol{A} & \boldsymbol{E}\\ \boldsymbol{C} & 0\end{bmatrix}\begin{bmatrix}\boldsymbol{M}^{-1} & 0\\ 0 & \boldsymbol{I}_m\end{bmatrix}&=\begin{bmatrix}s\boldsymbol{I}-\boldsymbol{M}\boldsymbol{A}\boldsymbol{M}^{-1} & \boldsymbol{M}\boldsymbol{E}\\ \boldsymbol{C}\boldsymbol{M}^{-1} & 0\end{bmatrix}\\ &=\begin{bmatrix}s\boldsymbol{I}_m-\boldsymbol{A}_{1,1} & -\boldsymbol{A}_{1,2} & \boldsymbol{E}_1\\ -\boldsymbol{A}_{2,1} & s\boldsymbol{I}_{n-m}-\boldsymbol{A}_{2,2} & \boldsymbol{E}_2\\ \boldsymbol{I}_m & 0 & 0\end{bmatrix}\end{aligned}$$

上式右乘如下矩阵：

$$\begin{bmatrix}\boldsymbol{I}_m & 0 & 0\\ -\boldsymbol{E}_2\boldsymbol{E}_1^{-1} & \boldsymbol{I}_{n-m} & 0\\ 0 & 0 & \boldsymbol{I}_m\end{bmatrix}$$

可以得到

$$\begin{aligned}&\begin{bmatrix}\boldsymbol{I}_m & 0 & 0\\ -\boldsymbol{E}_2\boldsymbol{E}_1^{-1} & \boldsymbol{I}_{n-m} & 0\\ 0 & 0 & \boldsymbol{I}_m\end{bmatrix}\begin{bmatrix}s\boldsymbol{I}_m-\boldsymbol{A}_{1,1} & -\boldsymbol{A}_{1,2} & \boldsymbol{E}_1\\ -\boldsymbol{A}_{2,1} & s\boldsymbol{I}_{n-m}-\boldsymbol{A}_{2,2} & \boldsymbol{E}_2\\ \boldsymbol{I}_m & 0 & 0\end{bmatrix}\\ =&\begin{bmatrix}s\boldsymbol{I}_m-\boldsymbol{A}_{1,1} & -\boldsymbol{A}_{1,2} & \boldsymbol{E}_1\\ \boldsymbol{\Delta} & s\boldsymbol{I}_{n-m}-(\boldsymbol{A}_{2,2}-\boldsymbol{E}_2\boldsymbol{E}_1^{-1}\boldsymbol{A}_{1,2}) & 0\\ \boldsymbol{I}_m & 0 & 0\end{bmatrix}\end{aligned}$$

式中：

$$\boldsymbol{\Delta}=-\boldsymbol{E}_2\boldsymbol{E}_1^{-1}(s\boldsymbol{I}_m-\boldsymbol{A}_{1,1})-\boldsymbol{A}_{2,1}$$

由于 $\boldsymbol{E}_1$ 是可逆矩阵，所以任意使得

$$\begin{bmatrix}s\boldsymbol{I}-\boldsymbol{A} & \boldsymbol{E}\\ \boldsymbol{C} & 0\end{bmatrix}$$

降秩的 s 都是矩阵 $\boldsymbol{A}_{2,2}-\boldsymbol{E}_2\boldsymbol{E}_1^{-1}\boldsymbol{A}_{2,1}$ 的特征值。由第二个条件，即 $(\boldsymbol{A},\boldsymbol{E},\boldsymbol{C})$ 的不变零点都具有负实部，所以 $\boldsymbol{A}_{2,2}-\boldsymbol{E}_2\boldsymbol{E}_1^{-1}\boldsymbol{A}_{2,1}$ 为 Hurwitz 矩阵。

例 8.2　考虑三阶系统：

$$\dot{x}_1=-x_1+x_2-y_1+u+x_2x_3-x_1x_3$$

$$\dot{x}_2 = -x_1 + x_2 + x_3 - 2y_1 + u + y_1y_2 + x_2x_3$$

$$\dot{x}_3 = -y_1^2 + x_1x_3 + x_2x_3$$

$$y_1 = x_1$$

$$y_2 = -x_1 + x_2$$

所以，这里

$$\boldsymbol{\phi} = \begin{bmatrix} -y_1 + u \\ -2y_1 + y_1y_2 + u \\ -y_1^2 \end{bmatrix}, \quad \boldsymbol{\varphi} = \begin{bmatrix} x_2x_3 - x_1x_3 \\ x_1x_3 \end{bmatrix}$$

所以

$$\boldsymbol{A} = \begin{bmatrix} -1 & 1 & 0 \\ -1 & 1 & 1 \\ 0 & 0 & 0 \end{bmatrix}, \quad \boldsymbol{E} = \begin{bmatrix} 1 & 0 \\ 1 & 1 \\ 1 & 2 \end{bmatrix}, \quad \boldsymbol{C} = \begin{bmatrix} 1 & 0 & 0 \\ -1 & 1 & 0 \end{bmatrix}$$

可以看出，$(\boldsymbol{A}, \boldsymbol{C})$ 是可观测的，并且 $(\boldsymbol{A}, \boldsymbol{E}, \boldsymbol{C})$ 的不变零点为 -2。所以，定理 8.8 的条件全都满足。又因为 $x_2 = y_2 + y_1$，所以不可测量的状态仅为 x_3。根据前面介绍过的过程，有

$$\boldsymbol{M} = \begin{bmatrix} 1 & 0 & 0 \\ -1 & 1 & 0 \\ 0 & 0 & 1 \end{bmatrix}, \quad \boldsymbol{E}_1 = \begin{bmatrix} 1 & 0 \\ 0 & 1 \end{bmatrix}, \quad \boldsymbol{E}_2 = \begin{bmatrix} 1 & 2 \end{bmatrix}, \quad \boldsymbol{\chi}_1 = \begin{bmatrix} x_1 \\ x_2 - x_1 \end{bmatrix}, \quad \chi_2 = x_3$$

以及

$$z = x_3 - y_1 - 2y_2 = x_3 + x_1 - 2x_2$$

所以，这里

$$\boldsymbol{A}_{1,1} = \begin{bmatrix} 0 & 1 \\ 0 & 0 \end{bmatrix}, \quad \boldsymbol{A}_{1,2} = \begin{bmatrix} 0 \\ 1 \end{bmatrix}, \quad \boldsymbol{A}_{2,1} = \begin{bmatrix} 0 & 0 \end{bmatrix}, \quad A_{2,2} = 0$$

$$\boldsymbol{\phi}_1 = \begin{bmatrix} -y_1 + u \\ -y_1 + y_1y_2 \end{bmatrix}, \quad \phi_2 = -y_1^2$$

所以 z 的动态为

$$\dot{z} = -2z + q(y, u)$$

式中：

$$q(y, u) = y_1 - 5y_2 - y_1^2 - 2y_1y_2 - u$$

降维观测器可以设计为

$$\dot{\hat{z}} = -2\hat{z} + q(y, u)$$

$$\hat{x}_3 = \hat{z} + y_1 + 2y_2$$

本例的仿真结果如图 8-3 与图 8-4 所示，这里初值为 $\boldsymbol{x}(0) = [1, 0, 0.5]^{\mathrm{T}}$，输入信号为 $u = \sin t$。

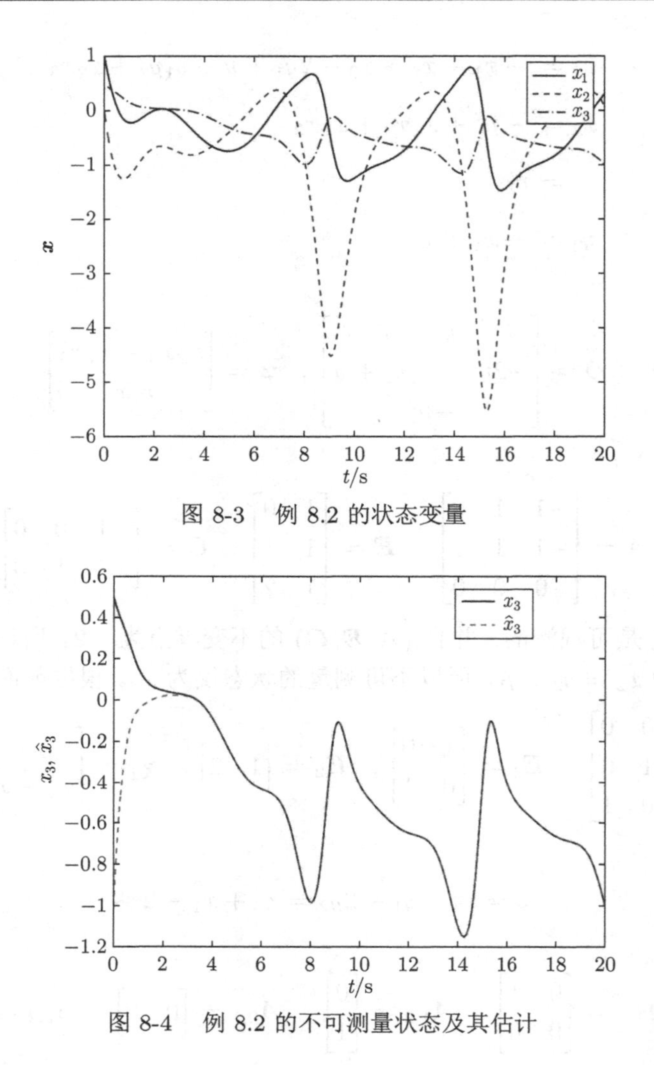

图 8-3 例 8.2 的状态变量

图 8-4 例 8.2 的不可测量状态及其估计

8.6 自适应观测器

如果动态系统中存在不确定参数，在某些情况下仍然可以使用自适应方法设计观测器估计不可测量状态。这种观测器称为自适应观测器。这里比较感兴趣系统的非线性项满足何种特定条件时可以设计自适应观测器。本节考虑两种类型的非线性系统，第一种类型为带有不确定参数的输出注入型非线性系统，第二种类型为带有不确定参数的非线性 Lipschitz 系统。

考虑单输出系统：

$$\begin{cases}\dot{\boldsymbol{x}} = \boldsymbol{A}\boldsymbol{x} + \boldsymbol{\phi}_0(y, \boldsymbol{u}) + \boldsymbol{b}\boldsymbol{\phi}^{\mathrm{T}}(y, \boldsymbol{u})\boldsymbol{\theta} \\ y = \boldsymbol{C}\boldsymbol{x}\end{cases} \tag{8-43}$$

式中，$\boldsymbol{x} \in \mathbb{R}^n$ 是系统状态；$y \in \mathbb{R}$ 是系统输出；$\boldsymbol{u} \in \mathbb{R}^s$ 是控制输入或者其他已知变量；$\boldsymbol{A}$、$\boldsymbol{b}$、$\boldsymbol{C}$ 都是具有合适维数的常数矩阵，且满足 $(\boldsymbol{A}, \boldsymbol{C})$ 完全可观测；$\boldsymbol{\theta} \in \mathbb{R}^r$ 是未知参数向量；$\boldsymbol{\phi}_0 : \mathbb{R}^m \times \mathbb{R}^s \to \mathbb{R}^n$ 和 $\boldsymbol{\phi} : \mathbb{R}^m \times \mathbb{R}^s \to \mathbb{R}^n$ 都是连续函数。如果参数向量 $\boldsymbol{\theta}$ 为已知，则该系统具有输出注入形式。

如果由 $(\boldsymbol{A}, \boldsymbol{b}, \boldsymbol{C})$ 描述的线性系统具有相对阶 1 且为最小相位系统，则可以设计观测

器增益 $\boldsymbol{L}\in\mathbb{R}^n$，使得由 $(\boldsymbol{A}-\boldsymbol{LC},\boldsymbol{b},\boldsymbol{C})$ 描述的线性系统为正实系统。这种情况下，总存在正实矩阵 $\boldsymbol{P}$ 和 $\boldsymbol{Q}$，使得

$$(\boldsymbol{A}-\boldsymbol{LC})^{\mathrm{T}}\boldsymbol{P}+\boldsymbol{P}(\boldsymbol{A}-\boldsymbol{LC})=-\boldsymbol{Q} \tag{8-44}$$

$$\boldsymbol{Pb}=\boldsymbol{C}^{\mathrm{T}} \tag{8-45}$$

考虑观测器：

$$\dot{\hat{\boldsymbol{x}}}=\boldsymbol{A}\hat{\boldsymbol{x}}+\boldsymbol{\phi}_0(y,\boldsymbol{u})+\boldsymbol{b}\boldsymbol{\phi}^{\mathrm{T}}(y,\boldsymbol{u})\hat{\boldsymbol{\theta}}+\boldsymbol{L}(y-\boldsymbol{C}\hat{\boldsymbol{x}}) \tag{8-46}$$

式中，$\hat{\boldsymbol{x}}$ 是 $\boldsymbol{x}$ 的估计；$\hat{\boldsymbol{\theta}}$ 是 $\boldsymbol{\theta}$ 的估计。现在需要为 $\hat{\boldsymbol{\theta}}$ 设计自适应律。令 $\tilde{\boldsymbol{x}}=\boldsymbol{x}-\hat{\boldsymbol{x}}$，则观测器误差动态为

$$\dot{\tilde{\boldsymbol{x}}}=(\boldsymbol{A}-\boldsymbol{LC})\tilde{\boldsymbol{x}}+\boldsymbol{b}\boldsymbol{\phi}^{\mathrm{T}}(y,\boldsymbol{u})\tilde{\boldsymbol{\theta}} \tag{8-47}$$

式中，$\tilde{\boldsymbol{\theta}}=\boldsymbol{\theta}-\hat{\boldsymbol{\theta}}$。

考虑备选李雅普诺夫函数：

$$V=\tilde{\boldsymbol{x}}^{\mathrm{T}}P\tilde{\boldsymbol{x}}+\tilde{\boldsymbol{\theta}}^{\mathrm{T}}\boldsymbol{\Gamma}^{-1}\tilde{\boldsymbol{\theta}}$$

式中，$\boldsymbol{\Gamma}\in\mathbb{R}^{n\times n}$ 是正定矩阵。根据式 (8-44) 和式 (8-47)，备选李雅普诺夫函数的导数为

$$\begin{aligned}\dot{V}&=\tilde{\boldsymbol{x}}^{\mathrm{T}}\left[(\boldsymbol{A}-\boldsymbol{LC})^{\mathrm{T}}\boldsymbol{P}+\boldsymbol{P}(\boldsymbol{A}-\boldsymbol{LC})\right]\tilde{\boldsymbol{x}}+2\tilde{\boldsymbol{x}}^{\mathrm{T}}\boldsymbol{Pb}\boldsymbol{\phi}^{\mathrm{T}}(y,\boldsymbol{u})\tilde{\boldsymbol{\theta}}+2\dot{\tilde{\boldsymbol{\theta}}}^{\mathrm{T}}\boldsymbol{\Gamma}^{-1}\tilde{\boldsymbol{\theta}}\\&=-\tilde{\boldsymbol{x}}^{\mathrm{T}}\boldsymbol{Q}\tilde{\boldsymbol{x}}+2\tilde{\boldsymbol{x}}^{\mathrm{T}}\boldsymbol{C}^{\mathrm{T}}\boldsymbol{\phi}^{\mathrm{T}}(y,\boldsymbol{u})\tilde{\boldsymbol{\theta}}-2\dot{\hat{\boldsymbol{\theta}}}^{\mathrm{T}}\boldsymbol{\Gamma}^{-1}\tilde{\boldsymbol{\theta}}\\&=-\tilde{\boldsymbol{x}}^{\mathrm{T}}\boldsymbol{Q}\tilde{\boldsymbol{x}}-2\big[\dot{\hat{\boldsymbol{\theta}}}-(y-\boldsymbol{C}\hat{\boldsymbol{x}})\boldsymbol{\Gamma}\boldsymbol{\phi}(y,\boldsymbol{u})\big]^{\mathrm{T}}\boldsymbol{\Gamma}^{-1}\tilde{\boldsymbol{\theta}}\end{aligned}$$

自适应律可以设计为

$$\dot{\hat{\boldsymbol{\theta}}}=(y-\boldsymbol{C}\hat{\boldsymbol{x}})\boldsymbol{\Gamma}\boldsymbol{\phi}(y,\boldsymbol{u})$$

代入备选李雅普诺夫函数的导数中可得

$$\dot{V}=-\tilde{\boldsymbol{x}}^{\mathrm{T}}\boldsymbol{Q}\tilde{\boldsymbol{x}}$$

类似于自适应控制系统的稳定性分析，可以证明 $\lim\limits_{t\to\infty}\tilde{\boldsymbol{x}}(t)=\boldsymbol{0}$,，且 $\hat{\boldsymbol{\theta}}$ 是有界的。上述的推导结果可以总结在以下定理中。

定理 8.9 对于单输出系统式 (8-43)，如果线性系统 $(\boldsymbol{A},\boldsymbol{b},\boldsymbol{C})$ 是最小相位系统且相对阶为 1，则存在观测器增益 $\boldsymbol{L}$ 满足式 (8-44)，且可以设计自适应观测器：

$$\begin{aligned}\dot{\hat{\boldsymbol{x}}}&=\boldsymbol{A}\hat{\boldsymbol{x}}+\boldsymbol{\phi}_0(y,\boldsymbol{u})+\boldsymbol{b}\boldsymbol{\phi}^{\mathrm{T}}(y,\boldsymbol{u})\hat{\boldsymbol{\theta}}+\boldsymbol{L}(y-\boldsymbol{C}\hat{\boldsymbol{x}})\\\dot{\hat{\boldsymbol{\theta}}}&=(y-\boldsymbol{C}\hat{\boldsymbol{x}})\boldsymbol{\Gamma}\boldsymbol{\phi}(y,\boldsymbol{u})\end{aligned}$$

式中，$\boldsymbol{\Gamma}$ 是具有合适维数的正定矩阵，使得观测器的估计误差渐近收敛，且自适应估计参数有界。

注 8.9 这里可以给出定理 8.9 的一个特例。不失一般性，假设

$$\boldsymbol{A}=\begin{bmatrix}0&1&0&\cdots&0\\0&0&1&\cdots&0\\\vdots&\vdots&\vdots&&\vdots\\0&0&0&\cdots&1\\0&0&0&\cdots&0\end{bmatrix},\quad\boldsymbol{b}=\begin{bmatrix}b_1\\b_2\\\vdots\\b_{n-1}\\b_n\end{bmatrix},\quad\boldsymbol{C}=[1\quad0\quad\cdots\quad0\quad0]$$

式中，$b_1 \neq 0$，这是由于系统相对阶为 1。对于相对阶为 1 且可观测的系统，总存在可逆状态变换，使得系统变换为可观标准型。进一步，将可观标准型中状态矩阵的第一列移到 $\boldsymbol{\phi}_0(y,\boldsymbol{u})$ 中，即可得到上述 $\boldsymbol{A}$ 矩阵。由于上述系统为最小相位系统，则 $\boldsymbol{b}$ 为 Hurwitz 矩阵，即

$$B(s) = b_1 s^{n-1} + b_2 s^{n-2} + \cdots + b_{n-1}s + b_n = 0$$

的根都位于复平面的左半平面。这种情况下，可以设计观测器增益将系统所有零点消掉。令 $\boldsymbol{L} = [l_1, l_2, \cdots, l_n]$，则应该选择 $\boldsymbol{L}$ 使得

$$s^n + l_1 s^{n-1} + \cdots + l_{n-1}s + l_n = B(s)(s+\lambda)$$

式中，λ 是正实常数。上述多项式方程即

$$\boldsymbol{L} = (\lambda \boldsymbol{I} + \boldsymbol{A})\boldsymbol{b}$$

该观测器增益保证

$$\boldsymbol{C}[s\boldsymbol{I} - (\boldsymbol{A} - \boldsymbol{LC})]^{-1}\boldsymbol{b} = \frac{1}{s+\lambda}$$

显然，这是严格正实传递函数。

现在考虑一类 Lipschitz 非线性系统的自适应观测器设计。考虑非线性系统：

$$\begin{cases} \dot{\boldsymbol{x}} = \boldsymbol{Ax} + \boldsymbol{\phi}_0(\boldsymbol{x},\boldsymbol{u}) + \boldsymbol{b}\boldsymbol{\phi}^{\mathrm{T}}(\boldsymbol{x},\boldsymbol{u})\boldsymbol{\theta} \\ y = \boldsymbol{Cx} \end{cases} \tag{8-48}$$

式中，$\boldsymbol{x} \in \mathbb{R}^n$ 是系统状态；$y \in \mathbb{R}$ 是系统输出；$\boldsymbol{u} \in \mathbb{R}^s$ 是控制输入，或者是其他已知变量；$\boldsymbol{A}$、$\boldsymbol{b}$、$\boldsymbol{C}$ 都是具有合适维数的常数矩阵，且满足 $(\boldsymbol{A},\boldsymbol{C})$ 完全可观测；$\boldsymbol{\theta} \in \mathbb{R}^r$ 是未知参数向量；$\boldsymbol{\phi}_0 : \mathbb{R}^n \times \mathbb{R}^s \to \mathbb{R}^n$ 和 $\boldsymbol{\phi} : \mathbb{R}^n \times \mathbb{R}^s \to \mathbb{R}^r$ 都是 Lipschitz 非线性函数，且 Lipschitz 常数分别为 γ_1 和 γ_2。

上述系统与式 (8-43) 的不同之处在于非线性函数，式 (8-43) 的非线性函数仅为输出与输入的函数；但是，如果不要求估计误差全局收敛，则并不需要满足全局 Lipschitz 条件。

对于式 (8-48)，可以设计自适应状态观测器：

$$\begin{cases} \dot{\hat{\boldsymbol{x}}} = \boldsymbol{A}\hat{\boldsymbol{x}} + \boldsymbol{\phi}_0(\hat{\boldsymbol{x}},\boldsymbol{u}) + \boldsymbol{b}\boldsymbol{\phi}^{\mathrm{T}}(\hat{\boldsymbol{x}},\boldsymbol{u})\hat{\boldsymbol{\theta}} + \boldsymbol{L}(y - \boldsymbol{C}\hat{\boldsymbol{x}}) \\ \dot{\hat{\boldsymbol{\theta}}} = (y - \boldsymbol{C}\hat{\boldsymbol{x}})\boldsymbol{\Gamma}\boldsymbol{\phi}(\hat{\boldsymbol{x}},\boldsymbol{u}) \end{cases} \tag{8-49}$$

式中，$\boldsymbol{L} \in \mathbb{R}^n$ 是观测器增益；$\boldsymbol{\Gamma}$ 是具有合适维数的正定矩阵。

当非线性方程中出现了除输出之外的系统状态分量时，通常需要非线性函数满足 Lipschitz 条件。这种情况下，对于观测器的设计要求比非线性函数中只含输出项时强。

定理 8.10　对于式 (8-48)，由自适应观测器式 (8-49) 给出的状态估计为渐近收敛到真值的充分条件为，存在正定矩阵 $\boldsymbol{P}$ 满足

$$\begin{cases} (\boldsymbol{A} - \boldsymbol{LC})^{\mathrm{T}}\boldsymbol{P} + \boldsymbol{P}(\boldsymbol{A} - \boldsymbol{LC}) + (\gamma_1 + \gamma_2\gamma_3\|\boldsymbol{b}\|)(\boldsymbol{PP} + \boldsymbol{I}) + \epsilon\boldsymbol{I} \leqslant \boldsymbol{0} \\ \boldsymbol{Pb} = \boldsymbol{C}^{\mathrm{T}} \end{cases} \tag{8-50}$$

式中，$\gamma_3 \geqslant \|\boldsymbol{\theta}\|$，且 ϵ 是正实常数。

证明：令 $\tilde{\boldsymbol{x}} = \boldsymbol{x} - \hat{\boldsymbol{x}}$，则

$$\dot{\tilde{\boldsymbol{x}}} = (\boldsymbol{A} - \boldsymbol{LC})\tilde{\boldsymbol{x}} + \boldsymbol{\phi}_0(\boldsymbol{x},\boldsymbol{u}) - \boldsymbol{\phi}_0(\hat{\boldsymbol{x}},\boldsymbol{u}) + \boldsymbol{b}\left(\boldsymbol{\phi}^{\mathrm{T}}(\boldsymbol{x},\boldsymbol{u})\boldsymbol{\theta} - \boldsymbol{\phi}^{\mathrm{T}}(\hat{\boldsymbol{x}},\boldsymbol{u})\hat{\boldsymbol{\theta}}\right)$$

$$= (\boldsymbol{A} - \boldsymbol{LC})\tilde{\boldsymbol{x}} + \boldsymbol{\phi}_0(\boldsymbol{x}, \boldsymbol{u}) - \boldsymbol{\phi}_0(\hat{\boldsymbol{x}}, \boldsymbol{u}) + \boldsymbol{b}\left(\boldsymbol{\phi}(\boldsymbol{x}, \boldsymbol{u}) - \boldsymbol{\phi}(\hat{\boldsymbol{x}}, \boldsymbol{u})\right)^{\mathrm{T}} \boldsymbol{\theta} + \boldsymbol{b}\boldsymbol{\phi}^{\mathrm{T}}(\hat{\boldsymbol{x}}, \boldsymbol{u})\tilde{\boldsymbol{\theta}}$$

式中，$\tilde{\boldsymbol{\theta}} = \boldsymbol{\theta} - \hat{\boldsymbol{\theta}}$。选择备选李雅普诺夫函数：

$$V = \tilde{\boldsymbol{x}}^{\mathrm{T}} P \tilde{\boldsymbol{x}} + \tilde{\boldsymbol{\theta}}^{\mathrm{T}} \boldsymbol{\Gamma}^{-1} \tilde{\boldsymbol{\theta}}$$

则其沿着系统解的导数为

$$\begin{aligned}\dot{V} = & \tilde{\boldsymbol{x}}^{\mathrm{T}} \left[(\boldsymbol{A} - \boldsymbol{LC})^{\mathrm{T}} \boldsymbol{P} + \boldsymbol{P}(\boldsymbol{A} - \boldsymbol{LC})\right] \tilde{\boldsymbol{x}} + 2\tilde{\boldsymbol{x}}^{\mathrm{T}} \boldsymbol{P}(\boldsymbol{\phi}_0(\boldsymbol{x}, \boldsymbol{u}) - \boldsymbol{\phi}_0(\hat{\boldsymbol{x}}, \boldsymbol{u})) + \\ & 2\tilde{\boldsymbol{x}}^{\mathrm{T}} \boldsymbol{Pb}\left(\boldsymbol{\phi}(\boldsymbol{x}, \boldsymbol{u}) - \boldsymbol{\phi}(\hat{\boldsymbol{x}}, \boldsymbol{u})\right)^{\mathrm{T}} \boldsymbol{\theta} + 2\tilde{\boldsymbol{x}}^{\mathrm{T}} \boldsymbol{Pb}\boldsymbol{\phi}^{\mathrm{T}}(\hat{\boldsymbol{x}}, \boldsymbol{u})\tilde{\boldsymbol{\theta}} + 2\dot{\tilde{\boldsymbol{\theta}}}^{\mathrm{T}} \boldsymbol{\Gamma}^{-1} \tilde{\boldsymbol{\theta}}\end{aligned}$$

由于 $\boldsymbol{\phi}$ 和 $\boldsymbol{\phi}_0$ 满足 Lipschitz 条件，故有

$$2\tilde{\boldsymbol{x}}^{\mathrm{T}} \boldsymbol{P}(\boldsymbol{\phi}_0(\boldsymbol{x}, \boldsymbol{u}) - \boldsymbol{\phi}_0(\hat{\boldsymbol{x}}, \boldsymbol{u})) \leqslant \gamma_1 \tilde{\boldsymbol{x}}^{\mathrm{T}} (\boldsymbol{PP} + \boldsymbol{I})\tilde{\boldsymbol{x}}$$

$$2\tilde{\boldsymbol{x}}^{\mathrm{T}} \boldsymbol{Pb}\left(\boldsymbol{\phi}(\boldsymbol{x}, \boldsymbol{u}) - \boldsymbol{\phi}(\hat{\boldsymbol{x}}, \boldsymbol{u})\right)^{\mathrm{T}} \boldsymbol{\theta} \leqslant \gamma_2 \gamma_3 \|\boldsymbol{b}\| \tilde{\boldsymbol{x}}^{\mathrm{T}} (\boldsymbol{PP} + \boldsymbol{I})\tilde{\boldsymbol{x}}$$

进而，根据自适应律和式 (8-50)，可以计算得到

$$\begin{aligned}\dot{V} \leqslant & \tilde{\boldsymbol{x}}^{\mathrm{T}} \left[(\boldsymbol{A} - \boldsymbol{LC})^{\mathrm{T}} \boldsymbol{P} + \boldsymbol{P}(\boldsymbol{A} - \boldsymbol{LC}) + (\gamma_1 + \gamma_2 \gamma_3 \|\boldsymbol{b}\|)(\boldsymbol{PP} + \boldsymbol{I})\right] \tilde{\boldsymbol{x}} + \\ & 2\tilde{\boldsymbol{x}}^{\mathrm{T}} \boldsymbol{C}^{\mathrm{T}} \boldsymbol{\phi}^{\mathrm{T}}(\hat{\boldsymbol{x}}, \boldsymbol{u})\tilde{\boldsymbol{\theta}} - 2\dot{\hat{\boldsymbol{\theta}}}^{\mathrm{T}} \boldsymbol{\Gamma}^{-1} \tilde{\boldsymbol{\theta}} \\ \leqslant & -\epsilon \tilde{\boldsymbol{x}}^{\mathrm{T}} \tilde{\boldsymbol{x}}\end{aligned}$$

所以，变量 $\tilde{\boldsymbol{x}}$ 和 $\tilde{\boldsymbol{\theta}}$ 都是有界的，并且 $\tilde{\boldsymbol{x}} \in L_2 \cap L_\infty$。由于所有信号都是有界的，$\dot{\tilde{\boldsymbol{x}}}$ 是有界的，所以 $\tilde{\boldsymbol{x}}$ 一致连续，根据 Barbalat 引理可以得到 $\lim\limits_{t \to \infty} \tilde{\boldsymbol{x}}(t) = \boldsymbol{0}$。

8.7 补充学习

线性观测器的内容可以在线性系统相关教材中找到，如参考文献 [2]。非线性观测器的早期结果可以追溯到参考文献 [27]。关于输出注入的结果可以参考文献 [28]。基于输出注入的状态反馈的几何条件请参考文献 [15]，[21]。关于线性观测误差的研究可以参考文献 [29]。具有 Lipschitz 输出非线性环节系统的观测器设计可以参考文献 [30]。降维观测器的详细内容请参考文献 [31]。非线性系统自适应观测器的相关结果请参考文献 [15]。

第 9 章 反步设计

对于非线性系统，稳定性的结果取决于是否能够找到李雅普诺夫函数。非线性控制则是试图通过设计控制器，使得备选李雅普诺夫函数符合李雅普诺夫函数的要求。在第 7 章中，自适应律的设计就是遵循这种方式，它使得备选李雅普诺夫函数的导数为半负定。反步法是基于李雅普诺夫函数的非线性设计方法，它使得某个已知控制器能够扩展到具有某种特定形式的增广系统。其中一种增广情况就是，原系统的输入端可以增加一个积分环节。利用反步法，可以在原系统控制器的基础上设计这类增广系统控制器，且这种方法可以迭代使用以应对更高阶的增广系统。对于非线性控制，其系统化的设计方法不多，而反步法则是一种系统化的设计方法。本章首先介绍积分型增广系统的反步法设计，然后介绍基于状态反馈的迭代反步法，也会介绍基于输出反馈的反步设计，以及存在参数不确定情况下的自适应反步法。

9.1 积分反步法

考虑非线性系统：

$$\begin{cases}\dot{\boldsymbol{x}} = \boldsymbol{f}(\boldsymbol{x}) + \boldsymbol{g}(\boldsymbol{x})\xi \\ \dot{\xi} = u\end{cases} \tag{9-1}$$

式中，$\boldsymbol{x} \in \mathbb{R}^n$ 和 $\xi \in \mathbb{R}$ 是系统状态；$u \in \mathbb{R}$ 是控制输入；$\boldsymbol{f}: \mathbb{R}^n \to \mathbb{R}^n$ 且 $\boldsymbol{f}(\boldsymbol{0}) = \boldsymbol{0}$ 以及 $\boldsymbol{g}: \mathbb{R}^n \to \mathbb{R}^n$ 都是连续函数。可以将式 (9-1)看作是一个以 ξ 为输入，$\boldsymbol{x}$ 为状态的原系统。系统输入 ξ 由输入为 u 的积分器给出，即在原系统上串联一个积分器。

假设对于原系统，存在已经设计好的控制输入 $\xi = \alpha(\boldsymbol{x})$ 使得闭环系统原点为全局渐近稳定，$\alpha(\boldsymbol{x})$ 可微，且满足 $\alpha(\boldsymbol{0}) = 0$。进一步地，假设对于原系统存在李雅普诺夫函数 $V(\boldsymbol{x})$，使得

$$\frac{\partial V}{\partial \boldsymbol{x}}\left(\boldsymbol{f}(\boldsymbol{x}) + \boldsymbol{g}(\boldsymbol{x})\alpha(\boldsymbol{x})\right) \leqslant W(\boldsymbol{x}) \tag{9-2}$$

式中，$W(\boldsymbol{x})$ 是正定函数。即 $\dot{\boldsymbol{x}} = \boldsymbol{f}(\boldsymbol{x}) + \boldsymbol{g}(\boldsymbol{x})\alpha(\boldsymbol{x})$ 的原点为渐近稳定。

接下来考虑式 (9-1) 中的原系统部分：

$$\dot{\boldsymbol{x}} = \boldsymbol{f}(\boldsymbol{x}) + \boldsymbol{g}(\boldsymbol{x})\alpha(\boldsymbol{x}) + \boldsymbol{g}(\boldsymbol{x})(\xi - \alpha(\boldsymbol{x}))$$

很明显，如果能够设计 $u = u(\boldsymbol{x}, \xi)$ 使得 ξ 能够收敛到 $\alpha(\boldsymbol{x})$，则有可能保证整个闭环系统稳定。定义跟踪误差：

$$z = \xi - \alpha(\boldsymbol{x})$$

则在 $(\boldsymbol{x}, z)$ 坐标系下系统动态为

$$\dot{\boldsymbol{x}} = \boldsymbol{f}(\boldsymbol{x}) + \boldsymbol{g}(\boldsymbol{x})\alpha(\boldsymbol{x}) + \boldsymbol{g}(\boldsymbol{x})z$$

$$\dot{z}=u-\dot{\alpha}=u-\frac{\partial\alpha}{\partial\boldsymbol{x}}(\boldsymbol{f}(\boldsymbol{x})-\boldsymbol{g}(\boldsymbol{x})\xi)$$

考虑备选李雅普诺夫函数:

$$V_c(\boldsymbol{x},z)=V(\boldsymbol{x})+\frac{1}{2}z^2$$

则其导数为

$$\begin{aligned}\dot{V}_c=&\frac{\partial V}{\partial\boldsymbol{x}}(\boldsymbol{f}(\boldsymbol{x})+\boldsymbol{g}(\boldsymbol{x})\alpha(\boldsymbol{x}))+\frac{\partial V}{\partial\boldsymbol{x}}\boldsymbol{g}(\boldsymbol{x})z+z\left[u-\frac{\partial\alpha}{\partial\boldsymbol{x}}(\boldsymbol{f}(\boldsymbol{x})+\boldsymbol{g}(\boldsymbol{x})\xi)\right]\\=&-W(\boldsymbol{x})+z\left[u+\frac{\partial V}{\partial\boldsymbol{x}}\boldsymbol{g}(\boldsymbol{x})-\frac{\partial\alpha}{\partial\boldsymbol{x}}(\boldsymbol{f}(\boldsymbol{x})+\boldsymbol{g}(\boldsymbol{x})\xi)\right]\end{aligned}$$

令控制输入为

$$u=-cz-\frac{\partial V}{\partial\boldsymbol{x}}\boldsymbol{g}(\boldsymbol{x})+\frac{\partial\alpha}{\partial\boldsymbol{x}}(\boldsymbol{f}(\boldsymbol{x})+\boldsymbol{g}(\boldsymbol{x})\xi)\tag{9-3}$$

式中，$c>0$，则

$$\dot{V}_c=-W(\boldsymbol{x})-cz^2$$

即备选李雅普诺夫函数的导数对于状态 $(\boldsymbol{x},z)$ 为负定。所以，V_c 为李雅普诺夫函数，并且系统原点为全局渐近稳定。由 $\alpha(\mathbf{0})=0$，可以得到坐标系 $(\boldsymbol{x},\xi)$ 的原点为全局渐近稳定。即式 (9-1) 在式 (9-3) 作用下为全局渐近稳定。上述推导的结论可以由下列引理描述。

引理 9.1 对于式 (9-1)，如果存在可微函数 $\alpha(\boldsymbol{x})$ 以及正定函数 $V(\boldsymbol{x})$ 使得式 (9-2) 成立，则式 (9-3) 保证闭环系统的原点全局渐近稳定。

注 9.1 考虑式 (9-1) 的结构，如果 ξ 视作是 $\boldsymbol{x}$ 子系统的输入，则在不考虑 ξ 动态的情况下，$\xi=\alpha(\boldsymbol{x})$ 为满足要求的控制量。即 ξ 可以视为 $\boldsymbol{x}$ 子系统的虚拟控制。实际的控制 u 可以看作是考虑 ξ 动态情况下，再回到上一步设计针对 $\boldsymbol{x}$ 子系统的控制，所以这种设计方法叫作反步法。

例 9.1 考虑系统:

$$\dot{x}_1=x_1^2+x_2$$

$$\dot{x}_2=u$$

这里可以使用反步法设计控制 u。首先可以设计 $\alpha(x_1)$ 镇定:

$$\dot{x}_1=x_1^2+\alpha(x_1)$$

例如，可以设计

$$\alpha(x_1)=-c_1x_1-x_1^2$$

式中，$c_1>0$ 是常数。这里选取的 $\alpha(x_1)$ 使得 x_1 子系统动态为

$$\dot{x}_1=-c_1x_1$$

所以，只要取

$$V(x_1)=\frac{1}{2}x_1^2$$

则

$$\dot{V}(x_1) = -c_1 x_1^2$$

所以，该系统满足引理 9.1 的条件，其中 $\alpha(x_1) = -c_1 x_1 - x_1^2$，$V(x_1) = \frac{1}{2}x_1^2$，$W(x_1) = c_1 x_1^2$。再按照式 (9-3) 可以设计出合适的控制 u。

或者，也可以直接使用反步法设计 u。令

$$z = x_2 - \alpha(x_1)$$

则在 (x_1, z) 坐标系中系统可以表示为

$$\dot{x}_1 = -c_1 x_1 + z$$

$$\dot{z} = u - \frac{\partial \alpha(x_1)}{\partial x_1}(x_1^2 + x_2)$$

式中：

$$\frac{\partial \alpha(x_1)}{\partial x_1} = -c_1 - 2x_1$$

令

$$V_c(x_1, z) = \frac{1}{2}x_1^2 + \frac{1}{2}z^2$$

则其沿着系统解的导数为

$$\dot{V}_c(x_1, z) = -c_1 x_1^2 + x_1 z + z\left[u - \frac{\partial \alpha(x_1)}{\partial x_1}(x_1^2 + x_2)\right]$$

可以设计 u 为

$$u = -x_1 - c_2 z + \frac{\partial \alpha(x_1)}{\partial x_1}(x_1^2 + x_2)$$

则

$$\dot{V}_c(x_1, z) = -c_1 x_1^2 - c_2 z^2$$

所以，系统在 (x_1, z) 坐标系中原点为渐近稳定。因为 $\alpha(0) = 0$，所以可以得到

$$\lim_{t\to\infty} x_2(t) = \lim_{t\to\infty}(z + \alpha(x_1)) = 0$$

即原系统在 (x_1, x_2) 坐标系中原点为渐近稳定。

在例 9.1 中，反步法可以针对带有非匹配非线性项的非线性系统设计控制器。系统中的非线性项如果只出现在含有 u 的方程中，则为匹配的非线性项。匹配的非线性项可以直接由 u 中符号相反表达式相同的项消掉。例 9.1 的系统中，x_1^2 出现在不含 u 的方程中，所以该非线性项是不匹配的。但是，该非线性项的方程中有虚拟控制 x_2。所以，非线性项是与虚拟控制匹配的，可以设计 $\alpha(x_1)$ 消掉非线性项。这里 $\alpha(x_1)$ 可以看作是镇定函数。反步法使得下一步的实际控制能够镇定整个系统。上述过程可以迭代使用，即找出虚拟控制，设计镇定函数，使用反步法设计更加复杂系统的控制器。

9.2　迭代反步法

考虑非线性系统：

$$\begin{cases}\dot{x}_1 = x_2 + \phi_1(x_1) \\ \dot{x}_2 = x_3 + \phi_2(x_1, x_2) \\ \quad\vdots \\ \dot{x}_{n-1} = x_n + \phi_{n-1}(x_1, x_2, \cdots, x_{n-1}) \\ \dot{x}_n = u + \phi_n(x_1, x_2, \cdots, x_n)\end{cases} \tag{9-4}$$

式中，$x_i \in \mathbb{R}$ $(i = 1, 2, \cdots, n)$ 是系统状态；$\phi_i : \mathbb{R} \times \cdots \times \mathbb{R} \to \mathbb{R}$ 是可微函数，其中 $i = 1, 2, \cdots, n$，$\phi_i(0, \cdots, 0) = 0$；$u \in \mathbb{R}$ 是控制输入。

当式 (9-4) 中的 x_{i+1} 看作是虚拟控制时，非线性函数 ϕ_i 可以看作是匹配的非线性项，使用反步法可以将问题继续转化为设计下一步的虚拟控制。这个过程从 $i = 1$ 开始，直至 $i = n - 1$ 时开始出现实际控制 u。对于式 (9-4)，迭代反步法的过程需要 n 步设计。每一步的设计中，都可以使用引理 9.1 来分析。这里，为了表述简单，省去每一步中的分析，而是设计完实际控制之后整体分析闭环系统稳定性。

令

$$z_1 = x_1$$

$$z_i = x_i - \alpha_{i-1}(x_1, \cdots, x_{i-1}), \quad i = 2, \cdots, n$$

式中，α_{i-1} 是迭代反步法中每一步设计的镇定函数。

步骤 1 可以计算 z_1 的动态为

$$\begin{aligned}\dot{z}_1 &= (x_2 - \alpha_1) + \alpha_1 + \phi_1(x_1) \\ &= z_2 + \alpha_1 + \phi_1(x_1)\end{aligned}$$

令

$$\alpha_1 = -c_1 z_1 - \phi_1(x_1)$$

则

$$\dot{z}_1 = -c_1 z_1 + z_2$$

步骤 2 可以计算 z_2 的动态为

$$\begin{aligned}\dot{z}_2 &= \dot{x}_2 - \dot{\alpha}_1 \\ &= x_3 + \phi_2(x_1, x_2) - \frac{\partial \alpha_1}{\partial x_1}(x_2 + \phi_1(x_1)) \\ &= z_3 + \alpha_2 + \phi_2(x_1, x_2) - \frac{\partial \alpha_1}{\partial x_1}(x_2 + \phi_1(x_1))\end{aligned}$$

可以设计 α_2 为

$$\alpha_2 = -z_1 - c_2 z_2 - \phi_2(x_1, x_2) + \frac{\partial \alpha_1}{\partial x_1}(x_2 + \phi_1(x_1))$$

所以，z_2 的动态为

$$\dot{z}_2 = -z_1 - c_2 z_2 + z_3$$

注意到，α_2 中 $-z_1$ 项是用于在稳定性分析中消掉 z_1 动态中由 z_2 导致的交叉项的，α_2 中其他项则是消去 z_2 动态中剩余非线性项的。

步骤 i　对于 $2 < i < n$，则可以计算 z_i 的动态为

$$\begin{aligned}\dot{z}_i &= \dot{x}_i - \dot{\alpha}_{i-1}(x_1, \cdots, x_{i-1}) \\ &= x_{i+1} + \phi_i(x_1, \cdots, x_i) - \sum_{j=1}^{i-1} \frac{\partial \alpha_{i-1}}{\partial x_j}(x_{j+1} + \phi_j(x_1, \cdots, x_j)) \\ &= z_{i+1} + \alpha_i + \phi_i(x_1, \cdots, x_i) - \sum_{j=1}^{i-1} \frac{\partial \alpha_{i-1}}{\partial x_j}(x_{j+1} + \phi_j(x_1, \cdots, x_j))\end{aligned}$$

设计 α_i 为

$$\alpha_i = -z_{i-1} - c_i z_i - \phi_i(x_1, \cdots, x_i) + \sum_{j=1}^{i-1} \frac{\partial \alpha_{i-1}}{\partial x_j}(x_{j+1} + \phi_j(x_1, \cdots, x_j))$$

则 z_i 的动态成为

$$\dot{z}_i = -z_{i-1} - c_i z_i + z_{i+1}$$

这里与 α_2 的情况类似，$-z_{i-1}$ 是在稳定性分析中用于消掉 z_{i-1} 动态中由 z_i 引起的交叉项的，α_i 中其他项则是用于消掉 z_i 动态中剩余非线性项的。

步骤 n　最后一步中：

$$\begin{aligned}\dot{z}_n &= \dot{x}_n - \dot{\alpha}_{n-1}(x_1, \cdots, x_{n-1}) \\ &= u + \phi_n(x_1, \cdots, x_n) - \sum_{j=1}^{n-1} \frac{\partial \alpha_{n-1}}{\partial x_j}(x_{j+1} + \phi_j(x_1, \cdots, x_j))\end{aligned}$$

可以设计控制输入为

$$u = -z_{n-1} - c_n z_n - \phi_n(x_1, \cdots, x_n) + \sum_{j=1}^{n-1} \frac{\partial \alpha_{n-1}}{\partial x_j}(x_{j+1} + \phi_j(x_1, \cdots, x_j)) \tag{9-5}$$

最终 z_n 的动态为

$$\dot{z}_n = -z_{n-1} - c_n z_n$$

针对由上述迭代反步法得到的闭环系统，可以进行稳定性分析。在 $\boldsymbol{z} = [z_1, \cdots, z_n]^{\mathrm{T}}$ 坐标系中，闭环系统为

$$\dot{\boldsymbol{z}} = \begin{bmatrix} -c_1 & 1 & 0 & \cdots & 0 \\ -1 & -c_2 & 1 & \cdots & 0 \\ 0 & -1 & -c_3 & \cdots & 0 \\ \vdots & \vdots & \vdots & & 1 \\ 0 & 0 & 0 & \cdots & -c_n \end{bmatrix} \boldsymbol{z} = \boldsymbol{A}_z \boldsymbol{z}$$

注意到，$\boldsymbol{A}_z$ 中非对角元素是反对称的。令

$$V = \frac{1}{2}\boldsymbol{z}^{\mathrm{T}}\boldsymbol{z}$$

则其沿着闭环系统解的导数为

$$\dot{V} = -\sum_{i=1}^{n} c_i z_i^2 \leqslant -2\min_{i=1}^{n} c_i V$$

所以，闭环系统在 $\boldsymbol{z}$ 坐标系中原点为指数稳定。又因为 $\phi_i(0,\cdots,0)=0$，所以 $\alpha_i(0,\cdots,0)=0$ 和 $u(0,\cdots,0)=0$，即 $\lim\limits_{t\to\infty} x_i(t)=0$。所以，最终可以得到以下定理中的稳定性结果。

定理 9.1 对于式 (9-4) 描述的非线性系统，控制输入式 (9-5) 保证闭环系统原点为渐近稳定。

9.3 观测器反步法

前两节中，在状态反馈的基础上给出了积分反步法和迭代反步法的设计步骤。本节尝试只使用输出反馈信息设计非线性控制器。这里需要设计观测器，使用观测器估计状态进行反步法设计。

考虑能够转化成以下形式的非线性系统：

$$\begin{cases} \dot{\boldsymbol{x}} = \boldsymbol{A}_c\boldsymbol{x} + \boldsymbol{b}u + \boldsymbol{\phi}(y) \\ y = \boldsymbol{C}\boldsymbol{x} \end{cases} \tag{9-6}$$

式中：

$$\boldsymbol{A}_c = \begin{bmatrix} 0 & 1 & 0 & \cdots & 0 \\ 0 & 0 & 1 & \cdots & 0 \\ \vdots & \vdots & \vdots & & \vdots \\ 0 & 0 & 0 & \cdots & 1 \\ 0 & 0 & 0 & \cdots & 0 \end{bmatrix}, \quad \boldsymbol{C} = \begin{bmatrix} 1 \\ 0 \\ \vdots \\ 0 \end{bmatrix}^{\mathrm{T}}, \quad \boldsymbol{b} = \begin{bmatrix} 0 \\ \vdots \\ 0 \\ b_\rho \\ \vdots \\ b_n \end{bmatrix}$$

$\boldsymbol{x}\in\mathbb{R}^n$ 是系统状态；$u\in\mathbb{R}$ 是控制输入；$\boldsymbol{\phi}:\mathbb{R}\to\mathbb{R}^n$ 是非线性函数，且满足 $\boldsymbol{\phi}(0)=\boldsymbol{0}$，其元素 ϕ_i 为 $n-i$ 阶可微；$\boldsymbol{b}\in\mathbb{R}^n$ 是 Hurwitz 常向量，且 $b_\rho\neq 0$，即系统相对阶为 ρ。这种形式的系统通常称为输出反馈型系统。由于 $\boldsymbol{b}$ 是 Hurwitz 常向量，所以由 $(\boldsymbol{A}_c,\boldsymbol{b},\boldsymbol{C})$ 描述的系统为最小相位系统。这里定义，向量是 Hurwitz 向量当且仅当其对应的多项式为 Hurwitz 多项式。

注 9.2 对于输出反馈型系统，当其输入为 0 时，系统的形式与式 (8-9) 是完全相同的。在第 8 章中，研究了系统能够转化为输出注入型式 (8-9) 的条件。这些条件经过适当变化，也能成为受控系统转化为输出反馈型的条件。对于任意可观测系统 $(\boldsymbol{A},\boldsymbol{C})$，总存在可逆变换，使得系统变换为式 (9-6) 中 $(\boldsymbol{A}_c,\boldsymbol{C})$ 的形式。

由于式 (9-6)为输出注入的形式，所以可以设计观测器为

$$\dot{\hat{\boldsymbol{x}}} = \boldsymbol{A}_c\boldsymbol{x} + \boldsymbol{b}u + \boldsymbol{\phi}(y) + \boldsymbol{L}(y - \boldsymbol{C}\hat{\boldsymbol{x}}) \tag{9-7}$$

式中，$\hat{\boldsymbol{x}}\in\mathbb{R}^n$ 是估计状态；$\boldsymbol{L}$ 是观测器增益且具有合适的维数，使得 $\boldsymbol{A}_c-\boldsymbol{LC}$ 为 Hurwitz 矩阵。令 $\tilde{\boldsymbol{x}}=\boldsymbol{x}-\hat{\boldsymbol{x}}$，所以可以计算

$$\dot{\tilde{\boldsymbol{x}}} = (\boldsymbol{A}_c - \boldsymbol{LC})\tilde{\boldsymbol{x}}$$

基于观测器估计状态 $\hat{\boldsymbol{x}}$，可以应用反步法设计观测器，其设计步骤分为 ρ 步。由式 (9-6) 的

结构可知 $y = x_1$，可以从 y 的动态开始应用反步法设计控制器。接下来的反步法设计中，总假设 $\rho > 1$。如果 $\rho = 1$，则无需使用反步法，可以直接设计基于观测器的状态反馈。

在基于式 (9-7) 观测器反步法设计中，可以定义

$$\begin{cases} z_1 = y \\ z_i = \hat{x}_i - \alpha_{i-1}, \quad i = 2, \cdots, \rho \\ z_{\rho+1} = \hat{x}_{\rho+1} + b_\rho u - \alpha_\rho \end{cases} \tag{9-8}$$

式中，α_i 是反步法设计中的镇定函数。

考虑 z_1 的动态：

$$\dot{z}_1 = x_2 + \phi_1(y)$$

可以使用 $\hat{x}_2$ 替换不可直接测量的 x_2，所以

$$\begin{aligned} \dot{x}_1 &= \hat{x}_2 + \tilde{x}_2 + \phi_1(y) \\ &= z_2 + \alpha_1 + \tilde{x}_2 + \phi(y) \end{aligned} \tag{9-9}$$

可以设计 α_1 为

$$\alpha_1 = -c_1 z_1 - k_1 z_1 - \phi_1(y) \tag{9-10}$$

式中，c_1 和 k_1 是正实数，为控制器参数。与状态反馈反步法比较，这里多出来一项 $-k_1 z_1$，其作用是应对估计误差 $\tilde{\boldsymbol{x}}$ 对闭环系统的影响。由式 (9-9) 和式 (9-10) 可以得到

$$\dot{z}_1 = z_2 - c_1 z_1 - k_1 z_1 + \tilde{x}_2$$

注意，α_1 仅为输出 y 的函数，即 $\alpha_1 = \alpha_1(y)$。

再继续考虑 z_2 的动态：

$$\begin{aligned} \dot{z}_2 &= \dot{\hat{x}}_2 - \dot{\alpha}_1 \\ &= \hat{x}_3 + \phi_2(y) + l_2(y - \hat{x}_1) - \frac{\partial \alpha_1}{\partial y}(x_2 + \phi_1(y)) \\ &= z_3 + \alpha_2 + \phi_2(y) + l_2(y - \hat{x}_1) - \frac{\partial \alpha_1}{\partial y}(\hat{x}_2 + \tilde{x}_2 + \phi_1(y)) \end{aligned}$$

式中，l_2 是观测器增益阵 $\boldsymbol{L}$ 中的第 2 个元素。在后续步骤的设计中，用 l_i 表示 $\boldsymbol{L}$ 中第 i 个元素。可以设计 α_2 为

$$\alpha_2 = -z_1 - c_2 z_2 - k_2 \left(\frac{\partial \alpha_1}{\partial y}\right)^2 z_2 - \phi_2(y) - l_2(y - \hat{x}_1) + \frac{\partial \alpha_1}{\partial y}(\hat{x}_2 + \phi_1(y))$$

式中，$\alpha_2 = \alpha_2(y, \hat{x}_1, \hat{x}_2)$。所以 z_2 的动态成为

$$\dot{z}_2 = -z_1 - c_2 z_2 - k_2 \left(\frac{\partial \alpha_1}{\partial y}\right)^2 z_2 + z_3 - \frac{\partial \alpha_1}{\partial y}\tilde{x}_2$$

后续步骤中，对于 z_i，$2 < i \leqslant \rho$，其动态为

$$\begin{aligned} \dot{z}_i &= \dot{\hat{x}}_i - \dot{\alpha}_{i-1} \\ &= z_{i+1} + \alpha_i + \phi_i(y) + l_i(y - \hat{x}_1) - \frac{\partial \alpha_{i-1}}{\partial y}(\hat{x}_2 + \tilde{x}_2 + \phi_1(y)) - \sum_{j=1}^{i-1} \frac{\partial \alpha_{i-1}}{\partial \hat{x}_j}\dot{\hat{x}}_j \end{aligned}$$

相应地，可以设计 α_i 为

$$\alpha_i = -z_{i-1} - c_i z_i - k_i \left(\frac{\partial \alpha_{i-1}}{\partial y}\right)^2 z_i - \phi_i(y) - l_i(y - \hat{x}_1) +$$

$$\frac{\partial \alpha_{i-1}}{\partial y}(\hat{x}_2 + \phi_1(y)) + \sum_{j=1}^{i-1} \frac{\partial \alpha_{i-1}}{\partial \hat{x}_j} \dot{\hat{x}}_j$$

这里 $\alpha_i = \alpha_i(y, \hat{x}_1, \cdots, \hat{x}_i)$。则可以计算 z_i 的动态为

$$\dot{z}_i = -z_{i-1} - c_i z_i - k_i \left(\frac{\partial \alpha_{i-1}}{\partial y}\right)^2 z_i + z_{i+1} - \frac{\partial \alpha_{i-1}}{\partial y} \tilde{x}_2$$

当 $i = \rho$ 时，控制输入 u 出现在 $z_{\rho+1}$ 的方程中，如式 (9-8) 所示。令 $z_{\rho+1} = 0$，则可以计算控制输入为

$$u = \frac{\alpha_\rho(y, \hat{x}_1, \cdots, \hat{x}_\rho) - \hat{x}_{\rho+1}}{b_\rho} \tag{9-11}$$

闭环系统的稳定性结果由下面的定理给出。

定理 9.2 对于式 (9-6) 给出的系统，观测器式 (9-7) 和控制输入式 (9-11) 保证闭环系统原点渐近稳定。

证明：由观测器估计误差动态，可知估计误差指数收敛到原点。由于 $\boldsymbol{A}_c - \boldsymbol{LC}$ 是 Hurwitz 矩阵，则一定存在正定矩阵 $\boldsymbol{P}$，使得

$$(\boldsymbol{A}_c - \boldsymbol{LC})^{\mathrm{T}} \boldsymbol{P} + \boldsymbol{P}(\boldsymbol{A}_c - \boldsymbol{LC}) = -\boldsymbol{I}$$

选取 $V_e = \tilde{\boldsymbol{x}}^{\mathrm{T}} \boldsymbol{P} \tilde{\boldsymbol{x}}$，则

$$\dot{V}_e = -\|\tilde{\boldsymbol{x}}\|^2 \tag{9-12}$$

再选取

$$V_z = \sum_{i=1}^{\rho} z_i^2$$

由 z_1、z_2 和 z_i 的动态，可以计算

$$\dot{V}_z = \sum_{i=1}^{\rho} \left(-c_i z_i^2 - k_i \left(\frac{\partial \alpha_{i-1}}{\partial y}\right)^2 z_i^2 - \frac{\partial \alpha_{i-1}}{\partial y} z_i \tilde{x}_2 \right)$$

式中，$\alpha_0 = y$。对于上式中含有 $\tilde{x}_2$ 的交叉项，可以利用杨氏不等式进行放缩：

$$\left| \frac{\partial \alpha_{i-1}}{\partial y} z_i \tilde{x}_2 \right| \leqslant k_i \left(\frac{\partial \alpha_{i-1}}{\partial y}\right)^2 z_i^2 + \frac{1}{4k_i} \tilde{x}_2^2$$

所以

$$\dot{V}_z \leqslant \sum_{i=1}^{\rho} \left(-c_i z_i^2 + \frac{1}{4k_i} \tilde{x}_2^2 \right) \tag{9-13}$$

令

$$V = V_z + \left(1 + \frac{1}{4d}\right) V_e$$

式中，$d = \min_{i=1}^{\rho} k_i$。由式 (9-12) 和式 (9-13)，可以计算

$$\begin{aligned}\dot{V} &\leqslant \sum_{i=1}^{\rho}\left(-c_i z_i^2 + \frac{1}{4k_i}\tilde{x}_2^2\right) - \left(1+\frac{1}{4d}\right)\|\tilde{\boldsymbol{x}}\|^2 \\ &\leqslant -\sum_{i=1}^{\rho} c_i z_i^2 - \|\tilde{\boldsymbol{x}}\|^2\end{aligned}$$

因此，z_i 和 $\tilde{\boldsymbol{x}}$ 为指数收敛。另外，由于 $y = z_1$ 和 $\alpha_1(0) = 0$，故有 $\lim\limits_{t\to\infty} \hat{x}_2(t) = 0$，亦即 $\lim\limits_{t\to\infty} x_2(t) = 0$。类似地，还可以得到 $\lim\limits_{t\to\infty} x_i(t) = 0$，$i = 1, \cdots, \rho$。

接下来还需要证明对于所有的 $i = \rho+1, \cdots, n$，x_i 是收敛的。令

$$\boldsymbol{\xi} = \begin{bmatrix} x_{\rho+1} \\ \vdots \\ x_n \end{bmatrix} - \begin{bmatrix} b_{\rho+1} \\ \vdots \\ b_n \end{bmatrix} \frac{x_\rho}{b_\rho}$$

根据式 (9-6)，可以证明

$$\dot{\boldsymbol{\xi}} = \boldsymbol{B}\boldsymbol{\xi} + \begin{bmatrix} \phi_{\rho+1}(y) \\ \vdots \\ \phi_n(y) \end{bmatrix} - \begin{bmatrix} b_{\rho+1} \\ \vdots \\ b_n \end{bmatrix} \frac{\phi_\rho(y)}{b_\rho} + \boldsymbol{B} \begin{bmatrix} b_{\rho+1} \\ \vdots \\ b_n \end{bmatrix} \frac{x_\rho}{b_\rho} \tag{9-14}$$

式中：

$$\boldsymbol{B} = \begin{bmatrix} -b_{\rho+1}/b_\rho & 1 & \cdots & 0 \\ -b_{\rho+2}/b_\rho & 0 & \cdots & 0 \\ \vdots & \vdots & & \vdots \\ -b_{n-1}/b_\rho & 0 & \cdots & 1 \\ -b_n/b_\rho & 0 & \cdots & 0 \end{bmatrix}$$

为向量 $\boldsymbol{b}$ 的伴随矩阵。由于 $\boldsymbol{b}$ 为 Hurwitz 向量，所以 $\boldsymbol{B}$ 也为 Hurwitz 矩阵。除了 $\boldsymbol{B}\boldsymbol{\xi}$ 之外，式 (9-14) 中右侧其他项都收敛到 $\boldsymbol{0}$，所以 $\lim\limits_{t\to\infty} \boldsymbol{\xi}(t) = \boldsymbol{0}$。至此，可以证明对于所有的 $i = \rho+1, \cdots, n$ 均有 $\lim\limits_{t\to\infty} \boldsymbol{x}(t) = \boldsymbol{0}$，定理得证。

9.4 滤波变换反步法

上一节中基于输出反馈方式设计了一类系统的反步控制。控制器设计始于输出，其他步骤基于观测器的估计状态。这类反步设计也叫作观测器反步法，包含 ρ 步的设计，其中 ρ 是系统的相对阶，这里并不需要使用其他状态的估计。这些估计状态是冗余的，使得系统的总阶数增加。本节对于输出反馈反步设计，介绍另外一种方法，可以保持系统的总阶数为 $\rho - 1$。这种方法叫作滤波变换反步法。

为了叙述方便，将式 (9-6)重写到这里：

$$\begin{cases} \dot{\boldsymbol{x}} = \boldsymbol{A}_c\boldsymbol{x} + \boldsymbol{b}u + \boldsymbol{\phi}(y) \\ y = \boldsymbol{C}\boldsymbol{x} \end{cases} \tag{9-15}$$

可以定义输入滤波器：

$$\dot{\xi}_1 = -\lambda_1\xi_1 + \xi_2$$
$$\vdots$$
$$\dot{\xi}_{\rho-1} = -\lambda_{\rho-1}\xi_{\rho-1} + u$$

式中，对于所有的 $i = 1, \cdots, \rho - 1$，有 $\lambda_i > 0$ 为控制器参数。定义滤波变换：

$$\bar{\boldsymbol{\zeta}} = \boldsymbol{x} - \sum_{i=1}^{\rho-1} \bar{\boldsymbol{d}}_i\xi_i \tag{9-16}$$

式中，$\bar{\boldsymbol{d}}_i \in \mathbb{R}^n$ 由下式迭代生成：

$$\bar{\boldsymbol{d}}_{\rho-1} = \boldsymbol{b}$$
$$\bar{\boldsymbol{d}}_i = (\boldsymbol{A}_c + \lambda_{i+1}\boldsymbol{I})\bar{\boldsymbol{d}}_{i+1}, \quad i = \rho - 2, \cdots, 1$$

还可以定义

$$\boldsymbol{d} = (\boldsymbol{A}_c + \lambda_1\boldsymbol{I})\bar{\boldsymbol{d}}_1$$

由滤波变换，可以计算

$$\begin{aligned}
\dot{\bar{\boldsymbol{\zeta}}} &= \boldsymbol{A}_c\boldsymbol{x} + \boldsymbol{b}u + \boldsymbol{\phi}(y) - \sum_{i=1}^{\rho-2} \bar{\boldsymbol{d}}_i(-\lambda_i\xi_i + \xi_{i+1}) - \bar{\boldsymbol{d}}_{\rho-1}(-\lambda_{\rho-1}\xi_{\rho-1} + u) \\
&= \boldsymbol{A}_c\bar{\boldsymbol{\zeta}} + \sum_{i=1}^{\rho-1} \boldsymbol{A}_c\bar{\boldsymbol{d}}_i\xi_i + \boldsymbol{\phi}(y) + \sum_{i=1}^{\rho-1} \bar{\boldsymbol{d}}_i\lambda_i\xi_i - \sum_{i=1}^{\rho-2} \bar{\boldsymbol{d}}_i\xi_{i+1} \\
&= \boldsymbol{A}_c\bar{\boldsymbol{\zeta}} + \sum_{i=1}^{\rho-1}(\boldsymbol{A}_c + \lambda_i\boldsymbol{I})\bar{\boldsymbol{d}}_i\xi_i + \boldsymbol{\phi}(y) - \sum_{i=1}^{\rho-2} \bar{\boldsymbol{d}}_i\xi_{i+1} \\
&= \boldsymbol{A}_c\bar{\boldsymbol{\zeta}} + \boldsymbol{\phi}(y) + \boldsymbol{d}\xi_1
\end{aligned}$$

在 $\bar{\boldsymbol{\zeta}}$ 坐标系中，输出可以表示为

$$\begin{aligned}
y &= \boldsymbol{C}\bar{\boldsymbol{\zeta}} + \sum_{i=1}^{\rho-1} \boldsymbol{C}\bar{\boldsymbol{d}}_i\xi_i \\
&= \boldsymbol{C}\bar{\boldsymbol{\zeta}}
\end{aligned}$$

上式成立是因为对于所有的 $i = 1, \cdots, \rho - 1$ 和 $1 \leqslant j \leqslant i$ 都有 $\bar{\boldsymbol{d}}_{i,j} = 0$ 即 $\boldsymbol{C}\bar{\boldsymbol{d}}_i = 0$。所以，利用滤波变换，式 (9-15) 可以变换为

$$\begin{cases}
\dot{\bar{\boldsymbol{\zeta}}} = \boldsymbol{A}_c\bar{\boldsymbol{\zeta}} + \boldsymbol{\phi}(y) + \boldsymbol{d}\xi_1 \\
y = \boldsymbol{C}\bar{\boldsymbol{\zeta}}
\end{cases} \tag{9-17}$$

进一步地，由 $\bar{\boldsymbol{d}}_i$ 的定义，可以得到

$$\bar{\boldsymbol{d}}_{\rho-2} = (\boldsymbol{A}_c + \lambda_{\rho-1}\boldsymbol{I})\boldsymbol{b}$$

则

$$\sum_{i=\rho-1}^{n} \bar{d}_{\rho-2,i}s^{n-i} = (s + \lambda_{\rho-1})\sum_{i=\rho}^{n} b_is^{n-i}$$

重复上述步骤，可以得到

$$\sum_{i=1}^{n} d_i s^{n-i} = \prod_{i=1}^{\rho-1}(s+\lambda_i)\sum_{i=\rho}^{n} b_i s^{n-i} \tag{9-18}$$

即 $d_1 = b_\rho$；并且，如果 $\boldsymbol{b}$ 是 Hurwitz 向量，则 $\boldsymbol{d}$ 也是 Hurwitz 向量。这里，$\boldsymbol{A}_c$ 和 $\boldsymbol{C}$ 具有特殊形式，$\boldsymbol{b}$ 和 $\boldsymbol{d}$ 则决定了系统 $(\boldsymbol{A}_c, \boldsymbol{b}, \boldsymbol{C})$ 和 $(\boldsymbol{A}_c, \boldsymbol{d}, \boldsymbol{C})$ 的零点，即下列方程的解：

$$\sum_{i=\rho}^{n} b_i s^{n-i} = 0$$

$$\sum_{i=1}^{n} d_i s^{n-i} = 0$$

所以，$(\boldsymbol{A}_c, \boldsymbol{d}, \boldsymbol{C})$ 的不变零点就是 $(\boldsymbol{A}_c, \boldsymbol{b}, \boldsymbol{C})$ 的不变零点和 $\lambda_i\ (i=1,\cdots,\rho-1)$。对于经过滤波变换后的系统，$\xi_1$ 可以看作是新的输入。这种情况下，以 ξ_1 作为输入，系统的相对阶为 1，即滤波变换将系统的相对阶由 ρ 变换为 1。滤波变换的性质由下列引理给出。

引理 9.2 对于具有相对阶 ρ 的式 (9-15)，滤波变换式 (9-16) 能够将系统变换为具有相对阶 1 的系统式 (9-17)，且高频增益相同。进一步，式 (9-17) 的零点包含原系统式 (9-15) 的零点和 $\lambda_i\ (i=1,\cdots,\rho-1)$。

这里需要引入一个新的状态变换将式 (9-17) 的内部动态提取出来，即

$$\boldsymbol{\zeta} = \bar{\boldsymbol{\zeta}}_{2:n} - \frac{\boldsymbol{d}_{2:n}}{d_1} y \tag{9-19}$$

式中，$\boldsymbol{\zeta} \in \mathbb{R}^{n-1}$ 与 y 是变换后系统的状态变量；记号 $(\cdot)_{2:n}$ 表示由某矩阵第 2 行到第 n 行形成的向量或矩阵。在 $(\boldsymbol{\zeta}, y)$ 坐标系中，式 (9-17) 可以重写为

$$\begin{cases} \dot{\boldsymbol{\zeta}} = \boldsymbol{D}\boldsymbol{\zeta} + \boldsymbol{\psi}(y) \\ \dot{y} = \zeta_1 + \psi_y(y) + b_\rho \xi_1 \end{cases} \tag{9-20}$$

式中，$\boldsymbol{D}$ 是 $\boldsymbol{d}$ 的伴随矩阵，即

$$\boldsymbol{D} = \begin{bmatrix} -d_2/d_1 & 1 & \cdots & 0 \\ -d_3/d_1 & 0 & \cdots & 0 \\ \vdots & \vdots & & \vdots \\ -d_{n-1}/d_1 & 0 & \cdots & 1 \\ -d_n/d_1 & 0 & \cdots & 0 \end{bmatrix}$$

以及

$$\boldsymbol{\psi}(y) = \boldsymbol{D}\frac{\boldsymbol{d}_{2:n}}{d_1} y + \boldsymbol{\phi}_{2:n}(y) - \frac{\boldsymbol{d}_{2:n}}{d_1}\phi_1(y)$$

$$\psi_y(y) = \frac{d_2}{d_1} y + \phi_1(y)$$

如果将 ξ_1 看作是输入，则式 (9-17) 具有相对阶 1 和稳定的零动态。对于这类系统，总存在输出反馈控制，使得闭环系统原点全局指数稳定。

引理 9.3 对于非线性系统式 (9-15)，如果系统相对阶为 1，则存在连续函数 $\varphi : \mathbb{R} \to \mathbb{R}$

满足 $\varphi(0)=0$ 和正实数 c，使得控制：

$$u=-cy-\varphi(y)$$

能够全局渐近镇定该系统。

证明：使用与式 (9-19)相同的变换，即

$$\boldsymbol{\zeta}=\boldsymbol{x}_{2:n}-\frac{\boldsymbol{b}_{2:n}}{b_1}y$$

可以得到形如式 (9-20) 的系统，其中 $\boldsymbol{d}$ 和 ξ_1 分别用 $\boldsymbol{b}$ 和 u 替代。由于 $\boldsymbol{D}$ 是 Hurwitz 矩阵，则总存在正定矩阵 $\boldsymbol{P}$，使得

$$\boldsymbol{D}^{\mathrm{T}}\boldsymbol{P}+\boldsymbol{P}\boldsymbol{D}=-3\boldsymbol{I}$$

令

$$\varphi(y)=\psi_y(y)+\frac{\|\boldsymbol{P}\|^2\|\boldsymbol{\psi}(y)\|^2}{y} \tag{9-21}$$

注意到，这里 $\boldsymbol{\psi}(0)=\boldsymbol{0}$，所以 $\|\boldsymbol{\psi}(y)\|^2/y$ 是有定义的。则闭环系统为

$$\dot{\boldsymbol{\zeta}}=\boldsymbol{D}\boldsymbol{\zeta}+\boldsymbol{\psi}(y)$$

$$\dot{y}=\zeta_1-cy-\frac{\|\boldsymbol{P}\|^2\|\boldsymbol{\psi}(y)\|^2}{y}$$

取备选李雅普诺夫函数：

$$V=\boldsymbol{\zeta}^{\mathrm{T}}\boldsymbol{P}\boldsymbol{\zeta}+\frac{1}{2}y^2$$

则

$$\dot{V}=-cy^2-3\|\boldsymbol{\zeta}\|^2+2\boldsymbol{\zeta}^{\mathrm{T}}\boldsymbol{P}\boldsymbol{\psi}(y)+y\zeta_1-\|\boldsymbol{P}\|^2\|\boldsymbol{\psi}(y)\|^2$$

式中，交叉项满足

$$\left|2\boldsymbol{\zeta}^{\mathrm{T}}\boldsymbol{P}\boldsymbol{\psi}(y)\right|\leqslant\|\boldsymbol{\zeta}\|^2+\|\boldsymbol{P}\|^2\|\boldsymbol{\psi}(y)\|^2$$

$$|y\zeta_1|\leqslant\frac{1}{4}y^2+\|\boldsymbol{\zeta}\|^2$$

所以

$$\dot{V}\leqslant-\left(c-\frac{1}{4}\right)y^2-\|\boldsymbol{\zeta}\|^2$$

因此，满足 $c>\dfrac{1}{4}$ 的控制器和式 (9-21)能够在 $(\boldsymbol{\zeta},y)$ 坐标系中指数镇定系统。由于 $(\boldsymbol{\zeta},y)$ 坐标系与 $\boldsymbol{x}$ 坐标系之间是线性变换，所以闭环系统在 $\boldsymbol{x}$ 坐标系中原点也是指数稳定的。

由引理 9.3，可以得到 ξ_1 的期望值。但是 ξ_1 并不是实际的控制量，无法直接让 ξ_1 输出控制指令。这里可以使用反步法基于 ξ_1 的期望值设计控制量。利用滤波变换，原系统可变换为

$$\begin{cases}\dot{\boldsymbol{\zeta}}=\boldsymbol{D}\boldsymbol{\zeta}+\boldsymbol{\psi}(y)\\ \dot{y}=\zeta_1+\psi_y(y)+b_\rho\xi_1\\ \dot{\xi}_1=-\lambda_1\xi_1+\xi_2\\ \qquad\vdots\\ \dot{\xi}_{\rho-1}=-\lambda_{\rho-1}\xi_{\rho-1}+u\end{cases} \tag{9-22}$$

对上述系统使用反步法设计，其中 $\xi_i\ (i=1,\cdots,\rho-1)$ 可以看作是虚拟控制。

令

$$
\begin{aligned}
z_1 &= y \\
z_i &= \xi_{i-1} - \alpha_{i-1}, \quad i = 2,\cdots,\rho \\
z_{\rho+1} &= u - \alpha_\rho
\end{aligned}
$$

式中，α_i 是待设计的镇定函数。

基于引理 9.3 的设计，取

$$
\alpha_1 = -c_1 z_1 - k_1 z_1 + \psi_y(y) - \frac{\gamma\|\boldsymbol{P}\|^2\|\boldsymbol{\psi}(y)\|^2}{y}
$$

式中，控制器参数 $c_1>0$，$k_1>0$，$\gamma>0$。则

$$
\dot{z}_1 = z_2 - c_1 z_1 - k_1 z_1 - \gamma\|\boldsymbol{P}\|^2\|\boldsymbol{\psi}(y)\|^2 \tag{9-23}
$$

此时 z_2 的动态为

$$
\begin{aligned}
\dot{z}_2 &= -\lambda_1\xi_1 + \xi_2 - \frac{\partial\alpha_1}{\partial y}\dot{y} \\
&= z_3 + \alpha_2 - \lambda_1\xi_1 - \frac{\partial\alpha_1}{\partial y}(\zeta_1 + \psi_y(y))
\end{aligned}
$$

则 α_2 可以设计为

$$
\alpha_2 = -z_1 - c_2 z_2 - k_2\left(\frac{\partial\alpha_1}{\partial y}\right)^2 z_2 + \frac{\partial\alpha_1}{\partial y}\psi_y(y) + \lambda_1\xi_1
$$

所以 z_2 的动态为

$$
\dot{z}_2 = -z_2 - c_2 z_2 - k_2\left(\frac{\partial\alpha_1}{\partial y}\right)^2 z_2 + z_3 - \frac{\partial\alpha_1}{\partial y}\zeta_1 \tag{9-24}
$$

这里 $\alpha_2=\alpha_2(y,\xi_1)$。

后面的步骤中，对于 $i=3,\cdots,\rho$，使用类似的反步设计，有

$$
\begin{aligned}
\dot{z}_i &= -\lambda_{i-1}\xi_{i-1} + \xi_i - \frac{\partial\alpha_{i-1}}{\partial y}\dot{y} - \sum_{j=1}^{i-2}\frac{\partial\alpha_{i-1}}{\xi_j}\dot{\xi}_j \\
&= z_{i+1} + \alpha_i - \lambda_{i-1}\xi_{i-1} - \frac{\partial\alpha_{i-1}}{\partial y}(\zeta_1 + \psi_y(y)) - \sum_{j=1}^{i-2}\frac{\partial\alpha_{i-1}}{\xi_j}(-\lambda_j\xi_{i-1} + \xi_{j+1})
\end{aligned}
$$

第 i 步中的镇定函数 α_i 可以设计为

$$
\begin{aligned}
\alpha_i = &-z_{i-1} - c_i z_i - k_i\left(\frac{\partial\alpha_{i-1}}{\partial y}\right)^2 z_i + \frac{\partial\alpha_{i-1}}{\partial y}\psi_y(y) + \\
&\sum_{j=1}^{i-2}\frac{\partial\alpha_{i-1}}{\xi_j}(-\lambda_j\xi_{i-1} + \xi_{j+1}) + \lambda_{i-1}\xi_{i-1}
\end{aligned}
$$

则 z_i 的动态为

$$
\dot{z}_i = -z_{i-1} - c_i z_i - k_i\left(\frac{\partial\alpha_{i-1}}{\partial y}\right)^2 z_i + z_{i+1} - \frac{\partial\alpha_{i-1}}{\partial y}\zeta_1 \tag{9-25}
$$

这里 $\alpha_i = \alpha_i(y, \xi_1, \cdots, \xi_{i-1})$。

当 $i = \rho$ 时，实际的控制量 u 通过 $z_{\rho+1}$ 出现在 z_i 的动态中。令 $z_{\rho+1} = 0$，则可以设计 $u = \alpha_\rho$，即

$$\begin{aligned} u = & -z_{\rho-1} - c_\rho z_\rho - k_\rho \left(\frac{\partial \alpha_{\rho-1}}{\partial y}\right)^2 z_\rho + \frac{\partial \alpha_{\rho-1}}{\partial y}\psi_y(y) + \\ & \sum_{j=1}^{i-2} \frac{\partial \alpha_{\rho-1}}{\xi_j}(-\lambda_j \xi_{i-1} + \xi_{j+1}) + \lambda_{\rho-1}\xi_{\rho-1} \end{aligned} \tag{9-26}$$

控制器参数中，$c_i\ (i = 1, \cdots, \rho)$ 和 γ 可以设置为任意正数，而 k_i 需要满足条件：

$$\sum_{i=1}^{\rho} \frac{1}{4k_i} \leqslant \gamma$$

基于上述反步设计的闭环系统稳定性由下面的定理给出。

定理 9.3 对于具有式 (9-15) 形式的系统，由滤波变换反步法设计的输出反馈控制式 (9-26) 使得闭环系统原点渐近稳定。

证明： 取 $V_z = \sum_{i=1}^{\rho} z_i^2$，则由式 (9-23)、式 (9-24) 和式 (9-25) 可得

$$\dot{V}_z = \sum_{i=1}^{\rho} \left(-c_i z_i^2 - k_i \left(\frac{\partial \alpha_{i-1}}{\partial y}\right)^2 z_i^2 - \frac{\partial \alpha_{i-1}}{\partial y} z_i \zeta_1\right) - \gamma \|\boldsymbol{P}\|^2 \|\boldsymbol{\psi}(y)\|^2$$

式中，$\alpha_0 = y$。对于含有 ζ_1 的交叉项，有

$$\left|\frac{\partial \alpha_{i-1}}{\partial y} z_i \zeta_1\right| \leqslant k_i \left(\frac{\partial \alpha_{i-1}}{\partial y}\right)^2 z_i^2 + \frac{1}{4k_i}\zeta_1^2$$

所以

$$\dot{V}_z \leqslant \sum_{i=1}^{\rho} \left(-c_i z_i^2 + \frac{1}{4k_i}\zeta_1^2\right) - \gamma \|\boldsymbol{P}\|^2 \|\boldsymbol{\psi}(y)\|^2$$

令 $V_\zeta = \boldsymbol{\zeta}^{\mathrm{T}} \boldsymbol{P} \boldsymbol{\zeta}$，则类似于引理 9.3，可以得到

$$\dot{V}_\zeta \leqslant -2\|\boldsymbol{\zeta}\|^2 + \|\boldsymbol{P}\|^2 \|\boldsymbol{\psi}(y)\|^2$$

令 $V = V_z + \gamma V_\zeta$，则

$$\begin{aligned} \dot{V} & \leqslant \sum_{i=1}^{\rho} \left(-c_i z_i^2 + \frac{1}{4k_i}\zeta_1^2\right) - 2\gamma \|\boldsymbol{\zeta}\|^2 \\ & \leqslant -\sum_{i=1}^{\rho} c_i z_i^2 - \gamma \|\boldsymbol{\zeta}\|^2 \end{aligned}$$

即式 (9-22) 在 $(\boldsymbol{\zeta}, z_1, \cdots, z_{\rho-1})$ 坐标系中原点指数稳定。由 $y = z_1$，可得 $\lim\limits_{t\to\infty} \bar{\boldsymbol{\zeta}}(t) = \mathbf{0}$。又因 $y = z_1$ 且 $\alpha_1(\mathbf{0}) = 0$，可知 $\lim\limits_{t\to\infty} \xi_1(t) = 0$。类似地，对于 $i = 1, \cdots, \rho - 1$，有 $\lim\limits_{t\to\infty} \xi_i(t) = 0$。最后，由滤波变换式 (9-16)，可得 $\lim\limits_{t\to\infty} \boldsymbol{x}(t) = \mathbf{0}$。

9.5 自适应反步法

本章已经分别介绍了状态反馈和输出反馈的反步设计。本节将介绍自适应反步设计，用于应对模型中存在不确定参数的情况。

考虑一阶非线性系统：

$$\dot{y} = u + \boldsymbol{\phi}^{\mathrm{T}}(y)\boldsymbol{\theta}$$

式中，$\boldsymbol{\phi}:\mathbb{R}\to\mathbb{R}^p$ 是光滑的非线性函数；$\boldsymbol{\theta}\in\mathbb{R}^p$ 是包含未知定常参数的向量。对于该系统，自适应控制律可设计为

$$u = -cy - \boldsymbol{\phi}^{\mathrm{T}}(y)\hat{\boldsymbol{\theta}}$$

$$\dot{\hat{\boldsymbol{\theta}}} = \boldsymbol{\Gamma} y \boldsymbol{\phi}(y)$$

式中，c 是正常数；$\boldsymbol{\Gamma}\in\mathbb{R}^{p\times p}$ 是正定矩阵；$\hat{\boldsymbol{\theta}}$ 是 $\boldsymbol{\theta}$ 的估计值。

于是，闭环系统为

$$\dot{y} = -cy + \boldsymbol{\phi}^{\mathrm{T}}(y)\tilde{\boldsymbol{\theta}}$$

式中，$\tilde{\boldsymbol{\theta}} = \boldsymbol{\theta} - \hat{\boldsymbol{\theta}}$ 是估计参数误差。

令 $V = \dfrac{1}{2}y^2 + \dfrac{1}{2}\tilde{\boldsymbol{\theta}}^{\mathrm{T}}\boldsymbol{\Gamma}^{-1}\tilde{\boldsymbol{\theta}}$，则其沿着系统解的导数为

$$\dot{V} = -cy^2$$

即 y 与 $\hat{\boldsymbol{\theta}}$ 至少都是有界的。应用 Barbalat 引理还可以证明 $\lim\limits_{t\to\infty} y(t) = 0$。

注 9.3 上述系统为带有不确定参数的非线性系统。但是，不确定参数是可以线性参数化的，即不确定项 $\boldsymbol{\phi}^{\mathrm{T}}(y)\boldsymbol{\theta}$ 对于不确定参数是线性的。如果不确定项是关于不确定参数的非线性函数 $\boldsymbol{\phi}(y,\boldsymbol{\theta})$，则称其为非线性参数化。在自适应控制中，非线性参数化的不确定项更难处理。本书中，只考虑不确定项能够线性参数化的情况。

对于一阶系统，控制输入对于非线性项和不确定参数是匹配的。如果非线性项或者不确定项是非匹配的，可以使用反步法设计自适应控制。

考虑非线性系统：

$$\begin{cases} \dot{x}_1 = x_2 + \boldsymbol{\phi}_1^{\mathrm{T}}(x_1)\boldsymbol{\theta} \\ \dot{x}_2 = x_3 + \boldsymbol{\phi}_2^{\mathrm{T}}(x_1,x_2)\boldsymbol{\theta} \\ \quad\vdots \\ \dot{x}_{n-1} = x_n + \boldsymbol{\phi}_{n-1}^{\mathrm{T}}(x_1,x_2,\cdots,x_{n-1})\boldsymbol{\theta} \\ \dot{x}_n = u + \boldsymbol{\phi}_n^{\mathrm{T}}(x_1,x_2,\cdots,x_n)\boldsymbol{\theta} \end{cases} \tag{9-27}$$

式中，$x_i\in\mathbb{R}\ (i=1,\cdots,n)$ 是状态变量；$\boldsymbol{\theta}\in\mathbb{R}^p$ 是不确定参数构成的向量；$\boldsymbol{\phi}_i:\overbrace{\mathbb{R}\times\cdots\times\mathbb{R}}^{i}\to\mathbb{R}^p$ 是 $n-1$ 阶可微函数，且 $\boldsymbol{\phi}_i(0,\cdots,0)=\mathbf{0}$；$u\in\mathbb{R}$ 是控制输入。

注意到，如果参数 $\boldsymbol{\theta}$ 是完全已知，则这个系统的形式与式 (9-4) 是完全相同的。

与式 (9-4) 的反步设计相比，需要引入自适应律，但其设计过程几乎是相同的。

令

$$\begin{aligned} z_1 &= x_1 \\ z_i &= x_i - \alpha_{i-1}(x_1,\cdots,x_{i-1},\hat{\boldsymbol{\theta}}),\quad i=2,\cdots,n \\ z_{n+1} &= u - \alpha_n(x_1,\cdots,x_n,\hat{\boldsymbol{\theta}}) \end{aligned}$$

$$\boldsymbol{\varphi}_1 = \boldsymbol{\phi}_1$$
$$\boldsymbol{\varphi}_i = \boldsymbol{\phi}_i - \sum_{j=1}^{i-1} \frac{\partial \alpha_{i-1}}{\partial x_j} \boldsymbol{\phi}_j, \quad i = 2, \cdots, n$$

式中，$\alpha_{i-1}\ (i = 2, \cdots, n)$ 是由自适应反步法设计的镇定函数；$\hat{\boldsymbol{\theta}}$ 是不确定参数 $\boldsymbol{\theta}$ 的估计值。

从 z_1 开始自适应反步设计：

$$\dot{z}_1 = z_2 + \alpha_1 + \boldsymbol{\varphi}_1^{\mathrm{T}} \boldsymbol{\theta}$$

虚拟控制 α_1 可以设计为

$$\alpha_1 = -c_1 z_1 - \boldsymbol{\varphi}_1^{\mathrm{T}} \hat{\boldsymbol{\theta}}$$

式中，c_1 是正实数。故可得 z_1 的闭环动态为

$$\dot{z}_1 = -c_1 z_1 + z_2 + \boldsymbol{\varphi}_1^{\mathrm{T}} \tilde{\boldsymbol{\theta}}$$

式中，$\tilde{\boldsymbol{\theta}} = \boldsymbol{\theta} - \hat{\boldsymbol{\theta}}$。

对于 z_2，其动态为

$$\begin{aligned}
\dot{z}_2 &= \dot{x}_2 - \dot{\alpha}_1 \\
&= x_3 + \boldsymbol{\phi}_2^{\mathrm{T}} \boldsymbol{\theta} - \frac{\partial \alpha_1}{\partial x_1} \dot{x}_1 - \frac{\partial \alpha_1}{\partial \hat{\boldsymbol{\theta}}} \dot{\hat{\boldsymbol{\theta}}} \\
&= z_3 + \alpha_2 + \boldsymbol{\varphi}_2^{\mathrm{T}} \boldsymbol{\theta} - \frac{\partial \alpha_1}{\partial x_1} x_2 - \frac{\partial \alpha_1}{\partial \hat{\boldsymbol{\theta}}} \dot{\hat{\boldsymbol{\theta}}}
\end{aligned}$$

这里 z_2 的动态中含有自适应律 $\dot{\hat{\boldsymbol{\theta}}}$。尽管目前还未设计自适应律，但是可以确定它是已知的，所以在反步设计中可以使用。然而，$z_i\ (i > 2)$ 的动态也会影响到自适应律的设计。所以，这里将自适应律的设计留到最后完成。由于自适应律不可避免地用到 $z_i\ (i > 2)$ 的信息，如果这一步中使用 α_2 消掉 $\dot{\hat{\boldsymbol{\theta}}}$，则会导致实现问题，因为此时的 z_3 取决于 α_2，所以这一步中仅能使用自适应律中包含 z_1 和 z_2 的部分，可以用 $\boldsymbol{\tau}_2$ 表示这一部分，它是 z_1、z_2 和 $\hat{\boldsymbol{\theta}}$ 的函数。后续步骤中，$\boldsymbol{\tau}_i = \boldsymbol{\tau}_i(z_1, \cdots, z_i, \hat{\boldsymbol{\theta}})$，$i = 3, \cdots, n$，一般称为调节函数。

基于上述讨论，可设计 α_2 为

$$\alpha_2 = -z_1 - c_2 z_2 - \boldsymbol{\varphi}_2^{\mathrm{T}} \hat{\boldsymbol{\theta}} + \frac{\partial \alpha_1}{\partial x_1} x_2 + \frac{\partial \alpha_1}{\partial \hat{\boldsymbol{\theta}}} \boldsymbol{\tau}_2$$

此时 z_2 的闭环动态为

$$\dot{z}_2 = -z_1 - c_2 z_2 + z_3 + \boldsymbol{\varphi}_2^{\mathrm{T}} \tilde{\boldsymbol{\theta}} - \frac{\partial \alpha_1}{\partial \hat{\boldsymbol{\theta}}} (\dot{\hat{\boldsymbol{\theta}}} - \boldsymbol{\tau}_2)$$

然后针对 $i = 3, \cdots, n$ 继续使用上述自适应反步设计，则 z_i 的动态为

$$\begin{aligned}
\dot{z}_i &= \dot{x}_i - \dot{\alpha}_{i-1} \\
&= x_{i+1} + \boldsymbol{\phi}_i^{\mathrm{T}} \boldsymbol{\theta} - \sum_{j=1}^{i-1} \frac{\partial \alpha_{i-1}}{\partial x_j} \dot{x}_j - \frac{\partial \alpha_{i-1}}{\partial \hat{\boldsymbol{\theta}}} \dot{\hat{\boldsymbol{\theta}}} \\
&= z_{i+1} + \alpha_i + \boldsymbol{\varphi}_i^{\mathrm{T}} \boldsymbol{\theta} - \sum_{j=1}^{i-1} \frac{\partial \alpha_{i-1}}{\partial x_j} x_{j+1} - \frac{\partial \alpha_{i-1}}{\partial \hat{\boldsymbol{\theta}}} \dot{\hat{\boldsymbol{\theta}}}
\end{aligned}$$

对于 $i = 3, \cdots, n$，镇定函数 α_i 可以设计为

$$\alpha_i = -z_{i-1} - c_i z_i - \boldsymbol{\varphi}_i^{\mathrm{T}}\hat{\boldsymbol{\theta}} + \sum_{j=1}^{i-1}\frac{\partial\alpha_{i-1}}{\partial x_j}x_{j+1} + \frac{\partial\alpha_{i-1}}{\partial\hat{\boldsymbol{\theta}}}\boldsymbol{\tau}_i + \beta_i$$

式中，$\beta_i = \beta_i(z_1, \cdots, z_i, \hat{\boldsymbol{\theta}})$ $(i = 3, \cdots, n)$，其作用是在稳定性分析中抵消 $\dot{\hat{\boldsymbol{\theta}}} - \boldsymbol{\tau}_i$。此时闭环动态为

$$\dot{z}_i = -z_{i-1} - c_i z_i + z_{i+1} + \boldsymbol{\varphi}_i^{\mathrm{T}}\tilde{\boldsymbol{\theta}} - \frac{\partial\alpha_{i-1}}{\partial\hat{\boldsymbol{\theta}}}(\dot{\hat{\boldsymbol{\theta}}} - \boldsymbol{\tau}_i) + \beta_i$$

实际的控制输入 u 出现在 z_n 的动态中，此时 $i = n$，且 $\boldsymbol{\tau}_n = \dot{\hat{\boldsymbol{\theta}}}$。令 $z_{n+1} = 0$，可以得到实际控制输入：

$$u = \alpha_n - z_{n-1} - c_n z_n - \boldsymbol{\varphi}_n^{\mathrm{T}}\hat{\boldsymbol{\theta}} + \sum_{j=1}^{n-1}\frac{\partial\alpha_{n-1}}{\partial x_j}x_{j+1} + \frac{\partial\alpha_{n-1}}{\partial\hat{\boldsymbol{\theta}}}\dot{\hat{\boldsymbol{\theta}}} + \beta_n \tag{9-28}$$

现在需要基于李雅普诺夫函数分析设计自适应律、调节函数和 β_i，从而完成整个控制器的设计。为简化表述，可令 $\beta_1 = \beta_2 = 0$。

令

$$V = \frac{1}{2}\sum_{i=1}^{n} z_i^2 + \frac{1}{2}\tilde{\boldsymbol{\theta}}^{\mathrm{T}}\boldsymbol{\Gamma}^{-1}\tilde{\boldsymbol{\theta}}$$

式中，$\boldsymbol{\Gamma} \in \mathbb{R}^{p\times p}$ 是正定矩阵。由 z_i 的闭环动态可得

$$\begin{aligned}\dot{V} &= \sum_{i=1}^{n}(-z_i^2 + z_i\boldsymbol{\varphi}_i^{\mathrm{T}}\tilde{\boldsymbol{\theta}} + z_i\beta_i) - \sum_{i=2}^{n} z_i\frac{\partial\alpha_{i-1}}{\partial\hat{\boldsymbol{\theta}}}(\dot{\hat{\boldsymbol{\theta}}} - \boldsymbol{\tau}_i) + \dot{\hat{\boldsymbol{\theta}}}^{\mathrm{T}}\boldsymbol{\Gamma}^{-1}\tilde{\boldsymbol{\theta}} \\ &= -\sum_{i=1}^{n} z_i^2 + \sum_{i=2}^{n}\left(z_i\beta_i - z_i\frac{\partial\alpha_{i-1}}{\partial\hat{\boldsymbol{\theta}}}(\dot{\hat{\boldsymbol{\theta}}} - \boldsymbol{\tau}_i)\right) + \left(\sum_{i=1}^{n} z_i\boldsymbol{\varphi}_i - \boldsymbol{\Gamma}^{-1}\dot{\hat{\boldsymbol{\theta}}}\right)^{\mathrm{T}}\tilde{\boldsymbol{\theta}}\end{aligned}$$

设计自适应律为

$$\dot{\hat{\boldsymbol{\theta}}} = \boldsymbol{\Gamma}\sum_{i=1}^{n} z_i\boldsymbol{\varphi}_i \tag{9-29}$$

最后设计调节函数使得

$$\sum_{i=2}^{n}\left(z_i\beta_i - z_i\frac{\partial\alpha_{i-1}}{\partial\hat{\boldsymbol{\theta}}}(\dot{\hat{\boldsymbol{\theta}}} - \boldsymbol{\tau}_i)\right) = 0$$

将自适应律式 (9-29) 带入上述方程，适当调整求和指标，可以得到

$$\begin{aligned}0 &= \sum_{i=2}^{n}\left(z_i\beta_i - z_i\frac{\partial\alpha_{i-1}}{\partial\hat{\boldsymbol{\theta}}}\left(\boldsymbol{\Gamma}\sum_{j=1}^{n} z_j\boldsymbol{\varphi}_j - \boldsymbol{\tau}_i\right)\right) \\ &= \sum_{i=2}^{n} z_i\beta_i - \sum_{i=2}^{n}\sum_{j=2}^{n} z_i z_j\frac{\partial\alpha_{i-1}}{\partial\hat{\boldsymbol{\theta}}}\boldsymbol{\Gamma}\boldsymbol{\varphi}_j + \sum_{i=2}^{n} z_i\frac{\partial\alpha_{i-1}}{\partial\hat{\boldsymbol{\theta}}}(\boldsymbol{\tau}_i - z_1\boldsymbol{\Gamma}\boldsymbol{\varphi}_1) \\ &= \sum_{i=2}^{n} z_i\beta_i - \sum_{i=2}^{n}\sum_{j=i+1}^{n} z_i z_j\frac{\partial\alpha_{i-1}}{\partial\hat{\boldsymbol{\theta}}}\boldsymbol{\Gamma}\boldsymbol{\varphi}_j - \sum_{i=2}^{n}\sum_{j=2}^{i} z_i z_j\frac{\partial\alpha_{i-1}}{\partial\hat{\boldsymbol{\theta}}}\boldsymbol{\Gamma}\boldsymbol{\varphi}_j + \\ &\quad \sum_{i=2}^{n} z_i\frac{\partial\alpha_{i-1}}{\partial\hat{\boldsymbol{\theta}}}(\boldsymbol{\tau}_i - z_1\boldsymbol{\Gamma}\boldsymbol{\varphi}_1)\end{aligned}$$

$$= \sum_{i=2}^{n} z_i\beta_i - \sum_{j=3}^{n}\sum_{i=2}^{j-1} z_i z_j \frac{\partial \alpha_{i-1}}{\partial \hat{\boldsymbol{\theta}}}\boldsymbol{\Gamma}\boldsymbol{\varphi}_j + \sum_{i=2}^{n} z_i \frac{\partial \alpha_{i-1}}{\partial \hat{\boldsymbol{\theta}}}\left(\boldsymbol{\tau}_i - z_1\boldsymbol{\Gamma}\boldsymbol{\varphi}_1 - \sum_{j=2}^{i} z_j\boldsymbol{\Gamma}\boldsymbol{\varphi}_j\right)$$

$$= \sum_{i=3}^{n} z_i\left(\beta_i - \sum_{i=2}^{j-1} z_j \frac{\partial \alpha_{i-1}}{\partial \hat{\boldsymbol{\theta}}}\boldsymbol{\Gamma}\boldsymbol{\varphi}_j\right) + \sum_{i=2}^{n} z_i \frac{\partial \alpha_{i-1}}{\partial \hat{\boldsymbol{\theta}}}\left(\boldsymbol{\tau}_i - z_1\boldsymbol{\Gamma}\boldsymbol{\varphi}_1 - \sum_{j=2}^{i} z_j\boldsymbol{\Gamma}\boldsymbol{\varphi}_j\right)$$

所以调节函数可以设计为

$$\beta_i = \sum_{i=2}^{j-1} z_j \frac{\partial \alpha_{i-1}}{\partial \hat{\boldsymbol{\theta}}}\boldsymbol{\Gamma}\boldsymbol{\varphi}_j, \quad i = 3, \cdots, n$$

$$\boldsymbol{\tau}_i = \sum_{j=i}^{i} z_j\boldsymbol{\Gamma}\boldsymbol{\varphi}_j, \quad i = 2, \cdots, n$$

由上述设计的 u 和 $\dot{\hat{\boldsymbol{\theta}}}$，可以得到

$$\dot{V} = -\sum_{i=1}^{n} c_i z_i^2$$

即 $z_i \in L_2 \cap L_\infty$ $(i = 1, \cdots, n)$，且 $\hat{\boldsymbol{\theta}}$ 是有界的。由于所有的变量都是有界，所以 $\dot{z}_i$ 是有界的。由 Barbalat 引理，可以判定 $\lim\limits_{t\to\infty} z_i(t) = 0$ $(i = 1, \cdots, n)$。注意到，$x_1 = z_1$ 且 $\phi_1(0) = 0$，则 α_1 最终收敛到 0，所以 $\lim\limits_{t\to\infty} x_2(t) = 0$。重复使用上述推理，可以证明 $\lim\limits_{t\to\infty} x_i(t) = 0$ $(i = 1, \cdots, n)$。

定理 9.4 对于具有式 (9-27) 形式的系统，通过自适应反步法设计的控制律式 (9-28) 和自适应律式 (9-29) 可保证所有信号有界，且 $\lim\limits_{t\to\infty} x_i(t) = 0$ $(i = 1, \cdots, n)$。

例 9.2 考虑二阶系统：

$$\dot{x}_1 = x_2 + (\mathrm{e}^{x_1} - 1)\theta$$

$$\dot{x}_2 = u$$

式中，$\theta \in \mathbb{R}$ 是常值不确定参数。按照自适应反步法的设计步骤，令 $z_1 = x_2$ 和 $z_2 = x_2 - \alpha_1$，镇定函数 α_1 可设计为

$$\alpha_1 = -c_1 z_1 - (\mathrm{e}^{x_1} - 1)\hat{\theta}$$

则 z_1 的闭环动态为

$$\dot{z}_1 = -c_1 z_1 + z_2 + (\mathrm{e}^{x_1} - 1)\tilde{\theta}$$

所以 z_2 的动态为

$$\dot{z}_2 = u - \frac{\partial \alpha_1}{\partial x_1}[x_2 + (\mathrm{e}^{x_1} - 1)\theta] - \frac{\partial \alpha_1}{\partial \hat{\theta}}\dot{\hat{\theta}}$$

式中：

$$\frac{\partial \alpha_1}{\partial x_1} = -c_1 - \mathrm{e}^{x_1}\hat{\theta}, \quad \frac{\partial \alpha_1}{\partial \hat{\theta}} = -(\mathrm{e}^{x_1} - 1)$$

因此，实际控制 u 可以设计为

$$u = -z_1 - c_2 z_2 + \frac{\partial \alpha_1}{\partial x_1}[x_2 + (\mathrm{e}^{x_1} - 1)\hat{\theta}] + \frac{\partial \alpha_1}{\partial \hat{\theta}}\dot{\hat{\theta}}$$

注意到，这里 u 中包含 $\dot{\hat{\theta}}$。现在 z_2 的动态为

$$\dot{z}_2 = -z_1 - c_2 z_2 - \frac{\partial \alpha_1}{\partial x_1}(\mathrm{e}^{x_1} - 1)\tilde{\theta}$$

取备选李雅普诺夫函数：

$$V = \frac{1}{2}\left(z_1^2 + z_2^2 + \frac{\tilde{\theta}^2}{\gamma}\right)$$

则

$$\dot{V} = -c_1 z_1^2 - c_2 z_2^2 + \left[z_1(\mathrm{e}^{x_1} - 1) - z_2\frac{\partial \alpha_1}{\partial x_1}(\mathrm{e}^{x_1} - 1)\right]\tilde{\theta} - \frac{1}{\gamma}\tilde{\theta}\dot{\hat{\theta}}$$

可以设计自适应律为

$$\dot{\hat{\theta}} = \gamma z_1(\mathrm{e}^{x_1} - 1) - \gamma z_2 \frac{\partial \alpha_1}{\partial x_1}(\mathrm{e}^{x_1} - 1)$$

此时

$$\dot{V} = -c_1 z_1^2 - c_2 z_2^2$$

再应用定理 9.4 可以证明系统状态渐近收敛。

例 9.3　在例 9.2 中，系统模型正好是式 (9-27) 的形式。本例使用的系统并不严格符合式 (9-27) 的形式，但是仍然可以在少许改动的情况下使用自适应反步设计。

考虑二阶系统：

$$\begin{aligned}\dot{x}_1 &= x_2 + x_1^3\theta + x_1^2 \\ \dot{x}_2 &= (1 + x_1^2)u + x_1^2\theta\end{aligned}$$

式中，$\theta \in \mathbb{R}$ 是常值不确定参数。

令 $z_1 = x_1$，$z_2 = x_2 - \alpha_1$，镇定函数 α_1 可设计为

$$\alpha_1 = -c_1 z_1 - x_1^3\hat{\theta} - x_1^2$$

则 z_1 的闭环动态为

$$\dot{z}_1 = -c_1 z_1 + z_2 + x_1^3\tilde{\theta}$$

进一步可得 z_2 的动态为

$$\dot{z}_2 = (1 + x_1^2)u + x_1^2\theta - \frac{\partial \alpha_1}{\partial x_1}(x_2 + x_1^3\theta + x_1^2) - \frac{\partial \alpha_1}{\partial \hat{\theta}}\dot{\hat{\theta}}$$

式中：

$$\frac{\partial \alpha_1}{\partial x_1} = -c_1 - 3x_1^2\hat{\theta} - 2x_1, \quad \frac{\partial \alpha_1}{\partial \hat{\theta}} = -x_1^3$$

因此，控制 u 可以设计为

$$u = \frac{1}{1 + x_1^2}\left[-z_1 - c_2 z_2 - x_1^2\hat{\theta} + \frac{\partial \alpha_1}{\partial x_1}(x_2 + x_1^3\hat{\theta} + x_1^2) + \frac{\partial \alpha_1}{\partial \hat{\theta}}\dot{\hat{\theta}}\right]$$

所以 z_2 的闭环动态为

$$\dot{z}_2 = -z_1 - c_2 z_2 + x_1^2\tilde{\theta} - \frac{\partial \alpha_1}{\partial x_1}x_1^3\tilde{\theta}$$

取备选李雅普诺夫函数：

$$V=\frac{1}{2}\left(z_1^2+z_2^2+\frac{1}{\gamma}\tilde{\theta}^2\right)$$

则

$$\dot{V}=-c_1z_1^2-c_2z_2^2+\left[z_1x_1^3+z_2\left(x_1^2-\frac{\partial\alpha_1}{\partial x_1}x_1^3\right)\right]\tilde{\theta}-\frac{1}{\gamma}\tilde{\theta}\dot{\hat{\theta}}$$

可设计自适应律为

$$\dot{\hat{\theta}}=\gamma z_1x_1^3+\gamma z_2\left(x_1^2-\frac{\partial\alpha_1}{\partial x_1}x_1^3\right)$$

此时

$$\dot{V}=-c_1z_1^2-c_2z_2^2$$

应用定理 9.4 可以完成闭环系统渐近稳定的证明。本例的仿真结果如图 9-1 和图 9-2 所示，其中 $x(0)=[0,0]^{\mathrm{T}}$，$c_1=c_2=1$，$\gamma=1$，$\theta=1$。闭环系统状态能够渐近收敛到原点，符合理论结果；自适应估计参数有界，并最终收敛到常值，但并非对应不确定参数的真值。一般来讲，自适应控制并不保证自适应参数收敛到其对应的真值。

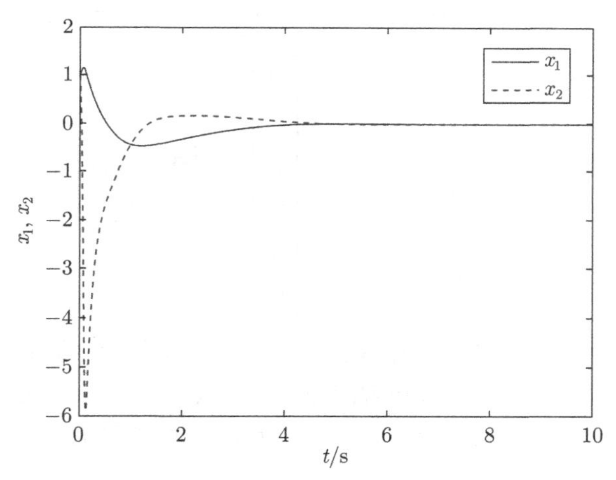

图 9-1 例 9.3 中的状态变量

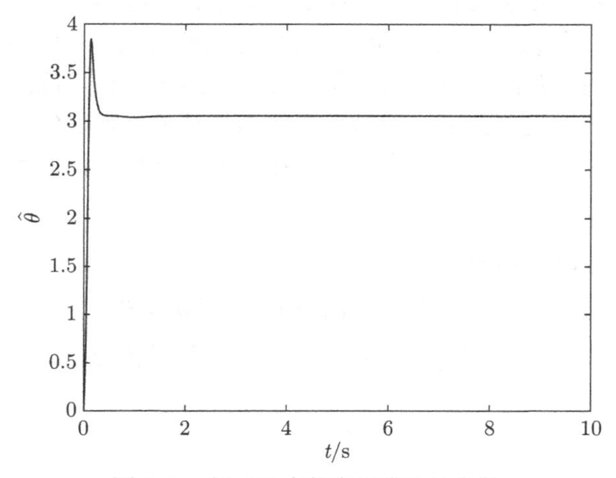

图 9-2 例 9.3 中的自适应估计参数

9.6 自适应观测器反步法

反步法也能用于非线性控制系统的输出反馈设计。本节考虑一类能够转化为输出反馈形式的含未知常值参数的非线性系统：

$$\begin{cases}\dot{\boldsymbol{x}}=\boldsymbol{A}_c\boldsymbol{x}+\boldsymbol{b}\sigma(y)u+\boldsymbol{\phi}_0(y)+\sum\limits_{i=1}^{p}\boldsymbol{\phi}_i(y)a_i\\ \quad=\boldsymbol{A}_c\boldsymbol{x}+\boldsymbol{b}\sigma(y)u+\boldsymbol{\phi}_0(y)+\boldsymbol{\Phi}(y)\boldsymbol{a}\\ y=\boldsymbol{C}\boldsymbol{x}\end{cases} \tag{9-30}$$

式中：

$$\boldsymbol{A}_c=\begin{bmatrix}0&1&0&\cdots&0\\0&0&1&\cdots&0\\ \vdots&\vdots&\vdots&&\vdots\\0&0&0&\cdots&1\\0&0&0&\cdots&0\end{bmatrix}\quad \boldsymbol{C}=\begin{bmatrix}1\\0\\ \vdots\\0\end{bmatrix}^{\mathrm{T}}$$

$$\boldsymbol{a}=\begin{bmatrix}a_1\\a_2\\ \vdots\\a_p\end{bmatrix},\quad \boldsymbol{b}=\begin{bmatrix}0\\ \vdots\\0\\b_\rho\\ \vdots\\b_n\end{bmatrix}=\begin{bmatrix}\boldsymbol{0}_{(\rho-1)\times 1}\\ \bar{\boldsymbol{b}}\end{bmatrix}$$

$\boldsymbol{x}\in\mathbb{R}^n$ 是状态向量；$u\in\mathbb{R}$ 是系统输入；$\boldsymbol{b}\in\mathbb{R}^n$ 是不确定常向量，且为 Hurwitz 向量，$b_\rho\neq 0$，即系统相对阶为 ρ；$\boldsymbol{a}$ 是未知常向量；$\boldsymbol{\phi}_i:\mathbb{R}\to\mathbb{R}^n$ $(i=0,\cdots,p)$ 是 ρ 阶可微的非线性函数；$\sigma:\mathbb{R}\to\mathbb{R}$ 是连续函数，且对于任意的 $y\in\mathbb{R}$ 都有 $\sigma(y)\neq 0$。

对于式 (9-30)，假设仅有输出 y 可以作为反馈信息设计控制律。如果所有的参数都已知，则可以使用观测器反步法或者滤波变换反步法设计非线性控制器镇定系统状态。即使存在不确定常值参数，式 (9-16) 给出的滤波变换也能够使用，再使用自适应反步法可以镇定系统状态。这里使用与观测器反步法类似的方法。由于存在不确定参数，就不能直接使用观测器反步法设计状态观测器了，而是需要使用与观测器类似的滤波器，得到包含不确定参数的系统状态估计，再运用自适应反步法在稳定性分析中消去状态估计中的不确定参数项。

对于状态估计，可以将系统重写为

$$\dot{\boldsymbol{x}}=\boldsymbol{A}_c\boldsymbol{x}+\boldsymbol{\phi}_0(y)+\boldsymbol{F}^{\mathrm{T}}(y,u)\boldsymbol{\theta}$$

式中，未知参数向量 $\boldsymbol{\theta}\in\mathbb{R}^q$，且 $q=n-\rho+1+p$，其具体形式为

$$\boldsymbol{\theta}=\begin{bmatrix}\bar{\boldsymbol{b}}\\ \boldsymbol{a}\end{bmatrix}$$

非线性函数向量 $\boldsymbol{F}(y,u)$ 的形式为

$$F^{\mathrm{T}}(y,u)=\left[\begin{bmatrix}\mathbf{0}_{(\rho-1)\times(n-\rho-1)}\\ \boldsymbol{I}_{n-\rho-1}\end{bmatrix}\sigma(y)u,\quad \boldsymbol{\Phi}(y)\right]$$

与观测器设计类似，可以设计如下滤波器：

$$\dot{\boldsymbol{\xi}}=\boldsymbol{A}_0\boldsymbol{\xi}+\boldsymbol{L}y+\phi_0(y) \tag{9-31}$$

$$\dot{\boldsymbol{\Omega}}^{\mathrm{T}}=\boldsymbol{A}_0\boldsymbol{\Omega}^{\mathrm{T}}+\boldsymbol{F}^{\mathrm{T}}(y,u) \tag{9-32}$$

式中，$\boldsymbol{\xi}\in\mathbb{R}^n$，$\boldsymbol{\Omega}^{\mathrm{T}}\in\mathbb{R}^{n\times q}$，且

$$\boldsymbol{L}=[l_1,\cdots,l_n]^{\mathrm{T}},\quad \boldsymbol{A}_0=\boldsymbol{A}_c-\boldsymbol{LC}$$

这里需要选取合适的 $\boldsymbol{L}$ 使得 $\boldsymbol{A}_0$ 为 Hurwitz 矩阵。于是系统状态的估计为

$$\hat{\boldsymbol{x}}=\boldsymbol{\xi}+\boldsymbol{\Omega}^{\mathrm{T}}\boldsymbol{\theta} \tag{9-33}$$

令

$$\boldsymbol{\epsilon}=\boldsymbol{x}-\hat{\boldsymbol{x}}$$

直接计算可得

$$\dot{\boldsymbol{\epsilon}}=\boldsymbol{A}_0\boldsymbol{\epsilon}$$

即由式 (9-33) 定义的估计状态能够渐近收敛到系统状态。注意到，这里定义的状态估计中包含未知参数 $\boldsymbol{\theta}$，因此 $\hat{\boldsymbol{x}}$ 暂时还不能直接用于控制律计算。下面将利用 $\hat{\boldsymbol{x}}$ 与 $\boldsymbol{\theta}$ 的关系设计自适应反步控制。

可以采用以下方式对滤波器降阶。将 $\boldsymbol{\Omega}^{\mathrm{T}}$ 做划分，即 $\boldsymbol{\Omega}^{\mathrm{T}}=[\boldsymbol{\nu},\boldsymbol{\Xi}]$，其中 $\boldsymbol{\nu}\in\mathbb{R}^{n\times(n-\rho+1)}$，$\boldsymbol{\Xi}\in\mathbb{R}^{n\times p}$，则由式 (9-32) 可得

$$\dot{\boldsymbol{\Xi}}=\boldsymbol{A}_0\boldsymbol{\Xi}+\boldsymbol{\Phi}(y)$$

$$\boldsymbol{\nu}_j=\boldsymbol{A}_0\boldsymbol{\nu}_j+\boldsymbol{e}_j\sigma(y)u,\quad j=\rho,\cdots,n$$

式中，$\boldsymbol{e}_j$ 是 n 阶单位矩阵 $\boldsymbol{I}_n$ 的第 j 列。对于 $1<j<n$，有

$$\boldsymbol{A}_0\boldsymbol{e}_j=(\boldsymbol{A}_c-\boldsymbol{LC})\boldsymbol{e}_j=\boldsymbol{A}_c\boldsymbol{e}_j=\boldsymbol{e}_{j+1}$$

故有

$$\boldsymbol{\nu}_j=\boldsymbol{A}_0^{n-j}\boldsymbol{\nu}_n$$

最后，将关于 $\boldsymbol{\Omega}^{\mathrm{T}}$ 的滤波器算法总结如下：

$$\boldsymbol{\Omega}^{\mathrm{T}}=[\boldsymbol{\nu}_\rho,\cdots,\boldsymbol{\nu}_n,\boldsymbol{\Xi}]$$

$$\dot{\boldsymbol{\Xi}}=\boldsymbol{A}_0\boldsymbol{\Xi}+\boldsymbol{\Phi}(y)$$

$$\dot{\boldsymbol{\lambda}}=\boldsymbol{A}_0\boldsymbol{\lambda}+\boldsymbol{e}_n\sigma(y)u$$

$$\boldsymbol{\nu}_j=\boldsymbol{A}_0^{n-j}\boldsymbol{\lambda},\quad j=\rho,\cdots,n$$

基于该滤波器，可仿照观测器反步法，引入调节函数和参数自适应律，进行自适应反步设计。具体地，用如下 $\boldsymbol{x}$ 替代原系统状态：

$$\boldsymbol{x}=\boldsymbol{\xi}+\boldsymbol{\Omega}^{\mathrm{T}}\boldsymbol{\theta}+\boldsymbol{\epsilon}$$

如对于 x_2，有

$$x_2=\xi_2+\boldsymbol{\Omega}_{(2)}^{\mathrm{T}}\boldsymbol{\theta}+\epsilon_2$$

式中，下标 (i) 表示矩阵的第 i 行。在接下来的设计中，仅考虑跟踪问题，即输出 y 跟踪参考信号 y_r。假设参考信号及其各阶导数已知，可直接用于控制器设计。

定义

$$\begin{aligned} z_1 &= y - y_r \\ z_i &= \nu_{\rho,i} - \hat{\varrho} y_r^{(i-1)} - \alpha_{i-1}, \quad i = 2, \cdots, \rho \\ z_{\rho+1} &= \sigma(y)u + \nu_{\rho,\rho+1} - \hat{\varrho}_r^{\rho} - \alpha_\rho \\ \varphi_0 &= \xi_2 + \phi_{0,1} \\ \boldsymbol{\varphi} &= [\nu_{\rho,2}, \cdots, \nu_{n,2}, \boldsymbol{\Phi}_{(1)} + \boldsymbol{\varXi}_{(2)}]^{\mathrm{T}} \\ \bar{\boldsymbol{\varphi}} &= [0, \nu_{\rho+1,2}, \cdots, \nu_{n,2}, \boldsymbol{\Phi}_{(1)} + \boldsymbol{\varXi}_{(2)}]^{\mathrm{T}} \end{aligned}$$

以及

$$\begin{aligned} \bar{\boldsymbol{\lambda}}_i &= [\lambda_1, \cdots, \lambda_i]^{\mathrm{T}} \\ \bar{\boldsymbol{y}}_i &= [y_r, \dot{y}_r, \cdots, y_r^{(i)}]^{\mathrm{T}} \\ \boldsymbol{X}_i &= [\boldsymbol{\xi}^{\mathrm{T}}, \mathrm{vec}(\boldsymbol{\varXi})^{\mathrm{T}}, \hat{\varrho}, \bar{\boldsymbol{\lambda}}_i^{\mathrm{T}}, \bar{\boldsymbol{y}}_i^{\mathrm{T}}]^{\mathrm{T}} \\ \sigma_{j,i} &= \frac{\partial \alpha_{j-1}}{\partial \hat{\boldsymbol{\theta}}} \boldsymbol{\Gamma} \frac{\partial \alpha_{i-1}}{\partial y} \boldsymbol{\varphi} \end{aligned}$$

式中，$\mathrm{vec}(\boldsymbol{\varXi})$ 表示将矩阵 $\boldsymbol{\varXi}$ 所有列按顺序组成一个列向量；$\hat{\varrho}$ 是 $\varrho = 1/b_\rho$ 的估计值；$\alpha_i\ (i = 1, \cdots, \rho)$ 是待设计的镇定函数。

考虑 z_1 的动态：

$$\begin{aligned} \dot{z}_1 &= x_2 + \phi_{0,1}(y) + \boldsymbol{\Phi}_{(1)}\boldsymbol{\theta} - \dot{y}_r \\ &= \xi_2 + \boldsymbol{\Omega}_{(2)}^{\mathrm{T}}\boldsymbol{\theta} + \epsilon_2 + \phi_{0,1}(y) + \boldsymbol{\Phi}_{(1)}\boldsymbol{\theta} - \dot{y}_r \\ &= b_\rho \nu_\rho + \varphi_0 + \bar{\boldsymbol{\varrho}}^{\mathrm{T}}\boldsymbol{\theta} + \epsilon_2 - \dot{y}_r \end{aligned} \tag{9-34}$$

注意到，这里 b_ρ 是未知的。对于未知的控制输入系数 b_ρ，通常可以估计其倒数，而非其本身，这样可以避免使用估计值的倒数。故，可令

$$\begin{aligned} z_2 &= \nu_{\rho,2} - \alpha_1 - \hat{\varrho}\dot{y}_r \\ &= \nu_{\rho,2} - \hat{\varrho}\bar{\alpha}_1 - \hat{\varrho}\dot{y}_r \end{aligned}$$

由于 $b_\rho \varrho = 1$，有

$$b_\rho \hat{\varrho} = 1 - b_\rho \tilde{\varrho}$$

式中，$\tilde{\varrho} = \varrho - \hat{\varrho}$。于是，由式 (9-34) 可以得到

$$\begin{aligned} \dot{z}_1 &= b_\rho(z_2 + \hat{\varrho}\bar{\alpha}_1 + \hat{\varrho}\dot{y}_r) + \varphi_0 + \bar{\boldsymbol{\varphi}}^{\mathrm{T}}\boldsymbol{\theta} + \epsilon_2 - \dot{y}_r \\ &= b_\rho z_2 - b_\rho \tilde{\varrho}(\bar{\alpha}_1 + \dot{y}_r) + \bar{\alpha}_1 + \varphi_0 + \bar{\boldsymbol{\varphi}}^{\mathrm{T}}\boldsymbol{\theta} + \epsilon_2 \end{aligned}$$

进而，可以设计

$$\bar{\alpha}_1 = -c_1 z_1 - k_1 z_1 - \varphi_0 - \bar{\boldsymbol{\varphi}}^{\mathrm{T}}\hat{\boldsymbol{\theta}}$$

式中，c_i 和 $k_i (i = 1, \cdots, \rho)$ 都是正实数。注意到，$\alpha_1 = \hat{\varrho}\bar{\alpha}_1$，有 $\alpha_1 = \alpha_1(y, \boldsymbol{X}_1, \hat{\boldsymbol{\theta}})$。

因此，z_1 的闭环动态为

$$\begin{aligned}\dot{z}_1 &= -c_1z_1 - k_1z_1 + b_\rho z_2 - b_\rho\tilde{\varrho}(\bar{\alpha}_1 + \dot{y}_r) + \bar{\boldsymbol{\varphi}}^{\mathrm{T}}\tilde{\boldsymbol{\theta}} + \epsilon_2 \\ &= -c_1z_1 - k_1z_1 + \hat{b}_\rho z_2 + \tilde{b}_\rho z_2 - b_\rho\tilde{\varrho}(\bar{\alpha}_1 + \dot{y}_r) + \bar{\boldsymbol{\varphi}}^{\mathrm{T}}\tilde{\boldsymbol{\theta}} + \epsilon_2 \\ &= -c_1z_1 - k_1z_1 + \hat{b}_\rho z_2 - b_\rho\tilde{\varrho}(\bar{\alpha}_1 + \dot{y}_r) + [\boldsymbol{\varphi} - \hat{\varrho}(\bar{\alpha}_1 + \dot{y}_r)\boldsymbol{e}_1]^{\mathrm{T}}\tilde{\boldsymbol{\theta}} + \epsilon_2\end{aligned}$$

式中，$\tilde{\boldsymbol{\theta}} = \boldsymbol{\theta} - \hat{\boldsymbol{\theta}}$，且 $b_\rho = \boldsymbol{\theta}^{\mathrm{T}}\boldsymbol{e}_1$ 成立。

与观测器反步法类似，这里 $-k_1z_1$ 是用于抵消 ϵ_2 作用的。在后续步骤中，带 k_i 的项也都用于稳定性证明中抵消 ϵ_2 的作用。这里处理观测器误差的方式与观测器反步法中是完全一样的。估计参数 $\hat{\varrho}$ 的自适应律可以在该步中进行设计，后续步骤中则不再出现：

$$\dot{\hat{\varrho}} = -\gamma\mathrm{sgn}(b_\rho)(\bar{\alpha}_1 + \dot{y}_r)z_1 \tag{9-35}$$

式中，γ 是正实数。

与前一节中的自适应反步法类似，不确定参数 θ 将在后续的步骤中出现，可以设计类似的调节函数。定义调节函数 $\boldsymbol{\tau}_i$ 为

$$\boldsymbol{\tau}_1 = \boldsymbol{\Gamma}[\boldsymbol{\varphi} - \hat{\varrho}(\dot{y}_r + \bar{\alpha}_1)\boldsymbol{e}_1]z_1$$

$$\boldsymbol{\tau}_i = \boldsymbol{\tau}_{i-1} - \boldsymbol{\Gamma}\frac{\partial\alpha_{i-1}}{\partial y}\boldsymbol{\varphi}z, \quad i = 2, \cdots, \rho$$

式中，α_i 是待设计的镇定函数；$\boldsymbol{\Gamma} \in \mathbb{R}^{q\times q}$ 是正定矩阵（或者称为自适应增益）。

接下来，z_2 的动态为

$$\begin{aligned}\dot{z}_2 &= \dot{\nu}_{\rho,2} - \dot{\alpha}_1 - \dot{\hat{\varrho}}\dot{y}_r - \hat{\varrho}\ddot{y}_r \\ &= \nu_{\rho,3} - l_2\nu_{\rho,1} - \frac{\partial\alpha_1}{\partial\boldsymbol{X}_1}\dot{\boldsymbol{X}}_1 - \frac{\partial\alpha_1}{\partial y}\dot{y} - \frac{\partial\alpha_1}{\partial\hat{\boldsymbol{\theta}}}\dot{\hat{\boldsymbol{\theta}}} - \dot{\hat{\varrho}}\dot{y}_r - \hat{\varrho}\ddot{y}_r\end{aligned}$$

由于

$$\dot{y} = \varphi_0 + \boldsymbol{\varphi}^{\mathrm{T}}\boldsymbol{\theta} + \epsilon_2$$

$$z_3 = \nu_{\rho,3} - \alpha_2 - \hat{\varrho}\ddot{y}_r$$

可得

$$\dot{z}_2 = z_3 + \alpha_2 - l_2\nu_{\rho,1} - \frac{\partial\alpha_1}{\partial\boldsymbol{X}_1}\dot{\boldsymbol{X}}_1 - \frac{\partial\alpha_1}{\partial y}(\varphi_0 + \boldsymbol{\varphi}^{\mathrm{T}}\boldsymbol{\theta} + \epsilon_2) - \frac{\partial\alpha_1}{\partial\hat{\boldsymbol{\theta}}}\dot{\hat{\boldsymbol{\theta}}} - \dot{\hat{\varrho}}\dot{y}_r$$

进而可以设计镇定函数为

$$\alpha_2 = -\hat{b}_\rho z_1 - c_2z_2 - k_2\left(\frac{\partial\alpha_1}{\partial y}\right)^2 z_2 + l_2\nu_{\rho,1} + \dot{\hat{\varrho}}\dot{y}_r + \\ \frac{\partial\alpha_1}{\partial\boldsymbol{X}_1}\dot{\boldsymbol{X}}_1 + \frac{\partial\alpha_1}{\partial y}(\varphi_0 + \boldsymbol{\varphi}^{\mathrm{T}}\hat{\boldsymbol{\theta}}) + \frac{\partial\alpha_1}{\partial\hat{\boldsymbol{\theta}}}\boldsymbol{\tau}_2$$

相应地，z_2 的闭环动态为

$$\dot{z}_2 = -\hat{b}_\rho z_1 - c_2z_2 - k_2\left(\frac{\partial\alpha_1}{\partial y}\right)^2 z_2 + z_3 - \frac{\partial\alpha_1}{\partial y}\boldsymbol{\varphi}^{\mathrm{T}}\tilde{\boldsymbol{\theta}} - \frac{\partial\alpha_1}{\partial y}\epsilon_2 - \frac{\partial\alpha_1}{\partial\hat{\boldsymbol{\theta}}}(\dot{\hat{\boldsymbol{\theta}}} - \boldsymbol{\tau}_2)$$

同样的，后续 z_i $(2 < i \leqslant \rho)$ 的动态为

$$\dot{z}_i = z_{i+1} + \alpha_i - l_i\nu_{\rho,1} - \frac{\partial\alpha_{i-1}}{\partial\boldsymbol{X}_{i-1}}\dot{\boldsymbol{X}}_{i-1} - \frac{\partial\alpha_{i-1}}{\partial y}(\varphi_0 + \boldsymbol{\varphi}^{\mathrm{T}}\boldsymbol{\theta} + \epsilon_2) - \frac{\partial\alpha_{i-1}}{\partial\hat{\boldsymbol{\theta}}}\dot{\hat{\boldsymbol{\theta}}} - \dot{\hat{\varrho}}y_r^{(i-1)}$$

镇定函数 α_i $(2 < i \leqslant \rho)$ 可以设计为

$$\alpha_i = -z_{i-1} - c_i z_i - k_i \left(\frac{\partial \alpha_{i-1}}{\partial y}\right)^2 z_i + l_i \nu_{\rho,1} +$$
$$\dot{\hat{\varrho}} y_r^{(i-1)} + \frac{\partial \alpha_{i-1}}{\partial \boldsymbol{X}_{i-1}} \dot{\boldsymbol{X}}_{i-1} + \frac{\partial \alpha_{i-1}}{\partial y}(\varphi_0 + \boldsymbol{\varphi}^{\mathrm{T}} \hat{\boldsymbol{\theta}}) + \frac{\partial \alpha_{i-1}}{\partial \hat{\boldsymbol{\theta}}} \boldsymbol{\tau}_i - \sum_{j=1}^{i-1} \sigma_{j,i} z_j$$

式中，最后一项 $-\sum\limits_{j=1}^{i-1} \sigma_{j,i} z_j$ 的作用类似于自适应反步设计中的 β_i。此时 z_i 的闭环动态为

$$\dot{z}_i = -z_{i-1} - c_i z_i - k_i \left(\frac{\partial \alpha_{i-1}}{\partial y}\right)^2 z_i + z_{i+1} -$$
$$\frac{\partial \alpha_{i-1}}{\partial y} \boldsymbol{\varphi}^{\mathrm{T}} \tilde{\boldsymbol{\theta}} - \frac{\partial \alpha_{i-1}}{\partial y} \epsilon_2 - \frac{\partial \alpha_{i-1}}{\partial \hat{\boldsymbol{\theta}}} (\dot{\hat{\boldsymbol{\theta}}} - \boldsymbol{\tau}_i) - \sum_{j=1}^{i-1} \sigma_{j,i} z_j$$

估计参数 $\hat{\boldsymbol{\theta}}$ 的自适应律可以设计为

$$\dot{\hat{\boldsymbol{\theta}}} = \boldsymbol{\tau}_\rho \tag{9-36}$$

最终的控制 u 可以通过令 $z_{\rho+1} = 0$ 得到，即

$$u = \frac{1}{\sigma(y)} \left(\alpha_\rho - \nu_{\rho,\rho+1} + \hat{\varrho} y_r^{(\rho)}\right) \tag{9-37}$$

对于自适应观测器反步设计，有以下定理。

定理 9.5 对于具有式 (9-30) 形式的系统，使用自适应观测器反步法设计出的控制律式 (9-37) 及自适应律式 (9-35) 和式 (9-36) 可保证所有变量有界，且 $\lim\limits_{t\to\infty}(y(t) - y_r(t)) = 0$。

证明：对于 $\rho > 1$ 的情况，使用自适应观测器反步设计，可得

$$\dot{z}_1 = -c_1 z_1 - k_1 z_1 + \epsilon_2 + [\boldsymbol{\varphi} - \hat{\varrho}(\bar{\alpha}_1 + \dot{y}_r)\boldsymbol{e}_1]^{\mathrm{T}} \tilde{\boldsymbol{\theta}} - b_\rho \tilde{\varrho}(\bar{\alpha}_1 + \dot{y}_r) + \hat{b}_\rho z_2 \tag{9-38}$$

$$\dot{z}_2 = -\hat{b}_\rho z_1 - c_2 z_2 - k_2 \left(\frac{\partial \alpha_1}{\partial y}\right)^2 z_2 + z_3 - \frac{\partial \alpha_1}{\partial y} \boldsymbol{\varphi}^{\mathrm{T}} \tilde{\boldsymbol{\theta}} - \frac{\partial \alpha_1}{\partial y} \epsilon_2 + \sum_{j=3}^{\rho} \sigma_{2,j} z_j \tag{9-39}$$

$$\begin{aligned} \dot{z}_i = & -z_{i-1} - c_i z_i - k_i \left(\frac{\partial \alpha_{i-1}}{\partial y}\right)^2 z_i + l_i \nu_{\rho,1} + \\ & \dot{\hat{\varrho}} y_r^{(i-1)} + \frac{\partial \alpha_{i-1}}{\partial \boldsymbol{X}_{i-1}} \dot{\boldsymbol{X}}_{i-1} + \frac{\partial \alpha_{i-1}}{\partial y}(\varphi_0 + \boldsymbol{\varphi}^{\mathrm{T}} \hat{\boldsymbol{\theta}}) + \frac{\partial \alpha_{i-1}}{\partial \hat{\boldsymbol{\theta}}} \boldsymbol{\tau}_i - \sum_{j=1}^{i-1} \sigma_{j,i} z_j \end{aligned} \tag{9-40}$$

式中，$i = 3, \cdots, \rho$。令

$$V_\rho = \frac{1}{2} \sum_{i=1}^{\rho} z_i^2 + \frac{1}{2} \tilde{\boldsymbol{\theta}}^{\mathrm{T}} \boldsymbol{\Gamma}^{-1} \tilde{\boldsymbol{\theta}} + \frac{|b_\rho|}{2\gamma} \tilde{\varrho}^2 + \sum_{i=1}^{\rho} \frac{1}{4k_i} \boldsymbol{\epsilon}^{\mathrm{T}} \boldsymbol{P} \boldsymbol{\epsilon}$$

式中，$\boldsymbol{P}$ 是满足下列李雅普诺夫方程的正定矩阵：

$$\boldsymbol{A}_0^{\mathrm{T}} \boldsymbol{P} + \boldsymbol{P} \boldsymbol{A}_0 = -\boldsymbol{I}$$

由式 (9-38)～ 式 (9-40) 以及式 (9-36) 和式 (9-35)，可得

$$\dot{V}_\rho = -\sum_{i=1}^{\rho} \left(c_i + k_i \left(\frac{\partial \alpha_{i-1}}{\partial y}\right)^2\right) z_i^2 - \sum_{i=1}^{\rho} z_i \frac{\partial \alpha_{i-1}}{\partial y} \epsilon_2 - \sum_{i=1}^{\rho} \frac{1}{4k_i} \|\boldsymbol{\epsilon}\|^2$$

式中，令 $\dfrac{\partial\alpha_0}{\partial y}=-1$，注意到

$$\left|z_i\frac{\partial\alpha_{i-1}}{\partial y}\epsilon_2\right|\leqslant\frac{1}{4k_i}\|\boldsymbol{\epsilon}\|^2+k_i\left(\frac{\partial\alpha_{i-1}}{\partial y}\right)^2z_i^2$$

故有

$$\dot{V}_\rho\leqslant-\sum_{i=1}^{\rho}c_iz_i^2$$

即 z_i $(i=1,\cdots,\rho)$、$\tilde{\boldsymbol{\theta}}$、$\tilde{\varrho}$、$\boldsymbol{\epsilon}$ 有界。$\tilde{\boldsymbol{\theta}}$ 有界保证了 $\hat{\boldsymbol{\theta}}$ 是有界的。因为 $\varrho=1/b_\rho$ 为常数，所以 $\hat{\varrho}$ 有界。由于 $y=z_1+y_r$，所以 y 有界保证 $\boldsymbol{\xi}$ 和 $\boldsymbol{\Xi}$ 有界。$\boldsymbol{\lambda}$ 的有界性是由最小相位系统推导而来的。所以，u 为有界，且系统中所有信号都有界。由以上分析，可以得到 $z_i\in L_2\cap L_\infty$，$i=1,\cdots,\rho$，且 $\hat{\boldsymbol{\theta}}$ 是有界的。所有信号有界保证了 $\dot{z}_i$ 有界。根据 Barbalat 引理，可以得到 $\lim\limits_{t\to\infty}z_i(t)=0$ $(i=1,\cdots,\rho)$。即系统跟踪误差渐近收敛到原点，$\lim\limits_{t\to\infty}(y(t)-y_r(t))=0$。

9.7 补充学习

反步法的早期研究可以参考文献 [32]。自适应反步法的详细内容请参考文献 [33]。基于滤波变换的反步法请参考文献 [34]。本章关于滤波变换的内容与文献 [34] 略有不同。调节函数将多个自适应参数放在一个未知向量中考虑，其详细内容请参考文献 [35]。基于滤波变换的自适应反步法引自文献 [36]。自适应观测器反步法引自文献 [35]。非线性自适应反步法的进一步研究可以参考文献 [37,38]。

习题

9-1 请简要说明使用反步法的结构性要求。

9-2 考虑一个非线性动态系统：

$$\dot{x}_1=x_2+ax_1^3$$

$$\dot{x}_2=u+bx_1^2$$

式中，a 和 b 是未知常数。请使用自适应反步法设计一个非线性自适应控制输入，并分析闭环系统稳定性。

9-3 考虑非线性系统：

$$\dot{x}_1=x_1^4-x_1x_2$$

$$\dot{x}_2=x_1^2+u$$

1）设计 $\phi(\boldsymbol{x})$ 使得 $\dot{x}_1=x_1^4-x_1\phi(\boldsymbol{x})$ 的原点是渐近稳定的。

2）使用反步法设计 u 使得原系统原点渐近稳定。

3）如果使用 2）中设计的 u 镇定原系统，请找出对应的李雅普诺夫函数。

9-4 考虑系统：

$$\dot{\boldsymbol{x}}=\boldsymbol{A}\boldsymbol{x}+\boldsymbol{b}\xi$$

$$\dot{\xi}=\boldsymbol{c}^{\mathrm{T}}\boldsymbol{x}+\theta\phi(x,\xi)+u$$

式中，$\boldsymbol{x} \in \mathbb{R}^n$，$(\boldsymbol{A}, \boldsymbol{b})$ 是可控的，$\phi(\boldsymbol{x}, \xi)$ 是已知函数，并且 θ 是常数。

1）当 $\theta = 1$ 时，请使用反步法设计控制输入 u 来稳定系统，并给出稳定性证明。

2）当 θ 未知时，设计控制输入 u 确保系统状态 $(\boldsymbol{x}, \xi)$ 收敛到原点，要求使用自适应反步法，并给出稳定性证明。

3）请简要分析 1）和 2）中稳定性结果的不同之处。

9-5 考虑非线性动态系统：

$$\dot{x}_1 = x_2 + x_1^3$$

$$\dot{x}_2 = u + x_1^2$$

1）选取 $h(\boldsymbol{x}) = x_1$，使用反馈线性化方法设计控制器。

2）使用反步法设计控制器。

3）简要评论一下 1）和 2）中设计的控制器在闭环系统的稳定性中的区别。

9-6 考虑一个非线性动态系统：

$$\dot{x}_1 = x_2 + a\phi_1(x_1)$$

$$\dot{x}_2 = u + \phi_2(x_1, x_2)$$

式中，a 是未知常数；$\phi_i (i = 1, 2)$ 是光滑非线性函数，且 $\phi_1(0) = 0$。

1）根据自适应反步法，设计自适应控制器。

2）分析 1）中设计的自适应系统的稳定性。

9-7 考虑一个非线性动态系统：

$$\dot{x}_1 = x_1^2 + (1 + x_1^2)x_2$$

$$\dot{x}_2 = u - 2x_2\left(x_1^2 + x_2^2\right)$$

用反步法设计非线性控制律，并分析闭环系统的稳定性。

9-8 考虑一个非线性动态系统：

$$\dot{x}_1 = ax_1^2 + x_2$$

$$\dot{x}_2 = u - 2x_2\left(x_1^2 + x_2^2\right)$$

式中，a 是未知常数。用反步法设计非线性自适应控制律，并且分析闭环系统的稳定性。

9-9 考虑非线性系统：

$$\dot{x}_1 = x_2 + a(e^{x_1} - 1)$$

$$\dot{x}_2 = u + x_2^2$$

式中，a 是未知常数参数。

1）用自适应反步法设计自适应控制器。

2）分析 1）中闭环系统的稳定性。

9-10 考虑非线性动态系统：

$$\dot{x}_1 = x_2 + ax_1^2$$

$$\dot{x}_2 = bu + cx_1^3$$

式中，a、b、c 是未知常数参数。假设 $b>0$，请设计自适应控制律，使得所有信号有界，且 $\lim\limits_{t\to+\infty} x_1(t)=0$。

9-11 考虑一个非线性系统：

$$\dot{x}_1 = a_1x_1^3 + x_2$$

$$\dot{x}_2 = a_2x_1^2 + bu$$

式中，a_1、a_2、b 是常数参数。

1）当 $b=1$ 时，且其他参数未知，用自适应反步法设计自适应控制器。

2）当 $a_1=1$，$a_2=1$，$b>0$ 时，设计自适应控制器。

9-12 考虑非线性系统：

$$\begin{aligned}
\dot{x}_1 &= x_2 + \phi_1(x_1)\\
\dot{x}_2 &= x_3 + \phi_2(x_1,x_2)\\
&\ \vdots\\
\dot{x}_{n-1} &= x_n + \phi_{n-1}(x_1,x_2,\cdots,x_{n-1})\\
\dot{x}_n &= u + \phi_n(x_1,x_2,\cdots,x_n)
\end{aligned}$$

式中，$\phi_i(i=1,2,\cdots,n)$，是光滑函数。系统是严反馈的形式，用反步法设计控制输入，记 $z_i=x_i-\alpha_{i-1}$，$i=1,2,\cdots,n$。

1）将 x_2 视为虚拟控制，设计一个镇定函数 $\alpha_1(x_1)$。

2）在第 i 步，假设对于 $j=1,2,\cdots,i-1$，$\alpha_j=(x_1,\cdots,x_j)$ 已经设计完毕，请设计 $\alpha_i(x_1,\cdots,x_i)$，并且设计最终的控制输入 u。

3）对闭环系统 $\dot{z}_i=-z_{i-1}-c_iz_i+z_{i+1}(i=1,\cdots,n)$ 进行稳定性分析，其中 $c_i>0, z_0=0$ 且 $z_{n+1}=0$。给出使得系统状态是渐近稳定的条件。

9-13 考虑非线性动态系统：

$$\dot{\boldsymbol{x}} = \boldsymbol{f}(\boldsymbol{x}) + \boldsymbol{b}(\xi-\delta(\boldsymbol{x}))$$

$$\dot{\xi} = g(\boldsymbol{x}) + \psi(\xi) + u$$

式中，$\boldsymbol{x}\in\mathbb{R}^n$, $\xi\in\mathbb{R}$，所有函数以及 $\boldsymbol{b}\in\mathbb{R}^n$ 是已知的，存在函数 $\phi(\boldsymbol{x})$，其中 $\phi(\boldsymbol{0})=0$，有正定函数 $V(\boldsymbol{x})$ 使得

$$\frac{\partial V}{\partial \boldsymbol{x}}[\boldsymbol{f}(\boldsymbol{x})+\boldsymbol{b}\phi(\boldsymbol{x})] \leqslant -W(\boldsymbol{x})$$

式中，$W(\boldsymbol{x})$ 是一个正定函数。设计状态反馈控制器使系统为渐近稳定。

第 10 章　扰动抑制与输出调节

控制器设计中，扰动的影响不可避免。性能良好的控制器通常能够抑制扰动的不利影响。物理系统中，扰动有很多类型，如随机扰动，包括宽带扰动、窄带扰动；确定性干扰，包括谐波干扰，或者广义的周期干扰，或者其他由非线性环节产生的干扰，如极限环。随机扰动的谱信息通常可以由回路成形或者其他传统控制方法处理。本章只考虑确定性周期干扰的抑制问题。控制目标是跟踪指定的信号。这里可以将跟踪误差定义为新的状态，则跟踪问题实际上转化为镇定问题。实际上，可以将扰动抑制和输出跟踪问题都转化为输出调节问题，这将在本章稍后讨论。

干扰抑制和输出调节都是控制系统设计领域的主要方向。考虑到篇幅，仅能选取部分内容讨论。本章研究的主要问题是输出反馈非线性系统的确定性干扰抑制。对于扰动，首先处理未知频率的正弦扰动，然后考虑由非线性外部系统产生的周期扰动，最后是广义的周期扰动。本章使用自适应控制应对未知扰动频率和系统中的不确定参数。本章中的方法也可应用于其他类型的非线性系统。

10.1　基于状态反馈的全局渐近扰动抑制

本节针对一般形式的非线性系统，使用状态反馈实现对未知正弦扰动的全局渐近抑制。其中，正弦扰动由未知外部系统生成。使用自适应控制和内模原理来应对扰动产生的影响。

考虑单输入非线性系统：

$$\dot{\boldsymbol{x}} = \boldsymbol{f}(\boldsymbol{x}) + \boldsymbol{g}(\boldsymbol{x})(u - \mu) \tag{10-1}$$

式中，$\boldsymbol{x} \in \mathbb{R}^n$ 是系统状态；$\boldsymbol{f}(\boldsymbol{x}) : \mathbb{R}^n \to \mathbb{R}^n$ 和 $\boldsymbol{g}(\boldsymbol{x}) : \mathbb{R}^n \to \mathbb{R}^n$ 是非线性向量场；$u \in \mathbb{R}$ 是控制输入；μ 是干扰，由如下的外部系统生成：

$$\begin{cases} \dot{\boldsymbol{w}} = \boldsymbol{S}\boldsymbol{w} \\ \mu = \boldsymbol{L}^{\mathrm{T}}\boldsymbol{w} \end{cases} \tag{10-2}$$

式中，$\boldsymbol{w} \in \mathbb{R}^s$，$\boldsymbol{S} \in \mathbb{R}^{s\times s}, \boldsymbol{L} \in \mathbb{R}^s$。

假设 10.1　矩阵 $\boldsymbol{S}$ 的特征值都相异，且具有零实部。$(\boldsymbol{S},\ \boldsymbol{L}^{\mathrm{T}})$ 为可观测。

假设 10.2　存在非线性映射 $\boldsymbol{h}(\boldsymbol{x}) : \mathbb{R}^n \to \mathbb{R}^s$，使得 $\boldsymbol{G} = \dfrac{\partial \boldsymbol{h}(\boldsymbol{x})}{\partial \boldsymbol{x}}\boldsymbol{g}(\boldsymbol{x})$ 为 $\mathbb{R}^s$ 中的非零常向量。

注 10.1　上述假设 10.2 实际上给出了扰动的可观测性。如果向量场 $\boldsymbol{g}$ 是一个非零常向量，则总存在 $\boldsymbol{h}(\boldsymbol{x}) = \boldsymbol{H}\boldsymbol{x}(\boldsymbol{H} \in \mathbb{R}^{s\times n})$ 满足假设 10.2。对于更一般形式的向量 $\boldsymbol{g}(\boldsymbol{x})$，也不难找到合适的 $\boldsymbol{h}(\boldsymbol{x})$。不失一般性，可以取 $\boldsymbol{G} = [0, \cdots, 0, 1]^{\mathrm{T}}$。令 $\boldsymbol{\Delta}_g = \mathrm{span}\{\boldsymbol{g}(\boldsymbol{x})\}$，则 $\boldsymbol{\Delta}_g$ 是对合的。根据 Frobenius 定理，总存在 $h_i(\boldsymbol{x})(i = 1, \cdots, s)$，使得 $L_g h_i(\boldsymbol{x}) = 0\ (i = 1, \cdots, s-1)$ 和 $L_g h_s(\boldsymbol{x}) = 1$。

假设 10.3　对于式 (10-1) 的非受扰系统（即 $\mu=0$），存在状态反馈 $u=\alpha(\boldsymbol{x})$ 使得闭环系统的原点为渐近稳定。进一步地，存在 Lyapunov 函数 $V(\boldsymbol{x})$，使得

$$\begin{aligned}&\gamma_1(\|\boldsymbol{x}\|)\leqslant V(\boldsymbol{x})\leqslant\gamma_2(\|\boldsymbol{x}\|)\\&\frac{\partial V(\boldsymbol{x})}{\partial\boldsymbol{x}}(\boldsymbol{f}(\boldsymbol{x})+\boldsymbol{g}(\boldsymbol{x})\alpha(\boldsymbol{x}))\leqslant-\gamma_3(\|\boldsymbol{x}\|)\\&c_1\left|\frac{\partial V(\boldsymbol{x})}{\partial\boldsymbol{x}}\boldsymbol{g}(\boldsymbol{x})\right|^{c_2}\leqslant\gamma_3(\|\boldsymbol{x}\|)\end{aligned}$$

式中，$\gamma_i\ (i=1,2,3)$ 是 K_∞ 函数；$c_i\ (i=1,2)$ 是正实常数，且 $c_2>1$。

本节的控制目标为，设计状态反馈控制，使得闭环系统渐近稳定，且实现对未知频率正弦扰动的全局渐近抑制。

对于非零向量 $\boldsymbol{G}$，总存在 Hurwitz 矩阵 $\boldsymbol{F}$ 使得 $(\boldsymbol{F},\boldsymbol{G})$ 是可控的，则系统内模可以设计为

$$\dot{\boldsymbol{\xi}}=\boldsymbol{F}\boldsymbol{\xi}-\boldsymbol{G}u+\boldsymbol{F}\boldsymbol{h}(\boldsymbol{x})-\frac{\partial\boldsymbol{h}(\boldsymbol{x})}{\partial\boldsymbol{x}}\boldsymbol{f}(\boldsymbol{x})\tag{10-3}$$

关于内模的良好性质，有以下引理。

引理 10.1　存在非奇异矩阵 $\boldsymbol{M}$，以及正实数 d_ϵ 和 λ_ϵ，使得以下定义的误差：

$$\boldsymbol{\epsilon}=\boldsymbol{M}\boldsymbol{w}-\boldsymbol{\xi}-\boldsymbol{h}(\boldsymbol{x})$$

满足

$$\|\boldsymbol{\epsilon}(t)\|\leqslant d_\epsilon\mathrm{e}^{-\lambda_\epsilon t}$$

证明： 由 $(\boldsymbol{F},\boldsymbol{G})$ 可控以及 $(\boldsymbol{S},\boldsymbol{L}^{\mathrm{T}})$ 可观测，另外矩阵 $\boldsymbol{F}$ 和 $\boldsymbol{S}$ 都具有不同特征值，所以存在唯一的非奇异矩阵 $\boldsymbol{M}$ 使得

$$\boldsymbol{M}\boldsymbol{S}-\boldsymbol{F}\boldsymbol{M}=-\boldsymbol{G}\boldsymbol{L}^{\mathrm{T}}$$

可以定义 $\boldsymbol{\eta}=\boldsymbol{M}\boldsymbol{w}$，则

$$\begin{aligned}\dot{\boldsymbol{\eta}}=&\boldsymbol{F}\boldsymbol{\eta}-\boldsymbol{G}\boldsymbol{q}^{\mathrm{T}}\boldsymbol{\eta}\\\mu=&\boldsymbol{q}^{\mathrm{T}}\boldsymbol{\eta}\end{aligned}$$

式中，$\boldsymbol{q}=\boldsymbol{M}^{-\mathrm{T}}\boldsymbol{L}$。直接计算可以得到

$$\begin{aligned}\dot{\boldsymbol{\epsilon}}=&\boldsymbol{F}\boldsymbol{\eta}-\boldsymbol{G}\boldsymbol{q}^{\mathrm{T}}\boldsymbol{\eta}-\boldsymbol{F}\boldsymbol{\xi}+\boldsymbol{G}u-\boldsymbol{F}\boldsymbol{h}(\boldsymbol{x})+\frac{\partial\boldsymbol{h}(\boldsymbol{x})}{\partial\boldsymbol{x}}\boldsymbol{f}(\boldsymbol{x})-\frac{\partial\boldsymbol{h}(\boldsymbol{x})}{\partial\boldsymbol{x}}(\boldsymbol{f}(\boldsymbol{x})+\boldsymbol{g}(\boldsymbol{x})(u-\mu))\\=&\boldsymbol{F}\boldsymbol{\epsilon}\end{aligned}$$

即 $\boldsymbol{\epsilon}$ 为指数稳定。可以取 $V_\epsilon=\boldsymbol{\epsilon}^{\mathrm{T}}\boldsymbol{P}\boldsymbol{\epsilon}$，$\boldsymbol{P}$ 和 $\boldsymbol{Q}$ 为正定矩阵满足 $\boldsymbol{P}\boldsymbol{F}+\boldsymbol{F}^{\mathrm{T}}\boldsymbol{P}=-\boldsymbol{Q}$。所以

$$\dot{V}_\epsilon=-\boldsymbol{\epsilon}^{\mathrm{T}}\boldsymbol{Q}\boldsymbol{\epsilon}\leqslant-\frac{\lambda_{\min}(\boldsymbol{Q})}{\lambda_{\max}(\boldsymbol{P})}V_\epsilon$$

故

$$V_\epsilon \leqslant V_\epsilon(\boldsymbol{\epsilon}(0))\mathrm{e}^{-\frac{\lambda_{\min}(\boldsymbol{Q})}{\lambda_{\max}(\boldsymbol{P})}t}$$

进一步有

$$\|\boldsymbol{\epsilon}(t)\| \leqslant \|\boldsymbol{\epsilon}(0)\|\sqrt{\frac{\lambda_{\max}(\boldsymbol{P})}{\lambda_{\min}(\boldsymbol{P})}}\mathrm{e}^{-\frac{\lambda_{\min}(\boldsymbol{Q})}{2\lambda_{\max}(\boldsymbol{P})}t}$$

式中，$\lambda_{\min}(\cdot)$ 和 $\lambda_{\max}(\cdot)$ 分别表示矩阵的最小和最大特征值。

注 10.2 内模式 (10-3) 并不需要矩阵 $\boldsymbol{S}$ 和 $\boldsymbol{L}$ 的定量信息。

如果干扰信号 μ 的动态完全已知，则利用内模式 (10-3) 可以设计扰动抑制控制器：

$$u = \alpha(\boldsymbol{x}) + \boldsymbol{q}^{\mathrm{T}}(\boldsymbol{\xi} + \boldsymbol{h}(\boldsymbol{x}))$$

在 $\boldsymbol{q}$ 未知的情况下，则可以使用自适应控制律：

$$u = \alpha(\boldsymbol{x}) + \hat{\boldsymbol{q}}^{\mathrm{T}}(\boldsymbol{\xi} + \boldsymbol{h}(\boldsymbol{x})) \tag{10-4}$$

式中，$\hat{\boldsymbol{q}}$ 是 $\boldsymbol{q}$ 的估计参数，其自适应律为

$$\dot{\hat{\boldsymbol{q}}} = -\boldsymbol{\Gamma}\frac{\partial V(\boldsymbol{x})}{\partial \boldsymbol{x}}\boldsymbol{g}(\boldsymbol{x})(\boldsymbol{\xi} + \boldsymbol{h}(\boldsymbol{x})) \tag{10-5}$$

式中，$\boldsymbol{\Gamma}$ 是正定矩阵。

定理 10.1 对于满足假设 10.1～ 假设 10.3的受扰非线性系统式 (10-1)，自适应控制律式 (10-4) 及其自适应更新律式 (10-5) 保证闭环系统所有信号有界，且在未知频率的外部干扰式 (10-2) 的情况下保证闭环系统达到渐近扰动抑制，即 $\lim\limits_{t\to\infty}\boldsymbol{x}(t) = \boldsymbol{0}$。

证明：构造一阶系统：

$$\dot{\bar{\epsilon}} = -\lambda_\epsilon\bar{\epsilon}, \quad \bar{\epsilon}(0) = d_\epsilon$$

式中，$d_\epsilon > 0$ 是常数。因此，对于任意的 $t \geqslant 0$ 都有 $\bar{\epsilon}(t) > 0$。由引理 10.1可以得到 $\|\boldsymbol{\epsilon}(t)\| \leqslant \bar{\epsilon}(t)$。

定义备选 Lyapunov 函数：

$$W = V(\boldsymbol{x}) + \frac{1}{2}\tilde{\boldsymbol{q}}^{\mathrm{T}}\boldsymbol{\Gamma}^{-1}\tilde{\boldsymbol{q}} + \frac{c_3}{c_4}\bar{\epsilon}^{c_4}$$

式中，$\tilde{\boldsymbol{q}} = \boldsymbol{q} - \hat{\boldsymbol{q}}$；常数 c_3 和 c_4 满足

$$c_4 = \frac{c_2}{c_2 - 1}, \quad c_3 = \frac{2}{c_4\lambda_\epsilon}\left(\frac{2\|\boldsymbol{q}\|}{c_1c_2}\right)^{c_4}$$

则可以计算备选 Lyapunov 函数的导数为

$$
\begin{aligned}
\dot{W} =& \frac{\partial V(\boldsymbol{x})}{\partial \boldsymbol{x}}[\boldsymbol{f}(\boldsymbol{x})+\boldsymbol{g}(\boldsymbol{x})(u-\mu)]-\tilde{\boldsymbol{q}}^{\mathrm{T}}\boldsymbol{\Gamma}^{-1}\dot{\hat{\boldsymbol{q}}}-c_3\lambda_\epsilon\bar{\epsilon}^{c_4} \\
=& \frac{\partial V(\boldsymbol{x})}{\partial \boldsymbol{x}}[\boldsymbol{f}(\boldsymbol{x})+\boldsymbol{g}(\boldsymbol{x})\alpha(\boldsymbol{x})]+\frac{\partial V(\boldsymbol{x})}{\partial \boldsymbol{x}}\boldsymbol{g}(\boldsymbol{x})\hat{\boldsymbol{q}}^{\mathrm{T}}(\boldsymbol{\xi}+\boldsymbol{h}(\boldsymbol{x}))-\frac{\partial V(\boldsymbol{x})}{\partial \boldsymbol{x}}\boldsymbol{g}(\boldsymbol{x})\boldsymbol{q}^{\mathrm{T}}\boldsymbol{\eta}+ \\
& \tilde{\boldsymbol{q}}^{\mathrm{T}}\frac{\partial V(\boldsymbol{x})}{\partial \boldsymbol{x}}\boldsymbol{g}(\boldsymbol{x})(\boldsymbol{\xi}+\boldsymbol{h}(\boldsymbol{x}))-c_3\lambda_\epsilon\bar{\epsilon}^{c_4} \\
\leqslant & -\gamma_3(\|\boldsymbol{x}\|)+\frac{\partial V(\boldsymbol{x})}{\partial \boldsymbol{x}}\boldsymbol{g}(\boldsymbol{x})[\hat{\boldsymbol{q}}^{\mathrm{T}}(\boldsymbol{\xi}+\boldsymbol{h}(\boldsymbol{x}))-\boldsymbol{q}^{\mathrm{T}}(\boldsymbol{\epsilon}+\boldsymbol{\xi}+\boldsymbol{h}(\boldsymbol{x}))+ \\
& \tilde{\boldsymbol{q}}^{\mathrm{T}}(\boldsymbol{\xi}+\boldsymbol{h}(\boldsymbol{x}))]-c_3\lambda_\epsilon\bar{\epsilon}^{c_4} \\
\leqslant & -\gamma_3(\|\boldsymbol{x}\|)+\left|\frac{\partial V(\boldsymbol{x})}{\partial \boldsymbol{x}}\boldsymbol{g}(\boldsymbol{x})\right||\boldsymbol{q}^{\mathrm{T}}\boldsymbol{\epsilon}|-c_3\lambda_\epsilon\bar{\epsilon}^{c_4}
\end{aligned} \tag{10-6}
$$

对于上式第二项可以应用杨氏不等式变换为

$$
\left|\frac{\partial V(\boldsymbol{x})}{\partial \boldsymbol{x}}\boldsymbol{g}(\boldsymbol{x})\right||\boldsymbol{q}^{\mathrm{T}}\boldsymbol{\epsilon}| \leqslant \frac{c_5^{c_2}}{c_2}\left|\frac{\partial V(\boldsymbol{x})}{\partial \boldsymbol{x}}\boldsymbol{g}(\boldsymbol{x})\right|^{c_2}+\frac{1}{c_4c_5^{c_4}}\|\boldsymbol{q}\|^{c_4}\|\boldsymbol{\epsilon}\|^{c_4}
$$

式中，c_5 是任意正数。可以选取 $c_5=\left(\frac{c_1c_2}{2}\right)^{\frac{1}{c_2}}$，则

$$
\left|\frac{\partial V(\boldsymbol{x})}{\partial \boldsymbol{x}}\boldsymbol{g}(\boldsymbol{x})\right||\boldsymbol{q}^{\mathrm{T}}\boldsymbol{\epsilon}| \leqslant \frac{c_1}{2}\left|\frac{\partial V(\boldsymbol{x})}{\partial \boldsymbol{x}}\boldsymbol{g}(\boldsymbol{x})\right|^{c_2}+\frac{1}{2}\lambda_\epsilon c_3\bar{\epsilon}^{c_4} \tag{10-7}
$$

将式 (10-7) 代入式 (10-6) 可以得到

$$
\dot{W} \leqslant -\frac{1}{2}\gamma_3(\|\boldsymbol{x}\|)-\frac{1}{2}\lambda_\epsilon c_3\bar{\epsilon}^{c_4}
$$

于是所有变量都是有界的。进一步，根据不变集定理，可以证明 $\lim\limits_{t\to\infty}\boldsymbol{x}(t)=\mathbf{0}$。

例 10.1　考虑非线性系统：

$$
\begin{aligned}
\dot{x}_1 &= 2x_2+x_1^2+u-\mu \\
\dot{x}_2 &= -x_2+\frac{1}{1+x_2^2}(u-\mu)
\end{aligned}
$$

式中，μ 是未知频率的正弦干扰，它由外部系统产生，其状态矩阵为

$$
\boldsymbol{S}=\begin{bmatrix} 0 & -\omega \\ \omega & 0 \end{bmatrix}
$$

对于非受扰系统，可以找到状态反馈：

$$
u=\alpha(\boldsymbol{x})=-6x_1+x_2+x_1x_2-2x_1^2+x_2^2+\frac{1}{2}x_1x_2^3
$$

使其原点渐近稳定。相应的 Lyapunov 函数为

$$
V(\boldsymbol{x})=\frac{1}{2}x_1^2+\frac{1}{2}\left(x_2+\frac{1}{3}x_2^3-x_1\right)^2
$$

按照定理 10.1，需要计算

$$\frac{\partial V(\boldsymbol{x})}{\partial \boldsymbol{x}}(\boldsymbol{f}(\boldsymbol{x})+\boldsymbol{g}(\boldsymbol{x})\alpha(\boldsymbol{x}))=-3x_1^2-3\left(x_2+\frac{1}{3}x_2^3-x_1\right)$$

$$\frac{\partial V(\boldsymbol{x})}{\partial \boldsymbol{x}}\boldsymbol{g}(\boldsymbol{x})=x_1$$

考虑到假设 10.3，可以计算

$$\frac{3+\sqrt{5}}{4}\|\boldsymbol{x}\|^2 \leqslant V(\boldsymbol{x}) \leqslant \left(2+\left(1+\frac{1}{3}\|\boldsymbol{x}\|^2\right)^2\right)\|\boldsymbol{x}\|^2$$

$$\frac{\partial V(\boldsymbol{x})}{\partial \boldsymbol{x}}(\boldsymbol{f}(\boldsymbol{x})+\boldsymbol{g}(\boldsymbol{x})\alpha(\boldsymbol{x})) \leqslant -\frac{9+3\sqrt{5}}{2}\|\boldsymbol{x}\|^2$$

$$\frac{9+3\sqrt{5}}{2}\left|\frac{\partial V(\boldsymbol{x})}{\partial \boldsymbol{x}}\boldsymbol{g}(\boldsymbol{x})\right|^2 \leqslant \frac{9+3\sqrt{5}}{2}\|\boldsymbol{x}\|^2$$

所以，非受扰系统满足假设 10.3。式中，$\gamma_1(\mu)=\dfrac{3+\sqrt{5}}{4}\mu^2$，$\gamma_2(\mu)=\left[2+\left(1+\dfrac{1}{3}\mu^2\right)^2\right]\mu^2$，$\gamma_3(\mu)=\dfrac{9+3\sqrt{5}}{2}\mu^2$，以及 $c_1=\dfrac{9+3\sqrt{5}}{2}$，$c_2=2$。

可以选取

$$h(\boldsymbol{x})=\begin{bmatrix} x_1 \\ x_2+\dfrac{1}{3}x_2^3 \end{bmatrix}$$

则可以计算 $\boldsymbol{G}=\dfrac{\partial V(\boldsymbol{x})}{\partial \boldsymbol{x}}\boldsymbol{g}(\boldsymbol{x})=[1\ 1]^{\mathrm{T}}$，即假设 10.2满足。注意到，假设 10.1由正弦干扰保证。按照定理 10.1，可以计算内模、自适应律和控制律如下：

$$\begin{aligned}
\dot{\boldsymbol{\xi}} &= \boldsymbol{F}\boldsymbol{\xi}-\boldsymbol{G}u+\begin{bmatrix} -4x_1-x_2-x_1^2+\dfrac{1}{3}x_2^3 \\ -6x_1+2x_2+\dfrac{4}{3}x_2^3 \end{bmatrix} \\
\dot{\hat{\boldsymbol{q}}} &= -x_1\boldsymbol{\Gamma}\begin{bmatrix} \xi_1+x_1 \\ \xi_2+x_2+\dfrac{1}{3}x_2^3 \end{bmatrix} \\
u &= \alpha(\boldsymbol{x})+\hat{\boldsymbol{q}}^{\mathrm{T}}\begin{bmatrix} \xi_1+x_1 \\ \xi_2+x_2+\dfrac{1}{3}x_2^3 \end{bmatrix}
\end{aligned}$$

仿真中，假设干扰信号为

$$\mu(t)=\begin{cases} \sin 2t & 当\ 0\leqslant t<25 \\ \sin t & 当\ 25\leqslant t \end{cases}$$

可以选取

$$\boldsymbol{F}=\begin{bmatrix}-4 & 1\\ -6 & 1\end{bmatrix},\qquad \boldsymbol{\Gamma}=10\boldsymbol{I}$$

闭环系统状态和控制输入如图 10-1所示，对于干扰的估计如图 10-2所示。

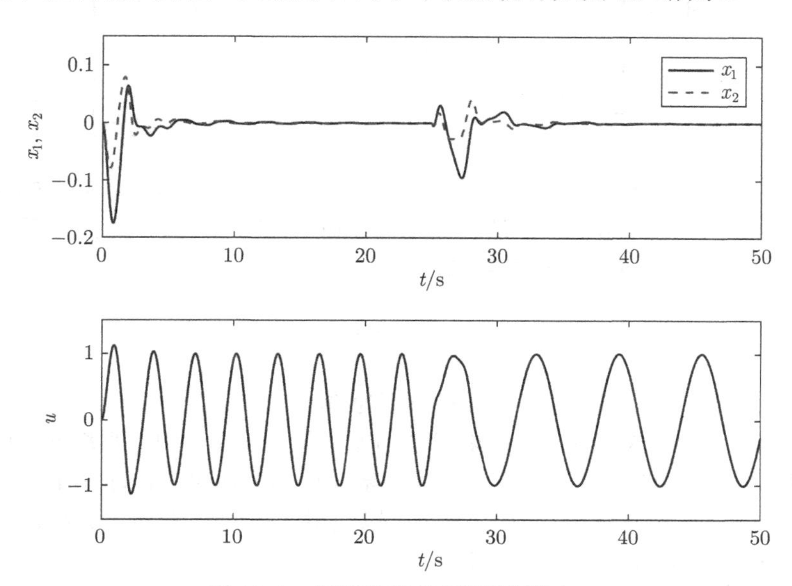

图 10-1　闭环系统状态和控制输入

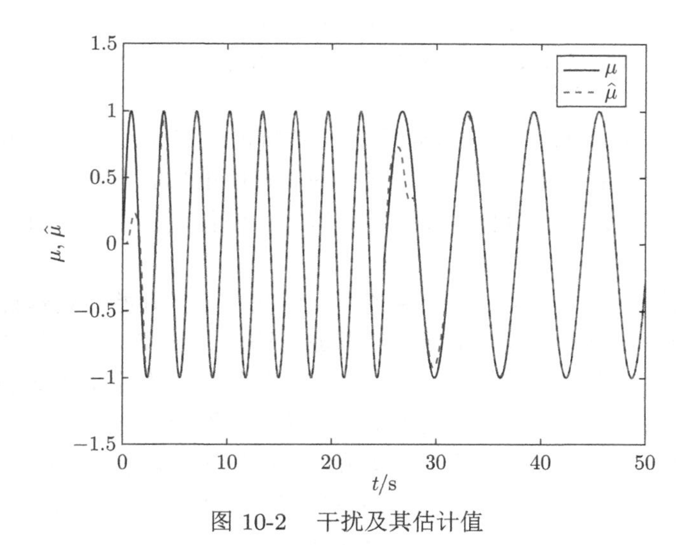

图 10-2　干扰及其估计值

10.2　输出反馈扰动抑制

本节考虑在输出反馈情况下，对于未知频率正弦扰动的渐近抑制问题。

考虑可以变换为输出反馈型的单输入单输出非线性系统：

$$\begin{cases}\dot{\boldsymbol{\zeta}}=\boldsymbol{A}_c\boldsymbol{\zeta}+\boldsymbol{b}u+\boldsymbol{\phi}(y)+\boldsymbol{E}\boldsymbol{w}\\ y=\boldsymbol{C}\boldsymbol{\zeta}\end{cases}\tag{10-8}$$

式中：

$$\boldsymbol{A}_c = \begin{bmatrix} 0 & 1 & 0 & \cdots & 0 \\ 0 & 0 & 1 & \cdots & 0 \\ \vdots & \vdots & \vdots & & \vdots \\ 0 & 0 & 0 & \cdots & 1 \\ 0 & 0 & 0 & \cdots & 0 \end{bmatrix}, \quad \boldsymbol{C} = \begin{bmatrix} 1 \\ 0 \\ \vdots \\ 0 \end{bmatrix}^{\mathrm{T}}, \quad \boldsymbol{b} = \begin{bmatrix} 0 \\ \vdots \\ 0 \\ b_\rho \\ \vdots \\ b_n \end{bmatrix}$$

$\boldsymbol{\zeta} \in \mathbb{R}^n$ 是状态向量；$u \in \mathbb{R}$ 是控制量；$\boldsymbol{\phi} : \mathbb{R} \to \mathbb{R}^n$ 满足 $\boldsymbol{\phi}(0) = \mathbf{0}$ 是非线性函数，其分量 ϕ_i 为 $n-i$ 阶可微；$\boldsymbol{b} \in \mathbb{R}^n$ 是已知 Hurwitz 向量，且 $b_\rho \neq 0$，即系统相对阶为 ρ；$\boldsymbol{E} \in \mathbb{R}^{n\times m}$ 是常值矩阵；$\boldsymbol{w} \in \mathbb{R}^m$ 是外部系统扰动，由

$$\dot{\boldsymbol{w}} = \boldsymbol{S}\boldsymbol{w} \tag{10-9}$$

产生，$\boldsymbol{S}$ 是常值矩阵，其特征值互异且实部都为 0。

注 10.3　对于系统式 (10-8)，如果扰动为零，即 $\boldsymbol{w} = \mathbf{0}$，则与系统式 (9-6) 完全相同，且能够使用观测器反步法设计控制输入。存在未知扰动的情况下，即使第 9 章中介绍的观测器反步法不能直接用于控制器设计，仍然可以使用类似的方法设计观测器和自适应内模。另外，这里 $(\boldsymbol{A}_c, \boldsymbol{b}, \boldsymbol{C})$ 为最小相位系统。

注 10.4　动态模型式 (10-9) 称为外部系统，这是因为 $\boldsymbol{w}$ 是外部信号，并非系统本身的任何一部分。这种命名方式是扰动抑制与输出调节的一种惯例。显然，也可以认为 $\boldsymbol{w}$ 是系统的内部信号，此时将式 (10-9) 考虑为系统状态方程的一部分。这种情况下，系统是不完全可控的。

注 10.5　在扰动抑制任务中，通常假设 $\boldsymbol{S}$ 的特征值互异且实部为 0。此时 $\boldsymbol{w}$ 为正弦信号。一般来讲，所有的周期信号都可以展开为有限项正弦信号的和。

这里扰动抑制问题的研究目标为设计控制输入，使得闭环系统中所有变量都有界，且系统输出收敛到原点。

为了解决扰动抑制问题，可以从不变流形上的状态变换开始。处理扰动抑制或者输出调节的基本思路为内模原理。扰动抑制控制器或者输出调节控制器应能产生前馈输入信号抵消扰动或参考轨迹对系统动态的影响。这种前馈信号可以看作是等效输入扰动。对于非线性系统，能否达到渐近扰动抑制取决于是否存在一个不变流形。对于式 (10-9) 给出的外部模型，能够证明存在不变流形，这个不变流形可以用于设计状态变换。

引理 10.2　对于系统式 (10-8) 和外部模型式 (10-9)，假设外部模型的系统矩阵特征值互异且实部为 0，则存在流形 $\pi(\boldsymbol{w}) = [\pi_1(\boldsymbol{w}), \cdots, \pi_n(\boldsymbol{w})]^{\mathrm{T}} \in \mathbb{R}^n$ 满足 $\pi_1 = 0$ 和流形 $\alpha(\boldsymbol{w}) \in \mathbb{R}$，使得

$$\frac{\partial \pi(\boldsymbol{w})}{\partial \boldsymbol{w}} \boldsymbol{S}\boldsymbol{w} = \boldsymbol{A}_c \pi(\boldsymbol{w}) + \boldsymbol{E}\boldsymbol{w} + \boldsymbol{b}\alpha(\boldsymbol{w}) \tag{10-10}$$

证明： 渐近扰动抑制的目标为使得 $y = 0$，即 $\pi_1 = 0$。由于流形 π 为不变流形，故需要满足系统式 (10-8) 且 $y \equiv 0$。

由式 (10-8) 可知

$$\pi_2 = -\boldsymbol{E}_1\boldsymbol{w}$$

式中，$\boldsymbol{E}_1$ 是矩阵 $\boldsymbol{E}$ 的第 1 行。进一步，对于 $2 \leqslant i \leqslant \rho$，有

$$\pi_i = \frac{\mathrm{d}}{\mathrm{d}t}\pi_{i-1} - \boldsymbol{E}_{i-1}\boldsymbol{w}$$

对于式 (10-8) 中的第 $\rho \sim n$ 个方程，可得

$$\sum_{i=\rho}^{n} \frac{\mathrm{d}^{n-i}}{\mathrm{d}t^{n-i}} b_i \alpha(\boldsymbol{w}) = \frac{\mathrm{d}^{n-\rho+1}}{\mathrm{d}t^{n-\rho+1}}\pi_\rho - \sum_{i=\rho}^{n} \frac{\mathrm{d}^{n-i}}{\mathrm{d}t^{n-i}}\boldsymbol{E}_i\boldsymbol{w} \tag{10-11}$$

上式的解 $\alpha(\boldsymbol{w})$ 总是存在的。则对于 $\rho < i \leqslant n$，可以令

$$\pi_i = \frac{\mathrm{d}}{\mathrm{d}t}\pi_{i-1} - \boldsymbol{E}_{i-1}\boldsymbol{w} - b_{i-1}\alpha(\boldsymbol{w})$$

即总可以构造出 $\boldsymbol{\pi}(\boldsymbol{w})$ 和 $\alpha(\boldsymbol{w})$ 满足式 (10-10)。

由不变流形 $\boldsymbol{\pi}(\boldsymbol{w})$，可构造坐标变换：

$$\boldsymbol{x} = \boldsymbol{\zeta} - \boldsymbol{\pi}(\boldsymbol{w})$$

则由式 (10-8) 和式 (10-10) 可得

$$\begin{cases} \dot{\boldsymbol{x}} = \boldsymbol{A}_c\boldsymbol{x} + \boldsymbol{b}(u-\alpha) + \boldsymbol{\phi}(y) \\ y = \boldsymbol{C}\boldsymbol{x} \end{cases} \tag{10-12}$$

故可将式 (10-8) 的扰动抑制问题转化为式 (10-12) 的镇定问题。

在动态输出反馈控制中，控制器的设计基于在线直接或者间接估计系统状态。对于式 (10-12)，设计状态估计器的难点在于 $\alpha(\boldsymbol{w})$，即此处为了抑制扰动而加入的前馈项是未知的。先尝试以下形式的观测器：

$$\dot{\boldsymbol{p}} = (\boldsymbol{A}_c - \boldsymbol{L}\boldsymbol{C})\boldsymbol{p} + \boldsymbol{\phi}(y) + \boldsymbol{b}u + \boldsymbol{L}y \tag{10-13}$$

$$\dot{\boldsymbol{q}} = (\boldsymbol{A}_c - \boldsymbol{L}\boldsymbol{C})\boldsymbol{q} + \boldsymbol{b}\alpha(\boldsymbol{w}) \tag{10-14}$$

式中，$\boldsymbol{L} \in \mathbb{R}^n$ 使得 $\boldsymbol{A}_c - \boldsymbol{L}\boldsymbol{C}$ 为 Hurwitz 矩阵；$\boldsymbol{q}$ 可以看成是 $\alpha(\boldsymbol{w})$ 对系统稳态性能的影响。由于外部系统未知导致 $\alpha(\boldsymbol{w})$ 未知，所以观测器式 (10-14) 无法直接实现。然而，可以定义

$$\hat{\boldsymbol{x}} = \boldsymbol{p} - \boldsymbol{q}$$

则观测器误差为 $\boldsymbol{\epsilon} = \boldsymbol{x} - \hat{\boldsymbol{x}}$，其动态可由式 (10-12)～ 式 (10-14) 计算得到：

$$\dot{\boldsymbol{\epsilon}} = (\boldsymbol{A}_c - \boldsymbol{L}\boldsymbol{C})\boldsymbol{\epsilon} \tag{10-15}$$

故观测器误差 $\boldsymbol{\epsilon}$ 指数收敛到 0。

由式 (10-11) 可以看出，$\alpha(\boldsymbol{w})$ 为 $\boldsymbol{w}$ 的线性组合。由于式 (10-14) 是稳定的线性系统，系统状态的解也应为 $\boldsymbol{w}$ 的线性组合。所以，对于 q_2，一定存在 $\boldsymbol{l}\in\mathbb{R}^m$，使得

$$\begin{cases}\dot{\boldsymbol{w}}=\boldsymbol{S}\boldsymbol{w}\\ q_2=\boldsymbol{l}^{\mathrm{T}}\boldsymbol{w}\end{cases}\tag{10-16}$$

可将式 (10-16) 重新参数化。对于任意可控的 $(\boldsymbol{F},\boldsymbol{G})$，其中 $\boldsymbol{F}\in\mathbb{R}^{m\times m}$ 和 $\boldsymbol{G}\in\mathbb{R}^m$，总存在 $\boldsymbol{\psi}\in\mathbb{R}^m$，使得

$$\begin{cases}\dot{\boldsymbol{\eta}}=(\boldsymbol{F}+\boldsymbol{G}\boldsymbol{\psi}^{\mathrm{T}})\boldsymbol{\eta}\\ q_2=\boldsymbol{\psi}^{\mathrm{T}}\boldsymbol{\eta}\end{cases}\tag{10-17}$$

式中，初值 $\boldsymbol{\eta}(0)$ 取决于外部系统变量。

注 10.6 相比式 (10-16)，式 (10-17) 的重要性在于可对未知外部系统带来的不确定性进行重建模。在式 (10-16) 中，不确定性由 $\boldsymbol{S}$ 和 $\boldsymbol{l}$ 表示，而在式 (10-17) 中，不确定性则可以只由一个向量 $\boldsymbol{\psi}$ 表示。接下来，讨论两种参数化之间的联系。假设 $\boldsymbol{M}\in\mathbb{R}^{m\times m}$ 是以下方程的唯一解：

$$\boldsymbol{M}\boldsymbol{S}-\boldsymbol{F}\boldsymbol{M}=\boldsymbol{G}\boldsymbol{l}^{\mathrm{T}}\tag{10-18}$$

非奇异解 $\boldsymbol{M}$ 的存在性可以由 $\boldsymbol{S}$ 和 $\boldsymbol{F}$ 具有不同特征值保证，且 $(\boldsymbol{S},\boldsymbol{l})$ 和 $(\boldsymbol{F},\boldsymbol{G})$ 分别为可观测和可控。由式 (10-18) 可以计算得到

$$\boldsymbol{M}\boldsymbol{S}\boldsymbol{M}^{-1}=\boldsymbol{F}+\boldsymbol{G}\boldsymbol{l}^{\mathrm{T}}\boldsymbol{M}^{-1}$$

即 $\boldsymbol{\eta}=\boldsymbol{M}\boldsymbol{w}$，以及 $\boldsymbol{\psi}^{\mathrm{T}}=\boldsymbol{l}^{\mathrm{T}}\boldsymbol{M}^{-1}$。

对于使用输出反馈达到全局渐近抑制，一个渐近状态观测器是非常重要的，这个渐近观测器可能取决于未知参数。在后续的控制器设计中，对于状态 x_2 的观测是一个关键步骤，所以这里需要使用内模式 (10-17) 描述扰动 $\boldsymbol{w}$ 带来的影响。

以下的引理总结了本章中目前关于状态观测器的结果。

引理 10.3 系统的状态 $\boldsymbol{x}$ 可以表示成

$$\boldsymbol{x}=\boldsymbol{p}-\boldsymbol{q}+\boldsymbol{\epsilon}$$

式中，$\boldsymbol{p}$ 由式 (10-13) 产生，且 $\boldsymbol{q}$ 和 $\boldsymbol{\epsilon}$ 分别满足式 (10-14) 和式 (10-15)。尤其

$$x_2=p_2-\boldsymbol{\psi}^{\mathrm{T}}\boldsymbol{\eta}+\epsilon_2\tag{10-19}$$

式中，$\boldsymbol{\eta}$ 满足式 (10-17)。

注 10.7 由于 $\boldsymbol{\psi}$ 和 $\boldsymbol{\eta}$ 是未知的，所以式 (10-19) 无法直接实现。式 (10-19) 在控制器设计中非常有用，后续设计中，可以使用自适应控制处理未知参数 $\boldsymbol{\psi}$。

基于式 (10-17) 给出的内模参数化结果，可以设计 $\boldsymbol{\eta}$ 的估计器为

$$\begin{cases}\dot{\boldsymbol{\xi}}=(\boldsymbol{F}+\boldsymbol{G}\hat{\boldsymbol{\psi}}^{\mathrm{T}})\boldsymbol{\xi}+\boldsymbol{\iota}(y)\\ \hat{q}_2=\hat{\boldsymbol{\psi}}^{\mathrm{T}}\boldsymbol{\xi}\end{cases}\tag{10-20}$$

式中，$\boldsymbol{\iota}(y)$ 是后续需要设计的交错函数。

基于式 (10-13)、式 (10-19) 和式 (10-20)，可以使用自适应观测器反步法设计输出反馈控制器。在反步设计中，$c_i\ (i=1,\cdots,\rho)$ 是控制器参数，$k_i\ (i=1,\cdots,\rho)$ 是不确定参数，取决于 $\|\boldsymbol{\psi}\|$ 的上界。可以使用估计参数 $\hat{k}_i$ 逼近不确定参数。使用式 (10-13) 的观测器反步法，定义

$$
\begin{aligned}
z_1 &= y \\
z_i &= p_i - \alpha_{i-1},\quad i=2,\cdots,\rho \\
z_{\rho+1} &= b_\rho u + p_{\rho+1} - \alpha_\rho
\end{aligned}
$$

式中，$\alpha_i\ (i=1,\cdots,\rho)$ 是镇定函数。考虑 z_1 的动态：

$$
\dot{z}_1 = x_2 + \phi_1(y) \tag{10-21}
$$

用式 (10-19) 替代式 (10-21) 中不可直接测量的状态 x_2，可以得到

$$
\begin{aligned}
\dot{z}_1 &= p_2 - \boldsymbol{\psi}^{\mathrm{T}}\boldsymbol{\eta} + \epsilon_2 + \phi_1(y) \\
&= z_2 + \alpha_1 - \boldsymbol{\psi}^{\mathrm{T}}\boldsymbol{\eta} + \epsilon_2 + \phi_1(y)
\end{aligned} \tag{10-22}
$$

式中，α_1 可以设计为

$$
\alpha_1 = -c_1 z_1 - \hat{k}_1 z_1 - \phi_1(y) + \hat{\boldsymbol{\psi}}^{\mathrm{T}}\boldsymbol{\xi} \tag{10-23}
$$

则由式 (10-22) 和式 (10-23) 可以得到

$$
\dot{z}_1 = z_2 - c_1 z_1 - \hat{k}_1 z_1 + \epsilon_2 + (\hat{\boldsymbol{\psi}}^{\mathrm{T}}\boldsymbol{\xi} - \boldsymbol{\psi}^{\mathrm{T}}\boldsymbol{\eta}) \tag{10-24}
$$

接下来的步骤中，镇定函数都可以使用类似的含调节函数的自适应反步法。这里省去中间烦琐的推导过程，直接给出镇定函数的结果：

$$
\begin{aligned}
\alpha_i =& - z_{i-1} - c_i z_i - \hat{k}_i\left(\frac{\partial \alpha_{i-1}}{\partial y}\right)^2 z_i - l_i(y-p_1) - \phi_i(y) + \\
& \frac{\partial \alpha_{i-1}}{\partial y}(p_2 - \hat{\boldsymbol{\psi}}^{\mathrm{T}}\boldsymbol{\xi} + \phi_1) + \sum_{j=1}^{i-1}\frac{\partial \alpha_{i-1}}{\partial p_j}\dot{p}_j + \sum_{j=1}^{i-1}\frac{\partial \alpha_{i-1}}{\partial \hat{k}_j}\dot{\hat{k}}_j + \frac{\partial \alpha_{i-1}}{\partial \boldsymbol{\xi}}\dot{\boldsymbol{\xi}} + \\
& \frac{\partial \alpha_{i-1}}{\partial \hat{\boldsymbol{\psi}}}\boldsymbol{\tau}_i + \sum_{j=2}^{i-1}\frac{\partial \alpha_{j-1}}{\partial \hat{\boldsymbol{\psi}}}\boldsymbol{\Gamma}\frac{\partial \alpha_{i-1}}{\partial y}\boldsymbol{\xi} z_j,\quad i=2,\cdots,\rho
\end{aligned} \tag{10-25}
$$

式中，l_i 是式 (10-13) 中 $\boldsymbol{L}$ 的第 i 个元素；$\boldsymbol{\Gamma}$ 是正定矩阵；$\boldsymbol{\tau}_i$ 是调节函数，且

$$
\boldsymbol{\tau}_i = \sum_{j=1}^{i}\boldsymbol{\Gamma}\frac{\partial \alpha_{i-1}}{\partial y}\boldsymbol{\xi} z_j,\quad i=1,\cdots,\rho
$$

可以令 $\dfrac{\partial \alpha_0}{\partial y} = -1$。估计参数 $\hat{\boldsymbol{\psi}}$ 的自适应律可以设计为

$$
\dot{\hat{\boldsymbol{\psi}}} = \boldsymbol{\tau}_\rho \tag{10-26}
$$

估计参数 $\hat{k}_i$ 的自适应律可以设计为

$$\dot{\hat{k}}_i=\gamma_i\left(\frac{\partial\alpha_{i-1}}{\partial y}\right)^2 z_i^2,\quad i=1,\cdots,\rho \tag{10-27}$$

式中，$\gamma_i>0$ 是自适应增益。控制输入可以由 $z_{\rho+1}=0$ 得到：

$$u=\frac{1}{b_\rho}(\alpha_\rho-p_{\rho+1}) \tag{10-28}$$

考虑到闭环稳定性，控制器参数需要满足

$$c_2\geqslant\|\boldsymbol{PG}\|^2 \tag{10-29}$$

式中，$\boldsymbol{P}$ 是正定矩阵，满足

$$\boldsymbol{F}^{\mathrm{T}}\boldsymbol{P}+\boldsymbol{PF}=-2\boldsymbol{I}$$

最后，可以设计交错函数为

$$\boldsymbol{\iota}(y)=-(\boldsymbol{FG}+c_1\boldsymbol{G}+\hat{k}_1\boldsymbol{G})y \tag{10-30}$$

注 10.8　自适应参数 $\hat{k}_i$ $(i=1,\cdots,\rho)$ 引入可以处理完全未知的外部系统的情形，即任意频率的周期扰动都可以由上述方法进行抑制。如果 $\|\boldsymbol{\psi}\|$ 的上界已知，则使用定常控制器参数即可，而不必使用自适应控制器参数。

注 10.9　控制输入式 (10-28) 并不显含 $\alpha(\boldsymbol{w})$，但是显含 q_2。这里 q_2 反映的是 $\alpha(\boldsymbol{w})$ 对 x_2 的影响，这可以从 $\alpha_1\sim\alpha_\rho$ 的表达式中看出。

定理 10.2　对于系统式 (10-8)，控制输入式 (10-28) 保证闭环系统所有变量有界，且能够渐近抑制未知扰动，即 $\lim\limits_{t\to\infty}y(t)=0$。进一步，如果 $\boldsymbol{w}(0)\in\mathbb{R}^m$，且 $\boldsymbol{w}(t)$ 至少包含 $m/2$ 个不同频率谐波信号，则 $\lim\limits_{t\to\infty}\hat{\boldsymbol{\psi}}(t)=\boldsymbol{\psi}$。

证明：定义

$$\boldsymbol{e}=\boldsymbol{\xi}-\boldsymbol{\eta}-\boldsymbol{G}y$$

由式 (10-17)、式 (10-20)、式 (10-30) 和式 (10-24) 可以得到

$$\dot{\boldsymbol{e}}=\boldsymbol{Fe}-\boldsymbol{G}(z_2+\epsilon_2) \tag{10-31}$$

由式 (10-25) 设计的镇定函数，可得 z_i 的动态为

$$\begin{aligned}\dot{z}_i=&-z_{i-1}-c_iz_i-\hat{k}_i\left(\frac{\partial\alpha_{i-1}}{\partial y}\right)^2 z_i+z_{i+1}-\frac{\partial\alpha_{i-1}}{\partial y}(\hat{\boldsymbol{\psi}}^{\mathrm{T}}\boldsymbol{\xi}-\boldsymbol{\psi}^{\mathrm{T}}\boldsymbol{\eta})-\\&\frac{\partial\alpha_{i-1}}{\partial y}\epsilon_2-\sum_{j=i+1}^{\rho}\frac{\partial\alpha_{i-1}}{\partial\hat{\boldsymbol{\psi}}}\boldsymbol{\Gamma}\frac{\partial\alpha_j}{\partial y}\boldsymbol{\xi}z_j+\sum_{j=2}^{i-1}\frac{\partial\alpha_{j-1}}{\partial\hat{\boldsymbol{\psi}}}\boldsymbol{\Gamma}\frac{\partial\alpha_{i-1}}{\partial y}\boldsymbol{\xi}z_j,\quad i=2,\cdots,\rho\end{aligned} \tag{10-32}$$

式中:

$$\hat{\boldsymbol{\psi}}^{\mathrm{T}}\boldsymbol{\xi}-\boldsymbol{\psi}^{\mathrm{T}}\boldsymbol{\eta}=\boldsymbol{\psi}^{\mathrm{T}}\boldsymbol{e}-\tilde{\boldsymbol{\psi}}^{\mathrm{T}}\boldsymbol{\xi}+\boldsymbol{\psi}^{\mathrm{T}}\boldsymbol{G}z_1,\tilde{\boldsymbol{\psi}}=\boldsymbol{\psi}-\hat{\boldsymbol{\psi}}$$

在接下来的分析中，κ_0 和 $\kappa_{i,j}$ $(i=1,2,3,\ j=1,\cdots,\rho)$ 表示正实常数，且满足

$$\kappa_0+\sum_{j=1}^{\rho}\kappa_{3,j}<\frac{1}{2} \tag{10-33}$$

进一步，可令 k_i $(i=1,\cdots,\rho)$ 满足

$$k_1>|\boldsymbol{\psi}^{\mathrm{T}}\boldsymbol{G}|+\kappa_{1,1}+\sum_{j=2}^{\rho}\kappa_{2,j}|\boldsymbol{\psi}^{\mathrm{T}}\boldsymbol{G}|^2+\frac{\|\boldsymbol{\psi}\|^2}{4\kappa_{3,1}} \tag{10-34}$$

$$k_i>\kappa_{1,i}+\frac{1}{4\kappa_{2,i}}+\frac{\|\boldsymbol{\psi}\|^2}{4\kappa_{3,i}},\quad i=2,\cdots,\rho \tag{10-35}$$

取备选李雅普诺夫函数为

$$V=\frac{1}{2}\left(\boldsymbol{e}^{\mathrm{T}}\boldsymbol{P}\boldsymbol{e}+\sum_{i=1}^{\rho}z_i^2+\sum_{i=1}^{\rho}\gamma_i^{-1}\tilde{k}_i^2+\tilde{\boldsymbol{\psi}}^{\mathrm{T}}\boldsymbol{\Gamma}\tilde{\boldsymbol{\psi}}+\beta\boldsymbol{\epsilon}^{\mathrm{T}}\boldsymbol{P}_{\epsilon}\boldsymbol{\epsilon}\right)$$

式中，$\tilde{k}_i=k_i-\hat{k}_i$ $(i=1,\cdots,\rho)$; $\boldsymbol{P}_{\epsilon}$ 是具有合适维数的正定矩阵，且满足

$$(\boldsymbol{A}_c-\boldsymbol{L}\boldsymbol{C})^{\mathrm{T}}\boldsymbol{P}_{\epsilon}+\boldsymbol{P}_{\epsilon}(\boldsymbol{A}_c-\boldsymbol{L}\boldsymbol{C})=-2\boldsymbol{I}$$

正实常数 β 满足

$$\beta>\frac{\|\boldsymbol{P}\boldsymbol{G}\|^2}{4\kappa_0}+\sum_{j=1}^{\rho}\frac{1}{4\kappa_{1,j}} \tag{10-36}$$

则 V 沿着式 (10-15)、式 (10-24)、式 (10-31) 和式 (10-32)，以及自适应律式 (10-26) 和式 (10-27) 的导数为

$$\begin{aligned}\dot{V}=&-\sum_{i=1}^{\rho}\left(c_i+k_i\left(\frac{\partial\alpha_{i-1}}{\partial y}\right)^2\right)z_i^2-\sum_{i=1}^{\rho}z_i\frac{\partial\alpha_{i-1}}{\partial y}\epsilon_2-\\&\sum_{i=1}^{\rho}z_i\frac{\partial\alpha_{i-1}}{\partial y}(\boldsymbol{\psi}^{\mathrm{T}}\boldsymbol{e}+\boldsymbol{\psi}^{\mathrm{T}}\boldsymbol{G}z_1)-\boldsymbol{e}^{\mathrm{T}}\boldsymbol{e}-\boldsymbol{e}^{\mathrm{T}}\boldsymbol{P}\boldsymbol{G}(z_2+\epsilon_2)-\beta\boldsymbol{\epsilon}^{\mathrm{T}}\boldsymbol{\epsilon}\end{aligned}$$

式中，交叉项可以进行以下放缩：

$$|\boldsymbol{e}^{\mathrm{T}}\boldsymbol{P}\boldsymbol{G}\epsilon_2|<\kappa_0\boldsymbol{e}^{\mathrm{T}}\boldsymbol{e}+\frac{1}{4\kappa_0}\|\boldsymbol{P}\boldsymbol{G}\|^2\epsilon_2^2$$

$$\left|z_i\frac{\partial\alpha_{i-1}}{\partial y}\epsilon_2\right|<\kappa_{1,i}\left(\frac{\partial\alpha_{i-1}}{\partial y}\right)^2z_i^2+\frac{1}{4\kappa_{1,i}}\epsilon_2^2,\quad i=1,\cdots,\rho$$

$$\left|z_i\frac{\partial\alpha_{i-1}}{\partial y}\boldsymbol{\psi}^{\mathrm{T}}\boldsymbol{G}z_1\right|<\kappa_{2,i}|\boldsymbol{\psi}^{\mathrm{T}}\boldsymbol{G}|^2z_1^2+\frac{1}{4\kappa_{2,i}}\left(\frac{\partial\alpha_{i-1}}{\partial y}\right)^2z_i^2,\quad i=2,\cdots,\rho$$

$$\left|z_i\frac{\partial\alpha_{i-1}}{\partial y}\boldsymbol{\psi}^{\mathrm{T}}\boldsymbol{e}\right|<\kappa_{3,i}\boldsymbol{e}^{\mathrm{T}}\boldsymbol{e}+\frac{\|\boldsymbol{\psi}\|^2}{4\kappa_{3,i}}\left(\frac{\partial\alpha_{i-1}}{\partial y}\right)^2z_i^2,\quad i=1,\cdots,\rho$$

$$|e^{\mathrm{T}}\boldsymbol{P}\boldsymbol{G}z_2| < \frac{1}{2}e^{\mathrm{T}}e + \frac{1}{2}\|\boldsymbol{P}\boldsymbol{G}\|^2 z_2^2$$

接下来，基于式 (10-29)、式 (10-33)、式 (10-34)、式 (10-35) 和式 (10-36) 可得，存在正实常数 δ_i $(i=1,2,3)$ 使得

$$\dot{V} < -\delta_1 \sum_{i=1}^{\rho} z_i^2 - \delta_2 \boldsymbol{e}^{\mathrm{T}}\boldsymbol{e} - \delta_3 \boldsymbol{\epsilon}^{\mathrm{T}}\boldsymbol{\epsilon}$$

所以，$z_i \in L_2 \cap L_\infty$ $(i=1,\cdots,\rho)$ 且 $\|\boldsymbol{e}\| \in L_2 \cap L_\infty$，并且 $\hat{\boldsymbol{\psi}}$ 和 $\hat{k}_i$ $(i=1,\cdots,\rho)$ 都是有界的。由于 $y=z_1 \in L_\infty$，且系统为最小相位系统，$\boldsymbol{w}$ 为临界稳定，所以 $\boldsymbol{p}$ 是有界的。故可以判定系统中所有变量都是有界的。再由 z_i 和 $\boldsymbol{e}$ 的导数有界，可以利用 Barbalat 引理判定 $\lim\limits_{t\to\infty} z_i = 0$ $(i=1,\cdots,\rho)$ 和 $\lim\limits_{t\to\infty} \boldsymbol{e} = \boldsymbol{0}$。

注 10.10 $\hat{\boldsymbol{\psi}}$ 的收敛性并不取决于 $\boldsymbol{w}(0)$，因此可以避免 $\boldsymbol{w}(t)$ 含有较少的独立谐波分量。这种情况下，可以将外部系统和式 (10-8) 中的 $\boldsymbol{E}$ 变换成具有较低维数 $\bar{m}$ 的形式，使得变换后的 $\boldsymbol{w}(t)$ 在 $\mathbb{R}^{\bar{m}}$ 空间中是持续激励的，且 $\boldsymbol{\eta}$、$\boldsymbol{\psi} \in \mathbb{R}^{\bar{m}}$。使用估计的 $\hat{\boldsymbol{\psi}}$ 以及 $(\boldsymbol{F},\boldsymbol{G})$，可以估计扰动频率。

例 10.2 考虑非线性系统：

$$\begin{aligned}\dot{\zeta}_1 &= \zeta_2 + (\mathrm{e}^y - 1) + w_1 \\ \dot{\zeta}_2 &= u + w_1 \\ y &= \zeta_1\end{aligned}$$

式中，$w_1 \in \mathbb{R}$ 是扰动，包含两个谐波分量，其频率分别为 ω_1 和 ω_2。可以构造外部系统变量 $\boldsymbol{w} = [w_1, w_2, w_3, w_4]^{\mathrm{T}}$，满足 $\dot{\boldsymbol{w}} = \boldsymbol{S}\boldsymbol{w}$，其中 $\boldsymbol{S}$ 的特征值为 $\{\pm \mathrm{j}\omega_1,\ \pm \mathrm{j}\omega_2\}$。可以直接计算出 $\boldsymbol{\pi} = [0, -w_1]^{\mathrm{T}}$ 和 $\alpha = -w_1 - \dot{w}_1$。使用状态变换 $\boldsymbol{x} = \boldsymbol{\zeta} - \boldsymbol{\pi}$，则

$$\left\{\begin{aligned}\dot{x}_1 &= x_2 + (\mathrm{e}^y - 1) \\ \dot{x}_2 &= u - \alpha \\ y &= x_1\end{aligned}\right. \tag{10-37}$$

针对扰动，可以引入变换 $\boldsymbol{w} = \boldsymbol{T}\bar{\boldsymbol{w}}$，使得外部系统变换为

$$\begin{aligned}\dot{\bar{\boldsymbol{w}}} &= \begin{bmatrix} \begin{bmatrix} 0 & \omega_1 \\ -\omega_1 & 0 \end{bmatrix} & \boldsymbol{0}_{2\times 2} \\ \boldsymbol{0}_{2\times 2} & \begin{bmatrix} 0 & \omega_2 \\ -\omega_2 & 0 \end{bmatrix} \end{bmatrix} \bar{\boldsymbol{w}} = \bar{\boldsymbol{S}}\bar{\boldsymbol{w}} \\ w_1 &= [t_{1,1}, t_{1,2}, t_{1,3}, t_{1,4}]\bar{\boldsymbol{w}}\end{aligned}$$

式中，$\boldsymbol{T}$ 是未知定常矩阵；ω_1 和 ω_2 是未知常数。在 $\bar{\boldsymbol{w}}$ 坐标系中：

$$\alpha(\boldsymbol{w}) = [-t_{1,1} + \omega_1 t_{1,2},\ -t_{1,2} - \omega_1 t_{1,1},\ -t_{1,3} + \omega_2 t_{1,4},\ -t_{1,4} - \omega_2 t_{1,3}]\bar{\boldsymbol{w}}$$

扰动 $\boldsymbol{w}$ 对于 x_2 稳态分量的影响为 $q_2 = \boldsymbol{Q}_2\bar{\boldsymbol{w}}$，即 $\boldsymbol{l}^{\mathrm{T}} = \boldsymbol{Q}_2\boldsymbol{T}^{-1}$，式中，$\boldsymbol{Q}_2$ 是矩阵 $\boldsymbol{Q}$ 的第 2 行，且 $\boldsymbol{Q}$ 满足

$$\boldsymbol{Q}\bar{\boldsymbol{S}} = (\boldsymbol{A}_c + k\boldsymbol{C})\boldsymbol{Q} + [0,1]^{\mathrm{T}}[-t_{1,1} + \omega_1 t_{1,2}, -t_{1,2} - \omega_1 t_{1,1}, -t_{1,3} + \omega_2 t_{1,4}, -t_{1,4} - \omega_2 t_{1,3}]$$

式 (10-37) 具有相对阶 2，其控制输入和参数估计可以依照前面介绍过的步骤设计。

仿真中，假设

$$\boldsymbol{F} = \begin{bmatrix} 0 & 1 & 0 & 0 \\ 0 & 0 & 1 & 0 \\ 0 & 0 & 0 & 1 \\ -1 & -4 & -6 & -4 \end{bmatrix}, \quad \boldsymbol{G} = \begin{bmatrix} 0 \\ 0 \\ 0 \\ 0.1 \end{bmatrix}$$

则该系统为完全可控。系统矩阵的特征值为 $\{-1,-1,-1,-1\}$，且 $\|\boldsymbol{PG}\| < 1$，可以设定 $c_1 = c_2 = 10$，则满足式 (10-29)。控制器中的其他参数可以设置为 $\gamma_1 = \gamma_2 = 1$，$\boldsymbol{\Gamma} = 1000\boldsymbol{I}$，$L_1 = 3$，$L_2 = 2$。干扰为

$$w_1 = 4\sin\omega_1 t + 4\sin\omega_2 t$$

式中，$\omega_1 = 1$ 以及

$$\omega_2 = \begin{cases} 2 & 250 > t \geqslant 0 \\ 1.5 & t \geqslant 250 \end{cases}$$

图 10-3是系统输出和控制输入。图 10-4是 $\boldsymbol{\psi}$ 的估计值。参数 $\boldsymbol{\psi}$ 的真值为 $[-30, 40, 10, 40]^{\mathrm{T}}$ 和 $[-12.5, 40, 27.4, 40]^{\mathrm{T}}$，分别对应 $[\omega_1, \omega_2] = [1, 2]$ 和 $[\omega_1, \omega_2] = [1, 1.5]$ 的情况。两组频率的情况下，$\hat{\boldsymbol{\psi}}$ 都能够趋近于真值。从这个例子可以看出，两组位置频率的扰动都被完全抑制了。

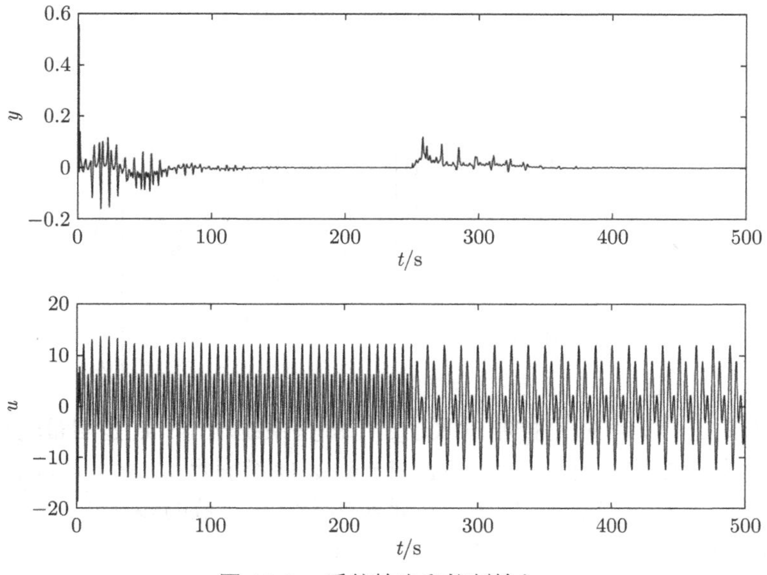

图 10-3 系统输出和控制输入

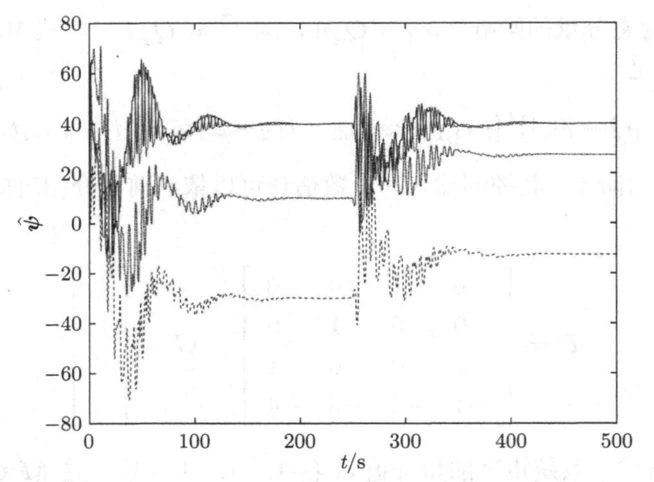

图 10-4　估计参数 $\hat{\psi}_1$（虚线）、$\hat{\psi}_2$（点画线）、$\hat{\psi}_3$（点虚线）、$\hat{\psi}_4$（实线）

10.3　自适应输出调节

在上一节中，针对频率未知的扰动，设计了非线性系统渐近扰动抑制控制器。如果输出或者测量输出并不显含扰动，则控制器为使得信号有界且渐近收敛的渐近扰动抑制控制器。如果测量信息显含扰动或者外部信号，那么使得测量信号渐近收敛的控制器称为输出调节控制器。当测量输出包含外部信号时，系统的输出通常不同于测量输出，这种情况下，系统输出可以看作是跟踪外部信号。本节研究输出调节控制器，其中测量输出与系统被控输出不同。

考虑能够转换为输出反馈形式的单输入单输出非线性系统：

$$\begin{cases} \dot{\boldsymbol{x}} = \boldsymbol{A}_c\boldsymbol{x} + \boldsymbol{\phi}(y, \boldsymbol{w}, \boldsymbol{a}) + \boldsymbol{b}u \\ y = \boldsymbol{C}\boldsymbol{x} \\ e = y - q(\boldsymbol{w}) \end{cases} \tag{10-38}$$

式中：

$$\boldsymbol{A}_c = \begin{bmatrix} 0 & 1 & 0 & \cdots & 0 \\ 0 & 0 & 1 & \cdots & 0 \\ \vdots & \vdots & \vdots & & \vdots \\ 0 & 0 & 0 & \cdots & 1 \\ 0 & 0 & 0 & \cdots & 0 \end{bmatrix}, \quad \boldsymbol{C} = \begin{bmatrix} 1 \\ 0 \\ \vdots \\ 0 \end{bmatrix}^{\mathrm{T}}, \quad \boldsymbol{b} = \begin{bmatrix} 0 \\ \vdots \\ 0 \\ b_\rho \\ \vdots \\ b_n \end{bmatrix}$$

$\boldsymbol{x} \in \mathbb{R}^n$ 是状态向量；$u \in \mathbb{R}$ 是控制输入；$y \in \mathbb{R}$ 是系统输出；e 是测量输出；$\boldsymbol{a} \in \mathbb{R}^q$ 和 $\boldsymbol{b} \in \mathbb{R}^n$ 是包含未知参数的向量，且 $\boldsymbol{b}$ 是 Hurwitz 向量满足 $b_\rho \neq 0$，即系统相对阶为 ρ；$\boldsymbol{\phi} : \mathbb{R} \times \mathbb{R}^m \times \mathbb{R}^q \to \mathbb{R}^n$ 是光滑向量场，其元素都为已知阶数的多项式，且 $\boldsymbol{\phi}(0, \boldsymbol{w}, \boldsymbol{a}) = \boldsymbol{0}$；$q$ 是 $\boldsymbol{w}$ 的未知多项式；$\boldsymbol{w} \in \mathbb{R}^m$ 是扰动，由未知外部系统产生：

$$\dot{\boldsymbol{w}} = \boldsymbol{S}(\sigma)\boldsymbol{w}$$

式中，σ 未知，且 $\boldsymbol{S} \in \mathbb{R}^{m\times m}$ 是未知常值矩阵，其特征值互异且实部全为 0。

本节研究的控制问题为，使用测量输出作为反馈信息，设计控制器使得测量输出渐近收敛，且其他所有信号有界。

式 (10-38) 中包含未知参数，且外部系统中也包含未知参数。可以采用自适应方法应对未知参数。所以本节研究的问题为自适应输出调节问题。

注 10.11　与式 (10-8) 不同，式 (10-38) 考虑测量输出 e，该测量输出包含扰动项的多项式。所以这是一个输出调节问题，而不仅仅是扰动抑制。

注 10.12　式 (10-38) 中的非线性函数都只能是多项式，所以输出调节问题的解的不变流形总存在。与式 (10-8) 相比，这里非线性函数 $\boldsymbol{\phi}(y,\boldsymbol{w},\boldsymbol{a})$ 具有更加复杂的结构，包含输出、扰动和未知参数。这里假设非线性函数为多项式也能够保证控制器设计中非线性项有界，其界为测量输出的多项式。

注 10.13　假设系统中所有的参数都是未知的，包括高频增益的符号、b_ρ 以及外部系统参数。可以使用 Nussbaum 增益应对未知高频增益的符号。这里的自适应控制方法也可以应用于本书其他章节的自适应控制。对于非线性函数 $\boldsymbol{\phi}(y,\boldsymbol{w},\boldsymbol{a})$ 和 $q(\boldsymbol{w})$，仅需假设阶数已知。这类包含未知扰动的非线性系统可能是能够使用全局输出调节控制器求解的最大一类非线性系统。

如果不存在未知扰动和未知参数，则式 (10-38) 和式 (9-15) 具有相同的形式，可以应用滤波变换反步法设计输出反馈控制器。如果存在未知参数，则可以应用自适应滤波反步法解决问题。这里选用滤波变换反步法的原因在于，非线性函数 $\boldsymbol{\phi}(y,\boldsymbol{w},\boldsymbol{a})$ 中存在未知参数，自适应观测器反步法不适用。在接下来的设计中，只考虑相对阶大于 1 的情况。

对于系统式 (10-38)，假设相对阶 $\rho>1$，可以采用与 9.4 节相同的滤波器：

$$\begin{cases} \dot{\xi}_1 = -\lambda_1\xi_1 + \xi_2 \\ \qquad\vdots \\ \dot{\xi}_{\rho-1} = -\lambda_{\rho-1}\xi_{\rho-1} + u \end{cases} \tag{10-39}$$

式中，对于所有的 $i=1,\cdots,\rho-1$，$\lambda_i>0$ 是控制器参数。定义滤波变换：

$$\bar{\boldsymbol{z}} = \boldsymbol{x} - [\bar{\boldsymbol{d}}_1,\cdots,\bar{\boldsymbol{d}}_{\rho-1}]\boldsymbol{\xi} \tag{10-40}$$

式中，$\boldsymbol{\xi}=[\xi_1,\cdots,\xi_{\rho-1}]^{\mathrm{T}}$；$\boldsymbol{d}_i\in\mathbb{R}^n$，$i=1,\cdots,\rho-1$，由 $\bar{\boldsymbol{d}}_{\rho-1}=\boldsymbol{b}$，$\bar{\boldsymbol{d}}_i=(\boldsymbol{A}_c+\lambda_{i+1}\boldsymbol{I})\bar{\boldsymbol{d}}_{i+1}$ 迭代计算。于是系统式 (10-38) 可以变换为

$$\begin{cases} \dot{\bar{\boldsymbol{z}}} = \boldsymbol{A}_c\bar{\boldsymbol{z}} + \boldsymbol{\phi}(y,\boldsymbol{w},\boldsymbol{a}) + \boldsymbol{d}\xi_1 \\ y = \boldsymbol{C}\bar{\boldsymbol{z}} \end{cases} \tag{10-41}$$

式中，$\boldsymbol{d}=(\boldsymbol{A}_c+\lambda_1\boldsymbol{I})\bar{\boldsymbol{d}}_1$。由式 (9-18) 可以证明 $d_1=b_\rho$，以及

$$\sum_{i=1}^{n} d_i s^{n-i} = \prod_{i=1}^{\rho-1}(s+\lambda_i)\sum_{i=\rho}^{n} b_i s^{n-i} \tag{10-42}$$

将 ξ_1 看作输入，则式 (10-41) 具有相对阶 1，且为最小相位系统。可以使用另一组状态变换提取式 (10-41) 的内部动态：

$$\boldsymbol{z} = \bar{\boldsymbol{z}}_{2:n} - \frac{\boldsymbol{d}_{2:n}}{d_1}y \tag{10-43}$$

式中，$\boldsymbol{z}\in\mathbb{R}^{n-1}$；符号 $(\cdot)_{2:n}$ 表示提取向量或者矩阵的第 2 行到第 n 行组成新的向量或矩阵。在 $(\boldsymbol{z},y)$ 坐标系中，可以将式 (10-41) 重写为

$$\begin{cases}\dot{\boldsymbol{z}}=\boldsymbol{D}\boldsymbol{z}+\boldsymbol{\psi}(y,\boldsymbol{w},\boldsymbol{\theta})\\ \dot{y}=z_1+\psi_y(y,\boldsymbol{w},\boldsymbol{\theta})+b_\rho\xi_1\end{cases}\tag{10-44}$$

式中，$\boldsymbol{\theta}=[\boldsymbol{a}^{\mathrm{T}},\boldsymbol{b}^{\mathrm{T}}]^{\mathrm{T}}$ 是未知参数向量；$\boldsymbol{D}$ 是 $\boldsymbol{d}$ 的左伴随阵，其具体形式为

$$\boldsymbol{D}=\begin{bmatrix}-d_2/d_1 & 1 & \cdots & 0\\ -d_3/d_1 & 0 & \cdots & 0\\ \vdots & \vdots & & \vdots\\ -d_{n-1}/d_1 & 0 & \cdots & 1\\ -d_n/d_1 & 0 & \cdots & 0\end{bmatrix}\tag{10-45}$$

以及

$$\begin{aligned}\boldsymbol{\psi}(y,\boldsymbol{w},\boldsymbol{\theta})=&\boldsymbol{D}\frac{\boldsymbol{d}_{2:n}}{d_1}y+\boldsymbol{\phi}_{2:n}(y,\boldsymbol{w},\boldsymbol{a})-\frac{\boldsymbol{d}_{2:n}}{d_1}\phi_1(y,\boldsymbol{w},\boldsymbol{a})\\ \psi_y(y,\boldsymbol{w},\boldsymbol{\theta})=&\frac{d_2}{d_1}y+\frac{d_2}{d_1}\phi_1(y,\boldsymbol{w},\boldsymbol{a})\end{aligned}$$

注意到，$\boldsymbol{D}$ 是 Hurwitz 矩阵，则由式 (9-18)，以及 $\boldsymbol{d}$ 不取决于 $\boldsymbol{b}$（这点可以从 $\boldsymbol{\psi}(y,\boldsymbol{w},\boldsymbol{\theta})$ 和 $\psi_y(y,\boldsymbol{w},\boldsymbol{\theta})$ 中的 $\boldsymbol{\theta}$ 看出），容易得到 $\boldsymbol{\psi}(0,\boldsymbol{w},\boldsymbol{\theta})=\boldsymbol{0}$ 和 $\psi_y(0,\boldsymbol{w},\boldsymbol{\theta})=0$。

输出调节问题是否有解取决于不变流形和前馈输入的存在性。对于这个问题，由以下结果。

命题 10.1　假设不变流形 $\pi(\boldsymbol{w})\in\mathbb{R}^{n-1}$ 满足

$$\frac{\partial\pi(\boldsymbol{w})}{\partial\boldsymbol{w}}\boldsymbol{S}(\sigma)\boldsymbol{w}=\boldsymbol{D}\pi(\boldsymbol{w})+\boldsymbol{\psi}(q(\boldsymbol{w}),\boldsymbol{w},\boldsymbol{\theta})\tag{10-46}$$

则存在前馈控制输入的浸入：

$$\begin{aligned}\frac{\partial\boldsymbol{\tau}(\boldsymbol{w},\boldsymbol{\theta},\sigma)}{\partial\boldsymbol{w}}\boldsymbol{S}(\sigma)\boldsymbol{w}=&\boldsymbol{\varPhi}(\sigma)\boldsymbol{\tau}(\boldsymbol{w},\boldsymbol{\theta},\sigma)\\ \alpha(\boldsymbol{w},\boldsymbol{\theta},\sigma)=&\boldsymbol{\varGamma}\boldsymbol{\tau}(\boldsymbol{w},\boldsymbol{\theta},\sigma)\end{aligned}$$

式中，$\boldsymbol{\varPhi}(\sigma)$ 和 $\boldsymbol{\varGamma}$ 是具有合适维数矩阵，并且

$$\alpha(\boldsymbol{w},\boldsymbol{\theta},\sigma)=b_\rho^{-1}\left(\frac{\partial q(\boldsymbol{w})}{\partial\boldsymbol{w}}\boldsymbol{S}(\sigma)\boldsymbol{w}-\pi_1(\boldsymbol{w})-\psi_y(q(\boldsymbol{w}),\boldsymbol{w},\boldsymbol{\theta})\right)$$

进一步，这个浸入可以重新参数化为

$$\begin{cases}\dot{\boldsymbol{\eta}}=(\boldsymbol{F}+\boldsymbol{G}\boldsymbol{l}^{\mathrm{T}})\boldsymbol{\eta}\\ \alpha=\boldsymbol{l}^{\mathrm{T}}\boldsymbol{\eta}\end{cases}\tag{10-47}$$

式中，$(\boldsymbol{F},\boldsymbol{G})$ 是具有合适维数的可控矩阵对；$\boldsymbol{\eta}=\boldsymbol{M}\boldsymbol{\tau}$ 以及 $\boldsymbol{l}=\boldsymbol{\varGamma}\boldsymbol{M}^{-1}$，且 $\boldsymbol{M}$ 满足

$$\boldsymbol{M}(\sigma)\boldsymbol{\varPhi}(\sigma)-\boldsymbol{F}\boldsymbol{M}(\sigma)=\boldsymbol{G}\boldsymbol{\varGamma}\tag{10-48}$$

证明：如果将 ξ_1 看作输入，则 α 是输出调节中的前馈项，用于应对扰动。由式 (10-44) 的第 2 行，则

$$\alpha(\boldsymbol{w},\boldsymbol{\theta},\sigma)=b_\rho^{-1}\left(\frac{\partial q(\boldsymbol{w})}{\partial \boldsymbol{w}}\boldsymbol{S}(\sigma)\boldsymbol{w}-\pi_1(\boldsymbol{w})-\psi_y(q(\boldsymbol{w}),\boldsymbol{w},\boldsymbol{\theta})\right)$$

由外部系统的结构，扰动为正弦函数形式。而正弦函数的多项式仍然为正弦函数，只是可能包含更高频率的分量。由于式 (10-38) 中所有的非线性函数都是多项式，则式 (10-47) 中的浸入总存在。对于可控的 $(\boldsymbol{F},\boldsymbol{G})$，如果 $(\boldsymbol{\Phi},\boldsymbol{\Gamma})$ 是可观测的，则 $\boldsymbol{M}$ 是式 (10-48) 的可逆解，由浸入保证。

现在引入基于不变流形的最后一个变换：

$$\tilde{\boldsymbol{z}}=\boldsymbol{z}-\pi$$

于是可以得到用于控制器设计的模型：

$$\begin{cases}\dot{\tilde{\boldsymbol{z}}}=\boldsymbol{D}\tilde{\boldsymbol{z}}+\tilde{\boldsymbol{\psi}}\\ \dot{e}=\tilde{z}_1+\tilde{\psi}_y+b_\rho(\xi_1-\boldsymbol{l}^{\mathrm{T}}\boldsymbol{\eta})\\ \dot{\xi}_1=-\lambda_1\xi_1+\xi_2\\ \qquad\vdots\\ \dot{\xi}_{\rho-1}=-\lambda_{\rho-1}\xi_{\rho-1}+u\end{cases}\tag{10-49}$$

式中：

$$\tilde{\boldsymbol{\psi}}=\boldsymbol{\psi}(y,\boldsymbol{w},\boldsymbol{\theta})-\boldsymbol{\psi}(q(\boldsymbol{w}),\boldsymbol{w},\boldsymbol{\theta})$$

$$\tilde{\psi}_y=\psi_y(y,\boldsymbol{w},\boldsymbol{\theta})-\psi_y(q(\boldsymbol{w}),\boldsymbol{w},\boldsymbol{\theta})$$

由于内模状态 $\boldsymbol{\eta}$ 为未知，设计自适应内模：

$$\dot{\hat{\boldsymbol{\eta}}}=\boldsymbol{F}\hat{\boldsymbol{\eta}}+\boldsymbol{G}\xi_1\tag{10-50}$$

如果定义辅助误差：

$$\tilde{\boldsymbol{\eta}}=\boldsymbol{\eta}-\hat{\boldsymbol{\eta}}+b_\rho^{-1}\boldsymbol{G}e\tag{10-51}$$

则可以证明

$$\dot{\tilde{\boldsymbol{\eta}}}=\boldsymbol{F}\tilde{\boldsymbol{\eta}}-\boldsymbol{F}\boldsymbol{G}b_\rho^{-1}e+b_\rho^{-1}\boldsymbol{G}\tilde{z}_1+b_\rho^{-1}\boldsymbol{G}\tilde{\psi}_y\tag{10-52}$$

如果式 (10-38) 的相对阶为 1，则式 (10-49) 中的 ξ_1 为控制输入。对于具有更高相对阶的系统，则可以利用自适应反步法由 ξ_1 逐步找到满足要求的控制输入 u。假设 $\hat{\xi}_1$ 是 ξ_1 的期望值，可以引入 Nussbaum 增益 $N(\kappa)$ 使得

$$\begin{cases}\hat{\xi}_1=N(\kappa)\bar{\xi}_1\\ \dot{\kappa}=e\bar{\xi}_1\end{cases}\tag{10-53}$$

式中，Nussbaum 增益 N 为一函数，如 $N(\kappa)=\kappa^2\cos\kappa$，且满足双面 Nussbaum 性质：

$$\lim_{\kappa\to\pm\infty}\sup\frac{1}{\kappa}\int_0^{\kappa}N(s)\mathrm{d}s=+\infty \tag{10-54}$$

$$\lim_{\kappa\to\pm\infty}\inf\frac{1}{\kappa}\int_0^{\kappa}N(s)\mathrm{d}s=-\infty \tag{10-55}$$

式中，$\kappa\to\pm\infty$ 表示分别趋向负无穷和正无穷。由式 (10-49) 和 Nussbaum 增益的定义，可以得到

$$\dot{e}=\tilde{z}_1+(b_\rho N-1)\bar{\xi}_1+\bar{\xi}_1+\tilde{b}_\rho\tilde{\xi}_1+\hat{b}_\rho\tilde{\xi}_1-\boldsymbol{l}_b^{\mathrm{T}}\boldsymbol{\eta}+\tilde{\psi}_y$$

式中，$\boldsymbol{l}_b=b_\rho\boldsymbol{l}$；$\hat{b}_\rho$ 是 b_ρ 的估计值；$\tilde{b}_\rho=b_\rho-\hat{b}_\rho$；$\tilde{\xi}_1=\xi_1-\hat{\xi}_1$。由于 $\tilde{\boldsymbol{\psi}}$ 和 $\tilde{\psi}_y$ 中的非线性函数为多项式，且满足 $\tilde{\boldsymbol{\psi}}(0,\boldsymbol{w},\boldsymbol{\theta},\sigma)=\boldsymbol{0}$ 和 $\tilde{\psi}_y(0,\boldsymbol{w},\boldsymbol{\theta},\sigma)=0$，$\boldsymbol{w}$ 有界，所有未知参数都为常数，则

$$\left|\tilde{\boldsymbol{\psi}}\right|<\bar{r}_z\left(|e|+|e|^p\right)$$

$$\left|\tilde{\psi}_y\right|<\bar{r}_y\left(|e|+|e|^p\right)$$

式中，p 是已知正整数，取决于多项式 $\tilde{\boldsymbol{\psi}}$ 和 $\tilde{\psi}_y$；$\bar{r}_z$ 和 $\bar{r}_y$ 是未知正实常数。可以设计虚拟控制为

$$\bar{\xi}_1=-c_0e-\hat{k}_0(e+e^{2p-1})+\hat{\boldsymbol{l}}_b^{\mathrm{T}}\hat{\boldsymbol{\eta}}$$

式中，$c_0>0$。利用式 (10-51)，可以计算误差动态为

$$\begin{aligned}\dot{e}=&-c_0e-\hat{k}_0(e+e^{2p-1})+\tilde{z}_1+(b_\rho N-1)\bar{\xi}_1+\tilde{b}_\rho\tilde{\xi}_1+\hat{b}_\rho\tilde{\xi}_1-\\&\boldsymbol{l}_b^{\mathrm{T}}\tilde{\boldsymbol{\eta}}-\tilde{\boldsymbol{l}}_b^{\mathrm{T}}\hat{\boldsymbol{\eta}}+\boldsymbol{l}^{\mathrm{T}}\boldsymbol{G}e+\tilde{\psi}_y\end{aligned}$$

可以设计自适应律为

$$\begin{cases}\dot{\hat{k}}_0=e^2+e^{2p}\\ \tau_{b,0}=\tilde{\xi}_1e\\ \boldsymbol{\tau}_{l,0}=-\hat{\boldsymbol{\eta}}e\end{cases} \tag{10-56}$$

式中，$\tau_{b,0}$ 和 $\boldsymbol{\tau}_{l,0}$ 分别是自适应反步法中 b_ρ 和 $\boldsymbol{l}_b$ 的自适应律中的第一个调节函数。如果相对阶 $\rho=1$，则 $u=\hat{\xi}_1$。如果 $\rho>1$，可以使用自适应反步法得到以下结果：

$$\hat{\xi}_2=-\hat{b}_\rho e-c_1\tilde{\xi}_1-k_1\left(\frac{\partial\hat{\xi}_1}{\partial e}\right)^2\tilde{\xi}_1+\frac{\partial\hat{\xi}_1}{\partial e}(\hat{b}_\rho\xi_1-\hat{\boldsymbol{l}}_b^{\mathrm{T}}\hat{\boldsymbol{\eta}})+\frac{\partial\hat{\xi}_1}{\partial\hat{\boldsymbol{\eta}}}\dot{\hat{\boldsymbol{\eta}}}+\frac{\partial\hat{\xi}_1}{\partial\hat{k}_0}\dot{\hat{k}}_0+\frac{\partial\hat{\xi}_1}{\partial\hat{\boldsymbol{l}}_b}\boldsymbol{\tau}_{l,1}$$

对于 $i=2,\cdots,\rho$，有

$$\hat{\xi}_i=-\tilde{\xi}_{i-2}-c_{i-1}\tilde{\xi}_{i-1}-k_{i-1}\left(\frac{\partial\hat{\xi}_{i-1}}{\partial e}\right)^2\tilde{\xi}_{i-1}+\frac{\partial\hat{\xi}_{i-1}}{\partial e}(\hat{b}_\rho\xi_1-\hat{\boldsymbol{l}}_b^{\mathrm{T}}\hat{\boldsymbol{\eta}})+\frac{\partial\hat{\xi}_{i-1}}{\partial\hat{\boldsymbol{\eta}}}\dot{\hat{\boldsymbol{\eta}}}+\frac{\partial\hat{\xi}_{i-1}}{\partial\hat{k}_0}\dot{\hat{k}}_0+$$

$$\frac{\partial\hat{\xi}_{i-1}}{\partial\hat{b}_\rho}\tau_{b,i-1}+\frac{\partial\hat{\xi}_{i-1}}{\partial\hat{\boldsymbol{l}}_b}\boldsymbol{\tau}_{l,i}-\sum_{j=4}^{i}\frac{\partial\hat{\xi}_{i-1}}{\partial e}\frac{\partial\hat{\xi}_{j-2}}{\partial\hat{b}_\rho}\xi_1\tilde{\xi}_{j-2}+\sum_{j=3}^{i}\frac{\partial\hat{\xi}_{i-1}}{\partial e}\frac{\partial\hat{\xi}_{i-1}}{\partial\hat{\boldsymbol{l}}_b}\hat{\boldsymbol{\eta}}\tilde{\xi}_{j-2}$$

式中，$\tilde{\xi}_i=\xi_i-\hat{\xi}_i\ (i=1,\cdots,\rho-2)$；$c_i$ 和 $k_i(i=2,\cdots,\rho-1)$ 都是设计参数，为正实数；$\tau_{b,i}$ 和 $\boldsymbol{\tau}_{l,i}(i=1,\cdots,\rho-2)$ 是自适应反步设计中的调节函数。调节函数和自适应律可以设计为

$$\tau_{b,i}=\tau_{b,i-1}-\frac{\partial\hat{\xi}_i}{\partial e}\xi_1\tilde{\xi}_i,\quad i=1,\cdots,\rho-1 \tag{10-57}$$

$$\boldsymbol{\tau}_{l,i}=\boldsymbol{\tau}_{l,i-1}-\frac{\partial\hat{\xi}_i}{\partial e}\hat{\boldsymbol{\eta}}\tilde{\xi}_i,\quad i=1,\cdots,\rho-1 \tag{10-58}$$

$$\dot{\hat{b}}_\rho=\tau_{b,\rho-1} \tag{10-59}$$

$$\dot{\hat{\boldsymbol{l}}}_b=\boldsymbol{\tau}_{l,\rho-1} \tag{10-60}$$

最后可以设计控制输入为

$$u=\hat{\xi}_\rho \tag{10-61}$$

对于以上设计的控制器，由下面的定理给出稳定性的结果。

定理 10.3 对于满足不变流形条件式 (10-46) 的系统式 (10-38)，由 $\boldsymbol{\xi}$ 滤波式 (10-39)，自适应内模式 (10-50)，Nussbaum 增益参数式 (10-53)，参数自适应律式 (10-56)、式 (10-59)、式 (10-60)，以及控制输入式 (10-61) 构成的反馈控制系统能够全局解决其自适应输出调节问题，其中测量输出渐近收敛到原点，且其他所有信号都有界。

证明：定义备选李雅普诺夫函数：

$$V=\beta_1\tilde{\boldsymbol{\eta}}^{\mathrm{T}}\boldsymbol{P}_\eta\tilde{\boldsymbol{\eta}}+\beta_2\tilde{\boldsymbol{z}}^{\mathrm{T}}\boldsymbol{P}_z\tilde{\boldsymbol{z}}+\frac{1}{2}\left(e^2+\sum_{i=1}^{\rho-1}\tilde{\xi}_i^2+(k_0-\hat{k}_0)^2+\tilde{b}_\rho^2+\tilde{\boldsymbol{l}}_b^{\mathrm{T}}\tilde{\boldsymbol{l}}_b\right)$$

式中，β_1 和 β_2 都是正实数；$\boldsymbol{P}_\eta$ 和 $\boldsymbol{P}_z$ 都是正定矩阵，且满足

$$\boldsymbol{P}_z\boldsymbol{D}+\boldsymbol{D}^{\mathrm{T}}\boldsymbol{P}_z=-\boldsymbol{I}$$

$$\boldsymbol{P}_\eta\boldsymbol{F}+\boldsymbol{F}^{\mathrm{T}}\boldsymbol{P}_\eta=-\boldsymbol{I}$$

由 $\hat{\xi}_i\ (i=1,\cdots,\rho)$ 的表达式可以得到 $\tilde{\xi}_i$ 的动态。由式 (10-49) 中的 $\tilde{\boldsymbol{z}}$ 和式 (10-52) 中的 $\tilde{\boldsymbol{\eta}}$，以及前述虚拟控制和自适应律，可以计算 V 的导数为

$$\begin{aligned}\dot{V}=&\beta_1(-\tilde{\boldsymbol{\eta}}^{\mathrm{T}}\tilde{\boldsymbol{\eta}}-2\tilde{\boldsymbol{\eta}}^{\mathrm{T}}\boldsymbol{P}_\eta\boldsymbol{F}b_\rho^{-1}\boldsymbol{G}e+2\tilde{\boldsymbol{\eta}}^{\mathrm{T}}\boldsymbol{P}_\eta b_\rho^{-1}\boldsymbol{G}\tilde{z}_1+2\tilde{\boldsymbol{\eta}}^{\mathrm{T}}\boldsymbol{P}_\eta b_\rho^{-1}\boldsymbol{G}\tilde{\psi}_y)+\\&\beta_2(-\tilde{\boldsymbol{z}}^{\mathrm{T}}\tilde{\boldsymbol{z}}+2\tilde{\boldsymbol{z}}^{\mathrm{T}}\boldsymbol{P}_z\tilde{\boldsymbol{\psi}})+(\hat{k}_0-k_0)(e^2+e^{2p})-c_0e^2-\hat{k}_0(e^2+e^{2p})+\\&(b_\rho N-1)e\tilde{\xi}_1+e\tilde{z}_1+e\tilde{\psi}_y-e\boldsymbol{l}_b^{\mathrm{T}}\tilde{\boldsymbol{\eta}}+\boldsymbol{l}^{\mathrm{T}}\boldsymbol{G}e^2+\\&\sum_{i=1}^{\rho-1}\left(-c_i\tilde{\xi}_i^2-k_i\left(\frac{\partial\tilde{\xi}_i}{\partial e}\right)^2\tilde{\xi}_i^2-\tilde{\xi}_i\frac{\partial\hat{\xi}_i}{\partial e}\tilde{z}_1-\tilde{\xi}_i\frac{\partial\hat{\xi}_i}{\partial e}\tilde{\psi}_y+\tilde{\xi}_i\frac{\partial\hat{\xi}_i}{\partial e}\boldsymbol{l}_b^{\mathrm{T}}\tilde{\boldsymbol{\eta}}-\tilde{\xi}_i\frac{\partial\hat{\xi}_i}{\partial e}\boldsymbol{l}^{\mathrm{T}}\boldsymbol{G}e\right)\end{aligned}$$

可以运用不等式 $2xy < rx^2 + \dfrac{y^2}{r}$（其中 $x>0$，$y>0$，$r>0$）来处理上式中的交叉项。可以证明，总存在足够大的 β_1 和 β_2，以及足够大的 k_0，使得

$$\dot{V} \leqslant (b_\rho N(\kappa)-1)\dot{\kappa} - \frac{1}{3}\beta_1\tilde{\boldsymbol{\eta}}^{\mathrm{T}}\tilde{\boldsymbol{\eta}} - \frac{1}{4}\beta_2\tilde{\boldsymbol{z}}^{\mathrm{T}}\tilde{\boldsymbol{z}} - c_0e^2 - \sum_{i=1}^{\rho-1}c_i\tilde{\xi}_i^2 \tag{10-62}$$

备选李雅普诺夫函数 V 的有界性可以由 Nussbaum 增益性质式 (10-54) 和式 (10-55) 证明（使用反证法）。具体地，对式 (10-62) 积分可以得到

$$V(t) + \int_0^t\left(\frac{1}{3}\beta_1\tilde{\boldsymbol{\eta}}^{\mathrm{T}}\tilde{\boldsymbol{\eta}} + \frac{1}{4}\beta_2\tilde{\boldsymbol{z}}^{\mathrm{T}}\tilde{\boldsymbol{z}} + c_0e^2 + \sum_{i=1}^{\rho-1}c_i\tilde{\xi}_i^2\right)\mathrm{d}t \leqslant b_\rho\int_0^{\kappa(t)}N(s)\mathrm{d}s - \kappa(t) + V(0) \tag{10-63}$$

如果对于任意的 $t\in\mathbb{R}^+$，$\kappa(t)$ 无上界或无下界，则由式 (10-54) 和式 (10-55) 可以证明式 (10-63) 的右侧在某些时刻为负。这是一个矛盾之处，因为式 (10-63) 的左侧总是非负的。所以，κ 一定是有界的，即 V 一定是有界的。由 V 有界可以推出 $\tilde{\boldsymbol{\eta}}$、$\tilde{\boldsymbol{z}}$、$e$、$\tilde{\xi}_i\in L_2\cap L_\infty$，且 $\hat{k}_0$、$\hat{b}_\rho$、$\hat{\boldsymbol{l}}_b$ 都是有界的。又因为扰动 $\boldsymbol{w}$ 是有界的，所以 e、$\tilde{\boldsymbol{z}}$、$\tilde{\boldsymbol{\eta}}\in L_\infty$ 意味着 y、$\boldsymbol{z}$、$\hat{\boldsymbol{\eta}}$ 都是有界的，即 $\hat{\xi}_1$ 和 ξ_1 都是有界的。由上述所有信号有界，可以证明 $\hat{\xi}_2$ 是有界的，进一步 ξ_2 和 $\tilde{\xi}_2$ 也是有界的。继续使用上述推导方式，可以证明所有的 $\hat{\xi}_i$ 都是有界的。最终可以证明系统中所有信号都是有界的。

由于系统中所有信号有界，所以 $\dot{\tilde{\boldsymbol{\eta}}}$、$\dot{\tilde{\boldsymbol{z}}}$、$\dot{e}$ 以及 $\dot{\tilde{\xi}}_i$ 都是有界的，即所有信号都是一直连续的。应用 Barbalat 引理，可以证明 $\lim\limits_{t\to\infty}\tilde{\boldsymbol{\eta}}=\boldsymbol{0}$，$\lim\limits_{t\to\infty}\tilde{\boldsymbol{z}}=\boldsymbol{0}$，$\lim\limits_{t\to\infty}e(t)=0$，以及对于 $i=1,\cdots,\rho-1$，有 $\lim\limits_{t\to\infty}\tilde{\xi}_i=0$。

10.4　外部系统为非线性情况下的输出调节

前文中，扰动为正弦信号，由线性外部系统产生，并且假设了线性外部系统的系统矩阵具有相异的零实部特征值。正弦扰动具有普遍意义，这是因为现实中的扰动信号通常都可以近似为有限个正弦信号的和。但是，也存在一些不同的情况，扰动信号由非线性外部系统产生，如非线性振动。这类扰动也能够由有限个不同频率的正弦信号近似，这些正弦信号数量可能较多，从而达到比较好的近似效果。用于近似的正弦信号越多，则外部系统的阶数可能越高。如果能够基于非线性外部系统直接设计内模，则有可能达到渐近抑制的效果，且内模的阶数可能较低，这是使用正弦信号近似所达不到的。当然，直接针对非线性外部系统设计内模是相对困难的，即使已知对于其输出调节存在不变流形。本节研究针对非线性外部模型设计非线性内模，从而解决此类系统的输出调节问题。对于内模的设计，可以使用基于圆判据的非线性观测器方法。本节中考虑的输出调节问题假设模型仍为输出反馈型。

考虑单输入单输出系统：

$$\begin{cases}\dot{\boldsymbol{x}} = \boldsymbol{A}_c\boldsymbol{x} + \boldsymbol{\phi}(y)\boldsymbol{a} + \boldsymbol{E}(\boldsymbol{w}) + \boldsymbol{b}u\\ y = \boldsymbol{C}\boldsymbol{x}\\ e = y - q(\boldsymbol{w})\end{cases} \tag{10-64}$$

式中：

$$A_c=\begin{bmatrix}0&1&0&\cdots&0\\0&0&1&\cdots&0\\\vdots&\vdots&\vdots&&\vdots\\0&0&0&\cdots&1\\0&0&0&\cdots&0\end{bmatrix},\quad C=\begin{bmatrix}1\\0\\\vdots\\0\end{bmatrix}^{\mathrm{T}},\quad b=\begin{bmatrix}0\\\vdots\\0\\b_\rho\\\vdots\\b_n\end{bmatrix}$$

$\boldsymbol{x}\in\mathbb{R}^n$ 是状态向量；$u\in\mathbb{R}$ 是控制输入；$y\in\mathbb{R}$ 是系统输出；e 是测量输出；$\boldsymbol{a}\in\mathbb{R}^q$ 和 $\boldsymbol{b}\in\mathbb{R}^n$ 是包含未知参数的向量，且 $\boldsymbol{b}$ 是 Hurwitz 向量满足 $b_\rho\neq 0$，即系统相对阶为 ρ，假设 b_ρ 符号已知；$\boldsymbol{E}:\mathbb{R}^m\to\mathbb{R}^n$；$\boldsymbol{\phi}:\mathbb{R}\to\mathbb{R}^{n\times q}$ 且满足 $\boldsymbol{\phi}(0)=\boldsymbol{0}$，$\|\boldsymbol{\phi}(y_1)-\boldsymbol{\phi}(y_2)\|\leqslant\Delta_1(|y_1|)\delta_1(|y_1-y_2|)$，其中 $\delta_1(\cdot)\in\mathcal{K}$ 是已知光滑函数，$\Delta_1(\cdot)$ 是非减函数；$\boldsymbol{w}\in\mathbb{R}^m$ 是扰动，由非线性外部系统产生：

$$\dot{\boldsymbol{w}}=\boldsymbol{s}(\boldsymbol{w})\tag{10-65}$$

该系统的解有界，且收敛到周期解。

注 10.14 关于函数 $\boldsymbol{\phi}$ 的假设较为普遍，很多函数都满足，如多项式函数。

注 10.15 非线性外部系统式 (10-65) 包含具有极限环的非线性系统。

注 10.16 系统式 (10-64) 与系统式 (10-38) 的形式类似，区别在于式 (10-64) 的外部系统为非线性。

系统式 (10-64) 具有与式 (10-38) 相同的 $\boldsymbol{A}_c$、$\boldsymbol{b}$ 和 $\boldsymbol{C}$，所以可以使用与前节相同的滤波变换，也可以使用相同的变换提取系统的零动态。采用变换式 (10-40) 和式 (10-43)，可以将系统式 (10-64) 变换至 $(\boldsymbol{z},y)$ 坐标系，即

$$\begin{aligned}\dot{z}_i=&-\frac{d_{i+1}}{d_1}z_1+z_{i+1}+\left(\frac{d_{i+2}}{d_1}-\frac{d_{i+1}d_2}{d_1^2}\right)y+\left(\boldsymbol{\phi}_{i+1}(y)-\frac{d_{i+1}}{d_1}\boldsymbol{\phi}_1(y)\right)\boldsymbol{a}+\\&E_{i+1}(\boldsymbol{w})-\frac{d_{i+1}}{d_1}E_1(\boldsymbol{w}),\quad i=1,\cdots,n-2\\\dot{z}_{n-1}=&-\frac{d_n}{d_1}z_1-\frac{d_nd_2}{d_1^2}y+\left(\boldsymbol{\phi}_n(y)-\frac{d_n}{d_1}\boldsymbol{\phi}_1(y)\right)\boldsymbol{a}+E_n(\boldsymbol{w})-\frac{d_n}{d_1}E_1(\boldsymbol{w})\\\dot{y}=&z_1+\frac{d_2}{d_1}y+\boldsymbol{\phi}_1(y)\boldsymbol{a}+E_1(\boldsymbol{w})+b_\rho\xi_1\end{aligned}$$

式中，d_i 在式 (10-42) 中定义。

输出调节问题有解的必要条件为存在某个不变流形。当外部系统为非线性系统时，该非线性流形的存在性证明是非常困难的。

命题 10.2 假设存在 $\boldsymbol{\varpi}(\boldsymbol{w})\in\mathbb{R}^n$ 以及 $\iota(\boldsymbol{w})$ 且 $\varpi_1(\boldsymbol{w})=q(\boldsymbol{w})$，对于所有的 $\boldsymbol{a}$ 和 $\boldsymbol{b}$，使得

$$\frac{\partial\boldsymbol{\varpi}}{\partial\boldsymbol{w}}\boldsymbol{s}(\boldsymbol{w})=\boldsymbol{A}_c\boldsymbol{\varpi}+\boldsymbol{\phi}(q(\boldsymbol{w}))\boldsymbol{a}+\boldsymbol{E}(\boldsymbol{w})+\boldsymbol{b}\iota(\boldsymbol{w})\tag{10-66}$$

则存在 $\pi(\boldsymbol{w})\in\mathbb{R}^{n-1}$，沿着外部系统轨线满足

$$\begin{aligned}\frac{\partial\pi_i(\boldsymbol{w})}{\partial\boldsymbol{w}}\boldsymbol{s}(\boldsymbol{w})=&-\frac{d_{i+1}}{d_1}\pi_1(\boldsymbol{w})+\pi_{i+1}(\boldsymbol{w})+q(\boldsymbol{w})\left(\frac{d_{i+2}}{d_1}-\frac{d_{i+1}d_2}{d_1^2}\right)+E_{i+1}(\boldsymbol{w})-\\&\frac{d_{i+1}}{d_1}E_1(\boldsymbol{w})+\left(\boldsymbol{\phi}_{i+1}(q(\boldsymbol{w}))-\frac{d_{i+1}}{d_1}\boldsymbol{\phi}_1(q(\boldsymbol{w}))\right)\boldsymbol{a},\quad i=1,\cdots,n-2\\\frac{\partial\pi_{n-1}(\boldsymbol{w})}{\partial\boldsymbol{w}}\boldsymbol{s}(\boldsymbol{w})=&-\frac{d_n}{d_1}\pi_1(\boldsymbol{w})-\frac{d_nd_2}{d_1^2}q(\boldsymbol{w})+\left(\boldsymbol{\phi}_n(q(\boldsymbol{w}))-\frac{d_n}{d_1}\boldsymbol{\phi}_1(q(\boldsymbol{w}))\right)\boldsymbol{a}+\\&E_n(\boldsymbol{w})-\frac{d_n}{d_1}E_1(\boldsymbol{w})\end{aligned}$$

证明：由于输入滤波器式 (10-39) 的最后一行为渐近稳定的线性系统，所以对于任意的外部信号 $\boldsymbol{s}(\boldsymbol{w})$，都存在稳态响应。即存在函数 $\chi_{\rho-1}(\boldsymbol{w})$ 使得

$$\frac{\partial\chi_{\rho-1}(\boldsymbol{w})}{\partial\boldsymbol{w}}\boldsymbol{s}(\boldsymbol{w})=-\lambda_{\rho-1}\chi_{\rho-1}(\boldsymbol{w})+\iota(\boldsymbol{w})$$

类似地，如果存在 $\chi_i(\boldsymbol{w})$ 使得

$$\frac{\partial\chi_i(\boldsymbol{w})}{\partial\boldsymbol{w}}\boldsymbol{s}(\boldsymbol{w})=-\lambda_i\chi_i(\boldsymbol{w})+\chi_{i+1}(\boldsymbol{w})$$

则一定存在 $\chi_{i-1}(\boldsymbol{w})$ 使得

$$\frac{\partial\chi_{i-1}(\boldsymbol{w})}{\partial\boldsymbol{w}}\boldsymbol{s}(\boldsymbol{w})=-\lambda_{i-1}\chi_{i-1}(\boldsymbol{w})+\chi_i(\boldsymbol{w})$$

定义

$$\begin{bmatrix}\pi(\boldsymbol{w})\\q(\boldsymbol{w})\end{bmatrix}=\boldsymbol{D}_a\left(\boldsymbol{\varpi}(\boldsymbol{w})-[\bar{\boldsymbol{d}}_1,\cdots,\bar{\boldsymbol{d}}_{\rho-1}]\boldsymbol{\chi}\right)$$

式中，$\boldsymbol{\chi}=[\chi_1,\cdots,\chi_{\rho-1}]^{\mathrm{T}}$，以及

$$\boldsymbol{D}_a=\begin{bmatrix}-d_2/d_1&1&\cdots&0\\\vdots&\vdots&&\vdots\\-d_n/d_1&0&\cdots&1\\1&0&\cdots&0\end{bmatrix}$$

可以看出，如式 (10-66) 所示，沿着式 (10-65) 的轨线，$\pi(\boldsymbol{w})$ 满足 $\boldsymbol{z}$ 动态，即命题得证。

由上述命题，有

$$\frac{\partial q(\boldsymbol{w})}{\partial\boldsymbol{w}}\boldsymbol{s}(\boldsymbol{w})=\pi_1(\boldsymbol{w})+\frac{d_2}{d_1}q(\boldsymbol{w})+\boldsymbol{\phi}_1(q(\boldsymbol{w}))\boldsymbol{a}+E_1(\boldsymbol{w})+b_\rho\alpha(\boldsymbol{w})$$

式中，$\alpha(\boldsymbol{w})=\chi_1(\boldsymbol{w})$。将 ξ_1 看作输入，则 $\alpha(\boldsymbol{w})$ 是在输出调节中处理干扰项的前馈项，可以设计为

$$\alpha=b_\rho^{-1}\left(\frac{\partial q(\boldsymbol{w})}{\partial\boldsymbol{w}}\boldsymbol{s}(\boldsymbol{w})-\pi_1(\boldsymbol{w})-\frac{d_2}{d_1}q(\boldsymbol{w})-\boldsymbol{\phi}_1(q(\boldsymbol{w}))\boldsymbol{a}-E_1(\boldsymbol{w})\right)$$

基于不变流形，可以引入变换：

$$\tilde{\boldsymbol{z}} = \boldsymbol{z} - \pi(\boldsymbol{w}(t))$$

可以得到用于控制器设计的模型：

$$\begin{aligned}
\dot{\tilde{z}}_i =& -\frac{d_{i+1}}{d_1}\tilde{z}_1 + \tilde{z}_{i+1} + \left(\frac{d_{i+2}}{d_1} - \frac{d_{i+1}d_2}{d_1^2}\right)e + \left(\boldsymbol{\phi}_{i+1}(y) - \boldsymbol{\phi}_{i+1}(q(\boldsymbol{w}))\right)\boldsymbol{a} - \\
& \frac{d_{i+1}}{d_1}\left(\boldsymbol{\phi}_1(y) - \boldsymbol{\phi}_1(q(\boldsymbol{w}))\right)\boldsymbol{a}, \quad i = 1, \cdots, n-2 \\
\dot{\tilde{z}}_{n-1} =& -\frac{d_n}{d_1}\tilde{z}_1 - \frac{d_{i+1}d_2}{d_1^2}e + \left(\boldsymbol{\phi}_n(y) - \boldsymbol{\phi}_n(q(\boldsymbol{w}))\right)\boldsymbol{a} - \frac{d_n}{d_1}\left(\boldsymbol{\phi}_1(y) - \boldsymbol{\phi}_1(q(\boldsymbol{w}))\right)\boldsymbol{a} \\
\dot{e} =& \tilde{z}_1 + \frac{d_2}{d_1}e + \left(\boldsymbol{\phi}_1(y) - \boldsymbol{\phi}_1(q(\boldsymbol{w}))\right)\boldsymbol{a} + b_\rho(\xi_1 - \alpha(\boldsymbol{w}))
\end{aligned}$$

即系统可以写为

$$\begin{cases}
\dot{\tilde{\boldsymbol{z}}} = \boldsymbol{D}\tilde{\boldsymbol{z}} + \boldsymbol{\varXi}e + \boldsymbol{\varOmega}(y, \boldsymbol{w}, \boldsymbol{d})\boldsymbol{a} \\
\dot{e} = \tilde{z}_1 + \dfrac{d_2}{d_1}e + \left(\boldsymbol{\phi}_1(y) - \boldsymbol{\phi}_1(q(\boldsymbol{w}))\right)\boldsymbol{a} + b_\rho(\xi_1 - \alpha(\boldsymbol{w}))
\end{cases} \tag{10-67}$$

式中，$\boldsymbol{D}$ 是 $\boldsymbol{d}$ 的伴随阵，具体形式已在式 (10-45) 中给出，以及

$$\boldsymbol{\varXi} = \left(\frac{d_3}{d_1} - \frac{d_2^2}{d_1^2}, \cdots, \frac{d_n}{d_1} - \frac{d_{n-1}d_2}{d_1^2}, -\frac{d_n d_2}{d_1^2}\right)^{\mathrm{T}}$$

$$\boldsymbol{\varOmega}(y, \boldsymbol{w}, \boldsymbol{d}) = \begin{bmatrix}
\boldsymbol{\phi}_2(y) - \boldsymbol{\phi}_2(q(\boldsymbol{w})) - \dfrac{d_2}{d_1}(\boldsymbol{\phi}_1(y) - \boldsymbol{\phi}_1(q(\boldsymbol{w}))) \\
\vdots \\
\boldsymbol{\phi}_n(y) - \boldsymbol{\phi}_n(q(\boldsymbol{w})) - \dfrac{d_n}{d_1}(\boldsymbol{\phi}_1(y) - \boldsymbol{\phi}_1(q(\boldsymbol{w})))
\end{bmatrix}$$

引理 10.4　总存在已知非减函数 $\zeta(\cdot)$ 和未知常数 $\varDelta$（与外部系统初值 $\boldsymbol{w}(0)$ 相关），使得

$$|\boldsymbol{\varOmega}(y, \boldsymbol{w}, \boldsymbol{d})| \leqslant \varDelta|e|\zeta(|e|)$$

$$|\boldsymbol{\phi}_1(y) - \boldsymbol{\phi}_1(q(\boldsymbol{w}))| \leqslant \varDelta|e|\zeta(|e|)$$

证明： 由 $\boldsymbol{\phi}$ 的假设可以得到

$$|\boldsymbol{\phi}(y) - \boldsymbol{\phi}(q(\boldsymbol{w}))| \leqslant \varDelta_1(|q(\boldsymbol{w})|)\delta_1(|e|)$$

由于外部系统轨线是有界的，且 $\delta_1(\cdot)$ 是光滑的，所以总存在已知光滑非减函数 $\zeta(\cdot)$ 和已知非减函数 $\varDelta_2(|\boldsymbol{w}(0)|)$，使得

$$\delta_1(|e|) \leqslant |e|\zeta(|e|)$$

$$\varDelta_1(|q(\boldsymbol{w})|) \leqslant \varDelta_2(|\boldsymbol{w}(0)|)$$

从前面的讨论中容易证明引理结论。

令 $V_z=\tilde{\boldsymbol{z}}^{\mathrm{T}}\boldsymbol{P}_d\tilde{\boldsymbol{z}}$，其中矩阵 $\boldsymbol{P}_d$ 满足

$$\boldsymbol{P}_d\boldsymbol{D}+\boldsymbol{D}^{\mathrm{T}}\boldsymbol{P}_d=-\boldsymbol{I}$$

利用 $2ab\leqslant ca^2+c^{-1}b^2$ 和 $\zeta^2(|e|)\leqslant\zeta^2(1+e^2)$，则总存在未知正实常数 $\varLambda_1$ 和 $\varLambda_2$，使得

$$\begin{aligned}\dot{V}_z=&-\tilde{\boldsymbol{z}}^{\mathrm{T}}\tilde{\boldsymbol{z}}+2\tilde{\boldsymbol{z}}^{\mathrm{T}}\boldsymbol{P}_d(\boldsymbol{\varXi}e+\boldsymbol{\varOmega}(y,\boldsymbol{w},\boldsymbol{d})\boldsymbol{a})\\ \leqslant&-\frac{3}{4}\tilde{\boldsymbol{z}}^{\mathrm{T}}\tilde{\boldsymbol{z}}+\varLambda_1e^2+\varLambda_2e^2\zeta^2(1+e^2)\end{aligned}\tag{10-68}$$

上述推导中使用了

$$\begin{aligned}2\tilde{\boldsymbol{z}}^{\mathrm{T}}\boldsymbol{P}_d\boldsymbol{\varXi}e\leqslant&\frac{1}{8}\tilde{\boldsymbol{z}}^{\mathrm{T}}\tilde{\boldsymbol{z}}+8\boldsymbol{\varXi}^{\mathrm{T}}\boldsymbol{P}_d^2\boldsymbol{\varXi}e^2\\ \leqslant&\frac{1}{8}\tilde{\boldsymbol{z}}^{\mathrm{T}}\tilde{\boldsymbol{z}}+\varLambda_1e^2\end{aligned}$$

以及

$$\begin{aligned}2\tilde{\boldsymbol{z}}^{\mathrm{T}}P_d\boldsymbol{\varOmega}(y,\boldsymbol{w},\boldsymbol{d})\boldsymbol{a}\leqslant&\frac{1}{8}\tilde{\boldsymbol{z}}^{\mathrm{T}}\tilde{\boldsymbol{z}}+8\boldsymbol{a}^{\mathrm{T}}\boldsymbol{\varOmega}^{\mathrm{T}}\boldsymbol{P}_d^2\boldsymbol{\varOmega}\boldsymbol{a}\leqslant\frac{1}{8}\tilde{\boldsymbol{z}}^{\mathrm{T}}\tilde{\boldsymbol{z}}+\varLambda_2^1|\boldsymbol{\varOmega}|^2\\ \leqslant&\frac{1}{8}\tilde{\boldsymbol{z}}^{\mathrm{T}}\tilde{\boldsymbol{z}}+\varLambda_2^1\varDelta^2|e|^2\zeta^2(|e|)\leqslant\frac{1}{8}\tilde{\boldsymbol{z}}^{\mathrm{T}}\tilde{\boldsymbol{z}}+\varLambda_2e^2\zeta^2(1+e^2)\end{aligned}$$

式中，$\varLambda_2^1$ 是未知正实常数。

现在考虑内模的设计。需要内模产生前馈输入，该前馈输入能够收敛到理想的前馈控制 $\alpha(\boldsymbol{w})$。理想前馈输入可以看作是外部系统的输出：

$$\begin{aligned}\dot{\boldsymbol{w}}=&\boldsymbol{s}(\boldsymbol{w})\\ \alpha=&\alpha(\boldsymbol{w})\end{aligned}$$

假设存在外部系统的浸入：

$$\begin{cases}\dot{\boldsymbol{\eta}}=\boldsymbol{F}\boldsymbol{\eta}+\boldsymbol{G}\boldsymbol{\gamma}(\boldsymbol{J}\boldsymbol{\eta})\\ \alpha=\boldsymbol{H}\boldsymbol{\eta}\end{cases}\tag{10-69}$$

式中，$\boldsymbol{\eta}\in\mathbb{R}^r$，$\boldsymbol{H}=[1,0,\cdots,0]$，$(\boldsymbol{F},\boldsymbol{H})$ 是可观测的，且对于任意 $\boldsymbol{\gamma}$ 维向量 $\boldsymbol{\nu}_1$ 和 $\boldsymbol{\nu}_2$，有

$$(\boldsymbol{\nu}_1-\boldsymbol{\nu}_2)^{\mathrm{T}}(\boldsymbol{\gamma}(\boldsymbol{\nu}_1)-\boldsymbol{\gamma}(\boldsymbol{\nu}_2))\geqslant0,$$

且 $\boldsymbol{G}$ 和 $\boldsymbol{J}$ 是具有合适维数的矩阵，则内模可以设计为

$$\dot{\hat{\boldsymbol{\eta}}}=(\boldsymbol{F}-\boldsymbol{K}\boldsymbol{H})(\hat{\boldsymbol{\eta}}-b_\rho^{-1}\boldsymbol{K}e)+\boldsymbol{G}\boldsymbol{\gamma}(\boldsymbol{J}(\hat{\boldsymbol{\eta}}-b_\rho^{-1}\boldsymbol{K}e))+\boldsymbol{K}\xi_1$$

式中，$\boldsymbol{K}\in\mathbb{R}^r$ 使得 $\boldsymbol{F}_0=\boldsymbol{F}-\boldsymbol{K}\boldsymbol{H}$ 是 Hurwitz 矩阵，并且存在正定矩阵 $\boldsymbol{P}_F$ 和半正定矩阵 $\boldsymbol{Q}$ 满足

$$\begin{cases}\boldsymbol{P}_F\boldsymbol{F}_0+\boldsymbol{F}_0^{\mathrm{T}}\boldsymbol{P}_F=-\boldsymbol{Q}\\ \boldsymbol{P}_F\boldsymbol{G}+\boldsymbol{J}^{\mathrm{T}}=\boldsymbol{0}\\ \boldsymbol{\eta}^{\mathrm{T}}\boldsymbol{Q}\boldsymbol{\eta}\geqslant\gamma_0|\eta_1|^2\quad\gamma_0>0,\quad\boldsymbol{\eta}\in\mathbb{R}^r\\ \mathrm{span}(\boldsymbol{P}_F\boldsymbol{K})\subseteq\mathrm{span}(\boldsymbol{Q})\end{cases}\tag{10-70}$$

注 10.17 外部系统为非线性系统情况下的输出调节中内模的设计仍然是一个具有挑战性的任务。目前还不清楚需要什么样的充分条件保证这种情况下内模的存在性。这里，使用的条件是外部系统存在浸入式 (10-69)。如果外部系统是线性的，对于非线性系统，内模也有可能是非线性的。

注 10.18 由式 (10-70) 给出的条件弱于以下条件，即存在正定的 $\boldsymbol{P}_F$ 和 $\boldsymbol{Q}$ 使得

$$\begin{cases} \boldsymbol{P}_F\boldsymbol{F}_0 + \boldsymbol{F}_0^{\mathrm{T}}\boldsymbol{P}_F = -\boldsymbol{Q} \\ \boldsymbol{P}_F\boldsymbol{G} + \boldsymbol{J}^{\mathrm{T}} = \boldsymbol{0} \end{cases} \tag{10-71}$$

可以利用线性矩阵不等式验证，将在稍后的例子中看到这点。具体地，如果 $\boldsymbol{G}$ 和 $\boldsymbol{J}^{\mathrm{T}}$ 为列向量，$(\boldsymbol{F}_0, \boldsymbol{G})$ 可控，$(\boldsymbol{J}, \boldsymbol{F}_0)$ 可观测，以及对于任意的 $\omega \in \mathbb{R}$ 都有 $\mathrm{Re}[-\boldsymbol{J}(\mathrm{j}\omega\boldsymbol{I} - \boldsymbol{F}_0)^{-1}\boldsymbol{G}] > 0$，则由卡尔曼-雅库布维奇引理可得式 (10-71) 有界。

定义辅助误差：

$$\tilde{\boldsymbol{\eta}} = \boldsymbol{\eta} - \hat{\boldsymbol{\eta}} + b_\rho^{-1}\boldsymbol{K}e$$

则可以证明

$$\dot{\tilde{\boldsymbol{\eta}}} = \boldsymbol{F}_0\tilde{\boldsymbol{\eta}} + \boldsymbol{G}\left(\gamma(\boldsymbol{J}\boldsymbol{\eta}) - \gamma(\boldsymbol{J}(\hat{\boldsymbol{\eta}} - b_\rho^{-1}\boldsymbol{K}\boldsymbol{e}))\right) + b_\rho^{-1}\boldsymbol{K}\left(\tilde{z}_1 + \frac{d_2}{d_1}e + (\boldsymbol{\phi}_1(y) - \boldsymbol{\phi}_1(q(\boldsymbol{w})))\boldsymbol{a}\right)$$

令 $V_\eta = \tilde{\boldsymbol{\eta}}^{\mathrm{T}}\boldsymbol{P}_F\tilde{\boldsymbol{\eta}}$，由式 (10-68) 可得，存在未知正实常数 Θ_1 和 Θ_2，使得

$$\begin{aligned} \dot{V}_\eta = & -\tilde{\boldsymbol{\eta}}^{\mathrm{T}}\boldsymbol{Q}\tilde{\boldsymbol{\eta}} + 2\tilde{\boldsymbol{\eta}}^{\mathrm{T}}\boldsymbol{P}_F b_\rho^{-1}\boldsymbol{K}\left(\tilde{z}_1 + \frac{d_2}{d_1}e\right) + 2\tilde{\boldsymbol{\eta}}^{\mathrm{T}}\boldsymbol{P}_F b_\rho^{-1}\boldsymbol{K}\left(\boldsymbol{\phi}_1(y) - \boldsymbol{\phi}_1(q(\boldsymbol{w}))\right)\boldsymbol{a} + \\ & 2\tilde{\boldsymbol{\eta}}^{\mathrm{T}}\boldsymbol{P}_F\boldsymbol{G}\left(\gamma(\boldsymbol{J}\boldsymbol{\eta}) - \gamma(\boldsymbol{J}(\hat{\boldsymbol{\eta}} - b_\rho^{-1}\boldsymbol{K}e))\right) \\ \leqslant & -\frac{3}{4}\gamma_0|\tilde{\boldsymbol{\eta}}|^2 + \frac{12}{\gamma_0}b_\rho^{-2}\tilde{z}_1^2 + \Theta_1 e^2 + \Theta_2 e^2\zeta^2(1+e^2) \end{aligned}$$

接下来继续控制器设计。由式 (10-67) 以及

$$\alpha = \eta_1 = \hat{\eta}_1 + \tilde{\eta}_1 - b_\rho^{-1}K_1 e$$

可以得到

$$\dot{e} = \tilde{z}_1 + \frac{d_2}{d_1}e + \left(\boldsymbol{\phi}_1(y) - \boldsymbol{\phi}_1(q(\boldsymbol{w}))\right)\boldsymbol{a} + \bar{\xi}_1 + b_\rho(\tilde{\xi}_1 - \tilde{\eta}_1 - \hat{\eta}_1 + b_\rho^{-1}K_1 e)$$

式中，$\tilde{\xi}_1 = \xi_1 - \hat{\xi}_1$，以及

$$\hat{\xi}_1 = b_\rho^{-1}\bar{\xi}_1 \tag{10-72}$$

对于虚拟控制 $\hat{\xi}_1$，可以设计 $\bar{\xi}_1$ 为

$$\bar{\xi}_1 = -c_0 e + b_\rho\hat{\eta}_1 - K_1 e - \hat{l}e(1 + \zeta^2(1+e^2))$$

式中，$c_0 > 0$ 是常数；$\hat{l}$ 是自适应系数。则闭环误差动态为

$$\dot{e} = \tilde{z}_1 - c_0 e + \frac{d_2}{d_1}e - \hat{l}e(1+\zeta^2(1+e^2)) + (\boldsymbol{\phi}_1(y) - \boldsymbol{\phi}_1(q(\boldsymbol{w})))\boldsymbol{a} + b_\rho(\tilde{\xi}_1 - \tilde{\eta}_1)$$

对于 $V_e = \dfrac{1}{2}e^2$，则存在正实数 $\varPsi_1$ 和 $\varPsi_2$，以及足够大的未知常数 β，使得

$$\begin{aligned}\dot{V}_e =& -c_0 e^2 + e\tilde{z}_1 + \frac{d_2}{d_1}e^2 + eb_\rho(\tilde{\xi}_1 - \tilde{\eta}_1) + e(\boldsymbol{\phi}_1(y) - \boldsymbol{\phi}_1(q(\boldsymbol{w})))\boldsymbol{a} - \hat{l}e^2(1+\zeta^2(1+e^2)) \leqslant \\ & -c_0 e^2 + \frac{1}{8}\beta\tilde{z}_1^2 + \frac{1}{4}\gamma_0\tilde{\eta}_1^2 + \varPsi_1 e^2 + \varPsi_2 e^2\zeta(1+e^2) - \hat{l}e^2(1+\zeta^2(1+e^2)) + b_\rho e\tilde{\xi}_1\end{aligned}$$

令 $V_0 = \beta V_z + V_\eta + V_e + \dfrac{1}{2}\gamma^{-1}(\hat{l}-l)^2$，其中 $\beta \geqslant \dfrac{96}{\gamma_0}b_\rho^{-2}$，且

$$l = \varPsi_1 + \varPsi_2 + \varTheta_1 + \varTheta_2 + \beta(\varLambda_1 + \varLambda_2)$$

是未知常数。令

$$\dot{\hat{l}} = \gamma e^2(1+\zeta^2(1+e^2))$$

则可以计算得到

$$\dot{V}_0 \leqslant -\frac{1}{2}\beta\tilde{\boldsymbol{z}}^{\mathrm{T}}\tilde{\boldsymbol{z}} - \frac{1}{2}\gamma_0|\tilde{\eta}_1|^2 - c_0 e^2 + b_\rho e\tilde{\xi}_1$$

如果系统式 (10-64) 相对阶为 1，则由式 (10-72) 给出的虚拟控制 $\hat{\xi}_1$ 可以作为实际控制输入，即 $u = \hat{\xi}_1$。如果系统相对阶大于 1，可以利用在自适应输出调节中使用的滤波变换式 (10-39) 继续设计控制器。闭环系统稳定性由以下定理给出。

定理 10.4　考虑系统式 (10-64) 和外部系统式 (10-65)，如果存在不变流形式 (10-66) 和浸入式 (10-69)，则存在 $\boldsymbol{K} \in \mathbb{R}^r$ 使得 $\boldsymbol{F}_0 = \boldsymbol{F} - \boldsymbol{KH}$ 是 Hurwitz 矩阵，且存在正定矩阵 $\boldsymbol{P}_F$ 和半正定矩阵 $\boldsymbol{Q}$ 满足式 (10-70)，即输出调节问题有解，测量输出渐近收敛到原点，且其他变量有界。

例 10.3　考虑一阶系统：

$$\begin{aligned}\dot{y} =& 2y + \theta\sin y - y^3 - \theta\sin w_1 + w_2 + u \\ e =& y - w_1\end{aligned}$$

式中，θ 是未知参数；扰动 $\boldsymbol{w}$ 由外部系统产生：

$$\begin{aligned}\dot{w}_1 =& w_1 + w_2 - w_1^3 \\ \dot{w}_2 =& -w_1 - w_2^3\end{aligned}$$

容易得到 $V(\boldsymbol{w}) = \dfrac{1}{2}w_1^2 + \dfrac{1}{2}w_2^2$ 满足

$$\frac{\mathrm{d}V}{\mathrm{d}t} = w_1^2 - w_1^4 - w_2^4 \leqslant 0, \quad |w_1| \geqslant 1$$

以及

$$
\begin{aligned}
q(\boldsymbol{w}) =& w_1 \\
\pi(\boldsymbol{w}) =& w_1 \\
\alpha(\boldsymbol{w}) =& -w_1
\end{aligned}
$$

由外部系统和期望前馈输入 α，可以看出式 (10-70) 给出的条件能由 $\boldsymbol{\eta} = -\boldsymbol{w}$ 和下列各式满足：

$$
\boldsymbol{F} = \begin{bmatrix} 1 & 1 \\ -1 & 0 \end{bmatrix}, \quad \boldsymbol{G} = \begin{bmatrix} -1 & 0 \\ 0 & -1 \end{bmatrix}
$$

$$
\gamma_1(s) = \gamma_2(s) = s^3, \quad \boldsymbol{J} = \begin{bmatrix} 1 & 0 \\ 0 & 1 \end{bmatrix}
$$

令 $\boldsymbol{K} = [2, 0]^{\mathrm{T}}$，由

$$
\boldsymbol{F}_0 = \begin{bmatrix} -1 & 1 \\ -1 & 0 \end{bmatrix}, \quad \boldsymbol{P}_F = \boldsymbol{I}, \quad \boldsymbol{Q} = \mathrm{diag}(2, 0)
$$

可以设计内模：

$$
\begin{aligned}
\dot{\hat{\eta}}_1 =& -(\hat{\eta}_1 - 2e) + \hat{\eta}_2 - (\hat{\eta}_1 - 2e)^3 + 2u \\
\dot{\hat{\eta}}_2 =& -(\hat{\eta}_1 - 2e) - \hat{\eta}_2^3
\end{aligned}
$$

控制输入和自适应律可以设计为

$$
\begin{aligned}
u =& -ce + \hat{\eta}_1 - \hat{l}e[1 + (e^2 + 1)^2] \\
\dot{\hat{l}} =& \gamma e^2[1 + (e^2 + 1)^2]
\end{aligned}
$$

在仿真中，假设 $\theta = 1$。可以设置 $c = 1$，$\gamma = 1$。初始状态为 $y(0) = 1$，$w_1(0) = 2$，$w_2(0) = 2$。动态控制器的初值为 0。系统输出和输入如图 10-5所示，前馈项及其估计如

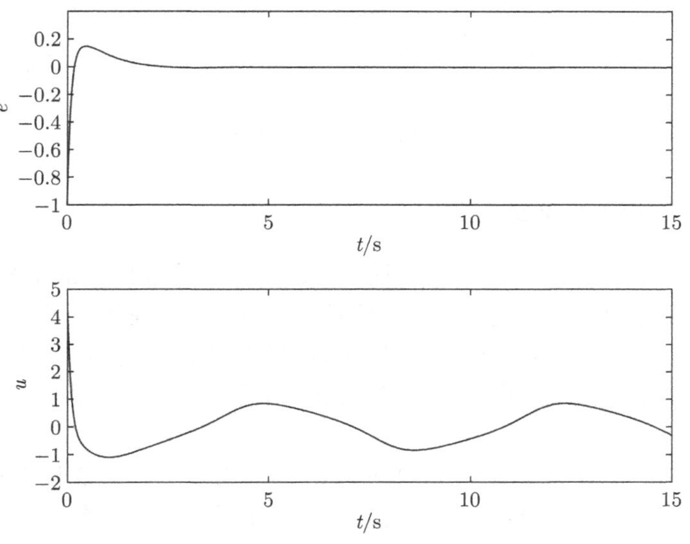

图 10-5　系统输出 e 和输入 u

图 10-6所示，外部系统相轨迹如图 10-7所示。可以看出，在一段过渡过程之后，内模能够复现期望前馈控制，系统测量输出收敛到原点。

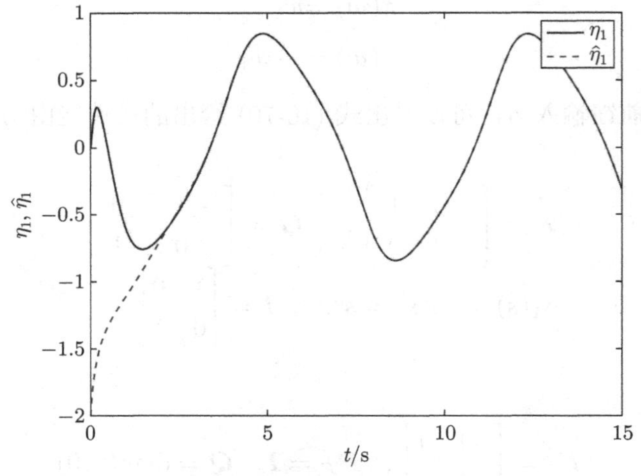

图 10-6　系统前馈控制 η_1 及其估计 $\hat{\eta}_1$

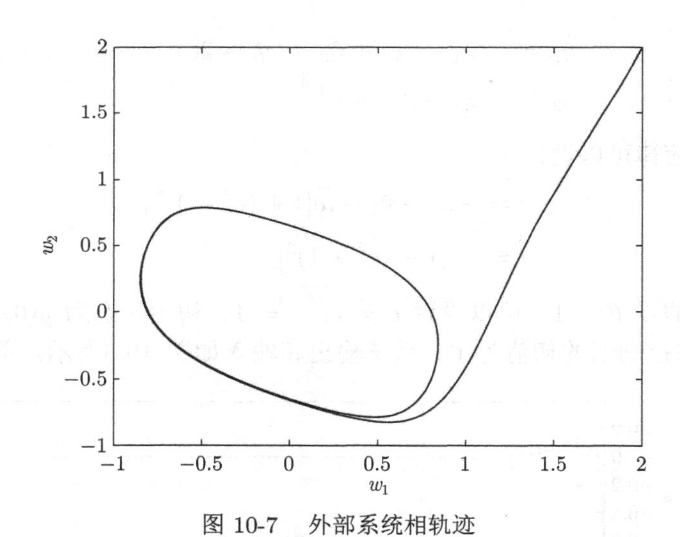

图 10-7　外部系统相轨迹

10.5　广义周期扰动的渐近抑制

前面已经针对线性外部系统产生的扰动，以及一类非线性外部系统产生的周期扰动，设计了扰动抑制和输出调节控制器。对于线性外部系统，通常可以基于适当的假设条件设计内模。但是对于非线性外部系统，用于扰动抑制和输出调节的内模设计通常比较复杂，主要难点在于需证明不变流形的存在性，且非线性内模本身也比较复杂，甚至比非线性观测器更复杂。

本节考虑广义周期扰动（General Periodic Disturbance）。广义周期扰动通常能够建模为非线性外部系统输出，有时甚至可以建模为具有非线性输出函数的线性系统的输出。对于具有 Lipschitz 非线性项的系统，可以使用 8.4 节中的方法设计非线性观测器。本章中的输出调节问题显然无法通过非线性观测器解决，也无法使用对扰动系统估计的方法解决，原因在于这里的干扰是不可测量的。然而，观测器设计和内模设计之间具有联系，就如同本章前几节中看到的情况。

如果把广义周期信号建模为具有非线性输出函数的线性系统的输出，则从系统状态中可以看到广义周期扰动的幅频和相频信息，以及非线性输出函数的波形信息。假设非线性周期函数关于其自变量为 Lipschitz 函数，此时可以使用 8.4 节中的方法设计非线性观测器。本节将证明，广义周期扰动能够建模为具有非线性输出函数的二阶线性系统的输出，该二阶系统具有一对共轭纯虚根，与扰动频率相关。对于这类具有 Lipschitz 输出函数的系统，本节将给出关于 Lipschitz 常数的条件，并且本节中的观测器增益显式取决于 Lipschitz 常数和周期扰动的频率。

然后，基于这类非线性系统的 Lipschitz 输出观测器设计内模。使用内模可以提出扰动抑制和输出调节问题有界的条件，并进一步设计控制器。本节还将使用两个例子说明内模和控制器的具体设计方法，从这两个例子也可以看出，一些其他类型的系统也可以转化为本节中的系统来处理。

考虑非线性系统：

$$
\left\{\begin{array}{l}
\dot{y}=a(\boldsymbol{z})+\psi_0(y)+\psi(y, \boldsymbol{v})+b(u-\mu(\boldsymbol{v})) \\
\dot{\boldsymbol{z}}=\boldsymbol{f}(\boldsymbol{z}, \boldsymbol{v}, y)
\end{array}\right. \tag{10-73}
$$

式中，$y \in \mathbb{R}$ 是系统输出；a 和 $\psi_0: \mathbb{R}^n \rightarrow \mathbb{R}$ 是连续函数；$\boldsymbol{v} \in \mathbb{R}^m$ 是广义周期扰动；$\mu: \mathbb{R}^m \rightarrow \mathbb{R}$ 是连续函数；$\psi: \mathbb{R} \times \mathbb{R}^m \rightarrow \mathbb{R}$ 是连续函数且满足 $|\psi(y, \boldsymbol{v})|^2 \leqslant y \bar{\psi}(y)$，$\bar{\psi}$ 是连续函数；b 是已知常数；$u \in \mathbb{R}$ 是系统输入；$\boldsymbol{z} \in \mathbb{R}^n$ 是内部系统变量；$\boldsymbol{f}: \mathbb{R}^n \times \mathbb{R}^m \times \mathbb{R} \rightarrow \mathbb{R}^n$ 是连续函数。

注 10.19 本节中，为方便描述相关理论，仅考虑相对阶为 1 的系统，如式 (10-73)。相对阶大于 1 的系统可以使用反步法类似处理。系统式 (10-73) 中，第二个方程描述内部动态。如果 $\boldsymbol{v}=\mathbf{0}$ 以及 $y=0$，则 $\dot{\boldsymbol{z}}=\boldsymbol{f}(\boldsymbol{z}, \mathbf{0}, 0)$ 为系统的零动态。

注 10.20 系统式 (10-73) 给出了一类广义周期扰动的渐近抑制的基本形式。例如：

$$
\begin{aligned}
\dot{\boldsymbol{x}} &= \boldsymbol{A} \boldsymbol{x}+\boldsymbol{\phi}(y, \boldsymbol{v})+\boldsymbol{b} u \\
y &= \boldsymbol{c}^{\mathrm{T}} \boldsymbol{x}
\end{aligned}
$$

式中：

$$
\boldsymbol{A}=\left[\begin{array}{cccc}
-a_1 & 1 & \cdots & 0 \\
-a_2 & 0 & \cdots & 0 \\
\vdots & \vdots & & \vdots \\
-a_n & 0 & \cdots & 0
\end{array}\right], \quad \boldsymbol{b}=\left[\begin{array}{c}
b_1 \\
b_2 \\
\vdots \\
b_n
\end{array}\right], \quad \boldsymbol{c}=\left[\begin{array}{c}
1 \\
0 \\
\vdots \\
0
\end{array}\right]
$$

$\boldsymbol{x} \in \mathbb{R}^n$ 是系统状态；$y \in \mathbb{R}$ 和 $u \in \mathbb{R}$ 分别是系统输出和输入；$\boldsymbol{v} \in \mathbb{R}^m$ 是广义周期扰动；$\boldsymbol{\phi}: \mathbb{R} \times \mathbb{R}^m \rightarrow \mathbb{R}^n$ 是光滑向量场，且 $\boldsymbol{\phi}(0, \mathbf{0})=\mathbf{0}$。该系统类似式 (10-38) 中 $q(\boldsymbol{w})=0$ 时的形式。对于这类非线性系统，渐近扰动抑制是否有界取决于是否存在状态变换使得系统变换为式 (10-73) 的形式。在 10.3节中已经证明了在适当的假设条件下，上述变换存在。

广义周期扰动的波形可以用于构造线性外部系统的非线性输出函数，从而生成期望的前馈输入。进而将前馈输入作为输出，可以设计具有非线性输出的观测器。基于非线性观测器可以设计内模。本节将解决的问题为，使用基于非线性观测器的内模设计控制器，使得一类由式 (10-73) 给出的广义周期扰动能够被渐近抑制。

首先将广义周期扰动建模为具有非线性输出函数的线性系统的输出，然后设计非线性观测器，为内模设计做准备。

具有周期 T 的信号可以建模为以下二阶系统的输出：

$$\dot{\boldsymbol{w}} = \boldsymbol{A}\boldsymbol{w}, \quad \boldsymbol{A} = \begin{bmatrix} 0 & \omega \\ -\omega & 0 \end{bmatrix}$$

$$\mu(\boldsymbol{v}) = h(\boldsymbol{w})$$

式中，$\omega = \dfrac{2\pi}{T}$。这里，期望前馈输入 $\mu(\boldsymbol{v})$ 可以建模为二阶线性系统的非线性输出 $h(\boldsymbol{w})$。使用

$$\mathrm{e}^{\boldsymbol{A}t} = \begin{bmatrix} \cos\omega t & \sin\omega t \\ -\sin\omega t & \cos\omega t \end{bmatrix}$$

则输出 $h(\boldsymbol{w})$ 的线性部分 $\boldsymbol{H}\boldsymbol{w}$ 呈现正弦形式 $a\sin(\omega t+\phi)$，其中 a 和 ϕ 分别为幅频和相频特性。所以，不失一般性，可以设置 $\boldsymbol{H} = [1\ 0]$，这是因为幅值和相位总可以由初值确定：

$$\boldsymbol{w}(0) = [a\sin\phi \ a\cos\phi]^{\mathrm{T}}$$

基于上述讨论，广义周期扰动的动态模型可以由下式给出：

$$\begin{cases} \dot{w}_1 = \omega w_2 \\ \dot{w}_2 = -\omega w_1 \\ \mu = w_1 + h_1(w_1, w_2) \end{cases} \tag{10-74}$$

式中，$h_1(w_1, w_2)$ 是 Lipschitz 非线性函数，且 Lipschitz 常数为 γ。

注 10.21 广义周期扰动可以建模为 $af(t+\phi)$ 的形式，其中 a 和 ϕ 为幅值和相位，波形由周期函数 f 确定。在式 (10-74) 中，扰动的幅值和相位由状态 w_1 和 w_2 决定，波形由非线性输出函数决定。在某些文献中，幅值和相位可以由时滞和半周期积分算子（Half-period Integral Operations）得到。可以使用非线性观测器估计广义周期扰动的幅值和相位。

对于式 (10-74)，其动态是线性的，但是输出函数为非线性。很多文献中非线性观测器的结果是针对具有线性输出的 Lipschitz 非线性动态系统的。而这里需要关于非线性输出的观测器，且设计方法与非线性动态系统的观测器设计是类似的。

具有非线性 Lipschitz 输出函数的线性系统观测器的设计方法已在 8.4 节中给出，观测器具有式 (8-30) 的形式，观测器增益在定理 8.6 中给出。现在将这个结果应用到广义周期扰动的情形。对于式 (10-74)，可以应用观测器式 (8-30)，其中：

$$\boldsymbol{A} = \begin{bmatrix} 0 & \omega \\ -\omega & 0 \end{bmatrix}, \qquad \boldsymbol{H} = [1\ 0]$$

该观测器的性能由以下引理给出。

引理 10.5　具有式 (8-30) 形式的观测器能够保证对于广义周期扰动模型式 (10-74) 的状态估计误差指数收敛的充分条件为，函数 h_1 的 Lipschitz 常数 γ 满足 $\gamma < \dfrac{1}{\sqrt{2}}$。

证明：采用构造性证明方法。令

$$\boldsymbol{P} = \begin{bmatrix} p & -\dfrac{1}{4\gamma^2\omega} \\ -\dfrac{1}{4\gamma^2\omega} & p \end{bmatrix}$$

式中，$p > \dfrac{1}{4\gamma^2\omega}$。很明显 $\boldsymbol{P}$ 是正定矩阵。直接计算可以验证下列等式成立：

$$\boldsymbol{PA} + \boldsymbol{A}^{\mathrm{T}}\boldsymbol{P} - \frac{\boldsymbol{H}^{\mathrm{T}}\boldsymbol{H}}{\gamma^2} = -\frac{1}{2\gamma^2}\boldsymbol{I}$$

所以，式 (8-32) 满足。为满足式 (8-31)，可以设置

$$\boldsymbol{L} = \begin{bmatrix} \dfrac{4\omega(4p\gamma^2\omega)}{(4p\gamma^2\omega)^2 - 1} \\ \dfrac{4\omega}{(4p\gamma^2\omega)^2 - 1} \end{bmatrix} \tag{10-75}$$

使用定理 8.6 可以完成剩余的证明。

基于上述引理，可以设计关于广义周期扰动的观测器为

$$\dot{\hat{\boldsymbol{x}}} = \boldsymbol{A}\hat{\boldsymbol{x}} + \boldsymbol{L}(y - h(\hat{\boldsymbol{x}})) \tag{10-76}$$

式中，$\boldsymbol{L}$ 由式 (10-75) 计算。

在设计控制器之前，需要验证 $\boldsymbol{z}$ 子系统的稳定性，因此这里需要引入一些函数用于整个系统的控制器设计和稳定性分析。

引理 10.6　假设子系统：

$$\dot{\boldsymbol{z}} = \boldsymbol{f}(\boldsymbol{z}, \boldsymbol{v}, y)$$

为输入–状态稳定，其中 $\boldsymbol{z}$ 和 y 分别为状态和输入，输入–状态稳定对（ISS Pair）为 (α, σ)，且当 $s \to 0$ 时有 $\alpha(s) = \mathcal{O}(a^2(s))$。则存在可微的正定函数 $\tilde{V}(\boldsymbol{z})$ 和 $\mathcal{K}_\infty$ 类函数 β 满足 $\beta(\|\boldsymbol{z}\|) \geqslant a^2(\boldsymbol{z})$，使得

$$\dot{\tilde{V}}(\boldsymbol{z}) \leqslant -\beta(\|\boldsymbol{z}\|) + \bar{\sigma}(y) \tag{10-77}$$

式中，$\bar{\sigma}$ 是连续函数。

证明：由推论 5.1，存在 Lyapunov 函数 V_z 满足

$$\alpha_1(\|\boldsymbol{z}\|) \leqslant V_z(\boldsymbol{z}) \leqslant \alpha_2(\|\boldsymbol{z}\|)$$

$$\dot{V}_z \leqslant -\alpha(\|\boldsymbol{z}\|) + \sigma(|y|) \tag{10-78}$$

式中，α、α_1 和 α_2 都是 $\mathcal{K}_\infty$ 类函数；σ 是 $\mathcal{K}$ 类函数。令 β 为 $\mathcal{K}_\infty$ 类函数使得 $\beta(\|\boldsymbol{z}\|) \geqslant a^2(\boldsymbol{z})$，且当 $s \to 0$ 时有 $\beta(s) = \mathcal{O}(a^2(s))$。即 $s \to 0$ 时有 $\beta(s) = \mathcal{O}(a^2(s)) = \mathcal{O}(\alpha(s))$，则存在光滑非减（Smooth Non-decreasing, SN）函数 $\tilde{q}$ 使得对于任意的 $r \in \mathbb{R}^+$，有

$$\frac{1}{2}\tilde{q}(r)\alpha(r) \geqslant \beta(r)$$

定义如下函数：

$$q(r) = \tilde{q}(\alpha_1^{-1}(r))$$
$$\rho(r) = \int_0^r q(t)\mathrm{d}t$$

定义 $\tilde{V}_z = \rho(V(\boldsymbol{z}))$，则

$$\begin{aligned}\dot{\tilde{V}}_z \leqslant & -q(V(\boldsymbol{z}))\alpha(\boldsymbol{z}) + q(V(\boldsymbol{z}))\sigma(|y|) \leqslant \\ & -\frac{1}{2}q(V(\boldsymbol{z}))\alpha(\boldsymbol{z}) + q(\theta(|y|))\sigma(|y|) \leqslant \\ & -\frac{1}{2}q(\alpha_1(\|\boldsymbol{z}\|))\alpha(\boldsymbol{z}) + q(\theta(|y|))\sigma(|y|) \\ = & -\frac{1}{2}\tilde{q}(\|\boldsymbol{z}\|)\alpha(\boldsymbol{z}) + q(\theta(|y|))\sigma(|y|)\end{aligned}$$

式中，θ 定义为

$$\theta(r) = \alpha_2(\alpha^{-1}(2\sigma(r))), \quad r \in \mathbb{R}^+$$

可以定义光滑函数 $\bar{\sigma}$ 使得 $\bar{\sigma}(0) = 0$，且

$$\bar{\sigma}(r) \geqslant q(\theta(|r|))\sigma(|r|), \quad r \in \mathbb{R}$$

则式 (10-77) 得证。

基于式 (10-76) 设计的观测器，可以设计如下内模：

$$\dot{\boldsymbol{\eta}} = \boldsymbol{A\eta} + b^{-1}\boldsymbol{L}\psi_0(y) + \boldsymbol{L}u - b^{-1}\boldsymbol{AL}y - \boldsymbol{L}h(\boldsymbol{\eta} - b^{-1}\boldsymbol{L}y) \tag{10-79}$$

式中，$\boldsymbol{L}$ 由式 (10-75) 所示。

控制输入可以设计为

$$u = -b^{-1}\left(\psi_0(y) + k_0 y + k_1 y + k_2\frac{\bar{\sigma}(y)}{y} + k_3\bar{\psi}(y)\right) + h(\boldsymbol{\eta} - b^{-1}\boldsymbol{L}y) \tag{10-80}$$

式中，k_0 是正实常数，以及

$$k_1 = \kappa^{-1}b^2(\gamma + \|\boldsymbol{H}\|)^2 + \frac{3}{4}$$
$$k_2 = 4\kappa^{-1}\|b^{-1}\boldsymbol{PL}\|^2 + 2$$

$$k_3 = 4\kappa^{-1}\|b^{-1}\boldsymbol{PL}\|^2 + \frac{1}{2}$$

式中，κ 是正实常数。

整个闭环系统稳定性由下列定理给出。

定理 10.5 对于形如式 (10-73) 所示的系统，如果

1）前馈项 $\mu(\boldsymbol{v})$ 能够由形如式 (10-75) 所示系统的输出表示，且非线性输出函数的 Lipschitz 常数 γ 满足 $\gamma < \dfrac{1}{\sqrt{2}}$；

2）子系统 $\dot{\boldsymbol{z}} = \boldsymbol{f}(\boldsymbol{z}, \boldsymbol{v}, y)$ 关于状态 $\boldsymbol{z}$ 和输入 y 是输入–状态稳定的，其输入输出稳定函数对（ISS Pair）为 (α, σ)，且当 $s \to 0$ 时有 $\alpha(s) = \mathcal{O}(a^2(s))$。

则由内模式 (10-79) 和控制输入式 (10-80) 构成的输出反馈控制能够保证闭环系统所有变量有界，且状态 $\boldsymbol{z}$ 和 y 以及估计误差 $(\boldsymbol{w} - \boldsymbol{\eta} + b^{-1}\boldsymbol{L}y)$ 都为渐近稳定。

证明：令 $\boldsymbol{\xi} = \boldsymbol{w} - \boldsymbol{\eta} + b^{-1}\boldsymbol{L}y$，则由式 (10-79) 可得

$$\dot{\boldsymbol{\xi}} = (\boldsymbol{A} - \boldsymbol{LH})\boldsymbol{\xi} + b^{-1}\boldsymbol{L}(h_1(\boldsymbol{w}) - h_1(\boldsymbol{w} - \boldsymbol{\xi})) + b^{-1}\boldsymbol{L}a(\boldsymbol{z}) + b^{-1}\boldsymbol{L}\psi(y, \boldsymbol{v})$$

令 $V_w = \boldsymbol{\xi}^{\mathrm{T}}\boldsymbol{P}\boldsymbol{\xi}$，求导可得

$$\begin{aligned}\dot{V}_w(\boldsymbol{\xi}) &\leqslant -\kappa\|\boldsymbol{\xi}\|^2 + 2|\boldsymbol{\xi}^{\mathrm{T}}b^{-1}\boldsymbol{PL}a(\boldsymbol{z})| + 2|\boldsymbol{\xi}^{\mathrm{T}}b^{-1}\boldsymbol{PL}\psi(y, \boldsymbol{v})| \\ &\leqslant -\frac{1}{2}\kappa\|\boldsymbol{\xi}\|^2 + 2\kappa^{-1}\|b^{-1}\boldsymbol{PL}\|^2(a^2(\boldsymbol{z}) + \psi^2(y, \boldsymbol{v})) \\ &\leqslant -\frac{1}{2}\kappa\|\boldsymbol{\xi}\|^2 + (k_2 - 2)\beta(\|\boldsymbol{z}\|) + \left(k_3 - \frac{1}{2}\right)y\bar{\psi}(y)\end{aligned} \tag{10-81}$$

式中，$\kappa = \dfrac{1}{2\gamma^2} - 1$。

基于控制输入式 (10-80)，有

$$\dot{y} = -k_0 y - k_1 y - k_2\frac{\bar{\sigma}(y)}{y} - k_3\bar{\psi}(y) + a(\boldsymbol{z}) + \psi(y, \boldsymbol{v}) + b(h(\boldsymbol{w} - \boldsymbol{\xi}) - h(\boldsymbol{w}))$$

令 $V_y = \dfrac{1}{2}y^2$，由上式进一步可得

$$\begin{aligned}\dot{V}_y &= -(k_0 + k_1)y^2 - k_2\bar{\sigma}(y) - k_3 y\bar{\psi}(y) + ya(\boldsymbol{z}) + y\psi(y, \boldsymbol{v}) + \\ &\quad\; yb(h(\boldsymbol{w} - \boldsymbol{\xi}) - h(\boldsymbol{w})) \\ &\leqslant -k_0 y^2 - k_2\bar{\sigma}(y) - \left(k_3 - \frac{1}{2}\right)y\bar{\psi}(y) + \beta(\|\boldsymbol{z}\|) + \frac{1}{4}\kappa\|\boldsymbol{\xi}\|^2\end{aligned} \tag{10-82}$$

对整个闭环系统定义备选李雅普诺夫函数：

$$V = V_y + V_w + k_2\tilde{V}_z$$

则由式 (10-78)、式 (10-81) 和式 (10-82) 可得

$$\dot{V} \leqslant -k_0 y^2 - \frac{1}{4}\kappa\|\boldsymbol{\xi}\|^2 - \beta(\|\boldsymbol{z}\|)$$

可以证明闭环系统所有变量有界，且状态 $\boldsymbol{z}$ 和 y 以及估计误差 $(\boldsymbol{w}-\boldsymbol{\eta}+b^{-1}\boldsymbol{L}y)$ 都为渐近稳定。

许多类型的扰动抑制和输出调节问题都可以转化为式 (10-73) 的形式，下面将看到两个例子。例 10.4 是关于广义周期扰动的抑制问题，例 10.5 用于解释说明如何利用上述方法解决输出调节问题。

例 10.4 考虑系统：

$$\begin{cases}\dot{x}_1 = x_2 + \phi_1(x_1) + b_1 u \\ \dot{x}_2 = \phi_2(x_1) + \nu(\boldsymbol{w}) + b_2 u \\ \dot{\boldsymbol{w}} = \boldsymbol{A}\boldsymbol{w} \\ y = x_1\end{cases} \tag{10-83}$$

式中，$y\in\mathbb{R}$ 是测量输出；$\phi_i(i=1,2):\mathbb{R}\to\mathbb{R}$ 是连续非线性函数；$\nu:\mathbb{R}^2\to\mathbb{R}$ 是非线性函数，它是基于外部系统信号 $\boldsymbol{w}$ 生成的周期扰动；b_1 和 b_2 是已知常数，且具有相同的符号，所以系统零动态是稳定的。控制器设计的目标是，设计输出反馈控制保证整体闭环系统稳定，且测量输出渐近收敛到原点。系统式 (10-83) 并不具有式 (10-73) 的形式，并且扰动是非匹配的。可以证明，可将该系统转化为前面讨论的形式。

令 $\bar{z}=x_2-\dfrac{b_2}{b_1}x_1$，在 $(y,\bar{z})$ 坐标系中，有

$$\begin{aligned}\dot{y} =& \bar{z} + \frac{b_2}{b_1}y + \phi_1(y) + b_1 u \\ \dot{\bar{z}} =& -\frac{b_2}{b_1}\bar{z} + \phi_2(y) - \frac{b_2}{b_1}\phi_1(y) - \left(\frac{b_2}{b_1}\right)^2 y + \nu(\boldsymbol{w})\end{aligned}$$

考虑

$$\dot{\pi}_z = -\frac{b_2}{b_1}\pi_z + \nu(\boldsymbol{w})$$

可以证明上式存在稳态解，且该稳态解为 $\boldsymbol{w}$ 的非线性函数，可以用 $\pi_z(\boldsymbol{w})$ 表示。引入另一个状态变换 $z=\bar{z}-\pi_z(\boldsymbol{w})$，则

$$\begin{cases}\dot{y} = z + \dfrac{b_2}{b_1}y + \phi_1(y) + b_1(u + b_1^{-1}\pi_z(\boldsymbol{w})), \\ \dot{z} = -\dfrac{b_2}{b_1}z + \phi_2(y) - \dfrac{b_2}{b_1}\phi_1(y) - \left(\dfrac{b_2}{b_1}\right)^2 y\end{cases} \tag{10-84}$$

将式 (10-84) 写成式 (10-73) 的形式，则

$$\begin{aligned}a(z) =& z \\ \psi(y) =& \frac{b_2}{b_1}y + \phi_1(y) \\ b =& b_1\end{aligned}$$

$$
\begin{aligned}
h(\boldsymbol{w}) =& b_1^{-1}\pi_z(\boldsymbol{w}) \\
f(z,v,y) =& \phi_2(y) - \frac{b_2}{b_1}\phi_1(y) - \left(\frac{b_2}{b_1}\right)^2 y
\end{aligned}
$$

由 $a(z) = z$，可以令 $\beta(|z|) = |z|^2 = z^2$。

可以看出，定理 10.5中第二个条件已由式 (10-84) 满足。令 $V_z = \dfrac{1}{2}z^2$，求导可得

$$
\begin{aligned}
\dot{V}_z =& -\frac{b_2}{b_1}z^2 + z\left(\phi_2(y) - \frac{b_2}{b_1}\phi_1(y) - \left(\frac{b_2}{b_1}\right)^2 y\right) \\
\leqslant& -\frac{b_2}{2b_1}z^2 + \frac{b_1}{2b_2}\left(\phi_2(y) - \frac{b_2}{b_1}\phi_1(y) - \left(\frac{b_2}{b_1}\right)^2 y\right)^2
\end{aligned}
$$

令 $\tilde{V}_z = \dfrac{2b_1}{b_2}V_z$，最终可得

$$
\dot{\tilde{V}}_z \leqslant -\beta(|z|) + \left(\frac{b_1}{2b_2}\right)^2\left(\phi_2(y) - \frac{b_2}{b_1}\phi_1(y) - \left(\frac{b_2}{b_1}\right)^2 y\right)^2 \tag{10-85}
$$

可以看出，一定存在 $\mathcal{K}$ 类函数 $\sigma(|y|)$ 覆盖式 (10-85) 右侧第二项的作用，即 z 子系统是输入–状态稳定的。对于控制器设计，可以令

$$
\bar{\sigma}(y) = \left(\frac{b_1}{2b_2}\right)^2\left(\phi_2(y) - \frac{b_2}{b_1}\phi_1(y) - \left(\frac{b_2}{b_1}\right)^2 y\right)^2
$$

剩下的设计步骤可以按照本节前述的方法进行。

仿真中，假设周期扰动为方波。为了方便描述，分别使用 $\nu(t)$ 和 $h(t)$ 表示 $\nu(\boldsymbol{w}(t))$ 和 $h(\boldsymbol{w}(t))$。在一个周期 T 内，假设 ν 的具体形式为

$$
\nu = \begin{cases} d & 0 \leqslant t < \dfrac{T}{2} \\ -d & \dfrac{T}{2} \leqslant t < T \end{cases}
$$

式中，d 是未知正值常数，表示方波信号的幅度。可以得到

$$
h(t) = d\bar{h}(t)
$$

式中：

$$
\bar{h}(t) = \begin{cases} -\dfrac{1}{b_2}(1 - \mathrm{e}^{-\frac{b_2}{b_2}t}) + \dfrac{1}{b_2}\mathrm{e}^{-\frac{b_2}{b_2}t}\tanh\left(\dfrac{Tb_2}{4b_1}\right) & 0 \leqslant t < \dfrac{T}{2} \\ \dfrac{1}{b_2}(1 + \mathrm{e}^{-\frac{b_2}{b_2}t} - 2\mathrm{e}^{\frac{b_2}{b_1}(\frac{T}{2}-t)}) + \dfrac{1}{b_2}\mathrm{e}^{-\frac{b_2}{b_2}t}\tanh\left(\dfrac{Tb_2}{4b_1}\right) & \dfrac{T}{2} \leqslant t < T \end{cases}
$$

最终可以得到匹配的周期扰动为

$$
h(\boldsymbol{w}) = \sqrt{w_1^2 + w_2^2}\,\bar{h}\left(\arctan\left(\frac{w_2}{w_1}\right)\right)
$$

注意到，$\sqrt{w_1^2+w_2^2}$ 为信号幅值，由 $\boldsymbol{w}$ 的初值决定。

仿真中，假设 $T=1$，$d=10$，$\phi_1=y^3$，$\phi_2=y^2$，$b_1=b_2=1$。仿真结果如图 10-8～图 10-11所示。由图 10-8可以看出，系统测量输出收敛到原点，控制输入收敛到周期信号。实际上，控制输入是收敛到图 10-9给出的 $h(\boldsymbol{w})$ 信号。由图 10-10可以看出，等效扰动的估计值最终收敛到该扰动 $h(\boldsymbol{w})$，且信号 $\boldsymbol{\eta}$ 收敛到 $\boldsymbol{w}$ （见图 10-11）。

例 10.5　本例简要说明输出调节问题也可以转换为式 (10-73) 描述的形式。考虑

$$\begin{cases}\dot{x}_1=x_2+(\mathrm{e}^y-1)+u\\ \dot{x}_2=(\mathrm{e}^y-1)+2w_1+u\\ \dot{\boldsymbol{w}}=\boldsymbol{A}\boldsymbol{w}\\ y=x_1-w_1\end{cases} \tag{10-86}$$

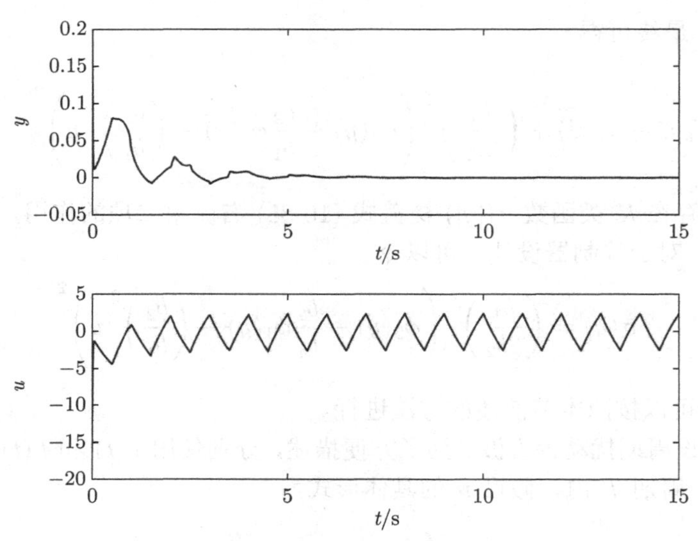

图 10-8　例 10.4 系统输入与输出

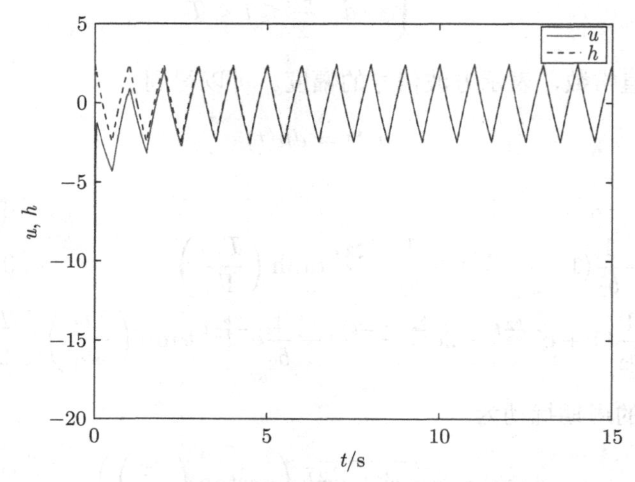

图 10-9　例 10.4 控制输入与等效扰动

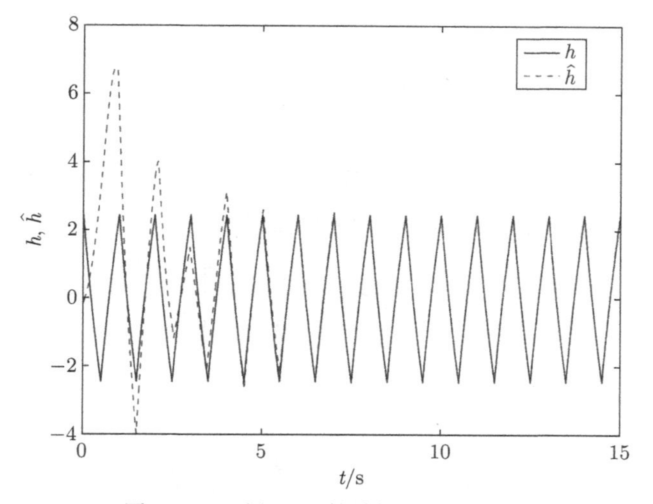

图 10-10　例 10.4 等效扰动及其估计

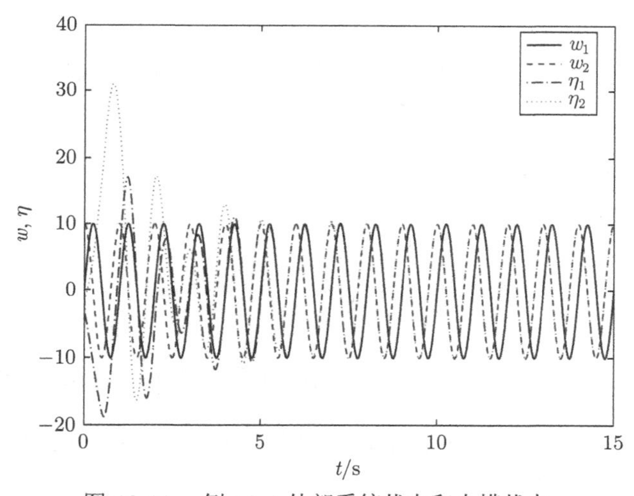

图 10-11　例 10.4 外部系统状态和内模状态

式中，$y \in \mathbb{R}$ 是测量输出；$w_1 = [1\ 0]\boldsymbol{w}$。本例输出信号中包含未知扰动，这与例 10.4不同。控制目标仍然是相同的，即设计输出反馈控制保证系统中所有信号稳定，且测量输出渐近收敛到原点。控制器设计中的关键步骤是证明系统式 (10-86) 能够转换成式 (10-73) 的形式。

令 $\boldsymbol{\pi}_z = \dfrac{1}{1+\omega^2}[1\ \ -\omega]\boldsymbol{w}$，则

$$\dot{\boldsymbol{\pi}}_z = -\boldsymbol{\pi}_z + [1\ 0]\boldsymbol{w}$$

令 $z = x_2 - \boldsymbol{\pi}_z - x_1$，则可以得到

$$\begin{aligned}\dot{y} =& z + y + \mathrm{e}^{w_1}(\mathrm{e}^{y} - 1) + (u - h(\boldsymbol{w}))\\ \dot{z} =& -z - y + 2w_1\end{aligned}$$

式中：

$$h(\boldsymbol{w})=\frac{2+\omega^2}{1+\omega^2}[-1\ \omega]\boldsymbol{w}-(\mathrm{e}^{w_1}-1)$$

可以看出已经将系统转换为式 (10-73) 的形式，其中 $\psi(y,v)=\mathrm{e}^{w_1}(\mathrm{e}^y-1)$。

为了使得 $\boldsymbol{H}=[1\ 0]$，针对扰动模型引入状态变换

$$\boldsymbol{\zeta}=\frac{2+\omega^2}{1+\omega^2}\begin{bmatrix}-1 & \omega\\ -\omega & -1\end{bmatrix}\boldsymbol{w}$$

容易验证 $\dot{\boldsymbol{\zeta}}=\boldsymbol{A}\boldsymbol{\zeta}$。可以计算逆变换为

$$\boldsymbol{w}=\frac{1}{2+\omega^2}\begin{bmatrix}-1 & -\omega\\ \omega & -1\end{bmatrix}\boldsymbol{\zeta}$$

由 $\boldsymbol{\zeta}$ 表示扰动系统状态，则整个系统转换为

$$\begin{cases}\dot{y}=z+y+\mathrm{e}^{\frac{1}{2+\omega^2}[-1\ -\omega]\boldsymbol{\zeta}}(\mathrm{e}^y-1)+(u-h(\boldsymbol{\zeta}))\\ \dot{z}=-z-y+\dfrac{2}{2+\omega^2}[-1\ -\omega]\boldsymbol{\zeta}\\ \dot{\boldsymbol{\zeta}}=\boldsymbol{A}\boldsymbol{\zeta}\end{cases}\tag{10-87}$$

式中：

$$h(\boldsymbol{\zeta})=\zeta_1-\left(\mathrm{e}^{\frac{1}{2+\omega^2}[-1\ -\omega]\boldsymbol{\zeta}}-1\right)$$

注意到，$\dfrac{\mathrm{e}^y-1}{y}$ 为连续函数，可以取 $\bar{\psi}(y)=d_0y\left(\dfrac{\mathrm{e}^y-1}{y}\right)^2$，其中 d_0 是正实常数，取决于扰动频率和扰动幅度的上界。则前述的控制器设计方法可以用于式 (10-87)。图 10-12～ 图 10-15展示了本例的仿真结果。

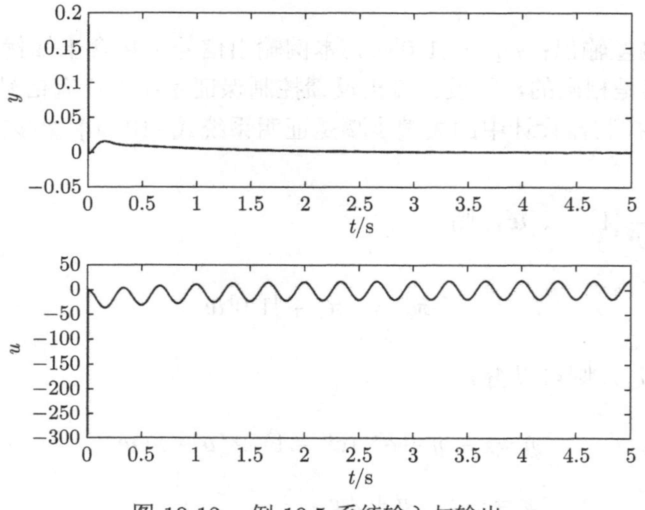

图 10-12　例 10.5 系统输入与输出

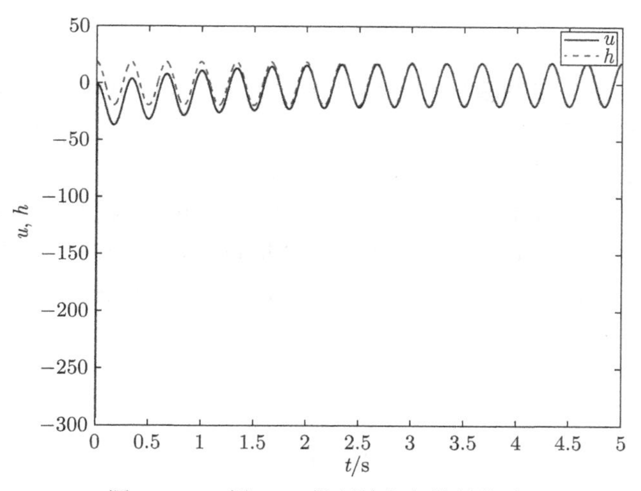

图 10-13 例 10.5 控制输入与等效扰动

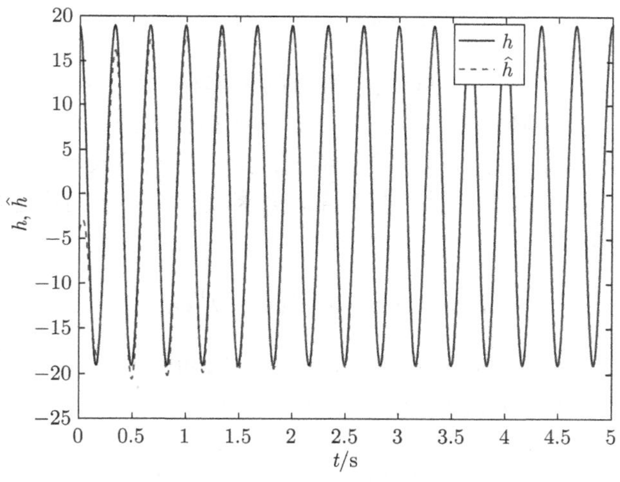

图 10-14 例 10.5 等效扰动及其估计

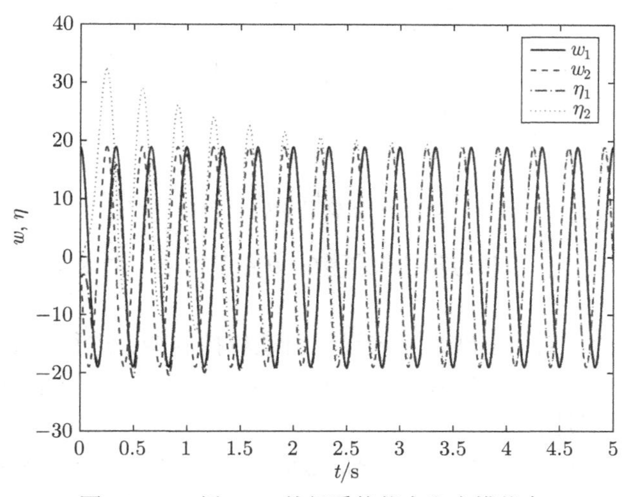

图 10-15 例 10.5 外部系统状态和内模状态

10.6 补充学习

正弦信号扰动抑制的早期结果可以参考文献 [39]。本章中基于状态反馈的扰动抑制主要引自文献 [40]。线性系统输出调节的内容可以参考文献 [41]。非线性系统输出调节的内容可以参考文献 [42,43]，更多关于输出调节的结果可以在文献 [21,44] 中找到。本章中关于输出反馈扰动抑制的内容主要引自文献 [36]。Nussbaum 增益可以参考文献 [45]，本章中的相关内容主要引自文献 [46]。本章中关于自适应输出调节的内容主要引自文献 [49]。具有非线性外部扰动的输出调节可以参考文献 [47,48]。广义周期扰动的输出调节可以参考文献 [50]。

习题

10-1 考虑一个单输入单输出的非线性系统：

$$\dot{\boldsymbol{x}} = \boldsymbol{A}\boldsymbol{x} + \boldsymbol{b}(u - \boldsymbol{\phi}^{\mathrm{T}}(y)\boldsymbol{\theta})$$

$$y = \boldsymbol{c}^{\mathrm{T}}\boldsymbol{x}$$

式中，$\boldsymbol{x} \in \mathbb{R}^n$；$\boldsymbol{A}$、$\boldsymbol{b}$、$\boldsymbol{c}$ 是已知的有适当维数的矩阵和向量；$\boldsymbol{\phi}: \mathbb{R} \to \mathbb{R}^m$；$\boldsymbol{\theta} \in \mathbb{R}^m$ 是一个未知的常数向量。传递函数 $\boldsymbol{c}^{\mathrm{T}}(s\boldsymbol{I} - \boldsymbol{A})^{-1}\boldsymbol{b}$ 是严格正实的，输出 y 是可直接测量的。

1）设计一个稳定的非线性自适应控制系统，给出控制输入和自适应律。

2）根据 1）设计的控制器，利用李雅普诺夫函数分析系统的稳定性。

10-2 考虑非线性系统：

$$\dot{\boldsymbol{x}} = \boldsymbol{f}(\boldsymbol{x}) + \boldsymbol{g}(\boldsymbol{x})(u - \boldsymbol{\theta}^{\mathrm{T}}\boldsymbol{\phi}(\boldsymbol{x}))$$

式中，$\boldsymbol{x} \in \mathbb{R}^n$ 是系统的状态变量；$\boldsymbol{f}(\boldsymbol{x})$ 和 $\boldsymbol{g}(\boldsymbol{x})$ 是已知向量场；$\boldsymbol{\theta}$ 是未知常数向量；$\boldsymbol{\phi}(\boldsymbol{x})$ 是已知向量函数。存在正定函数 $V(\boldsymbol{x})$ 满足如下条件:

$$a_1||\boldsymbol{x}||^2 \leqslant V(\boldsymbol{x}) \leqslant a_2||\boldsymbol{x}||^2$$

$$\frac{\partial V(\boldsymbol{x})}{\partial \boldsymbol{x}}\boldsymbol{f}(\boldsymbol{x}) \leqslant -a_3||\boldsymbol{x}||^2$$

式中，a_1、a_2、a_3 是正实常数。设计一个自适应控制器镇定该系统，给出控制律、自适应律的表达式，并用李雅普诺夫函数分析稳定性。

10-3 考虑一阶非线性系统：

$$\dot{y} = u + \boldsymbol{\phi}^{\mathrm{T}}(y)\boldsymbol{\theta} + d(t)$$

式中，$\boldsymbol{\phi}: \mathbb{R} \to \mathbb{R}^p$ 是一个光滑的非线性函数；$\boldsymbol{\theta} \in \mathbb{R}^p$ 是一个未知的常数向量；$d(t)$ 是有界干扰。

1）当 $d(t) = 0$ 时，对该非线性系统设计自适应控制器，进行稳定性分析。

2）对于 1）中的自适应控制器如何使用 σ 修正，对于 $p = 1$ 的情况证明自适应控制系统的所有状态变量都是有界的。

3）除了 σ 修正之外，请给出另一种自适应控制器的鲁棒修正方法，并且简要说明使用该修正方法的必要条件。

第 11 章　非线性控制应用案例

本章将深入探讨两个典型的非线性控制系统应用案例，分别是齿轮传动伺服系统和模型无人直升机控制系统。这两个案例涉及了不同领域的应用，包括机械工程和航空航天工程，展示了非线性控制在不同领域的广泛应用。本章将介绍这两个系统的基本原理、控制策略和设计方法，并通过实际案例和仿真结果来验证其有效性和实用性。这些案例将帮助读者深入理解非线性控制系统的实际应用。

11.1　齿轮传动伺服系统

11.1.1　软化度概念

目前含有间隙的齿轮传动伺服 (Gear Transmission Servo，GTS) 系统的控制方法基本上可以归结为两类：逆模型补偿和多模型切换。间隙非线性具有不可微分“硬”特性。现有的处理“硬”特性的方法称为“强控制”，它迫使受控系统快速通过间隙，但无法消除间隙结束后的碰撞问题，进而导致控制效果不理想。在这里基于可微分死区模型提出一个新的概念——“软化度”，并探讨如何实现受控系统平滑通过间隙并消除间隙结束后的碰撞问题，即如何软化间隙非线性的“硬”特性。

伺服系统的动态方程可以写作：

$$\begin{cases} J_m \dfrac{\mathrm{d}^2\theta_m}{\mathrm{d}t^2} + c_m \dfrac{\mathrm{d}\theta_m}{\mathrm{d}t} = u - \mathrm{Dead}[\theta] \\ J_l \dfrac{\mathrm{d}^2\theta_l}{\mathrm{d}t^2} + c_l \dfrac{\mathrm{d}\theta_l}{\mathrm{d}t} = N_0 \mathrm{Dead}[\theta] \end{cases} \tag{11-1}$$

$$\mathrm{Dead}[\theta] = \begin{cases} k(\theta - \alpha) & \text{当 } \theta \geqslant \alpha \\ 0 & \text{当 } |\theta| < \alpha \\ k(\theta + \alpha) & \text{当 } \theta \leqslant -\alpha \end{cases} \tag{11-2}$$

式中，J_m、θ_m 和 c_m 分别是驱动端的转动惯量、位置和粘性摩擦系数；J_l、θ_l 和 c_l 分别是负载端的转动惯量、位置和粘性摩擦系数；N_0 是减速比；u 是转矩输入；$\theta = \theta_m - N_0\theta_l$ 是相对位移；$\mathrm{Dead}[\theta]$ 是传动转矩；k 和 α 分别是刚度系数和齿轮间距。

注 11.1　死区模型式 (11-2) 很好地描述了受控系统驱动部分和被驱动部分之间的传动转矩，它因与物理系统高度一致而被广泛使用。此外，该死区描述也是控制理论研究中典型且重要的不可微非线性因素。在实际的工程实践中，传动齿轮的参数（即 k 和 α）可以从产品说明书中获得。

为了克服传统死区模型的不可微分特性，现建立一种新的可微分死区模型为

$$T_s[\theta] = k\theta + \frac{k}{2r}\ln\left(\frac{\cosh(r(\theta - \alpha))}{\cosh(r(\theta + \alpha))}\right) \tag{11-3}$$

式中，α 和 k 与式 (11-2) 中的定义相同；$r>0$ 是一个可调参数；θ 是输入。该模型可用于逼近 $\mathrm{Dead}[\theta]$。

定理 11.1　考虑死区模型式 (11-2) 和可微死区模型式 (11-3)，对于任意给定的死区参数 α 和 k，如果 r 充分大，死区误差 $\eta(\theta)=\mathrm{Dead}[\theta]-T_s[\theta]$ 可任意小，即 $\lim\limits_{r\to+\infty}|\eta(\theta)|=0$。

证明：根据式 (11-2) 和式 (11-3)，可得近似误差 $\eta(\theta)$ 为

$$\begin{aligned}\eta(\theta)&=\mathrm{Dead}[\theta]-T_s[\theta]\\&=\begin{cases}-k\alpha-\dfrac{k\epsilon(\theta)}{2r} & \text{当 } \theta\geqslant\alpha\\[2ex] -k\theta-\dfrac{k\epsilon(\theta)}{2r} & \text{当 } |\theta|<\alpha\\[2ex] k\alpha-\dfrac{k\epsilon(\theta)}{2r} & \text{当 } \theta\leqslant-\alpha\end{cases}\end{aligned}\tag{11-4}$$

式中，$\epsilon(\theta)=\ln(\cosh(r(\theta-\alpha))/\cosh(r(\theta+\alpha)))$。因 $\mathrm{d}\epsilon/\mathrm{d}\theta=2r(\mathrm{e}^{-4r\alpha}-1)/(\mathrm{e}^{2r(\theta-\alpha)}+\mathrm{e}^{-2r(\theta+\alpha)}+2)<0$，由式 (11-4) 可知

$$\begin{cases}-k\alpha-\dfrac{k}{2r}\ln\left(\dfrac{2}{\mathrm{e}^{2r\alpha}+\mathrm{e}^{-2r\alpha}}\right)\leqslant\eta(\theta)<0 & \text{当 } \theta\geqslant\alpha\\[2ex] -k\alpha-\dfrac{k}{2r}\ln\left(\dfrac{2}{\mathrm{e}^{2r\alpha}+\mathrm{e}^{-2r\alpha}}\right)<\eta(\theta)<k\alpha+\dfrac{k}{2r}\ln\left(\dfrac{2}{\mathrm{e}^{2r\alpha}+\mathrm{e}^{-2r\alpha}}\right) & \text{当 } |\theta|<\alpha\\[2ex] 0<\eta(\theta)\leqslant k\alpha+\dfrac{k}{2r}\ln\left(\dfrac{2}{\mathrm{e}^{2r\alpha}+\mathrm{e}^{-2r\alpha}}\right) & \text{当 } \theta\leqslant-\alpha\end{cases}$$

这意味着

$$-k\alpha-\frac{k}{2r}\ln\left(\frac{2}{\mathrm{e}^{2r\alpha}+\mathrm{e}^{-2r\alpha}}\right)\leqslant\eta(\theta)\leqslant k\alpha+\frac{k}{2r}\ln\left(\frac{2}{\mathrm{e}^{2r\alpha}+\mathrm{e}^{-2r\alpha}}\right)$$

即

$$-\frac{k\ln2}{2r}<\eta(\theta)<\frac{k\ln2}{2r}\tag{11-5}$$

故有 $\lim\limits_{r\to+\infty}|\eta(\theta)|=0$，证毕。

注 11.2　定理 11.1说明通过可微分死区模型式 (11-3)，可以将间隙非线性的“硬”特性以任意精度软化。因此，式 (11-4) 中的 r、$\eta(\theta)$ 分别称为控制系统式 (11-1) 的“软化度”和软化误差。软化度 r 越大，软化误差 $\eta(\theta)$ 越小。

在接下来几个小节中，将会讨论如何通过选取合适的“软化度”来实现理想的输出跟踪精度，即所谓的**静态软化过程**。

11.1.2　具有对称死区非线性系统的控制

定义 $\boldsymbol{x}=[x_1,x_2,x_3,x_4]^{\mathrm{T}}=[\theta_l,\omega_l,\theta_m,\omega_m]^{\mathrm{T}}$，其中 ω_l 和 ω_m 分别指负载端和驱动端的速度。由式 (11-1)～ 式 (11-4) 可得 GTS 系统的状态空间描述：

$$
\begin{cases}
\dot{\boldsymbol{x}} = \begin{bmatrix} \dot{x}_1 \\ \dot{x}_2 \\ \dot{x}_3 \\ \dot{x}_4 \end{bmatrix} = \begin{bmatrix} x_2 \\ \dfrac{N_0(T_s(x_\theta,\alpha,k)+\eta(x_\theta))}{J_l} - \dfrac{c_l}{J_l}x_2 \\ x_4 \\ \dfrac{u}{J_m} - \dfrac{T_s(x_\theta,\alpha,k)+\eta(x_\theta)}{J_m} - \dfrac{c_m}{J_m}x_4 \end{bmatrix} = \begin{bmatrix} x_2 \\ \dfrac{N_0k}{J_l}x_3 - \phi_1(\boldsymbol{x}) + \dfrac{N_0\eta(x_\theta)}{J_l} \\ x_4 \\ \dfrac{u}{J_m} - \phi_2(\boldsymbol{x}) - \dfrac{\eta(x_\theta)}{J_m} \end{bmatrix} \\
y = \begin{bmatrix} 1 & 0 & 0 & 0 \end{bmatrix} \boldsymbol{x} = x_1
\end{cases}
\tag{11-6}
$$

式中，$\phi_1(\boldsymbol{x}) = (N_0^2k/J_l)x_1 + (c_l/J_l)x_2 - (N_0k/2J_lr)\varepsilon(x_\theta)$， $\phi_2(\boldsymbol{x}) = [kx_\theta + c_mx_4 + k\varepsilon(x_\theta)/2r]/J_m$， $x_\theta = x_3 - N_0x_1, \varepsilon(x_\theta) = \epsilon(\theta)$。

为了保证受控系统式 (11-6) 以期望精度跟踪参考输出 $y_r(t)$，本节考虑设计一个反步控制器并选择适当的 r，其中 $y_r : [0,\infty) \to \mathbb{R}$ 是充分光滑的参考输出轨迹，至少具有四阶导数。接下来详细介绍一种基于可微分死区模型的反步控制算法，以实现 θ_l 对给定参考输出 $y_r(t)$ 的跟踪。

在反步设计中选择常数 r，设计步骤如下：

步骤 1 定义输出跟踪误差为

$$
e_1 = y_r - x_1 \tag{11-7}
$$

选择李雅普诺夫函数 $V_1 = (1/2)e_1^2$，虚拟控制 x_2，镇定函数设计为 $\alpha_1 = c_1e_1 + \dot{y}_r$，其中 $c_1 > 0$ 是常数。定义跟踪误差 $e_2 = \alpha_1 - x_2$，由式 (11-6) 可得 V_1 对时间的导数为

$$
\dot{V}_1 = -c_1e_1^2 + e_1(\alpha_1 - x_2) = -c_1e_1^2 + e_1e_2 \tag{11-8}
$$

步骤 2 为了得到虚拟控制 x_3，应先计算 e_2 对时间的导数。由式 (11-6) 可得

$$
\dot{e}_2 = \dot{\alpha}_1 - \dot{x}_2 = c_1(\dot{y}_r - x_2) + \ddot{y}_r - \frac{N_0k}{J_l}x_3 + \phi_1(\boldsymbol{x}) - \frac{N_0\eta(x_\theta)}{J_l} \tag{11-9}
$$

选择李雅普诺夫函数 $V_2 = V_1 + (1/2)e_2^2$，虚拟控制 $(N_0k/J_l)x_3$，镇定函数设计为 $\alpha_2 = e_1 + c_2e_2 + c_1(\dot{y}_r - x_2) + \ddot{y}_r + \phi_1(\boldsymbol{x})$，其中 $c_2 > 0$ 是常数。定义跟踪误差 $e_3 = \alpha_2 - (N_0k/J_l)x_3$，由式 (11-8) 和式 (11-9) 可得

$$
\begin{aligned}
\dot{V}_2 &= \dot{V}_1 + e_2\dot{e}_2 = -\sum_{i=1}^{2} c_ie_i^2 + e_2\left(\alpha_2 - \frac{N_0k}{J_l}x_3 - \frac{N_0\eta(x_\theta)}{J_l}\right) \\
&= -\sum_{i=1}^{2} c_ie_i^2 + e_2\left(e_3 - \frac{N_0\eta(x_\theta)}{J_l}\right)
\end{aligned}
\tag{11-10}
$$

步骤 3 为了得到虚拟控制 x_4，应先计算 $\phi_1(\boldsymbol{x})$ 的时间微分。定义 $\lambda(x_\theta) = \tanh(r(x_\theta - \alpha)) - \tanh(r(x_\theta + \alpha))$，根据 $\varepsilon(x_\theta)$ 和 $\phi_1(\boldsymbol{x})$ 的定义，可得

$$
\begin{aligned}
\dot{\phi}_1(\boldsymbol{x}) &= \frac{N_0^2k}{J_l}\dot{x}_1 - \frac{N_0k}{2J_lr}\dot{\varepsilon}(x_\theta) + \frac{c_l}{J_l}\dot{x}_2 \\
&= \frac{N_0^2k}{J_l}x_2 - \frac{N_0k(x_4 - N_0x_2)}{2J_l}\lambda(x_\theta) + \frac{c_l}{J_l}\left(\frac{N_0k}{J_l}x_3 - \phi_1(\boldsymbol{x}) + \frac{N_0\eta(x_\theta)}{J_l}\right)
\end{aligned}
\tag{11-11}
$$

由式 (11-6) 可得 e_3 对时间的导数为

$$\begin{aligned}\dot{e}_3 =&\dot{\alpha}_2-\frac{N_0k}{J_l}\dot{x}_3\\ =&(1+c_1c_2)(\dot{y}_r-x_2)+(c_1+c_2)\ddot{y}_r+y_r^{(3)}-\frac{N_0k(x_4-N_0x_2)}{2J_l}\times\\ &(2+\lambda(x_\theta))+\left(\frac{c_l}{J_l}-c_1-c_2\right)\left(\frac{N_0k}{J_l}x_3-\phi_1(\boldsymbol{x})+\frac{N_0\eta(x_\theta)}{J_l}\right)\end{aligned}\tag{11-12}$$

选择李雅普诺夫函数 $V_3=V_2+(1/2)e_3^2$，虚拟控制 $[N_0k(2+\lambda(x_\theta))/(2J_l)]x_4$(容易证明 $2+\lambda(x_\theta)>0$)，设计镇定函数为 $\alpha_3=e_2+c_3e_3+(1+c_1c_2)\dot{y}_r+(c_1+c_2)\ddot{y}_r+y_r^{(3)}+(c_l/J_l-c_1-c_2)(N_0kx_3/J_l-\phi_1(\boldsymbol{x}))+[N_0^2k(2+\lambda(x_\theta))/(2J_l)-c_1c_2-1]x_2$，其中 $c_3>0$ 是常数。定义跟踪误差 $e_4=\alpha_3-[N_0k(2+\lambda(x_\theta))/(2J_l)]x_4$，由式 (11-10) 和式 (11-12) 可得

$$\begin{aligned}\dot{V}_3=&\dot{V}_2+e_3\dot{e}_3\\ =&-\sum_{i=1}^{3}c_ie_i^2+e_3e_4+\frac{N_0\eta(x_\theta)}{J_l}\left[\left(\frac{c_l}{J_l}-c_1-c_2\right)e_3-e_2\right]\end{aligned}\tag{11-13}$$

步骤 4 为了得到受控系统式 (11-6) 的输入 u,需要计算 $\dot{e}_4$。定义 $\tau(x_\theta)=1/(\mathrm{e}^{r(x_\theta-\alpha)}+\mathrm{e}^{-r(x_\theta-\alpha)})^2-1/(\mathrm{e}^{r(x_\theta+\alpha)}+\mathrm{e}^{-r(x_\theta+\alpha)})^2$,进而可得 $\dot{\lambda}(x_\theta)=4r(x_4-N_0x_2)\tau(x_\theta)$。根据式 (11-6) 和式 (11-11), 可以得到

$$\begin{aligned}\dot{e}_4=&\dot{\alpha}_3-\frac{N_0k(2+\lambda(x_\theta))}{2J_l}\dot{x}_4-\frac{N_0kx_4}{2J_l}\dot{\lambda}(x_\theta)\\ =&b_1(\dot{y}_r-x_2)+b_2\ddot{y}_r+b_3y_r^{(3)}+y_r^{(4)}-\frac{2rN_0k(x_4-N_0x_2)^2}{J_l}\tau(x_\theta)-\\ &\frac{b_5N_0k(x_4-N_0x_2)}{2J_l}(2+\lambda(x_\theta))+\frac{N_0k\phi_2(\boldsymbol{x})}{2J_l}(2+\lambda(x_\theta))+\\ &\left[b_4+\frac{N_0^2k}{2J_l}(2+\lambda(x_\theta))\right]\left(\frac{N_0kx_3}{J_l}-\phi_1(\boldsymbol{x})\right)-\frac{N_0k(2+\lambda(x_\theta))}{2J_lJ_m}u+\\ &\frac{N_0\eta(x_\theta)}{J_l}\left[b_4+\left(\frac{N_0^2k}{2J_l}+\frac{k}{2J_m}\right)(2+\lambda(x_\theta))\right]\end{aligned}\tag{11-14}$$

式中，$b_1=c_1+c_3+c_1c_2c_3$，$b_2=2+c_1c_2+c_1c_3+c_2c_3$，$b_3=c_1+c_2+c_3$，$b_4=(c_l/J_l-c_1-c_2)(c_3-c_l/J_l)-c_1c_2-2$，$b_5=c_1+c_2+c_3-c_l/J_l$。选择李雅普诺夫函数 $V_4=V_3+(1/2)e_4^2$，将受控系统式 (11-6) 的输入 u 设计为

$$\begin{aligned}u=&\frac{2J_lJ_m}{N_0k(2+\lambda(x_\theta))}\Bigg\{e_3+c_4e_4+b_1(\dot{y}_r-x_2)+b_2\ddot{y}_r+b_3y_r^{(3)}+\\ &y_r^{(4)}-\frac{2rN_0k(x_4-N_0x_2)^2}{J_l}\tau(x_\theta)+\left[b_4+\frac{N_0^2k}{2J_l}(2+\lambda(x_\theta))\right]\times\\ &\left(\frac{N_0kx_3}{J_l}-\phi_1(\boldsymbol{x})\right)-\frac{b_5N_0k(x_4-N_0x_2)}{2J_l}(2+\lambda(x_\theta))+\end{aligned}\tag{11-15}$$

$$\left.\frac{N_0 k\phi_2(\boldsymbol{x})}{2J_l}(2+\lambda(x_\theta))\right\}$$

式中，$c_4>0$。由式 (11-13)～ 式 (11-15) 可得

$$\begin{aligned}\dot{V}_4 =&\dot{V}_3+e_4\dot{e}_4\\ =&-\sum_{i=1}^{4}c_ie_i^2+\frac{N_0\eta(x_\theta)}{J_l}\left\{\left(\frac{c_l}{J_l}-c_1-c_2\right)e_3-e_2+\right.\\ &\left.\left[b_4+\left(\frac{N_0^2k}{2J_l}+\frac{k}{2J_m}\right)(2+\lambda(x_\theta))\right]e_4\right\}\end{aligned} \tag{11-16}$$

考虑到式 (11-5) 中软化误差 $\eta(x_\theta)$ 有界，式 (11-16) 可以写作

$$\begin{aligned}\dot{V}_4\leqslant&-\sum_{i=1}^{4}c_ie_i^2+\frac{N_0|\eta(x_\theta)|}{J_l}\left|\left(\frac{c_l}{J_l}-c_1-c_2\right)e_3-e_2+\right.\\ &\left.\left[b_4+\left(\frac{N_0^2k}{2J_l}+\frac{k}{2J_m}\right)(2+\lambda(x_\theta))\right]e_4\right|<\\ &-\sum_{i=1}^{4}c_ie_i^2+\frac{N_0^2k\ln 2}{2J_lr}\left[|e_2|+\left|\frac{c_l}{J_l}-c_1-c_2\right||e_3|+\left(|b_4|+\frac{N_0^2k}{J_l}+\frac{k}{J_m}\right)|e_4|\right]\end{aligned} \tag{11-17}$$

为了分析跟踪误差和“软化度”r 之间的关系，定义 $\xi_1(r)=N_0k\ln 2/(2J_lr)$，$\xi_2(c_1,c_2)=|c_l/J_l-c_1-c_2|$，$\xi_3(c_1,c_2,c_3)=|b_4|+N_0^2k/J_l+k/J_m$。然后式 (11-17) 可以简化为

$$\begin{aligned}\dot{V}_4\leqslant&-\sum_{i=1}^{4}c_ie_i^2+\xi_1(r)(|e_2|+\xi_2(c_1,c_2)|e_3|+\xi_3(c_1,c_2,c_3)|e_4|)\\ =&-c_1e_1^2-c_2\left(|e_2|-\frac{\xi_1(r)}{2c_2}\right)^2-c_3\left(|e_3|-\frac{\xi_1(r)\xi_2(c_1,c_2)}{2c_3}\right)^2-\\ &c_4\left(|e_4|-\frac{\xi_1(r)\xi_3(c_1,c_2,c_3)}{2c_4}\right)^2+\xi_1^2(r)\left(\frac{1}{4c_2}+\frac{\xi_2^2(c_1,c_2)}{4c_3}+\frac{\xi_3^2(c_1,c_2,c_3)}{4c_4}\right)\end{aligned} \tag{11-18}$$

定义新的误差状态 $\zeta_2=|e_2|-\xi_1(r)/(2c_2)$，$\zeta_3=|e_3|-\xi_1(r)\xi_2(c_1,c_2)/(2c_3)$，$\zeta_4=|e_4|-\xi_1(r)\xi_3(c_1,c_2,c_3)/(2c_4)$，并将误差状态定义为向量 $\boldsymbol{e}=[e_1\ \zeta_2\ \zeta_3\ \zeta_4]^{\mathrm{T}}$。选择 $c_1=\min(c_i)$，则有

$$\dot{V}_4\leqslant -c_1\|\boldsymbol{e}\|^2+\xi_1^2(r)\left(\frac{1}{4c_2}+\frac{\xi_2^2(c_1,c_2)}{4c_3}+\frac{\xi_3^2(c_1,c_2,c_3)}{4c_4}\right) \tag{11-19}$$

令 $\xi(c_1,c_2,c_3,c_4)=1/(4c_2)+\xi_2^2(c_1,c_2)/(4c_3)+\xi_3^2(c_1,c_2,c_3)/(4c_4)$。当 $\|\boldsymbol{e}\|\geqslant\xi_1(r)\sqrt{\xi(c_1,c_2,c_3,c_4)/c_1}$ 时，式 (11-19) 取负值，这意味着受控系统式 (11-6) 的误差最终进入且留在集合：

$$\varOmega=\{\boldsymbol{e}|\|\boldsymbol{e}\|<\sqrt{\xi(c_1,c_2,c_3,c_4)/c_1},\xi_1(r)=N_0k\ln 2/(2J_lr)\}$$

参数 $c_i > 0\ (i = 1,2,3,4)$ 固定情况下，通过选取充分大的 r 可使得误差 $\|\boldsymbol{e}\|$ 任意小。此外，因为所有 $\xi_j\ (j = 1,2,3)$ 是常数且 y_r 及其对时间的导数均有界，故所有的闭环状态都是有界的。

至此可将上述分析过程总结为以下定理。

定理 11.2　考虑受控系统式 (11-1)，对于任意给定的充分光滑参考轨迹 y_r，控制律式 (11-15) 可以保证所有闭环信号都是有界的，并且当式 (11-3) 中"软化度"$r > 0$ 充分大时，可使得输出跟踪误差 $|y_r - x_1|$ 任意小。

考虑 GTS 系统模型式 (11-1)，其结构参数见表 11-1。控制器参数为 $c_1 = 1$，$c_2 = 1$，$c_3 = 5$，$c_4 = 10$；软化度为 $r_1 = 10$，$r_2 = 30$，$r_3 = 50$；初始状态设置为 $x_1 = 2\text{rad}$，$x_2 = 0.5\text{rad/s}$，$x_3 = 10\text{rad}$，$x_4 = 1\text{rad/s}$；比例微分（PD）控制器参数分别为 $K_\text{p} = 0.5$，$K_\text{d} = 0.05$；参考输出为 $y_r = 1\text{rad}$。

表 11-1　对称死区 GTS 系统参数

符号	值	符号	值
J_l	$0.5\text{kg}\cdot\text{m}^2$	c_l	0.12Nm/rad
J_m	$0.01\text{kg}\cdot\text{m}^2$	c_m	0.1Nm/rad
α	0.001rad	k	0.2Nm/rad
N_0	5		

仿真结果如图 11-1～ 图 11-5所示，其中实线、虚线、点线分别表示软化度为 r_1、r_2 和 r_3 时的闭环系统性能。图 11-1绘出了 PD 控制器作用下的闭环响应相平面图。图 11-2绘制了不同软化度情况下具有间隙补偿的反步控制器作用下的闭环相轨迹。由图 11-1和图 11-2可知，所提出的基于可微死区模型的反步控制器消除了闭环响应的极限环现象。图 11-3表明所设计的具有间隙补偿的反步控制器相较于 PD 控制器具有更高的跟踪精度和更好的动态性能。从图 11-4中可以看出通过选择更大的软化度可以使跟踪误差变得更小，而从图 11-5 中可以看出随着软化度增加，在过渡过程中控制转矩变得更大。

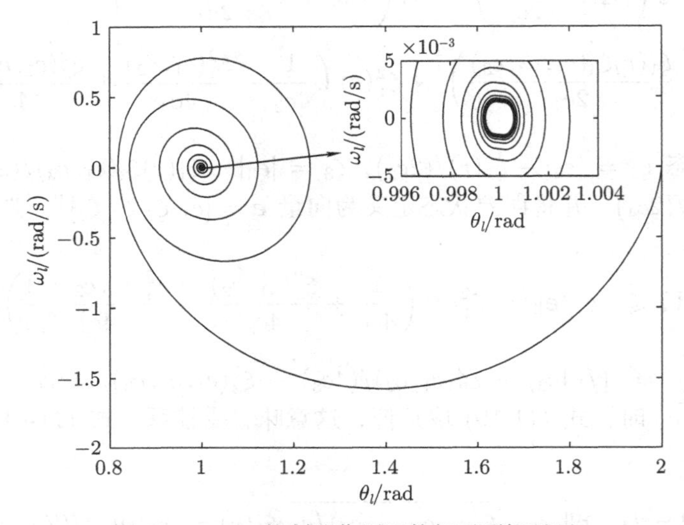

图 11-1　PD 控制器作用下的相平面极限环

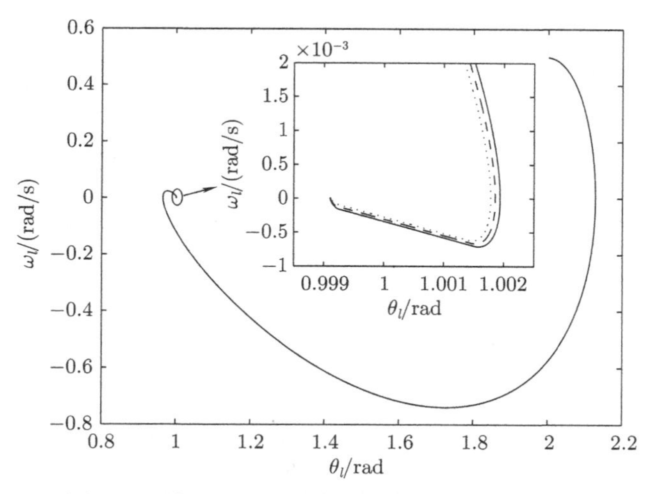

图 11-2　间隙补偿反步控制作用下的闭环相轨迹

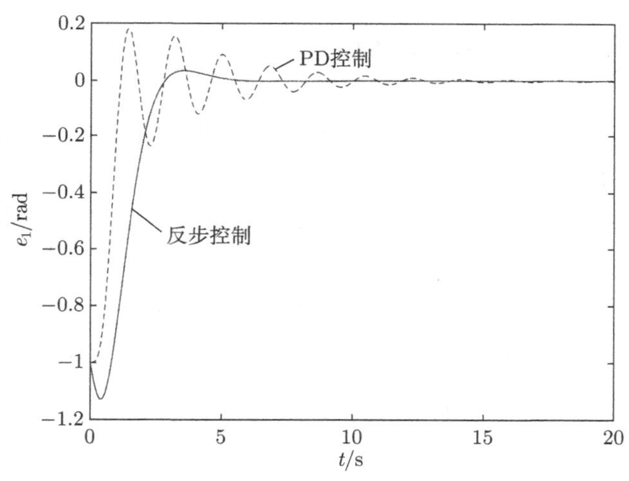

图 11-3　PD 控制与反步控制的跟踪误差对比

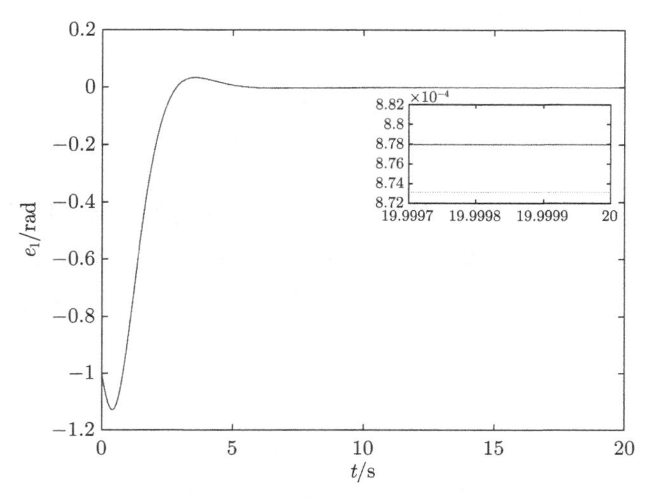

图 11-4　不同软化度情况下的位置跟踪误差

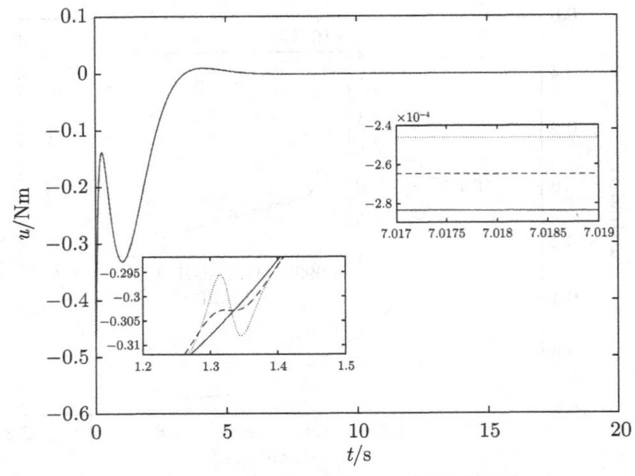

图 11-5 不同软化度情况下的控制输入

11.1.3 具有非对称死区非线性系统的控制

本节研究具有非对称死区非线性的 GTS 系统，并介绍一种全新的非对称可微分死区模型，可简化实践中控制器的设计。

GTS 系统的一般动态模型可由式 (11-1) 表示，本节考虑非对称死区情形，其定义为

$$\text{Dead}[\theta]=\begin{cases}k_r(\theta-\alpha_r) & \text{当 } \theta\geqslant\alpha_r\\ 0 & \text{当 } -\alpha_l<\theta<\alpha_r\\ k_l(\theta+\alpha_l) & \text{当 } \theta\leqslant-\alpha_l\end{cases}\tag{11-20}$$

式中，$k_l\in\mathbb{R}^+$、$k_r\in\mathbb{R}^+$ 是刚度系数；$\alpha_l\in\mathbb{R}^+$、$\alpha_r\in\mathbb{R}^+$ 是齿轮间隙。

在此提出一种新的光滑非对称死区模型：

$$T_s[\theta]=\frac{1}{\varrho}\ln\frac{1+\mathrm{e}^{\varrho k_r(\theta-\alpha_r)}}{1+\mathrm{e}^{-\varrho k_l(\theta+\alpha_l)}}\tag{11-21}$$

式中，α_l、α_r、k_l 和 k_r 如式 (11-20) 中定义；$\varrho>0$ 是可调参数，即软化度。

定理 11.3 考虑死区模型式 (11-20) 和可微死区模型式 (11-21)，对于任意给定的死区参数 α_l、α_r、k_l 和 k_r，如果 ϱ 充分大，则死区误差 $\eta(\theta)=\text{Dead}[\theta]-T_s[\theta]$ 可任意小，即 $\lim\limits_{\varrho\to+\infty}|\eta(\theta)|=0$。

证明：首先有

$$\frac{\mathrm{d}T_s}{\mathrm{d}\theta}=\frac{k_r\mathrm{e}^{\varrho k_r(\theta-\alpha_r)}}{1+\mathrm{e}^{\varrho k_r(\theta-\alpha_r)}}+\frac{k_l\mathrm{e}^{-\varrho k_l(\theta+\alpha_l)}}{1+\mathrm{e}^{-\varrho k_l(\theta+\alpha_l)}}\geqslant 0$$

当且仅当 $k_l=k_r=0$ 时等号成立。故 $T_s[\theta]$ 是关于 θ 单调递增的，进而有

$$
\begin{cases}
\dfrac{1}{\varrho}\ln\dfrac{2}{1+\mathrm{e}^{-\varrho k_l(\alpha_l+\alpha_r)}}=T_s[\alpha_r]\leqslant T_s[\theta]<T_s[+\infty]=k_r(\theta-\alpha_r) & \text{当 } \theta\geqslant\alpha_r \\
-\dfrac{1}{\varrho}\ln\dfrac{2}{1+\mathrm{e}^{-\varrho k_l(\alpha_l+\alpha_r)}}=T_s[-\alpha_l]\leqslant T_s[\theta]\leqslant T_s[\alpha_r] & \\
=\dfrac{1}{\varrho}\ln\dfrac{2}{1+\mathrm{e}^{-\varrho k_r(\alpha_l+\alpha_r)}} & \text{当 } -\alpha_l<\theta<\alpha_r \\
k_l(\theta+\alpha_l)=T_s[-\infty]<T_s[\theta]\leqslant T_s[-\alpha_l]=-\dfrac{1}{\varrho}\ln\dfrac{2}{1+\mathrm{e}^{-\varrho k_r(\alpha_l+\alpha_r)}} & \text{当 } \theta\leqslant-\alpha_l
\end{cases}
\tag{11-22}
$$

接下来对于式 (11-20) 中的传统死区模型 $\mathrm{Dead}[\theta]$，可以证明

$$
\frac{\mathrm{dDead}[\theta]}{\mathrm{d}\theta}=\begin{cases} k_r & \text{当 } \theta\geqslant\alpha_r \\ 0 & \text{当 } -\alpha_l<\theta<\alpha_r \\ k_l & \text{当 } \theta\leqslant-\alpha_l \end{cases}
\tag{11-23}
$$

这意味着 $\mathrm{Dead}[\theta]$ 在区间 $(-\infty,-\alpha_l]$ 和 $[\alpha_r,\infty)$ 上分别是非减和单调增的。根据式 (11-20) 和式 (11-21)，可得近似误差 $\eta(\theta)$ 为

$$
\begin{aligned}
\eta(\theta)&=\mathrm{Dead}[\theta]-T_s[\theta]\\
&=\begin{cases} k_r(\theta-\alpha_r)-T_s[\theta] & \text{当}\theta\geqslant\alpha_r \\ -T_s[\theta] & \text{当}-\alpha_l<\theta<\alpha_r \\ k_l(\theta+\alpha_l)-T_s[\theta] & \text{当}\theta\leqslant-\alpha_l \end{cases}
\end{aligned}
\tag{11-24}
$$

由式 (11-22) 和式 (11-24) 可得

$$
\begin{cases}
0=\eta(+\infty)<\eta(\theta)\leqslant\eta(\alpha_r)=\dfrac{1}{\varrho}\ln\dfrac{1+\mathrm{e}^{-\varrho k_r(\alpha_l+\alpha_r)}}{2} & \text{当}\theta\geqslant\alpha_r \\
-\dfrac{1}{\varrho}\ln\dfrac{1+\mathrm{e}^{-\varrho k_l(\alpha_l+\alpha_r)}}{2}=\eta(-\alpha_l)<\eta(\theta)<\eta(\alpha_r) & \\
=\dfrac{1}{\varrho}\ln\dfrac{1+\mathrm{e}^{-\varrho k_r(\alpha_l+\alpha_r)}}{2} & \text{当}-\alpha_l<\theta<\alpha_r \\
-\dfrac{1}{\varrho}\ln\dfrac{1+\mathrm{e}^{-\varrho k_l(\alpha_l+\alpha_r)}}{2}=\eta(-\alpha_l)\leqslant\eta(\theta)<\eta(-\infty)=0 & \text{当}\theta\leqslant-\alpha_l
\end{cases}
\tag{11-25}
$$

即

$$
-\frac{1}{\varrho}\ln\frac{1+\mathrm{e}^{-\varrho k_l(\alpha_l+\alpha_r)}}{2}\leqslant\eta(\theta)\leqslant\frac{1}{\varrho}\ln\frac{1+\mathrm{e}^{-\varrho k_r(\alpha_l+\alpha_r)}}{2}
\tag{11-26}
$$

故有 $\lim\limits_{\varrho\to+\infty}|\eta(\theta)|=0$，证毕。

注 11.3 定理 11.3说明凭借新的可微非对称死区模型式 (11-21)，可以将死区非线性的硬特性以任意精度软化，如图 11-6所示，其中参数 $k_l=1$，$k_r=2$，$\alpha_l=0.5$，$\alpha_r=1.5$。因此，式 (11-21) 中的 ϱ 称为受控系统式 (11-1) 的软化度，$\eta(\theta)$ 称为软化误差。

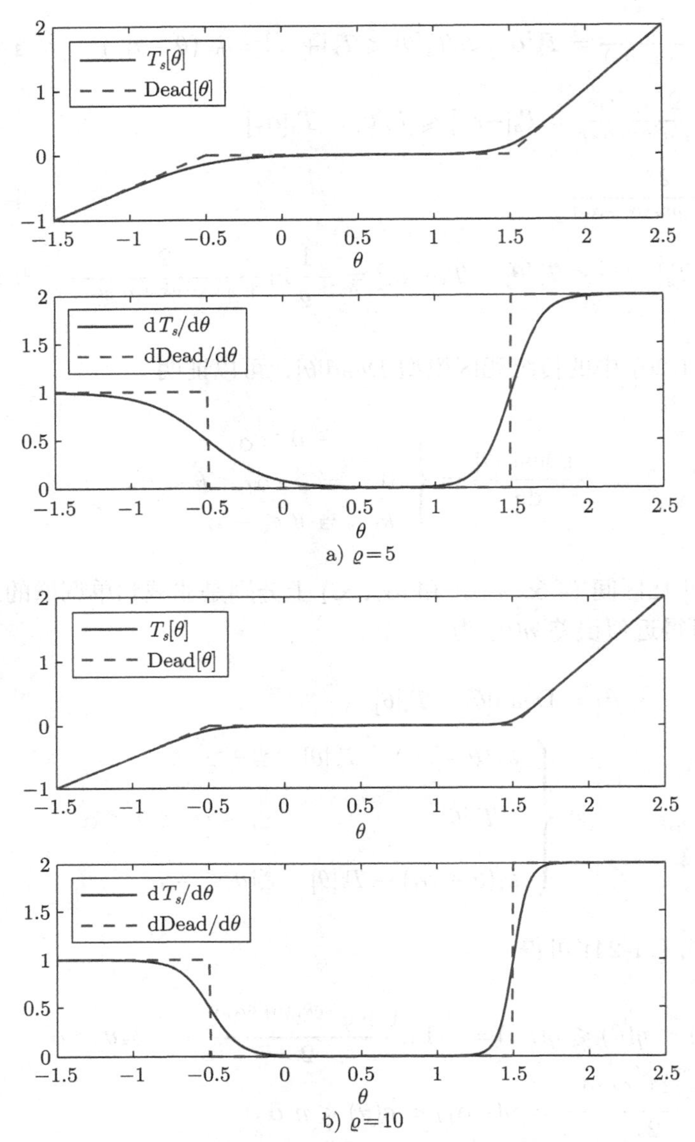

a) $\varrho=5$

b) $\varrho=10$

图 11-6　软化度为 $\varrho=5$ 或 $\varrho=10$ 时的死区近似

值得注意的是，当 $k_l=k_r=k$ 时，可微死区模型变为

$$T_s'[\theta]=k\left(\theta+\frac{\alpha_l-\alpha_r}{2}\right)+\frac{k}{2\varrho}\ln\frac{\cosh(\varrho(\theta-\alpha_r))}{\cosh(\varrho(\theta+\alpha_l))} \tag{11-27}$$

此外，如果 $\alpha_l=\alpha_r=\alpha$，那么式 (11-27) 退化为 11.1.1 小节中的可微分对称死区模型：

$$T_s'[\theta]=k\theta+\frac{k}{2\varrho}\ln\frac{\cosh(\varrho(\theta-\alpha))}{\cosh(\varrho(\theta+\alpha))} \tag{11-28}$$

因此有从下定理

定理 11.4　考虑死区模型式 (11-20) 和可微死区模型式 (11-27) 或式 (11-28)，近似误差 $\eta(\theta)=\mathrm{Dead}[\theta]-T_s'[\theta]$ 满足 $|\eta(\theta)|<k\ln 2/\varrho$ 且 $\lim\limits_{\varrho\to+\infty}|\eta(\theta)|=0$。

一个问题随之而来：所推出的模型式 (11-27) 或式 (11-28) 是否是模型式 (11-21) 的特例。答案是否定的，这将在接下来的定理中阐述。

定理 11.5　对于 $k_l = k_r = k$，当且仅当 $k = 2$ 时式 (11-21) 和式 (11-27) 是等价的。

证明：令 $\varphi_1 = \theta - \alpha_r$，$\varphi_2 = -(\theta + \alpha_l)$，式 (11-21) 和式 (11-27) 的差可以写作

$$\begin{aligned}T_s - T_s' =& \frac{1}{\varrho}\ln\frac{1+\mathrm{e}^{\varrho k(\theta-\alpha_r)}}{1+\mathrm{e}^{-\varrho k(\theta+\alpha_l)}} - k\left(\theta + \frac{\alpha_l - \alpha_r}{2}\right) - \frac{k}{2\varrho}\ln\frac{\cosh(\varrho(\theta-\alpha_r))}{\cosh(\varrho(\theta+\alpha_l))}\\ =& \frac{1}{\varrho}\ln\frac{1+\mathrm{e}^{\varrho k(\theta-\alpha_r)}}{1+\mathrm{e}^{-\varrho k(\theta+\alpha_l)}} - \frac{1}{\varrho}\ln\left[\frac{1+\mathrm{e}^{2\varrho(\theta-\alpha_r)}}{1+\mathrm{e}^{-2\varrho(\theta+\alpha_l)}}\right]^{\frac{k}{2}}\\ =& \frac{1}{\varrho}\ln\frac{1+\mathrm{e}^{\varrho k\varphi_1}}{(1+\mathrm{e}^{2\varrho\varphi_1})^{\frac{k}{2}}} - \frac{1}{\varrho}\ln\frac{1+\mathrm{e}^{\varrho k\varphi_2}}{(1+\mathrm{e}^{2\varrho\varphi_2})^{\frac{k}{2}}}\end{aligned} \tag{11-29}$$

由此可知当且仅当 $k = 2$ 时 $T_s - T_s' = 0$，证毕。

对于 $k \neq 2$ 的情况，可以对式 (11-21) 和式 (11-27) 做进一步的定量比较。因为式 (11-21) 和式 (11-27) 都是关于点 $C\left(\dfrac{\alpha_r - \alpha_l}{2}, 0\right)$ 奇对称的。不失一般性，仅关注区间 $(\alpha_r - \alpha_l)/2 \leqslant \theta \leqslant \alpha_r$ 上式 (11-21) 和式 (11-27) 的差。由式 (11-20)、式 (11-21)、式 (11-25) 和式 (11-27) 可得，当 $\theta > (\alpha_r - \alpha_l)/2$ 时 $T_s[\theta] > \mathrm{Dead}[\theta]$，以及 $T_s'[\theta] > \mathrm{Dead}[\theta]$，且当 $\theta = (\alpha_r - \alpha_l)/2$ 时 $T_s[\theta] = T_s'[\theta] = \mathrm{Dead}[\theta] = 0$。

为了简化分析，定义如下的辅助方程：

$$D(x) = \frac{1}{\varrho}\ln\frac{1+\mathrm{e}^{\varrho kx}}{(1+\mathrm{e}^{2\varrho x})^{\frac{k}{2}}} \tag{11-30}$$

在式 (11-30) 中对 $D(x)$ 关于 x 求导可得

$$\frac{\mathrm{d}D(x)}{\mathrm{d}x} = \frac{k(\mathrm{e}^{\varrho kx} - \mathrm{e}^{2\varrho x})}{(1+\mathrm{e}^{\varrho kx})(1+\mathrm{e}^{2\varrho x})}$$

则有

$$\frac{\mathrm{d}D(x)}{\mathrm{d}x}\begin{cases} > 0 & 当\ k > 2 \\ < 0 & 当\ 0 < k < 2 \end{cases} \tag{11-31}$$

考虑到 $\theta > (\alpha_r - \alpha_l)/2$，有 $\varphi_1 > -(\alpha_r - \alpha_l)/2$ 和 $\varphi_2 < -(\alpha_r - \alpha_l)/2$，进而 $\varphi_1 > \varphi_2$。由式 (11-31) 的分段单调性，以及式 (11-29) 可得

$$T_s - T_s' = D(\varphi_1) - D(\varphi_2)\begin{cases} > 0 & 当\ k > 2 \\ < 0 & 当\ 0 < k < 2 \end{cases}$$

因此，$k > 2$ 时在断点间模型式 (11-27) 对于式 (11-20) 具有更高的近似度，而当 $0 < k < 2$ 时在断点间模型式 (11-21) 对式 (11-20) 具有更高的近似度。

注 11.4　从式 (11-21) 中推得的可微死区模型式 (11-27) 可以以任意精度近似传统死区模型式 (11-20)。这一全新模型的关键特征更具一般性，因为它包含了完全对称的情况。此外，间隙参数可能会随着振动、损耗和工件的磨损而发生变化，从而破坏原始对称性。因此所提出的非对称模型更具有实际意义。

令 $\boldsymbol{x}=[x_1,x_2,x_3,x_4]^{\mathrm{T}}=[\theta_l,\omega_l,\theta_m,\omega_m]^{\mathrm{T}}\in\mathbb{R}^4$ 为 GTS 系统的状态向量，其中 ω_l 和 ω_m 分别指负载端和驱动端的速度。由式 (11-21) 和式 (11-24) 可得含非对称死区非线性 GTS 系统式 (11-1) 的状态空间方程为

$$\begin{cases}\begin{bmatrix}\dot{x}_1\\\dot{x}_2\\\dot{x}_3\\\dot{x}_4\end{bmatrix}=\begin{bmatrix}x_2\\\dfrac{N_0T_s[x_\theta]}{J_l}-\dfrac{c_l}{J_l}x_2+\dfrac{N_0\eta(x_\theta)}{J_l}\\x_4\\-\dfrac{T_s[x_\theta]}{J_m}-\dfrac{c_m}{J_m}x_4-\dfrac{\eta(x_\theta)}{J_m}\end{bmatrix}+\begin{bmatrix}0\\0\\0\\\dfrac{1}{J_m}\end{bmatrix}u\\ y=\begin{bmatrix}1&0&0&0\end{bmatrix}\boldsymbol{x}=x_1\end{cases}\tag{11-32}$$

式中，$x_\theta=x_3-N_0x_1$。

控制目标是设计全状态反馈控制器使得闭环系统对于任意给定的有界参考信号 $r(t)$ 是稳定的，且输出 $y(t)$ 能以期望精度跟踪阶跃信号 $r(t)$。

为了方便设计控制器，接下来先引入一个全局坐标变换：

$$\boldsymbol{z}=\begin{bmatrix}z_1\\z_2\\z_3\\z_4\end{bmatrix}=\begin{bmatrix}x_1\\x_2\\\dfrac{N_0T_s-c_lx_2}{J_l}\\\dfrac{N_0\iota(x_\theta)(x_4-N_0x_2)}{J_l}-\dfrac{c_l(N_0T_s-c_lx_2)}{J_l^2}\end{bmatrix}\tag{11-33}$$

式中：

$$\iota(x_\theta)=\frac{k_r\mathrm{e}^{\varrho k_r(x_\theta-\alpha_r)}}{1+\mathrm{e}^{\varrho k_r(x_\theta-\alpha_r)}}+\frac{k_l\mathrm{e}^{-\varrho k_l(x_\theta+\alpha_l)}}{1+\mathrm{e}^{-\varrho k_l(x_\theta+\alpha_l)}}\tag{11-34}$$

$\iota(x_\theta)$ 满足 $\min\{k_l,k_r\}=k_{\mathrm{m}}\leqslant\iota(x_\theta)\leqslant k_{\mathrm{M}}=\max\{k_l,k_r\}$，即 $\iota(x_\theta)>0$。可以直接证明 $|\partial\boldsymbol{z}/\partial\boldsymbol{x}|=(N_0\iota/J_l)^2>0$ 成立。因此，坐标变换式 (11-33) 是全局的。

令

$$\lambda(x_\theta)=\frac{\varrho k_r^2\mathrm{e}^{\varrho k_r(x_\theta-\alpha_r)}}{[1+\mathrm{e}^{\varrho k_r(x_\theta-\alpha_r)}]^2}-\frac{\varrho k_l^2\mathrm{e}^{-\varrho k_l(x_\theta+\alpha_l)}}{[1+\mathrm{e}^{-\varrho k_l(x_\theta+\alpha_l)}]^2}$$

设计控制转矩 u 为

$$\begin{aligned}u=&-\frac{J_lJ_m}{N_0\iota}\left[\frac{N_0\lambda}{J_l}(x_4-N_0x_2)^2-\frac{N_0\iota}{J_lJ_m}(T_s+c_mx_4)+\right.\\&\left.\left(\frac{c_l^2}{J_l^2}-\frac{N_0^2\iota}{J_l}\right)\frac{N_0T_s-c_lx_2}{J_l}-\frac{c_lN_0\iota}{J_l}(x_4-N_0x_2)-v\right]\end{aligned}\tag{11-35}$$

之后将会设计 v。由式 (11-33) 和式 (11-35)，系统式 (11-32) 可以改写成

$$\begin{cases}\dot{\boldsymbol{z}}=\boldsymbol{A}\boldsymbol{z}+\boldsymbol{b}v+\boldsymbol{\sigma}(t)\\y=\boldsymbol{c}^{\mathrm{T}}\boldsymbol{z}\end{cases}\tag{11-36}$$

式中：

$$\boldsymbol{A}=\begin{bmatrix}0&1&0&0\\0&0&1&0\\0&0&0&1\\0&0&0&0\end{bmatrix},\ \boldsymbol{b}=\begin{bmatrix}0\\0\\0\\1\end{bmatrix}$$

$$\boldsymbol{\sigma}(t)=\begin{bmatrix}0\\ \dfrac{N_0\eta}{J_l}\\ -c_l\dfrac{N_0\eta}{J_l^2}\\ -\dfrac{N_0\iota\eta}{J_lJ_m}+\left(\dfrac{c_l^2}{J_l^2}-\dfrac{N_0\iota}{J_l}\right)\dfrac{N_0\eta}{J_l}\end{bmatrix},\ \boldsymbol{c}=\begin{bmatrix}1\\0\\0\\0\end{bmatrix}$$

引入死区模型式 (11-21) 后，需要考虑建模误差 $\boldsymbol{\sigma}(t)$ 的影响。

引理 11.1 式 (11-36) 中建模误差 $\boldsymbol{\sigma}(t)$ 是一致有界的，且满足

$$\|\boldsymbol{\sigma}(t)\|\leqslant\frac{1}{\varrho}\sigma^* \tag{11-37}$$

式中：

$$\sigma^*=\frac{N_0}{J_l}\sqrt{1+\frac{c_l^2}{J_l^2}+\left(\frac{k_{\mathrm{M}}}{J_m}+\frac{N_0k_{\mathrm{M}}}{J_l}-\frac{c_l^2}{J_l}\right)^2}\ \ln\frac{1+\mathrm{e}^{-\varrho k_{\mathrm{m}}(\alpha_l+\alpha_r)}}{2}$$

式中，$k_{\mathrm{m}}=\min\{k_l,k_r\}$，$k_{\mathrm{M}}=\max\{k_l,k_r\}$。此外，有

$$\lim_{\varrho\to+\infty}\|\boldsymbol{\sigma}(t)\|=0 \tag{11-38}$$

证明：由 $k_{\mathrm{m}}\leqslant\iota(x_\theta)\leqslant k_{\mathrm{M}}$ 和 $\boldsymbol{\sigma}(t)$ 的定义可得

$$\|\boldsymbol{\sigma}(t)\|=\frac{N_0}{J_l}\sqrt{1+\frac{c_l^2}{J_l^2}+\left(\frac{k_{\mathrm{M}}}{J_m}+\frac{N_0k_{\mathrm{M}}}{J_l}-\frac{c_l^2}{J_l}\right)^2}|\eta(x_\theta)|\leqslant\frac{1}{\varrho}\sigma^*$$

式中，第二个不等式用到了定理 11.3。可进一步推得 $\lim\limits_{\varrho\to+\infty}\|\boldsymbol{\sigma}(t)\|=0$ 成立，证毕。

在进行控制器设计之前，还需要介绍两个定义和一个引理。

定义 11.1 对于信号 $\boldsymbol{\xi}\in L_\infty^n=\{\boldsymbol{\xi}(t)\in\mathbb{R}^n:\max_{1\leqslant i\leqslant n}(\sup_{t\geqslant0}|\xi_i(t)|)<\infty\}$，其 L_∞ 范数定义为 $\|\boldsymbol{\xi}\|_{L_\infty}=\max_{1\leqslant i\leqslant n}(\sup_{t\geqslant0}|\xi_i(t)|)$ 。

定义 11.2 对于一个渐近稳定的单输入单输出正则系统 $H(s)$，其 L_1 增益定义为 $\|H(s)\|_{L_1}=\displaystyle\int_0^\infty|h(t)|\mathrm{d}t$，其中 $h(t)$ 为 $H(s)$ 的脉冲响应。

引理 11.2 对于一个渐近稳定的单输入单输出正则系统 $H(s)$，如果输入 $r(t)\in\mathbb{R}$ 是有界的，那么输出 $x(t)\in\mathbb{R}$ 也是有界的且 $\|x(t)\|_{L_\infty}\leqslant\|H(s)\|_{L_1}\|r(t)\|_{L_\infty}$。

接下来的定理针对存在死区非线性的 GTS 系统提出了一个简单的控制器。

定理 11.6 考虑控制输入定义为式 (11-35) 的 GTS 系统式 (11-1) 和式 (11-20)，如果式 (11-35) 中 v 满足

$$v(t) = -\boldsymbol{k}^{\mathrm{T}}\boldsymbol{z}(t) + k_g r(t) \tag{11-39}$$

式中，$\boldsymbol{k} = [k_1, k_2, k_3, k_4]^{\mathrm{T}} \in \mathbb{R}^4$ 是控制增益向量，并满足 $\boldsymbol{A}_c = \boldsymbol{A} - \boldsymbol{b}\boldsymbol{k}^{\mathrm{T}}$ 为 Hurwitz 矩阵；$r(t)$ 是一致有界的参考输入；$k_g = -1/(\boldsymbol{c}^{\mathrm{T}}\boldsymbol{A}_c\boldsymbol{b})$ 是前馈增益。则闭环系统是稳定的，且输出的暂态响应满足

$$\|y(t)\|_{L_\infty} \leqslant \|\boldsymbol{c}^{\mathrm{T}}(s\boldsymbol{I} - \boldsymbol{A}_c)\boldsymbol{b}\|_{L_1}\|k_g r(t)\|_{L_\infty} + \frac{1}{\varrho}\|\boldsymbol{c}^{\mathrm{T}}(s\boldsymbol{I} - \boldsymbol{A}_c)\|_{L_1}\sigma^* + \boldsymbol{\rho}_{in} \tag{11-40}$$

式中，$\boldsymbol{\rho}_{in} = \|s\boldsymbol{c}^{\mathrm{T}}(s\boldsymbol{I} - \boldsymbol{A}_c)^{-1}\boldsymbol{b}\|_{L_1}\boldsymbol{z}_0$ 是单位矩阵，$\boldsymbol{z}_0$ 是系统式 (11-36) 的初值。此外，如果参考输入 $r(t) = r^*$ 是一个常数，那么稳态输出满足

$$\lim_{\varrho\to+\infty} y_{ss} = r^* \tag{11-41}$$

证明： 由全局坐标变化式 (11-33) 和控制转矩式 (11-35)，系统动态方程式 (11-1) 和式 (11-20)可改写成式 (11-36)。将式 (11-39) 代入式 (11-36) 可得

$$\begin{cases} \dot{\boldsymbol{z}}(t) = \boldsymbol{A}_c\boldsymbol{z}(t) + \boldsymbol{b}k_g r(t) + \boldsymbol{\sigma}(t) \\ y(t) = \boldsymbol{c}^{\mathrm{T}}\boldsymbol{z}(t) \end{cases} \quad \boldsymbol{z}(t_0) = \boldsymbol{z}_0 \tag{11-42}$$

对式 (11-42) 两边做拉普拉斯变换可得

$$\boldsymbol{z}(s) = (s\boldsymbol{I} - \boldsymbol{A}_c)^{-1}\boldsymbol{b}k_g r(s) + (s\boldsymbol{I} - \boldsymbol{A}_c)^{-1}\boldsymbol{\sigma}(s) + (s\boldsymbol{I} - \boldsymbol{A}_c)^{-1}\boldsymbol{z}_0$$

$$y(s) = y_r(s) + y_\sigma(s) + \boldsymbol{c}^{\mathrm{T}}(s\boldsymbol{I} - \boldsymbol{A}_c)^{-1}\boldsymbol{z}_0$$

式中，$y_r(s) = \boldsymbol{c}^{\mathrm{T}}(s\boldsymbol{I}-\boldsymbol{A}_c)^{-1}\boldsymbol{b}k_g r(s)$，$y_\sigma(s) = \boldsymbol{c}^{\mathrm{T}}(s\boldsymbol{I}-\boldsymbol{A}_c)^{-1}\boldsymbol{\sigma}(s)$。因为矩阵 $\boldsymbol{A}_c$ 是 Hurwitz 矩阵，由引理 11.2可得

$$\begin{aligned}\|\boldsymbol{z}(s)\|_{L_\infty} = {} & \|(s\boldsymbol{I} - \boldsymbol{A}_c)^{-1}\boldsymbol{b}\|_{L_1}\|k_g r(s)\|_{L_\infty} + \|(s\boldsymbol{I} - \boldsymbol{A}_c)^{-1}\|_{L_1}\|\boldsymbol{\sigma}(s)\|_{L_\infty} + \\ & \|s(s\boldsymbol{I} - \boldsymbol{A}_c)^{-1}\|_{L_1}\boldsymbol{z}_0\end{aligned}$$

由 $r(t)$ 和 $\boldsymbol{\sigma}(t)$ 的一致有界性知闭环系统是稳定的。类似地，闭环系统输出满足

$$\begin{aligned}\|y(s)\|_{L_\infty} \leqslant {} & \|y_r(s)\|_{L_\infty} + \|y_\sigma(s)\|_{L_\infty} + \boldsymbol{\rho}_{in} \\ = {} & \|\boldsymbol{c}^{\mathrm{T}}(s\boldsymbol{I} - \boldsymbol{A}_c)^{-1}\boldsymbol{b}\|_{L_1}\|k_g r(s)\|_{L_\infty} + \|\boldsymbol{c}^{\mathrm{T}}(s\boldsymbol{I} - \boldsymbol{A}_c)^{-1}\|_{L_1}\|\boldsymbol{\sigma}(s)\|_{L_\infty} + \boldsymbol{\rho}_{in}\end{aligned}$$

式中，由引理 11.2可得 $\boldsymbol{\rho}_{in} = \|s\boldsymbol{c}^{\mathrm{T}}(s\boldsymbol{I} - \boldsymbol{A}_c)^{-1}\boldsymbol{b}\|_{L_1}\boldsymbol{z}_0$。考虑到 $\|\cdot\|_\infty \leqslant \|\cdot\|$ 且式 (11-37) 中的界是一致的，故有

$$\|y(s)\|_{L_\infty} \leqslant \|\boldsymbol{c}^{\mathrm{T}}(s\boldsymbol{I} - \boldsymbol{A}_c)^{-1}\boldsymbol{b}\|_{L_1}\|k_g r(s)\|_{L_\infty} + \|\boldsymbol{c}^{\mathrm{T}}(s\boldsymbol{I} - \boldsymbol{A}_c)^{-1}\|_{L_1}\frac{\sigma^*}{\varrho} + \boldsymbol{\rho}_{in}$$

此外，若 $r(t) = r^* =$ 常数，那么可以进一步求得系统的稳态输出。根据终值定理 $y_{ss} = \lim\limits_{s\to 0} sy(s)$ 有

$$\begin{aligned} y_{ss} =& y_{ssr} + y_{ss\sigma} + y_{\rho in} \\ =& \lim_{s\to 0} s\boldsymbol{c}^{\mathrm{T}}(s\boldsymbol{I} - \boldsymbol{A}_c)^{-1}\boldsymbol{b}k_g\frac{r^*}{s} + \lim_{s\to 0} s\boldsymbol{c}^{\mathrm{T}}(s\boldsymbol{I} - \boldsymbol{A}_c)^{-1}\boldsymbol{\sigma}(s) + \lim_{s\to 0}[s\boldsymbol{c}^{\mathrm{T}}(s\boldsymbol{I} - \boldsymbol{A}_c)^{-1}\boldsymbol{z}_0] \\ =& r^* + \lim_{s\to 0} s\boldsymbol{c}^{\mathrm{T}}(s\boldsymbol{I} - \boldsymbol{A}_c)^{-1}\boldsymbol{\sigma}(s) \end{aligned}$$

由于 $\boldsymbol{\sigma}(s)$ 这一项的存在，上式依赖于 ϱ 的大小。考虑到 $y_\sigma(s)$ 的一致有界性和定理 11.3，稳态输出组成部分 $y_{ss\sigma}$ 也是有界的且 $\lim\limits_{\varrho\to+\infty} |y_{ss\sigma}| = 0$，即式 (11-41) 成立，证毕。

注 11.5　如果 $\boldsymbol{\sigma}(t) = 0$，那么选取式 (11-39) 中前馈增益 $k_g = -1/(\boldsymbol{c}\boldsymbol{A}_c^{-1}\boldsymbol{b})$ 可保证系统稳态误差为零。值得注意的是，$k_g(s)$ 是一个前馈滤波器，对于不同的参考信号可以采用标准线性系统理论对其进行重新设计。

注 11.6　由于引入新的近似死区模型而产生的建模误差是无法被消除的，这是因为它是不匹配的。然而，这一新的死区模型提供了一个额外的自由度 ϱ 来实现任意高的跟踪精度。另外，要强调新模型式 (11-21) 的可微性为全局坐标变换和控制器设计带来了方便。

注 11.7　值得强调的是在选择 ϱ 时，必须同时考虑稳态响应精度和暂态响应。过大的 ϱ 将会复现不可微分死区模型并导致非常剧烈的闭环响应，又因闭环带宽有限，导致闭环性能恶化。

为了验证所提出控制器的有效性，具有非对称死区非线性式 (11-20) 的 GTS 系统的参数见表 11-2。仿真中，初始状态为 $x_1 = 2\text{rad}$，$x_2 = 0.5\text{rad/s}$，$x_3 = 10\text{rad}$ 和 $x_4 = 1\text{rad/s}$。式 (11-21) 中软化度分别选取不同的值 $\varrho_1 = 2$ 和 $\varrho_1 = 20$ 作为比较。式 (11-39) 中控制器增益选为 $\boldsymbol{k} = [81, 108, 54, 12]^{\mathrm{T}}$，对应复平面上的 4 重期望闭环极点 -3。

表 11-2　非对称死区 GTS 系统参数

符号	值	符号	值
J_l	$0.5\text{kg}\cdot\text{m}^2$	c_l	0.12Nm/rad
J_m	$0.01\text{kg}\cdot\text{m}^2$	c_m	0.1Nm/rad
α_l	0.002rad	k_l	0.2Nm/rad
α_r	0.001rad	k_r	0.3Nm/rad
N_0	5		

考虑阶跃参考输入 $r(t) = 2\text{rad}$，图 11-7展示了不同软化度的输出响应 (即负载端的位置)，从中可以看出，通过选取更大的 ϱ 可以提高跟踪精度，但同时暂态响应也变得更加剧烈。控制输入随时间变化曲线如图 11-8所示，控制输入幅值正比于软化度的大小。图 11-9给出的相平面图表明在控制器设计中引入了新的光滑死区模型式 (11-21)，消除了极限环。

为了突出控制器的优越性，可以将它与 PD 控制器 $u(t) = k_{\mathrm{d}}\dot{e}(t) + k_{\mathrm{p}}e(t)$ 的性能做一个比较，其中 $e(t) = r(t) - x_1(t)$，k_{p} 和 k_{d} 分别代表比例和微分增益，$k_{\mathrm{p}} = 0.5$ 和 $k_{\mathrm{d}} = 0.05$，初始状态不变。图 11-10和图 11-11分别展示了 PD 控制器作用下闭环系统的阶跃响应和相平面图，从中可以观察到稳态时存在振荡和极限环。

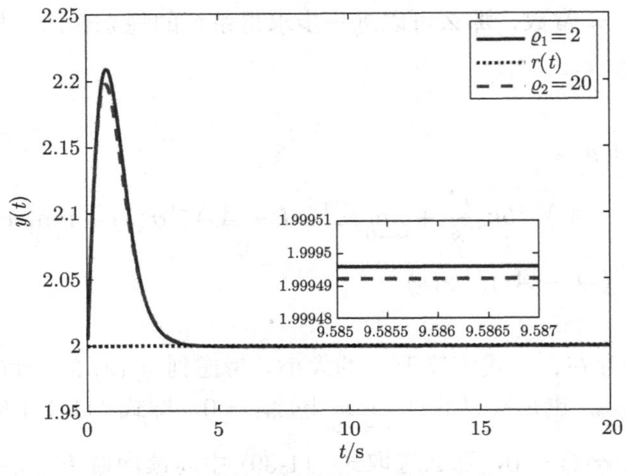

图 11-7 不同软化度情况下的系统输出

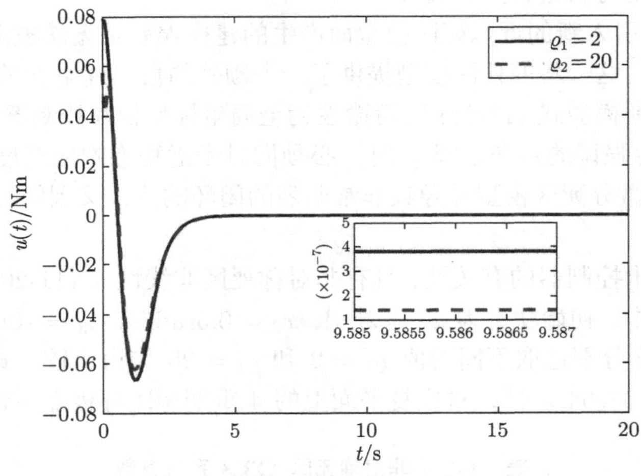

图 11-8 不同软化度情况下的控制转矩

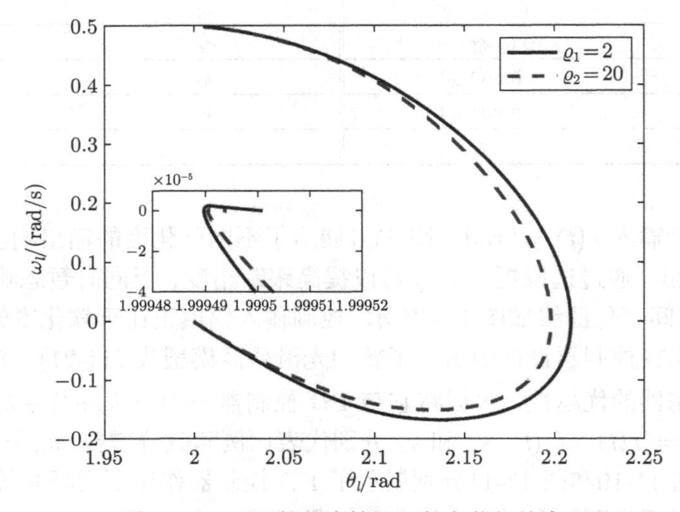

图 11-9 不同软化度情况下的负载相轨迹

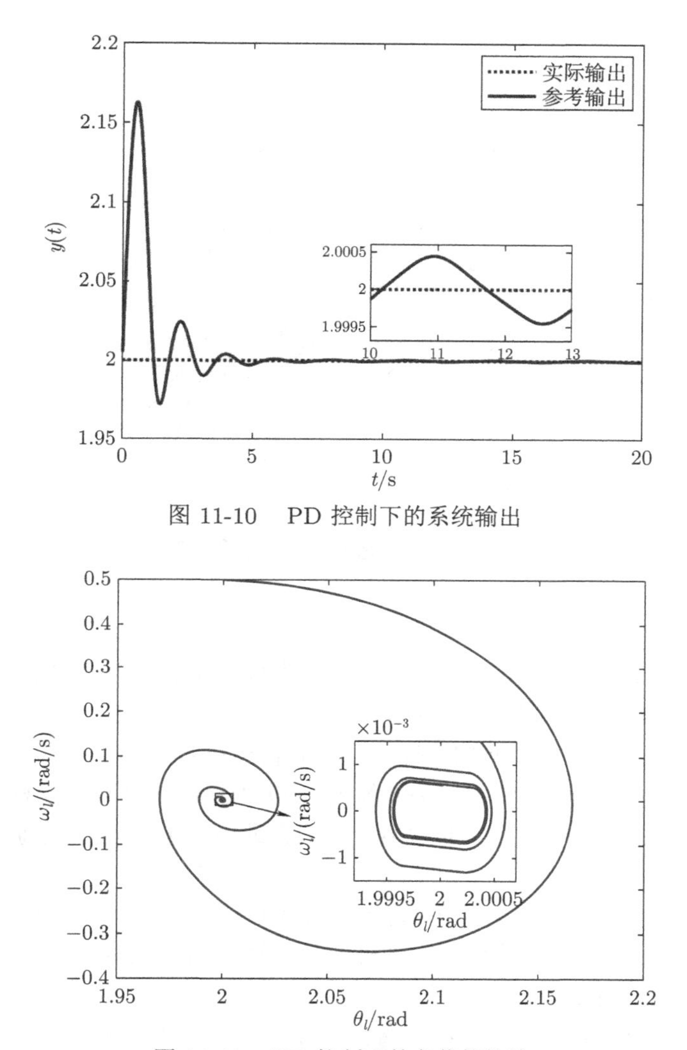

图 11-10　PD 控制下的系统输出

图 11-11　PD 控制下的负载相轨迹

11.2　模型无人直升机非线性自适应控制

针对惯性参数不确定的小型无人直升机非线性运动学和动力学模型，设计非线性自适应控制器，使得闭环系统能够跟踪参考轨迹。该非线性自适应控制器的设计步骤基于于反步法理论框架，并理论证明了闭环系统跟踪误差最终有界。

11.2.1　数学建模

通常，图 11-12所示的小型无人直升机的主要动力为主旋翼和尾旋翼产生的推力。主旋翼是产生动力的主要装置，同时改变主旋翼各叶片的迎角（主旋翼总距）可以改变主旋翼推力大小。主旋翼油门（电动小直升机油门为动力电电流）通常与总距固联，即改变总距的同时，油门自动随总距变化，以保证主旋翼转速基本恒定。周期改变主旋翼各桨叶迎角（主旋翼周期变距）可以改变主旋翼施加于机身的力矩，使得机身姿态变化，从而使升力在纵向或侧向产生分量，可以导致纵向或侧向的运动。尾旋翼推力用来抵消主旋翼施加于机体的反作用力矩，其大小由尾旋翼各叶片的迎角（尾旋翼总距）决定。

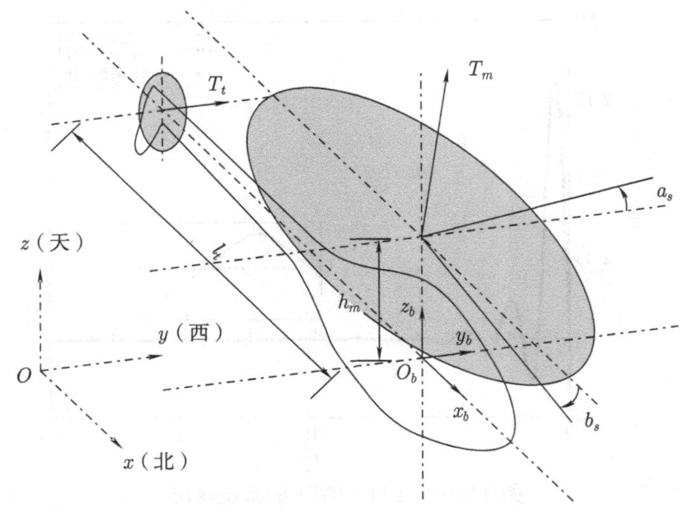

图 11-12 小型无人直升机模型示意图

小型无人直升机建模基于以下假设。

假设 11.1 机身为一刚体，忽略弹性变形；地面坐标系为一惯性系，忽略地球的运动；不考虑重力加速度随高度的变化；忽略地面效应。

如图 11-12所示，本章主要使用惯性坐标系和机体坐标系。

定义 11.3 惯性坐标系$\mathcal{I}=\{Oxyz\}$ 的原点 O 为地面上某点，坐标系与地面固联。x 轴过 O 点指向水平面内某一方向（通常情况下取正北方向），z 轴垂直地面向上，y 轴由右手定则确定。

定义 11.4 机体坐标系$\mathcal{B}=\{O_bx_by_bz_b\}$ 的原点 O_b 取为飞机质心，坐标系与机身固联。x_b 轴取在飞机对称平面内并平行于飞机的设计轴线指向机头，z_b 轴在飞机对称平面内与 x_b 轴垂直并指向机身上方，y_b 轴由右手定则确定。

定义 11.5 小型无人直升机质心位置向量 $\boldsymbol{P}=[x,y,z]^{\mathrm{T}}$，其中 x、y、z 为 $\mathcal{B}$ 的原点 O_b 在 $\mathcal{I}$ 中坐标；速度向量 $\boldsymbol{V}=[u,v,w]^{\mathrm{T}}$，其中 u、v、w 为机体质心相对于原点 O 的速度在 $\mathcal{I}$ 中各坐标轴上的分量；机体系中速度向量 $\boldsymbol{V}_b=[u_b,v_b,w_b]^{\mathrm{T}}$，其中 u_b、v_b、w_b 为向量 $\boldsymbol{V}$ 在 $\mathcal{B}$ 中各轴上的投影；角速度向量 $\boldsymbol{\omega}=[p,q,r]^{\mathrm{T}}$，其中 p、q、r 为绕 $\mathcal{B}$ 系各轴的角速度。

定义 11.6 欧拉角 $\boldsymbol{\gamma}=[\phi,\theta,\psi]^{\mathrm{T}}$ 是由惯性系 $\mathcal{I}$ 和机体系 $\mathcal{B}$ 确定的。

1) 滚转角 ϕ：Oz_b 轴与通过 Ox_b 轴的铅垂面之间的夹角，向右滚转为正；

2) 俯仰角 θ：Ox_b 轴与 Oxy 平面夹角，抬头为正；

3) 偏航角 ψ：Ox_b 轴在 Oxy 平面投影与 Ox 之间的夹角，向右偏航为正。

基于上述定义，机身位置运动学方程为

$$\dot{\boldsymbol{P}}=\boldsymbol{V} \tag{11-43}$$

或者使用机体系 $\mathcal{B}$ 中速度描述为

$$\dot{\boldsymbol{P}}=\boldsymbol{R}_t(\boldsymbol{\gamma})\boldsymbol{V}_b \tag{11-44}$$

式中，旋转矩阵（或者方向余弦矩阵）：

$$\begin{aligned}\boldsymbol{R}_t(\boldsymbol{\gamma}) &= \begin{bmatrix} \mathrm{c}\psi & -\mathrm{s}\psi & 0 \\ \mathrm{s}\psi & \mathrm{c}\psi & 0 \\ 0 & 0 & 1 \end{bmatrix} \begin{bmatrix} \mathrm{c}\theta & 0 & \mathrm{s}\theta \\ 0 & 1 & 0 \\ -\mathrm{s}\theta & 0 & \mathrm{c}\theta \end{bmatrix} \begin{bmatrix} 1 & 0 & 0 \\ 0 & \mathrm{c}\phi & -\mathrm{s}\phi \\ 0 & \mathrm{s}\phi & \mathrm{c}\phi \end{bmatrix} \\ &= \begin{bmatrix} \mathrm{c}\theta\mathrm{c}\psi & \mathrm{c}\psi\mathrm{s}\theta\mathrm{s}\phi - \mathrm{c}\phi\mathrm{s}\psi & \mathrm{c}\phi\mathrm{c}\psi\mathrm{s}\theta + \mathrm{s}\phi\mathrm{s}\psi \\ \mathrm{c}\theta\mathrm{s}\psi & \mathrm{s}\psi\mathrm{s}\theta\mathrm{s}\phi + \mathrm{c}\phi\mathrm{c}\psi & \mathrm{c}\phi\mathrm{s}\psi\mathrm{s}\theta - \mathrm{s}\phi\mathrm{c}\psi \\ -\mathrm{s}\theta & \mathrm{c}\theta\mathrm{s}\phi & \mathrm{c}\theta\mathrm{c}\phi \end{bmatrix}\end{aligned} \tag{11-45}$$

符号 $\mathrm{s}(\cdot) = \sin(\cdot)$ 和 $\mathrm{c}(\cdot) = \cos(\cdot)$ 分别表示正弦和余弦。直接计算可知，旋转矩阵满足

$$\boldsymbol{R}_t^{-1} = \boldsymbol{R}_t^{\mathrm{T}} \tag{11-46}$$

机身的位置动力学方程为

$$m\dot{\boldsymbol{V}} = \boldsymbol{R}_t(\boldsymbol{\gamma})\boldsymbol{F} \tag{11-47}$$

式中，m 是机身质量；向量 $\boldsymbol{F}$ 是机身受到的合力在 $\mathcal{B}$ 系中的表示。

位置动力学在 $\mathcal{B}$ 系中的形式为

$$m\dot{\boldsymbol{V}}_b = -\boldsymbol{S}(\boldsymbol{\omega})m\boldsymbol{V}_b + \boldsymbol{F} \tag{11-48}$$

式中，反对称矩阵：

$$\boldsymbol{S}(\boldsymbol{\omega}) = \begin{bmatrix} 0 & -r & q \\ r & 0 & -p \\ -q & p & 0 \end{bmatrix} \tag{11-49}$$

机体姿态运动学方程为

$$\dot{\boldsymbol{R}}_t(\boldsymbol{\gamma}) = \boldsymbol{R}_t(\boldsymbol{\gamma})\boldsymbol{S}(\boldsymbol{\omega}) \tag{11-50}$$

或者使用欧拉角描述为

$$\dot{\boldsymbol{\gamma}} = \boldsymbol{R}_r^{-1}(\boldsymbol{\gamma})\boldsymbol{\omega} \tag{11-51}$$

式中，变换矩阵：

$$\boldsymbol{R}_r = \begin{bmatrix} 1 & 0 & -\mathrm{s}\theta \\ 0 & \mathrm{c}\phi & \mathrm{c}\theta\mathrm{s}\phi \\ 0 & -\mathrm{s}\phi & \mathrm{c}\theta\mathrm{c}\phi \end{bmatrix}$$

姿态动力学方程为

$$\boldsymbol{J}\dot{\boldsymbol{\omega}} = -\boldsymbol{S}(\boldsymbol{\omega})\boldsymbol{J}\boldsymbol{\omega} + \boldsymbol{Q} \tag{11-52}$$

式中，$\boldsymbol{Q}$ 是 $\mathcal{B}$ 系中作用于机体的合力矩；惯性张量矩阵：

$$\boldsymbol{J} = \begin{bmatrix} I_{xx} & 0 & -I_{xz} \\ 0 & I_{yy} & 0 \\ -I_{xz} & 0 & I_{zz} \end{bmatrix} \tag{11-53}$$

式中，I_{xx}、I_{yy} 和 I_{zz} 是机身绕 $\mathcal{B}$ 各坐标轴的转动惯量；I_{xz} 是关于 $O_b x_b z_b$ 平面的惯性积。由于直升机机身可以近似看成关于 $O_b x_b z_b$ 平面对称，因此惯性积 $I_{xy}=I_{yz}=0$。

在 $\mathcal{B}$ 系中，机身受到的合力为

$$\boldsymbol{F}=\boldsymbol{F}_g+\boldsymbol{F}_r+\boldsymbol{F}_a \tag{11-54}$$

式中，$\boldsymbol{F}_g$ 是重力在 $\mathcal{B}$ 系中的表示：

$$\boldsymbol{F}_g=m\boldsymbol{R}_t^{-1}\boldsymbol{g}_3 \tag{11-55}$$

$\boldsymbol{g}_3=[0,0,g]^{\mathrm{T}}$ 是重力加速度向量，g 是重力加速度。$\boldsymbol{F}_r$ 是旋翼产生的力：

$$\boldsymbol{F}_r=\begin{bmatrix} T_m\dfrac{\mathrm{s}a_s\mathrm{c}b_s}{\sqrt{1-\mathrm{s}^2a_s\mathrm{s}^2b_s}} \\ -T_m\dfrac{\mathrm{c}a_s\mathrm{s}b_s}{\sqrt{1-\mathrm{s}^2a_s\mathrm{s}^2b_s}}+T_t \\ T_m\dfrac{\mathrm{c}a_s\mathrm{c}b_s}{\sqrt{1-\mathrm{s}^2a_s\mathrm{s}^2b_s}} \end{bmatrix} \tag{11-56}$$

a_s 和 b_s 是主旋翼的挥舞角，其定义如图 11-12所示；T_m 和 T_t 分别是主旋翼和尾旋翼推力。

$\boldsymbol{F}_a$ 是空气作用在机身上各部件产生的力。对一般小型无人直升机而言，其飞行速度较小。因此，小型无人直升机控制研究中，通常将 $\boldsymbol{F}_a$ 视为干扰项。

在 $\mathcal{B}$ 系中，机身受到的合力矩为

$$\boldsymbol{Q}=\boldsymbol{Q}_r+\boldsymbol{Q}_a \tag{11-57}$$

式中，$\boldsymbol{Q}_r$ 是旋翼产生的力矩：

$$\boldsymbol{Q}_r=\begin{bmatrix} T_m h_m\mathrm{s}b_s+L_b b_s+T_t h_t+Q_m\mathrm{s}a_s \\ T_m l_m+T_m h_m\mathrm{s}a_s+M_a a_s+Q_t-Q_m\mathrm{s}b_s \\ -T_m l_m\mathrm{s}b_s-T_t l_t+Q_m\mathrm{c}a_s\mathrm{c}b_s \end{bmatrix} \tag{11-58}$$

Q_m 和 Q_t 分别是主旋翼和尾旋翼产生的反作用力矩；M_a 和 L_b 是主旋翼的刚度系数；机身结构参数 $[l_m,0,h_m]^{\mathrm{T}}$ 和 $[l_t,0,h_t]^{\mathrm{T}}$ 分别是主旋翼和尾旋翼推力作用点在机体系中相对于机身质心的位置。对普通小型直升机而言，l_t 远远大于 h_t、l_m 和 h_m。$\boldsymbol{Q}_a$ 是空气作用在机体各部件上产生的力矩，通常视为干扰项。

假设 11.2　主旋翼挥舞角 a_s 和 b_s 很小，因此

$$\begin{cases} \mathrm{s}a_s\approx a_s \\ \mathrm{s}b_s\approx b_s \\ \mathrm{s}^2a_s\approx 0 \\ \mathrm{s}^2b_s\approx 0 \\ \mathrm{c}a_s\approx 1 \\ \mathrm{c}b_s\approx 1 \end{cases} \tag{11-59}$$

基于上述假设，式 (11-56) 所示的力可以简化为

$$\boldsymbol{F}_r \approx [T_m a_s,\ -T_m b_s + T_t,\ T_m]^{\mathrm{T}} \tag{11-60}$$

进一步地，可以做以下假设：

假设 11.3　主旋翼推力在 $\mathcal{B}$ 系中 $O_b x_b$ 轴上的分量可以忽略：$T_m a_s \approx 0$；主旋翼推力在 $\mathcal{B}$ 系中 $O_b y_b$ 轴上的分量与尾旋翼推力近似相等：$-T_m b_s + T_t \approx 0$。

由假设 11.3，旋翼施加于机身的力可以进一步简化为

$$\boldsymbol{F}_r \approx [0,\ 0,\ T_m]^{\mathrm{T}} \tag{11-61}$$

另一方面，使用假设 11.2，式 (11-58) 所示的力矩可以简化为

$$\boldsymbol{Q}_r = \begin{bmatrix} T_m h_m b_s + L_b b_s + T_t h_t + Q_m a_s \\ T_m l_m + T_m h_m a_s + M_a a_s + Q_t - Q_m b_s - \\ T_m l_m b_s - T_t l_t + Q_m \end{bmatrix} = \boldsymbol{Q}_A \boldsymbol{\tau} + \boldsymbol{Q}_B \tag{11-62}$$

式中：

$$\begin{cases} \boldsymbol{Q}_A = \begin{bmatrix} h_t & Q_m & T_m h_m + L_b \\ 0 & T_m h_m + M_a & -Q_m \\ -l_t & 0 & -T_m l_m \end{bmatrix} \\ \boldsymbol{Q}_B = \begin{bmatrix} 0 \\ T_m l_m \\ Q_m \end{bmatrix} \\ \boldsymbol{\tau} = \begin{bmatrix} T_t \\ a_s \\ b_s \end{bmatrix} \end{cases} \tag{11-63}$$

尾旋翼反作用力矩 Q_t 很小，可以忽略不计；主旋翼转速基本恒定，Q_m 可以近似为常数。

姿态运动学方程式 (11-50) 中，状态量为 3×3 旋转矩阵，不适合控制器设计。为了方便后文中使用反步设计方法，需要对姿态运动学做变换。

令 $\boldsymbol{R}_3$ 表示旋转矩阵 $\boldsymbol{R}_t$ 的第 3 列：

$$\boldsymbol{R}_3 = [R_{1,3}, R_{2,3}, R_{3,3}]^{\mathrm{T}} = \boldsymbol{R}_t \boldsymbol{e}_3 \tag{11-64}$$

式中，$R_{i,j}$ 是矩阵 $\boldsymbol{R}_t$ 第 i 行第 j 列的元素；基向量 $\boldsymbol{e}_3 = [0,0,1]^{\mathrm{T}}$。那么，$\boldsymbol{R}_3$ 对时间求导数得

$$\dot{\boldsymbol{R}}_3 = \dot{\boldsymbol{R}}_t \boldsymbol{e}_3 = \boldsymbol{R}_t \boldsymbol{S}(\boldsymbol{\omega}) \boldsymbol{e}_3 = -\boldsymbol{R}_t \boldsymbol{S}(\boldsymbol{e}_3) \boldsymbol{\omega} \tag{11-65}$$

向量 $\boldsymbol{R}_3$ 满足

$$\|\boldsymbol{R}_3\|^2 = R_{1,3}^2 + R_{2,3}^2 + R_{3,3}^2 = 1 \tag{11-66}$$

式中，$\|\cdot\|$ 表示欧式范数。即 $R_{3,3}$ 完全取决于 $R_{1,3}$ 和 $R_{2,3}$。于是，可以提取出式 (11-65) 前两行作为新姿态运动学中的两个自由度：

$$\dot{\bar{\boldsymbol{R}}}_3 = \begin{bmatrix} \dot{R}_{1,3} \\ \dot{R}_{2,3} \end{bmatrix} = \begin{bmatrix} -R_{1,2} & R_{1,1} \\ -R_{2,2} & R_{2,1} \end{bmatrix} \begin{bmatrix} p \\ q \end{bmatrix} = \hat{\boldsymbol{R}} \bar{\boldsymbol{\omega}} \tag{11-67}$$

式中，$\bar{\boldsymbol{R}}_3=[R_{1,3},R_{2,3}]^{\mathrm{T}}$, $\bar{\boldsymbol{\omega}}=[p,q]^{\mathrm{T}}$。

新的姿态运动学方程中，使用偏航角作为第 3 个自由度：

$$\dot{\psi}=\frac{\mathrm{s}\phi}{\mathrm{c}\theta}q+\frac{\mathrm{c}\phi}{\mathrm{c}\theta}r \tag{11-68}$$

上式为式 (11-51) 的第 3 行。

本章中，控制器设计需要使用的模型为位置运动学式 (11-43)、位置动力学式 (11-47)、姿态运动学式 (11-67) 和式 (11-68)、姿态动力学式 (11-52)，以及简化后的力式 (11-61) 和力矩式 (11-62)。控制输入为主旋翼升力 T_m、尾旋翼推力 T_t，以及旋翼倾角 a_s 和 b_s。

11.2.2　自适应反步法设计

针对小型无人直升机,轨迹跟踪问题:给定连续的参考轨迹 $\boldsymbol{P}_r(t)=[x_r(t),y_r(t),z_r(t)]^{\mathrm{T}}$，设计控制器使得闭环系统轨迹跟踪误差 $\boldsymbol{P}_e=\boldsymbol{P}-\boldsymbol{P}_r$ 收敛，即

$$\lim_{t\to+\infty}\|\boldsymbol{P}_e(t)\|=0 \tag{11-69}$$

或者考虑到可能存在的模型误差和外界干扰，也可以引入更为实际的控制目标：

$$\lim_{t\to+\infty}\|\boldsymbol{P}_e(t)\|<\bar{\epsilon} \tag{11-70}$$

式中，$\bar{\epsilon}>0$ 是一小正数。

假设 11.4　惯性参数 m 和 $\boldsymbol{\varrho}$ 是未知常量，但取值范围已知：$0<m_v<m<M_v$，$\|\boldsymbol{\varrho}\|<M_\omega$，其中 $\boldsymbol{\varrho}=[I_{xx},I_{yy},I_{zz},I_{xz}]^{\mathrm{T}}$；$M_v$、$m_v$ 和 $M_\omega>0$ 为常数。

位置运动学虚拟控制：定义位置跟踪误差 $\boldsymbol{P}_e=\boldsymbol{P}-\boldsymbol{P}_r$ 和速度误差 $\boldsymbol{V}_e=\boldsymbol{V}-\boldsymbol{\alpha}_p$，其中 $\boldsymbol{\alpha}_p$ 为虚拟控制，则

$$\dot{\boldsymbol{P}}_e=\boldsymbol{V}-\dot{\boldsymbol{P}}_r=\boldsymbol{\alpha}_p+\boldsymbol{V}_e-\dot{\boldsymbol{P}}_r$$

设计虚拟控制：

$$\boldsymbol{\alpha}_p=-c_p\boldsymbol{P}_e+\dot{\boldsymbol{P}}_r \tag{11-71}$$

式中，$c_p>0$ 是控制器参数。

取李雅普诺夫函数 $L_p=\dfrac{1}{2}\boldsymbol{P}_e^{\mathrm{T}}\boldsymbol{P}_e$，它的导数为

$$\dot{L}_p=-c_p\|\boldsymbol{P}_e\|^2+\boldsymbol{P}_e^{\mathrm{T}}\boldsymbol{V}_e$$

位置动力学虚拟控制：定义 $\hat{m}$ 为质量的估计值，参数估计误差 $\tilde{m}=\hat{m}-m$。虚拟控制为

$$\boldsymbol{\alpha}_v=T_m\left[\bar{\boldsymbol{\alpha}}_v^{\mathrm{T}},\ \mathrm{c}\phi\mathrm{c}\theta\right]^{\mathrm{T}} \tag{11-72}$$

式中，$\bar{\boldsymbol{\alpha}}_v$ 是姿态参考信号。姿态跟踪误差 $\bar{\boldsymbol{R}}_{3e}=\bar{\boldsymbol{R}}_3-\bar{\boldsymbol{\alpha}}_v$。选取李雅普诺夫函数 $L_v=L_p+\dfrac{m}{2}\boldsymbol{V}_e^{\mathrm{T}}\boldsymbol{V}_e+\dfrac{1}{2\gamma_v}\tilde{m}^2$，其中 $\gamma_v>0$。根据位置动力学方程式 (11-47)、合力方程式 (11-54)

和式 (11-61)，李雅普诺夫函数的导数可计算为

$$\begin{aligned}\dot{L}_v =& \dot{L}_p + \boldsymbol{V}_e^{\mathrm{T}}(-m\boldsymbol{g}_3 - m\dot{\boldsymbol{\alpha}}_p + \boldsymbol{R}_3 T_m) + \frac{1}{\gamma_v}\tilde{m}\dot{\hat{m}} \\ =& \dot{L}_p + \boldsymbol{V}_e^{\mathrm{T}}(-m\boldsymbol{X} + \boldsymbol{\alpha}_v + T_m[\bar{\boldsymbol{R}}_{3e}^{\mathrm{T}}, 0]^{\mathrm{T}}) + \frac{1}{\gamma_v}\tilde{m}\dot{\hat{m}}\end{aligned}$$

式中，$\boldsymbol{X} = \boldsymbol{g}_3 + \dot{\boldsymbol{\alpha}}_p$ 是前馈向量。虚拟控制导数为

$$\dot{\boldsymbol{\alpha}}_p = -c_p(\boldsymbol{V} - \dot{\boldsymbol{P}}_r) + \ddot{\boldsymbol{P}}_r \tag{11-73}$$

设计虚拟控制：

$$\boldsymbol{\alpha}_v = -c_v\boldsymbol{V}_e - \boldsymbol{P}_e + \hat{m}\boldsymbol{X} \tag{11-74}$$

式中，$c_v > 0$ 是控制器参数。并且使用基于投影算法的自适应律：

$$\dot{\hat{m}} = \begin{cases} -\gamma_v \boldsymbol{X}^{\mathrm{T}}\boldsymbol{V}_e & \text{如果 } m_v < \hat{m} < M_v \\ & \text{或 } \hat{m} = m_v \text{ 且 } \hat{m}\boldsymbol{X}^{\mathrm{T}}\boldsymbol{V}_e < 0 \\ & \text{或 } \hat{m} = M_v \text{ 且 } \hat{m}\boldsymbol{X}^{\mathrm{T}}\boldsymbol{V}_e > 0 \\ 0 & \text{如果 } \hat{m} = m_v \text{ 且 } \hat{m}\boldsymbol{X}^{\mathrm{T}}\boldsymbol{V}_e \geqslant 0 \\ & \text{或 } \hat{m} = M_v \text{ 且 } \hat{m}\boldsymbol{X}^{\mathrm{T}}\boldsymbol{V}_e \leqslant 0 \end{cases} \tag{11-75}$$

那么, 李雅普诺夫函数的导数可计算为

$$\dot{L}_v = -c_p\|\boldsymbol{P}_e\|^2 - c_v\|\boldsymbol{V}_e\|^2 + T_m\bar{\boldsymbol{V}}_e^{\mathrm{T}}\bar{\boldsymbol{R}}_{3e} + \tilde{m}\boldsymbol{V}_e^{\mathrm{T}}\boldsymbol{X} + \frac{1}{\gamma_v}\tilde{m}\dot{\hat{m}}$$

1）若式 (11-75) 中，$\dot{\hat{m}} = -\gamma_v\boldsymbol{X}^{\mathrm{T}}\boldsymbol{V}_e$，则 $\tilde{m}\boldsymbol{V}_e^{\mathrm{T}}\boldsymbol{X} + \frac{1}{\gamma_v}\tilde{m}\dot{\hat{m}} = 0$。

2）若式 (11-75) 中，$\dot{\hat{m}} = 0$，那么

$$\tilde{m}\boldsymbol{V}_e^{\mathrm{T}}\boldsymbol{X} + \frac{1}{\gamma_v}\tilde{m}\dot{\hat{m}} = \tilde{m}\boldsymbol{V}_e^{\mathrm{T}}\boldsymbol{X} = \frac{\hat{m}\boldsymbol{V}_e^{\mathrm{T}}\boldsymbol{X}}{\hat{m}^2}\tilde{m}\hat{m} = \frac{\hat{m}\boldsymbol{V}_e^{\mathrm{T}}\boldsymbol{X}}{\hat{m}^2}\hat{m}(\hat{m} - m) \tag{11-76}$$

式中，$\hat{m} = m_v$，且 $\hat{m}\boldsymbol{X}^{\mathrm{T}}\boldsymbol{V}_e \geqslant 0$；或 $\hat{m} = M_v$，且 $\hat{m}\boldsymbol{X}^{\mathrm{T}}\boldsymbol{V}_e \leqslant 0$。按假设 11.4有 $m_v < m < M_v$，所以式 (11-76) 总小于零。

由上述分析，自适应律式 (11-75) 总保证 $\tilde{m}\boldsymbol{V}_e^{\mathrm{T}}\boldsymbol{X} + \frac{1}{\gamma_v}\tilde{m}\dot{\hat{m}} \leqslant 0$。因此

$$\dot{L}_v \leqslant -c_p\|\boldsymbol{P}_e\|^2 - c_v\|\boldsymbol{V}_e\|^2 + T_m\bar{\boldsymbol{V}}_e^{\mathrm{T}}\bar{\boldsymbol{R}}_{3e}$$

根据式 (11-72) 和式 (11-74) 可解出升力：

$$T_m = \frac{\boldsymbol{e}_3\boldsymbol{\alpha}_v}{\mathrm{c}\phi\mathrm{c}\theta} \tag{11-77}$$

姿态运动学虚拟控制：由式 (11-72) 和式 (11-74) 可得姿态参考信号为

$$\bar{\boldsymbol{\alpha}}_v = \frac{1}{T_m}[\boldsymbol{e}_1,\ \boldsymbol{e}_2]^{\mathrm{T}}\boldsymbol{\alpha}_v \tag{11-78}$$

式中，基向量 $\boldsymbol{e}_1 = [1,0,0]^{\mathrm{T}}$，$\boldsymbol{e}_2 = [0,1,0]^{\mathrm{T}}$。定义角速度跟踪误差 $\bar{\boldsymbol{\omega}}_e = \bar{\boldsymbol{\omega}} - \bar{\boldsymbol{\alpha}}_R$，$\bar{\boldsymbol{\omega}} = [p,q]^{\mathrm{T}}$，其中 $\bar{\boldsymbol{\alpha}}_R$ 为虚拟控制。

设计虚拟控制：

$$\bar{\boldsymbol{\alpha}}_R = \hat{\boldsymbol{R}}^{-1}\left(-c_R\bar{\boldsymbol{R}}_{3e} - b_R T_m \bar{\boldsymbol{V}}_e + \hat{\dot{\boldsymbol{\alpha}}}_v\right) \tag{11-79}$$

式中，$c_R > 0$ 和 $b_R > 0$ 是控制器参数；$\hat{\boldsymbol{R}}$ 的可逆性可由 $\det(\hat{\boldsymbol{R}}) = R_{1,1}R_{2,2} - R_{1,2}R_{2,1} \neq 0$ 证明；$\hat{\dot{\boldsymbol{\alpha}}}_v$ 是通过指令滤波器得到的虚拟控制导数：

$$\hat{\dot{\boldsymbol{\alpha}}}_v(s) = \frac{\omega_n^2 s}{s^2 + 2\xi_n\omega_n + \omega_n^2}\bar{\boldsymbol{\alpha}}_v(s) \tag{11-80}$$

式中，ξ_n 和 ω_n 分别是滤波器阻尼比和固有频率。

注 11.8　指令滤波器中，$\xi_n = 0.707$ 为最佳阻尼比。定义 $\tilde{\dot{\boldsymbol{\alpha}}}_v = \dot{\boldsymbol{\alpha}}_v - \hat{\dot{\boldsymbol{\alpha}}}_v$；$\omega_n$ 取值越大，则 $\|\tilde{\dot{\boldsymbol{\alpha}}}_v\|$ 越小，但是系统抗干扰能力越弱。

取李雅普诺夫函数 $L_R = L_v + \dfrac{1}{2b_R}\bar{\boldsymbol{R}}_{3e}^{\mathrm{T}}\bar{\boldsymbol{R}}_{3e}$。由姿态运动学方程式 (11-67) 和虚拟控制式 (11-79)，李雅普诺夫函数的导数可计算为

$$\begin{aligned}\dot{L}_R =& -c_p\|\boldsymbol{P}_e\|^2 - c_v\|\boldsymbol{V}_e\|^2 - \frac{c_R}{b_R}\|\bar{\boldsymbol{R}}_{3e}\|^2 + \frac{1}{b_R}\bar{\boldsymbol{R}}_{3e}^{\mathrm{T}}\tilde{\dot{\boldsymbol{\alpha}}}_v + \frac{1}{b_R}\bar{\boldsymbol{R}}_{3e}^{\mathrm{T}}\hat{\boldsymbol{R}}\bar{\boldsymbol{\omega}}_e \\ \leqslant& -c_p\|\boldsymbol{P}_e\|^2 - c_v\|\boldsymbol{V}_e\|^2 - \frac{c_R - \theta_R}{b_R}\|\bar{\boldsymbol{R}}_{3e}\|^2 + \frac{1}{4b_R\theta_R}\|\tilde{\dot{\boldsymbol{\alpha}}}_v\|^2 + \frac{1}{b_R}\bar{\boldsymbol{R}}_{3e}^{\mathrm{T}}\hat{\boldsymbol{R}}\bar{\boldsymbol{\omega}}_e\end{aligned}$$

式中，$0 < \theta_R < c_R$。

偏航角运动学虚拟控制：为防止信号跳变，设计增量偏航角参考信号为

$$\psi_r = \int \dot{\psi}_r \mathrm{d}t, \quad \dot{\psi}_r = \frac{\dot{x}_r\ddot{y}_r - \ddot{x}_r\dot{y}_r}{\dot{x}_r^2 + \dot{y}_r^2} \tag{11-81}$$

使得直升机头部指向参考轨迹的切线方向。偏航角跟踪误差 $\psi_e = \psi - \psi_r$，偏航角速度跟踪误差 $r_e = r - \alpha_\psi$，其中 α_ψ 为虚拟控制。

设计虚拟控制：

$$\alpha_\psi = \frac{\mathrm{c}\theta}{\mathrm{c}\phi}\left(-c_\psi\psi_e + \dot{\psi}_r - \frac{\mathrm{s}\phi}{\mathrm{c}\theta}q\right) \tag{11-82}$$

式中，$c_\psi > 0$ 是控制器参数。

选取李雅普诺夫函数 $L_\psi = \dfrac{1}{2}\psi_e^2$，则由偏航角运动学方程式 (11-68) 和虚拟控制式 (11-82)，可以计算李雅普诺夫函数的导数为

$$\dot{L}_\psi = -c_\psi\psi_e^2 + \frac{\mathrm{c}\phi}{\mathrm{c}\theta}\psi_e r_e$$

姿态动力学控制：定义角速度参考信号 $\boldsymbol{\alpha}_R = [p_r, q_r, r_r]^{\mathrm{T}} = [\bar{\boldsymbol{\alpha}}_R^{\mathrm{T}}, \alpha_\psi]^{\mathrm{T}}$，跟踪误差 $\boldsymbol{\omega}_e = \boldsymbol{\omega} - \boldsymbol{\alpha}_R = [\bar{\boldsymbol{\omega}}_e^{\mathrm{T}}, r_e]^{\mathrm{T}}$，则由式 (11-52) 可得

$$\boldsymbol{J}\dot{\boldsymbol{\omega}}_e = -\boldsymbol{S}(\boldsymbol{\omega})\boldsymbol{J}\boldsymbol{\omega} + \boldsymbol{Q} - \boldsymbol{J}\dot{\boldsymbol{\alpha}}_R = -\boldsymbol{Y}\boldsymbol{\varrho} + \boldsymbol{Q}$$

式中，惯性参数向量 $\boldsymbol{\varrho}=[I_{xx},I_{yy},I_{zz},I_{xz}]^{\mathrm{T}}$；回归矩阵为

$$\boldsymbol{Y}=\begin{bmatrix}\dot{p}_r & -qr & qr & -pq-\dot{r}_r\\ pr & \dot{q}_r & -pr & p^2-r^2\\ -pq & pq & \dot{r}_r & qr-\dot{p}_r\end{bmatrix}$$

设计控制力矩：

$$\boldsymbol{Q}=-c_\omega\boldsymbol{\omega}_e+\hat{\boldsymbol{Y}}\hat{\boldsymbol{\varrho}}-\boldsymbol{\delta}_b \tag{11-83}$$

式中，控制器参数 $c_\omega>0$；反步项 $\boldsymbol{\delta}_b=[\bar{\boldsymbol{R}}_{3e}^{\mathrm{T}}\hat{\boldsymbol{R}}/b_R,\mathrm{c}\phi\psi_e/\mathrm{c}\theta]^{\mathrm{T}}$；$\hat{\boldsymbol{\varrho}}$ 是 $\boldsymbol{\varrho}$ 的估计值；回归矩阵估计值为

$$\hat{\boldsymbol{Y}}=\begin{bmatrix}\hat{\dot{p}}_r & -qr & qr & -pq-\hat{\dot{r}}_r\\ pr & \hat{\dot{q}}_r & -pr & p^2-r^2\\ -pq & pq & \hat{\dot{r}}_r & qr-\hat{\dot{p}}_r\end{bmatrix}$$

虚拟控制的导数 $\hat{\dot{p}}_r$、$\hat{\dot{q}}_r$ 和 $\hat{\dot{r}}_r$ 可通过指令滤波获得：

$$\hat{\dot{\boldsymbol{\alpha}}}_R(s)=\frac{\omega_n^2 s}{s^2+2\xi_n\omega_n+\omega_n^2}\boldsymbol{\alpha}_R(s) \tag{11-84}$$

选取李雅普诺夫函数 $L_\omega=L_R+L_\psi+\dfrac{1}{2}\boldsymbol{\omega}_e^{\mathrm{T}}\boldsymbol{J}\boldsymbol{\omega}_e+\dfrac{1}{2\gamma_\omega}\tilde{\boldsymbol{\varrho}}^{\mathrm{T}}\tilde{\boldsymbol{\varrho}}$，其中 $\gamma_\omega>0$，则李雅普诺夫函数的导数为

$$\begin{aligned}\dot{L}_\omega\leqslant&-c_p\|\boldsymbol{P}_e\|^2-c_v\|\boldsymbol{V}_e\|^2-\frac{c_R-\theta_R}{b_R}\|\bar{\boldsymbol{R}}_{3e}\|^2-c_\psi\psi_e^2-c_\omega\|\boldsymbol{\omega}_e\|^2+\frac{1}{4b_R\theta_R}\|\tilde{\dot{\boldsymbol{\alpha}}}_v\|^2+\\&\boldsymbol{\omega}_e^{\mathrm{T}}\tilde{\boldsymbol{Y}}\boldsymbol{\varrho}+\boldsymbol{\omega}_e^{\mathrm{T}}\hat{\boldsymbol{Y}}\tilde{\boldsymbol{\varrho}}+\frac{1}{\gamma_\omega}\tilde{\boldsymbol{\varrho}}^{\mathrm{T}}\dot{\hat{\boldsymbol{\varrho}}}\end{aligned}$$

式中，$\tilde{\boldsymbol{\varrho}}=\hat{\boldsymbol{\varrho}}-\boldsymbol{\varrho}$, $\tilde{\boldsymbol{Y}}=\hat{\boldsymbol{Y}}-\boldsymbol{Y}$。

注 11.9 指令滤波器中，ω_n 的取值越大，$\|\tilde{\boldsymbol{Y}}\|$ 越小，但是系统对高频干扰越敏感。

设计基于投影算法的自适应律：

$$\dot{\hat{\boldsymbol{\varrho}}}=\begin{cases}-\gamma_\omega\hat{\boldsymbol{Y}}^{\mathrm{T}}\boldsymbol{\omega}_e & \text{如果 } \|\hat{\boldsymbol{\varrho}}\|<M_\omega\text{，或 }\|\hat{\boldsymbol{\varrho}}\|=M_\omega\text{ 且 }\hat{\boldsymbol{\varrho}}^{\mathrm{T}}\hat{\boldsymbol{Y}}^{\mathrm{T}}\boldsymbol{\omega}_e>0\\ -\gamma_\omega\hat{\boldsymbol{Y}}^{\mathrm{T}}\boldsymbol{\omega}_e+\boldsymbol{\kappa} & \text{如果 } \|\hat{\boldsymbol{\varrho}}\|=M_\omega\text{ 且 }\hat{\boldsymbol{\varrho}}^{\mathrm{T}}\hat{\boldsymbol{Y}}^{\mathrm{T}}\boldsymbol{\omega}_e\leqslant 0\end{cases} \tag{11-85}$$

式中，$\boldsymbol{\kappa}=\gamma_\omega\dfrac{\hat{\boldsymbol{\varrho}}^{\mathrm{T}}\hat{\boldsymbol{Y}}^{\mathrm{T}}\boldsymbol{\omega}_e}{\|\hat{\boldsymbol{\varrho}}\|^2}\hat{\boldsymbol{\varrho}}$。

1）若式 (11-85) 中，$\dot{\hat{\boldsymbol{\varrho}}}=-\gamma_\omega\hat{\boldsymbol{Y}}^{\mathrm{T}}\boldsymbol{\omega}_e$，则 $\boldsymbol{\omega}_e^{\mathrm{T}}\hat{\boldsymbol{Y}}\tilde{\boldsymbol{\varrho}}+\dfrac{1}{\gamma_\omega}\tilde{\boldsymbol{\varrho}}\dot{\hat{\boldsymbol{\varrho}}}=0$。

2）若式 (11-85) 中，$\dot{\hat{\boldsymbol{\varrho}}}=-\gamma_\omega\hat{\boldsymbol{Y}}^{\mathrm{T}}\boldsymbol{\omega}_e+\boldsymbol{\kappa}$，此时有 $\|\hat{\boldsymbol{\varrho}}\|=M_\omega$ 且 $\hat{\boldsymbol{\varrho}}^{\mathrm{T}}\hat{\boldsymbol{Y}}^{\mathrm{T}}\boldsymbol{\omega}_e\leqslant 0$，则

$$\boldsymbol{\omega}_e^{\mathrm{T}}\hat{\boldsymbol{Y}}\tilde{\boldsymbol{\varrho}}+\frac{1}{\gamma_\omega}\tilde{\boldsymbol{\varrho}}\dot{\hat{\boldsymbol{\varrho}}}=\frac{\hat{\boldsymbol{\varrho}}^{\mathrm{T}}\hat{\boldsymbol{Y}}^{\mathrm{T}}\boldsymbol{\omega}_e}{\|\hat{\boldsymbol{\varrho}}\|^2}\tilde{\boldsymbol{\varrho}}^{\mathrm{T}}\hat{\boldsymbol{\varrho}}$$

按假设 11.4，有 $\|\boldsymbol{\varrho}\| < M_\omega$，则上式中：

$$\tilde{\boldsymbol{\varrho}}\hat{\boldsymbol{\varrho}} = \frac{1}{2}(\|\hat{\boldsymbol{\varrho}}\|^2 + \|\hat{\boldsymbol{\varrho}} - \boldsymbol{\varrho}\|^2 - \|\boldsymbol{\varrho}\|^2) = \frac{1}{2}(M_\omega^2 + \|\hat{\boldsymbol{\varrho}} - \boldsymbol{\varrho}\|^2 - \|\boldsymbol{\varrho}\|^2) > 0$$

故自适应律式 (11-85) 总保证 $\boldsymbol{\omega}_e^{\mathrm{T}}\hat{\boldsymbol{Y}}\tilde{\boldsymbol{\varrho}} + \dfrac{1}{\gamma_\omega}\tilde{\boldsymbol{\varrho}}\dot{\hat{\boldsymbol{\varrho}}} \leqslant 0$。则李雅普诺夫函数的导数为

$$\begin{aligned}\dot{L}_\omega \leqslant & -c_p\|\boldsymbol{P}_e\|^2 - c_v\|\boldsymbol{V}_e\|^2 - \frac{c_R - \theta_R}{b_R}\|\bar{\boldsymbol{R}}_{3e}\|^2 - c_\psi\psi_e^2 - c_\omega\|\boldsymbol{\omega}_e\|^2 + \frac{1}{4b_R\theta_R}\|\tilde{\boldsymbol{\alpha}}_v\|^2 + \boldsymbol{\omega}_e^{\mathrm{T}}\tilde{\boldsymbol{Y}}\boldsymbol{\varrho} \leqslant \\ & -c_p\|\boldsymbol{P}_e\|^2 - c_v\|\boldsymbol{V}_e\|^2 - \frac{c_R - \theta_R}{b_R}\|\bar{\boldsymbol{R}}_{3e}\|^2 - c_\psi\psi_e^2 - (c_\omega - \theta_\omega)\|\boldsymbol{\omega}_e\|^2 + \\ & \frac{1}{4b_R\theta_R}\|\tilde{\boldsymbol{\alpha}}_v\|^2 + \frac{1}{4\theta_\omega}\|\tilde{\boldsymbol{Y}}\|^2\|\boldsymbol{\varrho}\|^2\end{aligned}$$

综上所述，主旋翼推力由式 (11-77) 给出；尾旋翼推力和旋翼倾角可由式 (11-62) 得到：

$$\boldsymbol{\tau} = [T_t,\ a_s,\ b_s]^{\mathrm{T}} = \boldsymbol{Q}_A^{-1}(\boldsymbol{Q} - \boldsymbol{Q}_B) \tag{11-86}$$

式中，矩阵 $\boldsymbol{Q}_A$ 是可逆的。

基于上述的分析与设计，小型无人直升机自适应反步控制算法执行步骤如下：

步骤 1　由式 (11-71) 计算位置的虚拟控制 $\boldsymbol{\alpha}_p$。

步骤 2　由式 (11-73) 计算位置虚拟控制导数 $\dot{\boldsymbol{\alpha}}_p$；由自适应律式 (11-75) 计算自适应估计参数 $\hat{m}$，然后由式 (11-74) 计算速度的虚拟控制 $\boldsymbol{\alpha}_v$；由式 (11-77) 计算主旋翼升力 T_m。

步骤 3　由式 (11-78) 计算姿态参考信号 $\bar{\boldsymbol{\alpha}}_v$；由指令滤波式 (11-80) 计算虚拟控制导数 $\hat{\dot{\boldsymbol{\alpha}}}_v$，然后通过式 (11-79) 计算姿态虚拟控制 $\bar{\boldsymbol{\alpha}}_R$。

步骤 4　由式 (11-81) 计算偏航角参考信号 ψ_r；由式 (11-82) 计算偏航运动学虚拟控制 α_ψ。

步骤 5　通过指令滤波式 (11-84) 计算虚拟控制导数 $\hat{\dot{\boldsymbol{\alpha}}}_R$；由自适应律式 (11-85) 计算自适应估计参数 $\hat{\boldsymbol{\varrho}}$，然后由式 (11-83) 计算控制力矩 $\boldsymbol{Q}$。

11.2.3　闭环稳定性

定义 $\boldsymbol{\Delta}_v$ 和 $\boldsymbol{\Delta}_\omega$ 为被忽略的力与力矩。容易看出，$\boldsymbol{\Delta}_v$ 和 $\boldsymbol{\Delta}_\omega$ 是 T_m、a_s 和 b_s 的函数，故可以进一步将其看成是系统状态的函数。令

$$\boldsymbol{\zeta} = \left[\|\boldsymbol{P}_e\|, \|\boldsymbol{V}_e\|, \|\bar{\boldsymbol{R}}_{3e}\|, |\psi_e|, \|\boldsymbol{\omega}_e\|\right]^{\mathrm{T}}$$

可以将 $\boldsymbol{\Delta}_v$ 和 $\boldsymbol{\Delta}_\omega$ 建模为

$$\begin{cases} \|\boldsymbol{\Delta}_v\| < l_v\|\boldsymbol{\zeta}\| + \bar{\Delta}_v \\ \|\boldsymbol{\Delta}_\omega\| < l_\omega\|\boldsymbol{\zeta}\| + \bar{\Delta}_\omega \end{cases} \tag{11-87}$$

式中，$l_v > 0$、$l_\omega > 0$、$\bar{\Delta}_v > 0$ 和 $\bar{\Delta}_\omega > 0$ 都是取值很小的常数。

注 11.10　在式 (11-87) 中，$l_v\|\boldsymbol{\zeta}\|$ 和 $l_\omega\|\boldsymbol{\zeta}\|$ 表示 $\boldsymbol{\Delta}_v$ 和 $\boldsymbol{\Delta}_\omega$ 与系统状态有关，$\bar{\Delta}_v$ 和 $\bar{\Delta}_\omega$ 表示 $\boldsymbol{\Delta}_v$ 和 $\boldsymbol{\Delta}_\omega$ 在稳态时不为零。通常，$\boldsymbol{\Delta}_v$ 和 $\boldsymbol{\Delta}_\omega$ 非常小，故可以认为 l_v、l_ω、$\bar{\Delta}_v$ 和 $\bar{\Delta}_\omega$ 是取值很小的已知正数。

定义 $c_\zeta = \min\left(c_p, c_v, \dfrac{c_R - \theta_R}{b_R}, c_\psi, c_\omega - \theta_\omega\right)$，本节的主要理论结果由下面的定理给出。

定理 11.7　考虑小型无人直升机非线性模型，包括位置运动学方程式 (11-43)、位置动力学方程式 (11-47)、姿态运动学方程式 (11-67)，偏航角运动学方程式 (11-68)、姿态动力学方程式 (11-52)、合力式 (11-54) 及合力矩式 (11-57)。在满足假设 11.4的情况下，控制算法由上述步骤 1～ 步骤 5 给出，并选取控制器参数使得 $c_\zeta > l_v + l_\omega$，自适应参数初值 $m_v \leqslant \hat{m}(0) \leqslant M_v$ 和 $\|\hat{\boldsymbol{\varrho}}(0)\| \leqslant M_\omega$，则：

1) 自适应估计参数有界，且 $m_v \leqslant \hat{m} \leqslant M_v$ 和 $\|\hat{\boldsymbol{\varrho}}\| \leqslant M_\omega$；

2) 闭环系统跟踪误差最终有界，并且跟踪误差可由控制器参数调节。

证明： 1) 满足初始条件的情况下，投影算法保证自适应参数必定有界。

2) 选取 L_ω 作为闭环系统的李雅普诺夫函数。令

$$\mu_1 = \min\left(\frac{1}{2}, \frac{1}{m}, \frac{1}{2b_R}, \frac{\|\boldsymbol{J}\|}{2}\right),\ \mu_2 = \max\left(\frac{1}{2}, \frac{1}{m}, \frac{1}{2b_R}, \frac{\|\boldsymbol{J}\|}{2}\right)$$

则李雅普诺夫函数满足

$$\begin{aligned} L_\omega \geqslant& \mu_1\|\boldsymbol{\zeta}\|^2 + \frac{1}{2\gamma_v}\tilde{m}^2 + \frac{1}{2\gamma_\omega}\tilde{\boldsymbol{\varrho}}^2 \geqslant \mu_1\|\boldsymbol{\zeta}\|^2 \\ L_\omega \leqslant& \mu_2\|\boldsymbol{\zeta}\|^2 + \frac{1}{2\gamma_v}\tilde{m}^2 + \frac{1}{2\gamma_\omega}\tilde{\boldsymbol{\varrho}}^2 \end{aligned}$$

考虑由式 (11-87) 给出的 $\boldsymbol{\Delta}_v$ 和 $\boldsymbol{\Delta}_\omega$, 则李雅普诺夫函数的导数为

$$\begin{aligned} \dot{L}_\omega \leqslant& -c_\zeta\|\boldsymbol{\zeta}\|^2 + \frac{1}{4b_R\theta_R}\|\tilde{\boldsymbol{\alpha}}_v\|^2 + \frac{1}{4\theta_\omega}\|\tilde{\boldsymbol{Y}}\|^2\|\boldsymbol{\varrho}\|^2 + \\ & l_v\|\boldsymbol{V}_e\|\|\boldsymbol{\zeta}\| + \bar{\Delta}_v\|\boldsymbol{V}_e\| + l_\omega\|\boldsymbol{\omega}_e\|\|\boldsymbol{\zeta}\| + \bar{\Delta}_\omega\|\boldsymbol{\omega}_e\| \leqslant \\ & -(c_\zeta - l_v - l_\omega)\|\boldsymbol{\zeta}\|^2 + \frac{1}{4b_R\theta_R}\|\tilde{\boldsymbol{\alpha}}_v\|^2 + \frac{1}{4\theta_\omega}\|\tilde{\boldsymbol{Y}}\|^2\|\boldsymbol{\varrho}\|^2 + \bar{\Delta}\|\boldsymbol{\zeta}\| \leqslant \\ & -(c_\zeta - l_v - l_\omega - \theta_\zeta)\|\boldsymbol{\zeta}\|^2 + \frac{1}{4b_R\theta_R}\|\tilde{\boldsymbol{\alpha}}_v\|^2 + \frac{1}{4\theta_\omega}\|\tilde{\boldsymbol{Y}}\|^2\|\boldsymbol{\varrho}\|^2 + \frac{1}{4\theta_\zeta}\bar{\Delta}^2 \end{aligned}$$

式中，$0 < \theta_\zeta < c_\zeta - l_v - l_\omega$，$\bar{\Delta} = \bar{\Delta}_v + \bar{\Delta}_\omega$。令

$$\begin{aligned} \mu_3 =& c_\zeta - l_v - l_\omega - \theta_\zeta \\ \mu_4 =& \frac{1}{4b_R\theta_R}\|\tilde{\boldsymbol{\alpha}}_v\|^2 + \frac{1}{4\theta_\omega}\|\tilde{\boldsymbol{Y}}\|^2\|\boldsymbol{\varrho}\|^2 + \frac{1}{4\theta_\zeta}\bar{\Delta}^2 \end{aligned}$$

式中，$\|\tilde{\boldsymbol{\alpha}}_v\|$ 和 $\|\tilde{\boldsymbol{Y}}\|$ 的有界性由指令滤波保证；$\|\boldsymbol{\varrho}\|$ 和 $\bar{\Delta}$ 都是常量。所以，μ_4 有界，则

$$\begin{aligned} \dot{L}_\omega \leqslant& -\mu_3\|\boldsymbol{\zeta}\|^2 + \bar{\mu}_4 \leqslant -\frac{\mu_3}{\mu_2}\left(L_\omega - \frac{1}{2\gamma_v}\tilde{m}^2 - \frac{1}{2\gamma_\omega}\tilde{\boldsymbol{\varrho}}^{\mathrm{T}}\tilde{\boldsymbol{\varrho}}\right) + \bar{\mu}_4 \leqslant \\ & -\frac{\mu_3}{\mu_2}L_\omega + \bar{\mu}_4 \end{aligned}$$

式中，$\bar{\mu}_4 = \sup\left(\mu_4 + \dfrac{\mu_3}{2\gamma_v\mu_2}\tilde{m}^2 + \dfrac{\mu_3}{2\gamma_\omega\mu_2}\tilde{\boldsymbol{\varrho}}^{\mathrm{T}}\tilde{\boldsymbol{\varrho}}\right)$。于是

$$L_\omega \leqslant \left(L_\omega(0) - \frac{\mu_2\bar{\mu}_4}{\mu_3}\right)\mathrm{e}^{-\frac{\mu_3}{\mu_2}t} + \frac{\mu_2\bar{\mu}_4}{\mu_3}$$

所以，闭环系统跟踪误差是最终有界的，并且满足

$$\|\boldsymbol{P}_e\| \leqslant \|\boldsymbol{\zeta}\| \leqslant \sqrt{\frac{1}{\mu_1}\left(L_\omega(0) - \frac{\mu_2\bar{\mu}_4}{\mu_3}\right)\mathrm{e}^{-\frac{\mu_3}{\mu_2}t} + \frac{\mu_2\bar{\mu}_4}{\mu_1\mu_3}}$$

式中，μ_3 与控制器参数有关。控制器参数越大，则 μ_3 越大，闭环系统跟踪误差越小。

注 11.11　理论上，大控制器参数可使跟踪误差任意小。实际实验中不建议取过大的控制器参数，因为控制器参数过大可能导致姿态角过大，从而使得飞行不安全。

11.2.4　仿真与讨论

仿真中，惯性参数的定义和取值见表 11-3，结构和空气动力学参数的定义和取值见表 11-4。

表 11-3　惯性参数取值和估计惯性参数初值

参数	取值	参数	取值
m	7.4kg	$\hat{m}(0)$	6.5kg
I_{xx}	$0.16\mathrm{kg}\cdot\mathrm{m}^2$	$\hat{I}_{xx}(0)$	$0.1\mathrm{kg}\cdot\mathrm{m}^2$
I_{yy}	$0.30\mathrm{kg}\cdot\mathrm{m}^2$	$\hat{I}_{yy}(0)$	$0.3\mathrm{kg}\cdot\mathrm{m}^2$
I_{zz}	$0.32\mathrm{kg}\cdot\mathrm{m}^2$	$\hat{I}_{zz}(0)$	$0.2\mathrm{kg}\cdot\mathrm{m}^2$
I_{xz}	$0.05\mathrm{kg}\cdot\mathrm{m}^2$	$\hat{I}_{xz}(0)$	$0.0\mathrm{kg}\cdot\mathrm{m}^2$

表 11-4　结构参数取值

参数	定义	取值
l_m	主旋翼推力作用点在 O_bx_b 轴上坐标	0.01m
h_m	主旋翼推力作用点在 O_bz_b 轴上坐标	0.14m
l_t	尾旋翼推力作用点在 O_bx_b 轴上坐标	0.95m
h_t	尾旋翼推力作用点在 O_bz_b 轴上坐标	0.05m
M_a，L_b	主旋翼纵向和横向刚度系数	110.0Nm/rad，110.0Nm/rad
Q_m	主旋翼反作用力矩	1.512×10^3Nm

参考轨迹为圆形轨迹 $P_r = [5\sin(0.2t), 5\cos(0.2t), 3]^{\mathrm{T}}(\mathrm{m})$；初始位置 $P(0) = [-3, 2, 0]^{\mathrm{T}}(\mathrm{m})$，初始偏航角 $\psi(0) = 0.5\mathrm{rad}$，其余状态量的初值为 0。使用上述步骤 1～ 步骤 5 列出的控制算法，控制器参数见表 11-3。仿真结果如图 11-13～ 图 11-17所示。

图 11-13与图 11-14表明，在所设计的控制器作用下，惯性参数不确定的小型无人直升机闭环系统能够有界跟踪参考轨迹。由图 11-15看出，轨迹跟踪过程中，机体姿态保持在安全范围内。如图 11-16所示，在基于投影算法的自适应律作用下，自适应参数有界，但是自适应参数不一定逼近相应惯性参数的实际值。图 11-17的结果说明，使用较大的控制器参数可以使闭环系统跟踪误差较小，且过渡过程较快，这与稳定性分析中得到的理论结果一致。

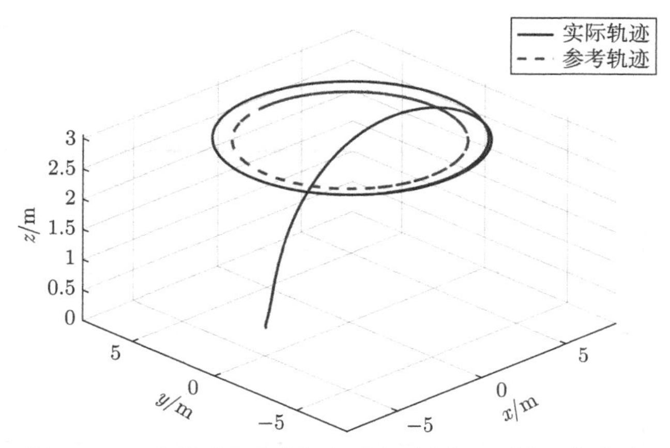

图 11-13　小型无人直升机自适应反步闭环系统三维轨迹

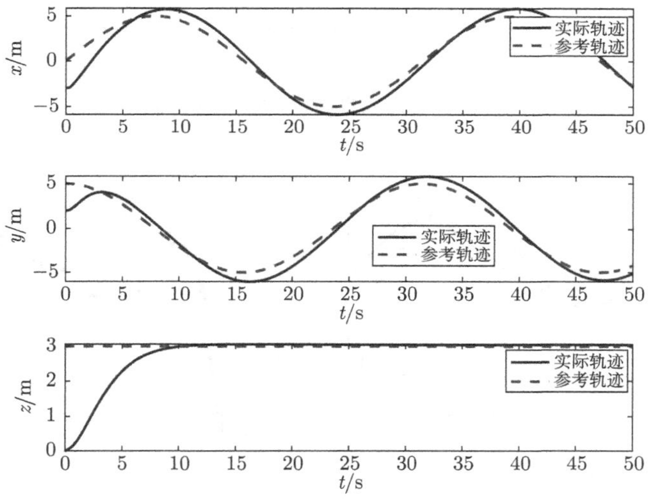

图 11-14　小型无人直升机自适应反步闭环系统轨迹

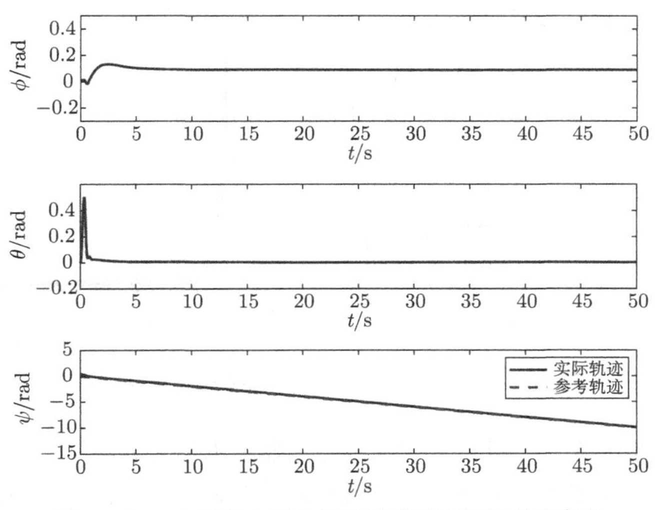

图 11-15　小型无人直升机自适应反步闭环系统姿态

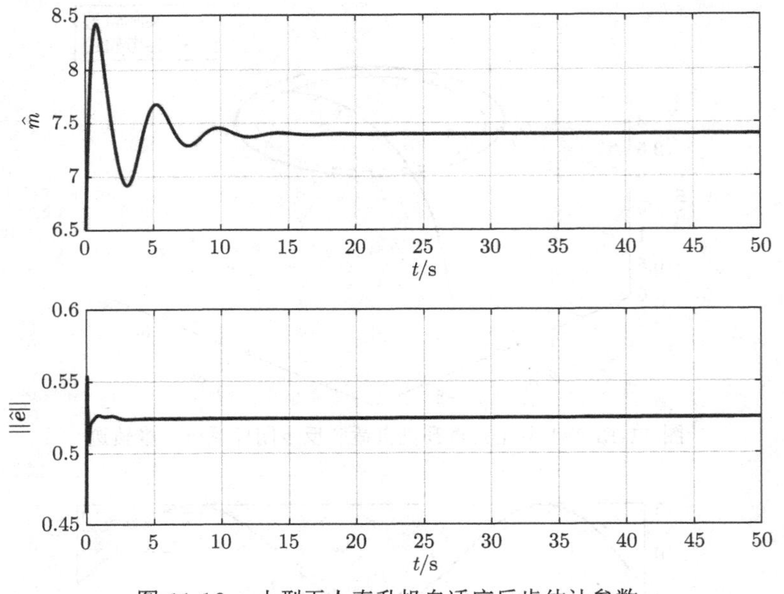

图 11-16 小型无人直升机自适应反步估计参数

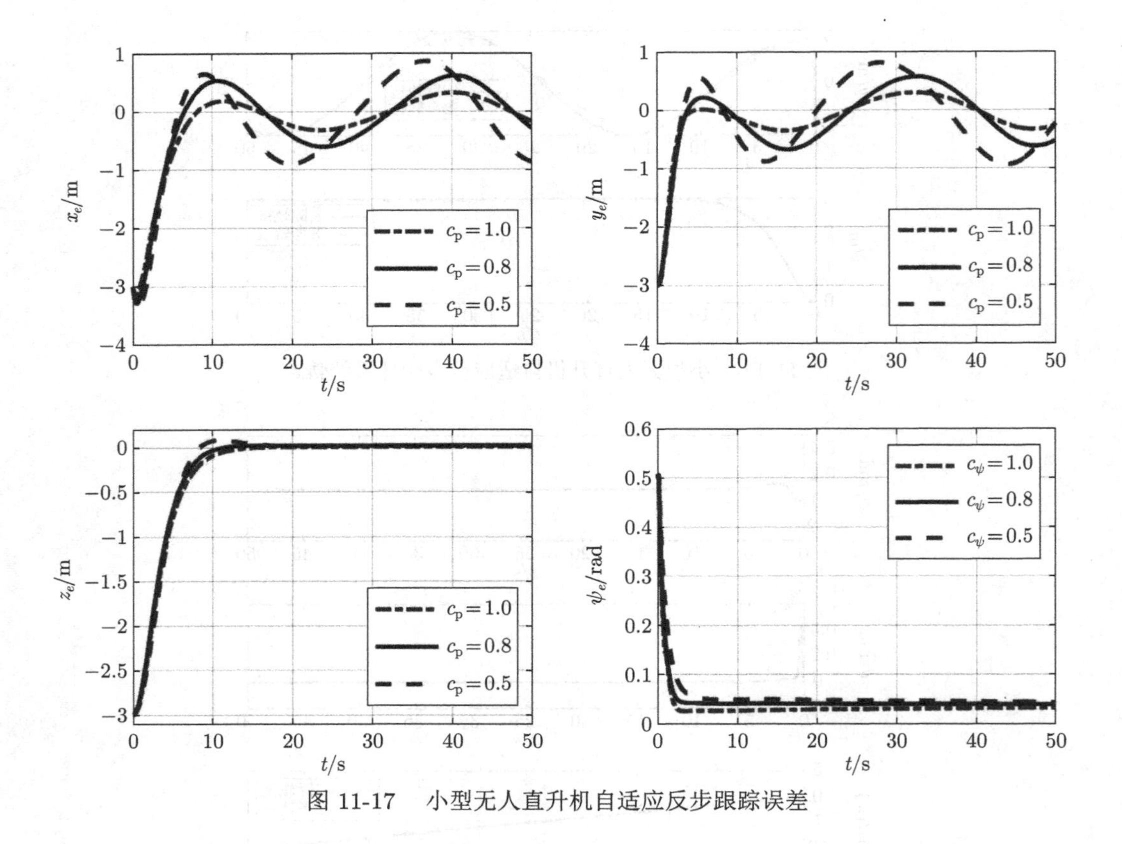

图 11-17 小型无人直升机自适应反步跟踪误差

本节提出的小型无人直升机自适应反步控制器的不足之处在于，它目前只能处理惯性参数不确定性。对于其他不确定性，如空气动力学参数不确定性，本节提出的自适应方法无能为力。

11.3 补充学习

具有对称死区齿轮传动伺服系统的案例引自文献 [51]。具有非对称死区齿轮传动伺服系统的案例引自文献 [52]。

关于模型无人直升机非线性自适应控制的案例引自文献 [53]，进一步的研究结果请见文献 [54–56]。

参考文献

[1] OGATA K. Modern control engineering [M]. 5th ed. Upper Saddle River: Prentice Hall, 2010.

[2] 郑大钟. 线性系统理论 [M]. 2 版. 北京：清华大学出版社, 2002.

[3] KHALIL H K. Nonlinear systems [M]. 3rd ed. Upper Saddle River: Prentice Hall, 2002.

[4] SLOTINE J J, LI W. Applied nonlinear control[M]. Upper saddle River: Prentice Hall, 1991.

[5] 陆启韶. 常微分方程的定性方法和分叉 [M]. 北京：北京航空航天大学出版社, 1989.

[6] VERHULST F. Nonlinear differential equations and dynamical systems[M]. Berlin: Springer Science & Business Media, 2006.

[7] VAN DER POL B. On "relaxation-oscillations" [J]. The London, Edinburgh, and Dublin Philosophical Magazine and Journal of Science, 1926, 2(11): 978-992.

[8] LORENZ E N. Deterministic nonperiodic flow[J]. Journal of Atmospheric Sciences, 1963, 20(2): 130-141.

[9] COOK P A. Nonlinear dynamic systems[M]. London: Prentice Hall, 1986.

[10] GELB A, VELDE W E. Multi-input describing functions and nonlinear system design[M]. New York: McGraw-Hill, 1963.

[11] LASALLE J P. Some extensions of Lyapunov's second method[J]. IRE Trans. Circuit Theory, 1960, CT-7: 520-527.

[12] VIDYASAGAR M. Nonlinear systems analysis [M]. 2nd ed. Upper saddle River: Prentice Hall International, 1993.

[13] 高为炳. 运动稳定性基础 [M]. 北京：高等教育出版社, 1987.

[14] NARENDRA K S, ANNASWAMY A M. Stable adaptive systems[M]. Englewood Cliffs: Prentice–Hall, 1989.

[15] MARINO R, TOMEI P. Nonlinear control design: geometric, adaptive, and robust[M]. London: Prentice–Hall, 1995.

[16] NARENDRA K S, TAYLOR J H. Frequency domain stability for absolute stability[M]. New York: Academic Press, 1973.

[17] SONTAG E D. Smooth stabilization implies coprime factorization[J]. IEEE Transaction on Automatic Control, 1989, 34: 435–443.

[18] JIANG Z P, TEEL A R, PRALY L. Small-gain theorem for ISS systems and applications[J]. Math. Contr. Sign. Syst., 1994, 7: 95–120.

[19] ISIDORI A. Nonlinear control systems II[M]. London: Springer-Verlag, 1999.

[20] DING Z. Differential stability and design of reduced-order observers for nonlinear systems[J]. IET Control Theory and Applications, 2011, 5(2): 315–322.

[21] ISIDORI A. Nonlinear control systems [M]. 3rd ed. Berlin: Springer-Verlag, 1995.

[22] BROCKETT R W. Feedback invariants for non-linear systems[C]. in The Proceedings of 7th IFAC Congress, vol. 6, Helsinki, Finland, 1978.

[23] ASTROM K J, WITTENMARK B. Adaptive control [M]. 2nd ed. Reading: Addison-Wesley, 1995.

[24] DING Z. Model reference adaptive control of dynamic feedback linearisable systems with unknown high frequency gain[J]. IEE Proceedings Control Theory and Applications, 1997, 144: 427-434.

[25] IOANNOU P A, SUN J. Robust adaptive control[M]. Upper Saddle River: Prentice Hall, 1996.

[26] KAZANTZIS N, KRAVARIS C. Nonlinear observer design using Lyapunov's auxiliary theorem[J]. Systems & Control Letters, 1998, 34(5): 241-247.

[27] THAU F. Observing the states of nonlinear dynamical systems[J]. Int. J. Control, 1973, 18: 471-479.

[28] KRENER A J, ISIDORI A. Linearization by output injection and nonlinear observers[J]. Syst. Control Lett., 1983, 3: 47-52.

[29] DING Z. Observer design in convergent series for a class of nonlinear systems[J]. IEEE Trans. Automat. Control, 2012, 57(7): 1849-1854.

[30] DING Z. Asymptotic rejection of unmatched general periodic disturbances with nonlinear Lipschitz internal model[J]. Int. J. Control, 2013, 86(2): 210-221.

[31] LUENBERGER D G. Observing the state of a linear system[J]. IEEE Trans. Mil. Electron., 1964, 8: 74-80.

[32] TSINIAS J. Sufficient lyapunov-like conditions for stabilization[J]. Math. Control Signals Systems, 1989, 2: 343-357.

[33] KANELLAKOPOULOS I, KOKOTOVIC P V, MORSE, A S. Systematic design of adaptive controllers for feedback linearizable systems[J]. IEEE Trans. Automat. Control, 1991, 36: 1241-1253.

[34] MARINO R, TOMEI P. Global adaptive output feedback control of nonlinear systems, part i: Linear parameterization[J]. IEEE Trans. Automat. Control, 1993, 38: 17-32.

[35] KRSTIC M, KANELLAKOPOULOS I, KOKOTOVIC P V. Nonlinear and adaptive control design[M]. New York: John Wiley & Sons, 1995.

[36] DING Z. Adaptive output regulation of class of nonlinear systems with completely unknown parameters[C]. in Proceedings of 2003 American Control Conference, Denver, CO, 2003: 1566-1571.

[37] DING Z. Robust adaptive control of nonlinear output-feedback systems under bounded disturbances[J]. IEE Proc. Control Theory Appl., 1998, 145: 323-329.

[38] DING Z. Adaptive control of triangular systems with nonlinear parameterization[J]. IEEE Trans. Automat. Control, 2001, 46(12): 1963-1968.

[39] BODSON M, SACKS A, KHOSLA P. Harmonic generation in adaptive feedforward cancellation schemes[J]. IEEE Trans. Automat. Control, 1994, 39(9): 1939-1944.

[40] DING Z. Global stabilization and disturbance suppression of a class of nonlinear systems with uncertain internal model[J]. Automatica, 2003, 39(3): 471-479.

[41] FRANCIS B A. The linear multivariable regulator problem[J]. SIAM J. Control Optimiz., 1977: 15: 486-505.

[42] HUANG J, RUGH W J. On a nonlinear multivariable servomechanism problem[J]. Automatica, 1990, 26(6): 963-972.

[43] ISIDORI A, BYRNES C I. Output regulation of nonlinear systems[J]. IEEE Trans. Automat. Control, 1990, 35(2): 131-140.

[44] HUANG J. Nonlinear output regulation theory and applications[M]. Philadelphia: SIAM, 2004.

[45] NUSSBAUM R D. Some remarks on a conjecture in parameter adaptive control[J]. Syst. Control Lett., 1983, 3: 243-246.

[46] YE X, DING Z. Robust tracking control of uncertain nonlinear systems with unknown control directions[J]. Syst. Control Lett., 2001, 42: 1-10.

[47] DING Z. Asymptotic rejection of asymmetric periodic disturbances in output-feedback nonlinear systems[J]. Automatica, 2007, 43(3): 555-561.

[48] CHEN Z, HUANG J. Robust output regulation with nonlinear exosystems[J]. Automatica, 2005, 41: 1447-1454.

[49] XI Z, DING Z. Global adaptive output regulation of a class of nonlinear systems with nonlinear exosystems[J]. Automatica, 2007, 43(1): 143-149.

[50] DING Z. Asymptotic rejection of general periodic disturbances in output feedback nonlinear systems[J]. IEEE Trans. Automat. Control, 2006, 51(2): 303-308.

[51] SHI Z, ZUO Z. Backstepping control for gear transmission servo systems with backlash nonlinearity[J]. IEEE Transactions on Automation Science and Engineering, 2015, 12(2):752-757.

[52] ZUO Z, JU X, DING Z. Control of gear transmission servo systems with asymmetric deadzone nonlinearity[J]. IEEE Transactions on Control Systems Technology, 2016, 24(4): 1472-1479.

[53] ZHU B, HUO W. Adaptive backstepping control for a miniature autonomous helicopter[C]. in Proceedings of the 50th IEEE Conference on Decision and Control (CDC) and European Control Conference (ECC), Dec. 12–16, Orlando, USA, 2011, 5413–5418.

[54] ZHU B, HUO W. Robust nonlinear control for a model-scaled helicopter with parameter uncertainties[J]. Nonlinear Dynamics, 2013, 73(1-2): 1139-1154.

[55] ZHU B, HUO W. 3D Path-following control for a model-scaled autonomous helicopter[J]. IEEE Transactions on Control Systems Technology, 2014, 22(5): 1927-1934.

[56] ZHU B, HUO W. Nonlinear control for a model-scaled helicopter with constraints on rotor thrust and fuselage attitude[J]. Acta Automatica Sinica, 2014, 40(11): 2654-2664.